普通高等教育“十三五”规划教材
南京工业大学重点教材基金资助

海洋酶工程

主　编　朱本伟　宁利敏
副主编　姚　忠　熊　强　倪　芳

中国石化出版社

内 容 提 要

本书在简要介绍酶的基本理论基础上，全面阐述海洋来源的各类酶的来源、分类、理化特性、结构及功能的研究，并突出了各类海洋酶的应用研究进展。

本书适宜作为高等院校海洋资源开发等相关专业本科及研究生教学用书，也可供相关专业的科研人员阅读和参考。

图书在版编目（CIP）数据

海洋酶工程／朱本伟，宁利敏主编．—北京：中国石化出版社，2019.12
普通高等教育“十三五”规划教材
ISBN 978-7-5114-5619-9

Ⅰ.①海… Ⅱ.①朱… ②宁… Ⅲ.①酶工程-高等学校-教材 Ⅳ.①Q814

中国版本图书馆 CIP 数据核字（2019）第 278975 号

中国石化出版社出版发行
地址：北京市东城区安定门外大街 58 号
邮编：100011 电话：(010)57512500
发行部电话：(010)57512575
http://www.sinopec-press.com
E-mail：press@sinopec.com
北京艾普海德印刷有限公司印刷
全国各地新华书店经销

*

710×1000 毫米 16 开本 19 印张 336 千字
2020 年 6 月第 1 版 2020 年 6 月第 1 次印刷
定价：48.00 元

序

“向海而兴，开海而盛”。伴随着人类向海洋进军的步伐，我们比以往任何时候都更清晰地认识到，海洋不仅是人类未来赖以生存的“蓝色粮仓”，还奉献出海洋功能糖、功能肽、活性脂质为代表的功能食品和生物制品。借助海洋科技的强大推动力，海洋生物产业的发展日新月异，已经成为海洋经济的重要组成部分。

“腾笼换鸟、凤凰涅槃”。以原始加工、初级加工为主导的海洋生物传统产业模式亟待提质升级。而以基因工程和酶工程为代表的现代工业生物技术，被认为是制造工业可持续发展最有希望的技术，可望加速传统产业向绿色、高效的生物制造产业变革。发展现代海洋生物工程技术，可以实现海洋生物原料中功效成分的生物转化和高效提取，加快新一代海洋功能食品、生物制品、药品和医用材料等的开发，推动海洋高品质产品、精深加工技术以及海洋加工产业的升级与革新。从产业链所处环节来看，海洋现代生物工程技术产品既是终端产品，也是推动新兴产业链发展的中间产品，水产高值化加工专用酶和精细化加工制品可以有效延伸到食品以外的行业领域，推动农业、化妆品、医药等产业的发展和技术升级，同时对于拉动养殖业的发展和海洋经济的提升也必将产生深远的影响。

在过去的二十年内，生物工程技术在海洋食品开发中取得了一定的成效，如酶工程技术有效推动了胶原蛋白肽产业的快速发展，成为海洋食品精深加工和高端制造的典范。然而，海洋酶工程的发展不仅在于酶的工程应用技术，更在于源头海洋特征酶的发掘技术。“工欲善其事，必先利其器”，开发基于海洋分子结构特征的酶工程技术，包括海产加工专用酶、脂肪改性酶和海洋特征多糖降解酶，为功能显效、构效清晰的海洋功能产品开发提供重要工具，也将成为打造现代海洋生物技术体系的尖端利器。

由海洋酶工程领域的青年才俊朱本伟、宁利敏等编写的《海洋酶工程》一书，为本领域的科研工作者提供了有关海洋酶来源、分类、理化特性、结构、应用等方面系统的阐述。正是因为有这样一些致力于海洋酶事业、富有科研创造力和探索精神的青年科学家，海洋酶工程的魅力才会被更多的人所发现，并将其薪火相传、发扬光大。感谢编著者们的邀请，使我能够与大家一起，分享对海洋酶——这个我们一生钟爱的事业的感悟。

前　言

海洋酶工程是海洋生物技术研究领域的新热点，是迎合国家海洋开发战略的重要研究领域。近年来，借助于海洋生物技术研究的新手段和新方法，海洋酶工程研究得到了快速发展，目前已成为各国优先发展的新领域。现已开发的海洋酶制剂如蛋白酶、脂肪酶及海藻多糖水解酶如褐藻胶裂解酶等已广泛应用于食品、纺织、环保等领域，因此，为了及时总结和反映该领域的科技成果和进展，也为了填补国内海洋酶工程领域教材的空白，编写一本适应新背景下面向海洋资源开发等相关专业本科和研究生教学的海洋酶工程教材就显得十分必要。

《海洋酶工程》由十余位国内不同院校长期从事海洋酶工程及应用研究的专业技术人员编写，在编写过程中参考了近几年海洋酶工程领域的最新成果及相关论文等资料，力图反映当前海洋酶工程研究领域的发展趋势及应用前景。

参加本书编写的有南京工业大学朱本伟副教授(绪论、第六、七、十六、十七和十八章)，南京中医药大学宁利敏副教授(第二、三、四、五章)，南京工业大学姚忠教授(第十、十一章)，南京工业大学熊强副教授(第十二、十五章)，商丘师范学院王亚月老师(第十三章)，南京工业大学倪芳老师(第八、九、十四章)，全书由朱本伟副教授和宁利敏副教授统稿。本书幸蒙中国科学院过程工程研究所杜昱光研究员和中国海洋大学年海津教授两位专家学者的大力推荐，在此深表感谢。

本书编写过程中参考了国内外同行的相关文献和资料，在此表示诚挚的感谢，由于编者水平有限，错误及不足之处在所难免，敬请各位批评指正。

编者

2019 年 8 月于南京

目　录

第一章　绪　论

酶工程是当代生物工程的重要分支，是酶学与微生物学的基本原理与工程技术交叉和融合而产生的新型技术，它从应用角度出发，主要研究酶的生产与应用。根据其内容特点，酶工程可分为化学酶工程和生物酶工程。化学酶工程主要包括化学修饰酶、人工模拟酶及固定化酶的研究与应用；生物酶工程主要运用基因工程技术大量生产重组酶，通过修改酶的编码基因来改造酶以及设计自然界中不存在的新酶等。海洋环境由于其具有高盐度、高压力、低温、低氧及低光照等特殊条件，使得海洋微生物产生不同于陆地微生物来源的特殊代谢产物，主要是酶。海洋微生物作为挖掘新型酶制剂的重要来源，正日益受到国内外相关研究者的关注，其中部分酶制剂已经开始投入工业化生产。随着科学技术的发展，近年来海洋极端微生物来源的极端酶引起了研究者们的关注，尤其是这些酶在极端微生物适应极端环境中所起的作用及其适应机制的研究，成为海洋酶研究领域的热点。海洋酶工程是指酶工程技术在海洋酶领域的应用与拓展，主要研究海洋来源的酶制剂的生产及应用过程。现已开发的海洋酶制剂如蛋白酶、脂肪酶及海藻多糖水解酶如褐藻胶裂解酶等已广泛应用于食品、纺织、环保等领域，因此学习海洋酶工程的理论及技术具有重要的理论和实践意义。

一、酶学的研究历史及发展现状

酶的应用可以追溯到几千年前，据考古发现，古埃及人早在 5000 多年前就懂得向酒中添加辅料来治疗疾病，而酒就是酵母细胞中酶催化反应的产物。据龙山遗址的考证，我国古代人民早在 4000 多年前就已经掌握了酿酒技术，到了 3000 多年前的周朝，人们就已经会利用含有淀粉酶的酒曲将淀粉降解为麦芽糖来制作饴糖。公元 10 世纪左右，《齐民要术》中详细记载了豆酱制造的原料配比及酿造方法，这是应用酶工程技术的实例。除此之外，还有利用鸡内金治疗消化不良、用动物的胃液来制作干酪和用胰脏软化皮革的记载，这一系列的事例表明，人们虽然不知道酶为何物，但是很早就知道酶的存在，并将其运用到生活中的各个方面。

人们真正认识到酶的存在和作用，是从 19 世纪开始的，并在随后的 100 多年内取得了许多重要的成果，从而为酶工程的兴起和发展奠定了坚实的基础。

1783 年，意大利科学家 Spallanzani 设计了历史上著名的“胃笼实验”，意识到胃液中存在某种物质，可以消化肉，从而动摇了“胃壁机械研磨”的蠕动消化理论(图 1-1)。

1810 年，生物学家 Jaseph Gaylussac(图 1-2)发现酵母可将糖转化为酒精；同年药物学家 Planche 在植物的根中分离出一种能使愈创木脂氧化变蓝的物质。

图 1-1 Spallanzani(1729~1799 年)

图 1-2 Jaseph Gaylussac(1778~1850 年)

1814 年，生物学家 Kirchhoff(图 1-3)研究发现谷物种子在发芽时可以产生还原糖，并将种子发芽时的水提物分离出来，发现该水提物可以促使谷物发生水解反应。

图 1-3 Kirchhoff(1778~1850 年)

1833 年，生物学家 Payen 和 Persoz 从麦芽的水提物中用乙醇沉淀法分离得到了一种可将淀粉水解为还原糖的白色粉末，他们将这种物质称为淀粉酶(diastase)，因此将这两位科学家称为酶的最早发现者。

1878 年，德国科学家 Kuhne 首次提出酶的概念，该词来源于希腊文，由“En(在)”和“Zyme(酵母)”组合而成，意为在酵母中。

1894 年，科学家 Fisher(图 1-4)提出了酶与底物作用的“锁钥模型”，用于解释酶对底物的专一性作用。

1898 年，生物学家 Duelaux 提出了酶的命名方法，即引用“diastase”的最后三个字母“ase”作为酶命名的词根。

1896 年，德国科学家 Buchner(图 1-5)通过利用石英砂磨碎的酵母滤液来发酵糖液产生酒精的实验，验证了酶的作用是发酵过程的本质，从而促进了酶的分离及对其理化性质的研究，因此获得了 1911 年的诺贝尔化学奖，从而揭开了酶学研究的序幕。

图 1-4 Fisher(1778~1850 年)

图 1-5 Buchner(1860~1917 年)

1903 年，科学家 Henri 提出了酶与底物相互作用的中间复合物学说；1913 年，Michaelis(图 1-6)和 Menten(图 1-7)推导出了酶催化反应的动力学方程——Michaelis-Menten 方程，极大地促进了酶反应机理的研究。1925 年，Briggs 和 Handane 对该方程进行了修正，同时提出了稳态学说。

图 1-6 Michaelis(1875~1949 年)

图 1-7 Menten(1879~1960 年)

图 1-8　Koshland(1920~2007 年)

在意识到酶的存在及其对生命的重要性之后，人们开始探究它的化学本质。1926 年，美国科学家萨姆钠从刀豆种子中提取出脲酶的结晶，脲酶是一种能催化尿素分解为二氧化碳和氨的酶。这种晶体还显示出蛋白质的性质，凡是能使蛋白质变性的东西，也都会破坏这种酶，由此，萨姆纳肯定酶是一种蛋白质。20 世纪 30 年代，科学家们相继提取出多种酶的蛋白质结晶，并指出酶是一类具有生物催化作用的蛋白质。因此"酶是蛋白质"得到学术界的普遍认可。

1958 年，Koshland(图 1-8)针对酶与底物的相互作用提出了诱导契合理论，同时也发现酶的催化特性与反应条件有关。

1960 年，科学家 Jacob 和 Monod 等提出了操纵子学说，阐明了酶生物合成的基本调节机制。

1965 年，Phillips 首次利用 X 射线晶体衍射技术阐明了溶菌酶的三维结构，从而为后续酶结构、功能及催化机制研究奠定了坚实的基础。

1982 年，Thomas Cech 等发现四膜虫 26rRNA 前体具有自我剪接功能，并于 1986 年证明其内含子 L-19IVS 具有多种催化功能。

1984 年，Sideny Altman 等发现大肠杆菌核糖核酸酶 P 的核酸组分——M1 RNA 具有酶的活性。Cech 和 Altman 的发现震惊了全世界，因此获得了 1989 年的诺贝尔化学奖，从此推翻了"酶都是蛋白质"的传统观念。

2018 年，Frances H. Arnold 由于在酶的定向进化方面的杰出成就而获得了当年的诺贝尔化学奖，对酶分子的设计与改造方面，是基于基因工程、蛋白质工程和计算机技术互补发展和渗透的结果，它标志着人类可以按照自己的意愿和需要改造酶分子，甚至设计出自然界中原来并不存在的全新的酶分子。目前，在酶分子人为改造还不成熟的情况下，通过定点突变技术改造成功了大量的酶分子，获得了比天然酶活力更高、稳定性更好的工业用酶。但总体来说，我们的能力并未达到对复杂生物体系进行有效的人为改造的水平。近年来，易错 PCR、DNA 改组(DNA shuffling)等技术的应用，在对目的基因表型有高效检测筛选系统的条件下，建立了酶分子的定向进化策略，尽管不清楚酶分子的结构，仍能获得具有预期特性的新酶，基本实现了酶分子的人为快速进化。

目前已发现的酶有 8000 多种，而且每年都有大量的新酶发现，据报道现在已有数百种酶得到了纯化，有 200 多种酶得到了结晶。现代酶学的发展方向正朝着酶结构与功能研究以及酶的应用研究方向发展；酶结构与功能研究主要是揭示酶的催化机制与调节机制，从而进一步阐明酶在生命活动中所起的作用。酶工程的主要任务是解决如何更为经济有效地进行酶的生产、制备与应用研究，以及酶的固定化及酶反应器的构建等。

二、酶工程的研究历史及发展前景

酶工程是研究酶的生产与应用的技术性学科，是在酶的分离、纯化和应用过程中逐步形成并发展起来的学科，其发展历程可从 4 个阶段进行概述。首先，酶工程兴起于从植物、动物组织中提取酶。1894 年，日本生物学家 Takamine Jokichi 从米曲霉中制备得到了淀粉酶作为消化剂，从而揭开了酶工程发展的序幕，随后德国科学家 Rohm 于 1908 年从动物胰脏中提取胰蛋白酶用于软化皮革；Boidin 分离了淀粉酶用于纺织品的退浆和 Wallestein 从木瓜中分离了蛋白酶用于澄清啤酒等，但是由于这些酶的制备受到原料来源和分离纯化技术的限制，难以进行大规模的工业化生产，限制了酶工程的进一步发展。

其后随着微生物液体深层培养技术的发展并将其运用到酶的生产中，从而揭开了现代酶工程的序幕。自从 20 世纪 50 年代以后，由于微生物发酵技术的发展，很多酶制剂都采用发酵的方法进行生产。1960 年，法国科学家 Jacob 和 Monod 提出阐明酶合成调节机制的操纵子学说，从而大大推动了酶发酵生产技术的发展。这样就可以将微生物引入人工控制的生物反应器中进行发酵，促进了酶的规模化制备和生产。

近来，随着酶在食品、医药、工业、农业、环保等领域的广泛应用，酶在应用过程中的不足也逐渐显现出来，例如，酶稳定性不够好，活力不够高，储藏周期短等。为了解决上述缺陷，人们采用各种技术手段对酶进行改造以便更好地发挥酶的活力，例如酶分子修饰、酶固定化、酶的非水相催化等。经过改性，可以提高酶活力，增加酶的稳定性，改变底物选择性，更有利于酶的广泛应用。1916 年，美国科学家 Nelson 和 Griffin 发现将蔗糖酶吸附在骨炭上制成固相的固定化酶，该酶仍显示出催化活性，从而揭开了酶固定化的序幕，从此之后，酶固定化迅速发展，开发了多种固定化酶的载体和方法，从而促进和拓展了酶在各个领域的应用。

此外，还可以通过对酶分子进行修饰来提高酶的活力和稳定性，自从 20 世纪 80 年代以来，酶的分子修饰技术发展较快，酶分子修饰的主要方法有主链修饰、侧链基团修饰、酶分子组成单位置换修饰、金属离子置换修饰和物理修饰等。通过酶分子修饰，可以提高酶的活力、增强酶的稳定性、消除或者减小酶的抗原性。目前，酶分子修饰已经成为酶工程领域中具有重要意义和广阔应用前景的热点领域。随着分子生物学、基因工程和蛋白工程技术的发展，产生了定点突变(site-directed mutagenesis)技术，可以对酶分子中的氨基酸或核苷酸进行置换修饰，并把修饰后的信息存于DNA中，经过克隆和表达就获得了具有新的催化特性和功能的酶，进一步拓展了酶的应用前景。

1984年，科学家Klibanov首次报道了酶在有机相中的应用，利用酶在有机介质中成功地合成了酯、肽等化合物。酶在有机介质中催化反应的研究，拓展了酶工程的研究领域。酶的非水相催化与水相中的催化相比，可以提高非极性底物或者产物的溶解度，进行在水溶液中无法进行的合成反应，减少产物对酶的反馈抑制作用，具有重要的理论意义和应用前景。

随着分子生物学技术的进一步发展，近年来相继出现了一些新技术例如DNA重排技术(DNA Shuffling)技术、高通量筛选(High-Throughput-Screening)技术、易错PCR(Error-Prone-PCR)技术等，为酶的改造提供了更加高效、有力的技术手段。酶的定向进化是指模拟酶的自然进化过程如随机突变，在体外进行基因的改造(随机突变)，建立酶的突变体文库，结合功能筛选，定向得到具有优良催化特性的酶的突变体的过程。该技术不需要事先了解酶的结构、催化特性、作用机制等有关信息，通过DNA重排、易错PCR等技术构建突变体文库，可以在短时间内获得大量的突变体，结合功能筛选等手段，具有选择性强、筛选效率高等优点，目前已经成为酶工程领域研究的热点。

经过一个多世纪的发展，酶工程已经成为生物工程的主要研究内容，在蓬勃发展的工业生物技术中扮演着重要的角色，新酶的发现、筛选、改造以及生产和应用是当今酶工程发展的主攻方向和前沿阵地，显示出了广阔的发展前景。

三、海洋酶工程的研究现状及发展前景

海洋是地球上最大的生态系统，占地球表面积的70%。海洋酶工程的研究起步较晚，但是发展十分迅速，自20世纪80年代以来，国内外相继报道了一些来源于海洋微生物的新型工业用酶，掀起了海洋酶研究领域的热潮。

日本作为较早开发海洋生物资源的国家，在海洋生物技术领域尤其是海洋酶研究领域取得了许多重要的成果，著名的深海环境调查科技高级研究计划“深海之星”已实施多年，在深海酶尤其是极端酶方面取得了令人瞩目的研究成果，开发了一系列海洋来源的工业酶制剂(蛋白酶、淀粉酶和脂肪酶等)。目前，日本政府正在着手开发利用无人潜水机潜入水深6000m的深海海底开展探查活动的技术，建立即便是在深海海底也可以与海面通信、并可充电的系统，应用于探测日本深海海洋资源。美国也在海洋酶研究领域投入了大量的精力，其中海洋极端微生物的工业应用酶的研究开发已经成为海洋生物技术的重要领域，如海洋赋予网

络计划(Sea Grants's Network Plan)。目前美国海洋酶研究领域主要集中在三个方面：耐热酶在工业上的应用、海洋酶用于缓解硫化物中毒以及工业应用的海洋生物酶开发等。欧盟也积极开展“极端微生物细胞工厂”十年计划，旨在开发海洋微生物酶，近来总研发投入1200万欧元，积极进行欧盟海洋微生物前沿技术研发创新前瞻性部署。努力吸引欧盟及其成员国主要海洋微生物科研机构的广泛参与，包括吸引部分有助于科研成果及时转化为商业价值创新型中小企业(SMEs)的参与，打造由科技界主导的欧盟海洋微生物研发创新旗舰团队，促进欧盟研究区(ERA)建设。此外，加拿大等国家的海洋研究机构也开展了海洋嗜热稳定性酶的研究。

我国自20世纪80年代后期陆续开展海洋酶方面的研究工作，但是研究工作大多集中在产酶微生物的筛选方面。2001年，青岛市科技局批准在中国水产科学研究院黄海水产研究所建立青岛市海洋酶工程重点实验室，标志着我国海洋酶工程进入了新的阶段。其中由该实验室研发的海洋生物酶技术获得了中国水产科学研究院科技成果一等奖，多种海洋酶制剂已经进行工业化的开发；2007年，海洋酶工程中试基地竣工，年产能力达到5000t，年销售额8200万元，极大地促进了我国海洋酶工程领域的发展。此外，中国海洋大学食品科学与工程学院也是我国较早进行海洋酶工程的研究单位之一，已陆续开发了褐藻胶裂解酶、卡拉胶酶等海藻多糖水解酶类，其中江晓路教授主持的“褐藻胶裂合酶工程化研究”项目获2004年山东省技术发明二等奖，“酶解海藻低聚糖的应用”获2005年国家海洋局海洋创新二等奖。福州大学建立了海洋酶工程福建省重点实验室，主要开展海洋酶制剂的筛选及开发研究，目前筛选表征了一系列海洋木聚糖酶、淀粉酶、琼胶酶和褐藻胶裂解酶，正在进行进一步的深入研究和应用开发。山东大学也成立了海洋生物技术中心和海洋微生物资源中心，主要开展海洋微生物培养方法学研究，探索提高未培养海洋细菌可培养性的方法，发现未知海洋细菌，在国际细菌分类学领域主流期刊上持续发表海洋微生物的新的分类单元；进行海洋细菌活性物质功能基因筛选及活性化合物的分离与效果评价，开展海洋特殊微生物的功能基因组学研究；发展海洋微生物研究的新技术、新方法，已经成为国内外有影响的海洋微生物系统学研究的基地。

海洋酶工程是海洋生物技术研究领域的新热点，是迎合国家海洋开发战略的重要研究领域。目前海洋酶工程的发展趋势主要有以下几点：

开发新型海洋来源的工业酶制剂。鉴于海洋环境具有高盐度、高压力、低温、低氧及低光照等特殊条件，因此可以筛选出具有独特催化特性的酶制剂。随着工艺条件对酶的要求越来越高，因此急需开发出具有高活力、高稳定性和独特催化性质的酶来满足工业化生产对酶制剂的要求。开发极端海洋微生物中的极端酶。极端微生物是依赖于一种或者多种极端物化因子而生存的一类极端生命形式；目前已经发现的极端生命形式包括嗜热菌、嗜冷菌、嗜碱菌、嗜酸菌、嗜盐菌和嗜压菌等，统称为极端微生物。极端酶可在极端条件下(高温、低温、极端pH、高盐度)发挥其酶活力，为生物催化能力的提高提供了借鉴，有助于解释生物对于特殊环境的适应机制。随着新型极端酶的发现与应用，人们有望解决工业生产的苛刻条件和酶蛋白有限稳定性之间的矛盾，极端酶将是建立高效率、低成本生物技术加工过程的新基础，可以使目前一些难以实现的生物技术和化工过程成为可能，对于推动现代生物技术发展具有十分重要的意义。目前，已经筛选出了一系列的海洋酶制剂，如脂肪酶、淀粉酶、蛋白酶等，如果进行大规模的工业化应用，需进行发酵放大、固定化等工程化研究，通过大型中试实验及固定化实验，进一步获得工业发酵及规模化应用所需的数据，建立工业化应用的模型，为酶制剂的大规模应用奠定理论基础。

思考题

1. 海洋酶工程的发展前景具体体现在哪些方面？
2. 举例说明海洋酶在实际生活中的应用。

第二章　酶学基础理论

第一节　酶的分类和命名

随着基因组测序的完成，目前已有数千种酶被纯化，其中绝大多数已经制成结晶，随着酶成员的不断扩充，需要对其进行科学的分类和命名。

一、酶的分类

国际酶学委员会(I. E. C)规定，按照参与催化反应的类型，可把酶分成六大类：

(1) 氧化还原酶类(oxidoreductases)：指催化底物进行氧化还原反应的酶类，包括脱氢酶、氧化酶、还原酶、过氧化物酶、加氧酶和羟化酶。例如乳酸脱氢酶、琥珀酸脱氢酶、细胞色素氧化酶、过氧化氢酶。反应通式如下：

$$AH_2+B \longleftrightarrow A+BH_2$$

(2) 转移酶类(transferases)：指催化底物之间进行某些基团的转移或交换的酶类，包括转醛酶和转酮酶，脂酰基、甲基、糖基和磷酸基转移酶，激酶和磷酸变位酶。例如转甲基酶、转氨酶、己糖激酶、磷酸化酶等。反应通式如下：

$$AB+C \longleftrightarrow A+BC$$

(3) 水解酶类(hydrolases)：指催化底物发生水解反应的酶类，包括酯酶、糖苷酶、肽酶、磷酸酶、硫脂酶、磷脂酶、酰胺酶、脱氨酶和核酸酶。例如淀粉酶、蛋白酶、脂肪酶、磷酸酶等。反应通式如下：

$$AB+H_2O \longleftrightarrow AH+BOH$$

(4) 裂合酶类(lyases)：指催化一个底物分解为两个化合物或两个化合物合成为一个化合物的酶类，包括脱羧酶、醛缩酶、水合酶、脱水合酶、合酶和裂解酶。例如柠檬酸合成酶、醛缩酶等。反应通式如下：

$$AB \longleftrightarrow A+B$$

(5) 异构酶类(isomerases)：指催化各种同分异构体之间相互转化的酶类，包括消旋酶、差向异构酶、异构酶和变位酶。例如磷酸丙糖异构酶等。反应通式如下：

$$A \longleftrightarrow B$$

（6）合成酶类（连接酶类，ligases）：指催化两分子底物合成为一分子化合物，同时还必须偶联有 ATP 的磷酸键断裂的酶类，包括合成酶和羧化酶。例如谷氨酰胺合成酶、氨基酸：tRNA 连接酶等。反应通式如下：

$$A+B+ATP \longrightarrow AB+ADP+Pi$$

$$A+B+ATP \longrightarrow AB+AMP+PPi$$

二、酶的命名

（一）习惯命名法

（1）一般采用底物而命名：如蛋白水解酶等；对水解酶类，还可省略反应的类型，直接用底物名称即可，如核酸酶、脂肪酶、淀粉酶、蛋白酶和 ATP 酶就分别表示水解核酸、脂肪、淀粉、蛋白质和 ATP 的水解酶。

（2）依据其催化反应的性质来命名：如水解酶、转氨酶等。

（3）结合（1）、（2）的命名：如琥珀酸脱氢酶、乳酸脱氢酶、磷酸己糖异构酶等。

（4）有时在底物名称前冠以酶的来源或其他特点：如血清谷氨酸-丙酮酸转氨酶、唾液淀粉酶、碱性磷酸酯酶和酸性磷酸酯酶等。

习惯命名法简单，应用历史长，但缺乏系统性，有时出现一酶数名或一名数酶的现象。

（二）系统命名法

鉴于新酶的不断发展和过去文献中对酶命名的混乱，国际酶学委员会规定了一套系统的命名法，使一种酶只有一种名称。它包括酶的系统命名和 4 个数字分类的酶编号。例如对催化下列反应酶的命名：

ATP+D-葡萄糖⟶ADP+D-葡萄糖-6-磷酸

系统命名要求能确切反映底物的化学本质及酶的催化性质，因此它由底物名称和反应类型两个部分组成。如果一个酶促反应的底物不止一种，那就需要将所有的底物都注明，中间用“：”隔开。因此，上述酶的系统命名为：ATP：葡萄糖磷酸转移酶，表示该酶催化从 ATP 中转移一个磷酸到葡萄糖分子上的反应。它的分类编号是：E. C. 2. 7. 1. 1；E. C 代表按国际酶学委员会规定的命名，第 1 个数字（2）代表酶的分类名称（转移酶类），第 2 个数字（7）代表亚类（磷酸转移酶类），第 3 个数字（1）代表亚亚类（以羟基作为受体的磷酸转移酶类），第 4 个数字（1）代表该酶在亚-亚类中的排号（D-葡萄糖作为磷酸基的受体）。

由于许多酶促反应是双底物或多底物反应，而且底物的化学名称很长，结果使得酶的系统名称很长。为了应用方便，国际酶学委员会又从每一种酶的数个习惯名称中选定一个简便实用的推荐名称。例如催化天冬氨酸转氨基的酶：

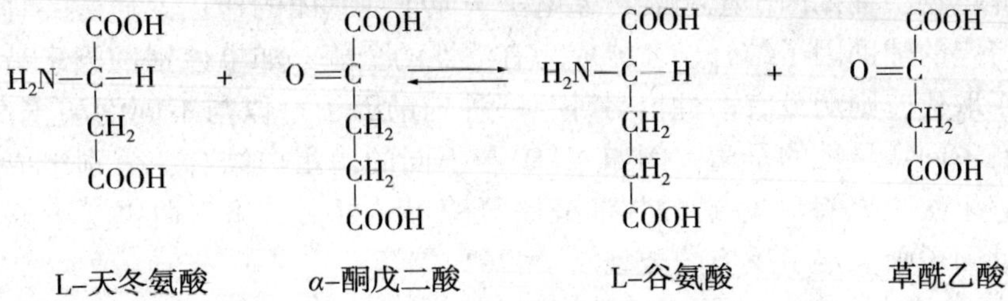

该酶的系统名称为 L-天冬氨酸：α-酮戊二酸氨基转移酶，推荐名称为天冬氨酸氨基转移酶。

第二节　酶的组成与结构

本章所述酶的化学本质是蛋白质，具有蛋白质的理化性质和生物学特性，因而凡能使蛋白质变性的因素均可以使酶失活。

一、单纯酶和结合酶

酶根据分子组成分为单纯酶和结合酶两大类。单纯酶(simple enzyme)是仅由氨基酸构成的酶，例如脲酶、蛋白酶、淀粉酶、脂酶和核糖核酸酶等均属于这类酶。结合酶(conjugated enzyme)由蛋白质部分和非蛋白质部分构成，前者称为酶蛋白(apoenzyme)，后者称为辅助因子(cofactor)。酶蛋白与辅助因子结合形成的复合物称为全酶(holoenzyme)。对于结合酶来说，只有全酶才具有催化活性，酶蛋白单独存在时没有催化活性。

二、酶的辅助因子

从化学本质上看辅助因子有两类：一类是金属离子，常见的金属离子有 K^+、Na^+、Mg^{2+}、Cu^+/Cu^{2+}、Zn^{2+}和 Fe^{2+}/Fe^{3+} 等，约 2/3 的酶含有金属离子。其主要作用是：①传递电子。②作为酶活性中心的组成部分参加催化反应，使底物与酶活性中心的必需基团形成正确的空间排列，有利于酶促反应的发生。③作为连接酶与底物的桥梁，形成三元复合物。④中和电荷，减小静电斥力，利于底物与酶的结合。⑤金属离子与酶的结合还可以稳定酶的空间构象。另一类是小分子有机化合物即有机辅助因子，多数是维生素(特别是 B 族维生素)的活性形式。有机辅助因子根据与酶蛋白的结合程度等分为辅酶和辅基：辅酶(coenzyme)与酶蛋白通过非共价键连接，结合不牢固，可以用透析或超滤的方法除去；辅基(prosthetic group)与酶蛋白通过共价键连接结合牢固，不能用透析或超滤的方法除去。

由此可见，辅助因子承担着传递电子、原子或基团的作用。通常一种酶蛋白必须与特定的辅助因子结合，才能成为有活性的全酶，如果该辅助因子被另一种辅助因子取代，则酶没有活性。另外，一种辅助因子可以与不同的酶蛋白结合，组成具有不同特异性的全酶。例如 NAD^+ 与不同的酶蛋白结合，分别组成乳酸脱氢酶、苹果酸脱氢酶和3-磷酸甘油醛脱氢酶等。可见，酶蛋白决定了酶的特异性，辅助因子则决定了反应的类型。

三、酶的活性中心

由酶催化进行的化学反应称为酶促反应(enzyme catalyzed reaction)，酶促反应的反应物称为酶的底物(substrate，S)。酶通过活性中心催化底物发生反应。酶的活性中心(active center)又称为活性部位(active site)，是酶蛋白构象的一个特定区域，能与底物特异结合，并催化底物发生反应生成产物(product，P)。酶的活性中心具有特定的三维空间结构，通常由在一级结构上并不相邻的氨基酸残基组成，只占酶总体积很小的一部分(1%~2%)，多为裂缝、空隙或口袋，多数由氨基酸的疏水基团构成疏水环境，但也有少量极性氨基酸残基，以便底物更好地结合和进行催化。酶与底物的结合为多重次级键，包括氢键、疏水键、盐键和范德华力。酶的活性中心并不是固定不变的，而是具有一定的柔性。

酶蛋白中氨基酸残基的侧链由不同的化学基团组成(图2-1)，其中一些基团与酶活性密切相关，称为酶的必需基团(essential group)。常见的酶的必需基团有丝氨酸残基的羟基、组氨酸残基的咪唑基、半胱氨酸残基的巯基，以及酸性氨基酸残基的羧基。酶的必需基团分为两类，一类位于活性中心外，即酶活性中心外的必需基团，它们不参与构成活性中心，但是却是维持酶活性中心的构象所必需的；另一类位于活性中心内，即酶活性中心内的必需基团。活性中心内的必需基团又分为两类：一类是结合基团(binding group)，其作用是识别与结合底物，使底物与酶形成酶-底物复合物；另一类是催化基团(catalytic group)，其作用是降低底物中某些化学键的稳定性，催化底物发生反应生成产物。

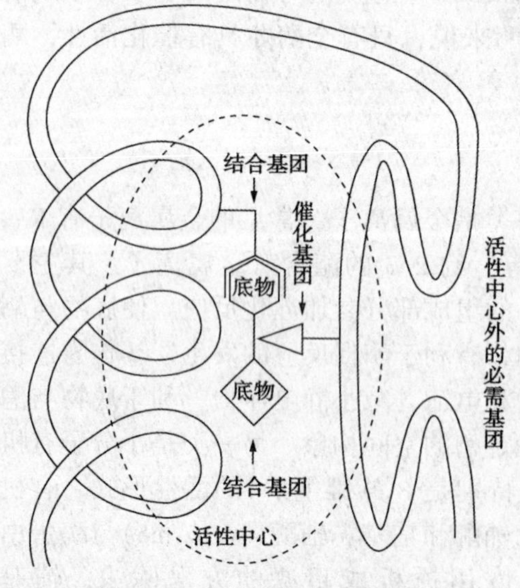

图2-1　酶的活性中心示意图

对于单纯酶来讲，活性中心内的必需基团完全来自酶蛋白的氨基酸侧链，而对于结合酶来讲，辅助因子也常参与酶活性中心的构成。

四、酶按结构的分类

酶除了根据分子组成分为单纯酶和结合酶之外，还可以根据分子结构分为以下几类。

（1）单体酶：有些酶由一条多肽链构成，只含有一个活性中心，这些酶称为单体酶（monomeric enzyme），如木瓜蛋白酶、胰蛋白酶。

（2）寡聚酶：由多个亚基以非共价键结合构成，含有多个活性中心，这些活性中心位于不同的亚基上，催化相同的反应，这些酶称为寡聚酶（oligomeric enzyme）。有的寡聚酶所含的亚基相同，如乳酸脱氢酶1（L-lactate dehydrogenase 1，LDH1），含有四个相同的亚基（H4），每一个亚基都含有一个活性中心，四个活性中心催化相同的反应；有的寡聚酶则含有不同的亚基，如乳酸脱氢酶LDH3含有两种亚基（H2M2），每一个亚基也都含有一个活性中心，四个活性中心催化相同的反应。

（3）多酶体系：细胞内许多功能相关的酶结合在一起形成具有特定构象的多酶复合物，这些多酶复合物称为多酶体系（multienzyme system），多酶体系具有两种或两种以上的活性中心，各活性中心催化的反应构成连续反应，即一种活性中心的产物恰好是另一种活性中心的反应物，前一活性中心的产物作为反应物直接转入后一活性中心，不会脱离酶蛋白。如丙酮酸脱氢酶系由三种酶构成：丙酮酸脱氢酶、二氢硫辛酰胺乙酰转移酶、二氢硫辛酰胺脱氢酶，每一种亚基都有自己的活性中心，分别催化不同的化学反应。

（4）多功能酶：由一条肽链构成，但含有多个活性中心，这些活性中心催化不同的反应，这些酶称为多功能酶（multifunctional enzyme），如大肠杆菌DNA聚合酶Ⅰ由一条肽链构成，含有5′-3′聚合酶、3′-5′外切酶、5′-3′外切酶三个活性中心，催化三种反应。

五、同工酶

同工酶（isozyme）是指催化相同的化学反应，但酶蛋白的分子组成、分子结构和理化性质乃至免疫学性质和电泳行为都不相同的一组酶。同工酶虽然在一级结构上存在差异，但其活性中心的三维结构相同或相似，故可以催化相同的化学反应。同工酶存在于同一种属或同一个体的不同组织或同一细胞的不同亚细胞结构中，是生命在长期进化过程中基因分化的产物。目前已经发现有百余种酶存在同工酶，研究较多的如L-乳酸脱氢酶（L-lactate dehydrogenase，LDH）。

第三节 酶促反应机制

酶促反应既有一般催化剂催化反应的共性，又由于其本质为蛋白质，还具有自己的特点。酶促反应的特点是由酶的催化机制决定的。

一、酶促反应的特点

酶具有一般催化剂的特点：①只催化热力学上允许的化学反应。②可以提高化学反应速度，但不改变化学平衡。③催化机制都是降低化学反应的活化能。④在化学反应前后没有质和量的改变，并且很少量就可以有效地催化反应。此外，酶也有自己的特点。

（一）高效性

与不加催化剂相比，一般的催化剂能将化学反应速度提高 $10^7\sim10^{13}$ 倍，酶能将化学反应速度提高 $10^8\sim10^{20}$ 倍。

酶和一般催化剂之所以能提高化学反应速度，是因为它们能降低化学反应的活化能(activation energy)(图 2-2)。根据过渡态理论(transition state theory)，在任何一个化学反应系统中，反应物需要到达一个特定的高能状态以后才能发生反应。这种不稳定的高能状态被称为过渡态(transition state)。过渡态既不同于反应物，又不同于产物，而是介于两者之间的一种不稳定的结构状态，这时候旧的化学键在减弱，新的化学键开始形成。过渡态存留的时间极短，只有 $10^{-14}\sim10^{-13}$ s。要达到过渡态，反应物必须具有足够的能量以克服势能障碍，即活化能。活化能越低，达到过渡态的反应物分子就越多，反应发生得越快。加入催化剂可降低反

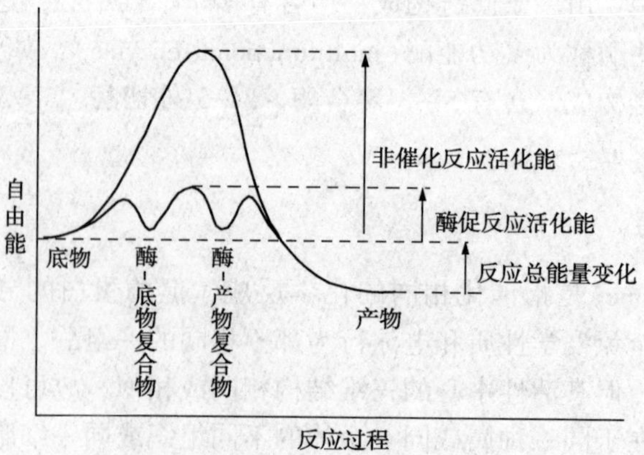

图 2-2 酶促反应活化能的改变

应活化能，促进更多的反应物达到过渡态，从而提高反应速率。与无机催化剂相比，酶可更多降低反应所需活化能，因而酶与无机催化剂相比，能更大限度地提高酶促反应速度。

例如 H_2O_2的分解反应如下：

该反应在不加催化剂时需活化能70~76kJ/mol，在加催化剂Pt催化反应时需活化能49kJ/mol，在加过氧化氢酶催化反应时需活化能8kJ/mol。当活化能由70~76kJ/mol降至8kJ/mol时，反应速度会提高 10^9倍。与催化剂Pt相比，过氧化氢酶会使反应速度提高 10^6倍。可见，酶的催化效率比一般催化剂要高得多。

（二）专一性

与一般催化剂不同，酶对所催化反应的底物和反应类型具有选择性，即一种酶仅作用于一种或一类化合物，或一定的化学键，催化一定的化学反应并产生一定的产物，酶的这种特性称为酶的专一性、特异性(specificity)。根据酶对其底物结构选择的专一程度不同，一般可以将酶的专一性分为绝对专一性、相对专一性和立体专一性。

（1）绝对专一性：又称为绝对特异性(absolute specificity)，这种酶只能催化一种底物发生一种化学反应。例如脲酶只能催化尿素水解生成 NH_3和 CO_2，不能水解尿素的衍生物甲基尿素等。

（2）相对专一性：又称为相对特异性(relative specificity)，这种酶可以催化一类底物或一种化学键发生一种化学反应。例如己糖激酶既能催化葡萄糖磷酸化，也能催化甘露糖磷酸化；脂肪酶不仅水解脂肪，也水解简单的酯；二肽酶专门识别二肽中的肽键，无论构成二肽的两个氨基酸是何种氨基酸。

（3）立体专一性：又称为立体特异性(stereo specificity)，这种酶能识别立体异构的构型，因而只能催化特定构型的立体异构体发生化学反应，或所催化的反应只生成特定构型的立体异构体。例如延胡索酸酶只能催化延胡索酸(非马来酸)水化生成L-苹果酸；L-乳酸脱氢酶只能催化L-乳酸脱氢。酶的立体专一性在生产实践中具有很大意义，某些药物只有某一种构型具有生理活性，另外一种构型则无效甚至有害，而有机合成的药物只能是消旋药物，但用酶来催化可进行不对称合成。

（三）不稳定性

酶是蛋白质，对导致蛋白质变性的因素(如高温、强酸、强碱等)非常敏感，极易受这些因素的影响而变性失活。因此，酶促反应往往都是在常温、常压和接近中性的条件下进行的。

（四）可调节性

生物体内存在着复杂而严密的代谢调节系统，既可以通过改变酶蛋白的总量来调节酶的总活性，又可以通过改变酶蛋白的结构来调节酶蛋白的活性，从而调节酶促反应速度，以确保代谢活动的协调性和统一性，确保生命活动的正常进行。

二、酶促反应的机制

研究酶的催化机制就是要阐明酶促反应的两个主要特点即高效性和专一性的化学基础。

（一）酶促反应高效性的机制

关于酶降低酶促反应活化能、提高酶促反应速度的机制，目前比较公认的是酶-底物复合物学说。该学说认为，在酶促反应中，酶(E)先与底物(S)结合成不稳定的酶-底物复合物(ES)，同时释放能量来降低反应的活化能，然后酶-底物复合物分解释放出反应产物(P)。

$$E+S \rightleftharpoons ES \longrightarrow E+P$$

目前认为，酶通过形成酶-底物复合物降低活化能提高反应速度，是邻近效应与定向排列、表面效应、张力、多元催化和共价催化等综合作用的结果。

(1) 邻近效应与定向排列：在两个以上底物参加的反应中，底物之间必须以正确的方向相互碰撞，才有可能发生反应。在酶促反应中，酶通过将诸底物结合到酶的活性中心，使它们相互接近，提高反应物在活性中心的局部浓度，并形成有利于反应的正确定向关系。这种邻近效应与定向排列将分子间的反应变成类似于分子内的反应，从而大大提高了反应效率。

(2) 表面效应：酶的活性中心多为疏水环境，通过限制水分子的进入，排除水分子对酶和底物基团的干扰性吸引或排斥，防止在酶和底物之间形成水化膜，有利于酶和底物的密切接触和结合，使活性中心对底物的催化作用更有效和强烈，这种现象称为表面效应(surface effect)。

(3) 多元催化：许多酶促反应常常涉及多种催化机制的参与，由多种催化机制共同完成催化反应。其中，酸碱催化作用是最普通、最有效的催化机制。一般催化剂通常只有一种解离状态，从而只能起酸催化作用或碱催化作用。酶蛋白是两性电解质，所含的各种基团具有不同的解离常数，即使同一种基团，如果处在蛋白质分子结构的不同微环境中，其解离度也会有差异。因此，一种酶常兼有酸、碱双重催化作用。这种多基团(包括辅助因子)的共同作用可以极大地提高酶的催化效率。此外，酶对底物还具有亲核催化和亲电子催化作用。

（二）酶促反应专一性的机制

有几种假说试图阐明酶促反应特异性的机制，例如锁钥学说和诱导契合学说等。目前得到广泛认同的是 Koshland 在 1958 年提出的诱导契合学说(induced fit)。Koshland 认为，酶在发挥催化作用前须先与底物结合，这种结合不是锁与钥匙的机械关系，而是在酶与底物相互接近时，两者在结构上相互诱导、相互变形和相互适应，进而结合形成酶-底物复合物(图 2-3)。此假说后来得到 X 射线衍射分析的有力支持。诱导契合作用使得具有相对特异性的酶能够结合一组结构并不完全相同的底物分子，酶构象的变化有利于其与底物结合，并使底物转化为不稳定的过渡态，易受酶的催化攻击而转化为产物。

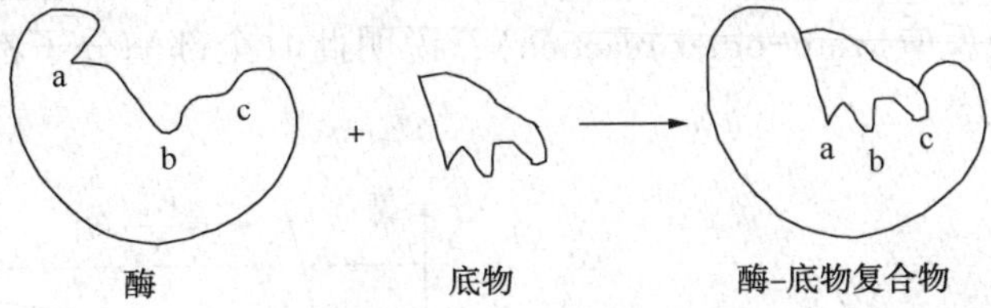

图 2-3　诱导契合学说示意图

第四节　酶促反应动力学

酶促反应动力学(enzyme kinetics)是研究酶促反应速度及各种因素对酶促反应速率影响机制的科学。酶促反应速度可受多种因素的影响，如酶浓度、底物浓度、温度、pH 值、抑制剂和激活剂。通过定量观察单位时间内底物的减少量或产物的生成量可研究各因素对酶促反应速度的影响。但由于随着反应时间的延长，底物浓度降低，产物浓度升高，逆反应速度加快，研究难度大大增加。因此，酶促反应动力学总是研究酶促反应的初速度(initial velocity)。另外，在研究某一因素对酶促反应速度的影响时，应当保持其他因素不变，只改变待研究因素。

研究酶促反应动力学具有重要的理论意义和实践意义。既有助于阐明酶的结构与功能之间的关系，又可为研究酶的作用机理提供有用的数据，除此之外，还有助于寻找最佳的反应条件，了解酶在代谢中的作用，以及某些药物的作用机理等。

一、酶浓度对酶促反应速度的影响

在酶促反应中，如果保持其他条件不变，底物浓度远高于酶浓度，足以使酶饱和，则随着酶浓度的提高，酶促反应速度也相应加快，并且成正比关系。以反应速度 v 对酶浓度[E]作图，可以得到一条过原点的直线(图 2-4)。

二、底物浓度对酶促反应速度的影响

对于单底物反应，如果保持其他条件不变，以反应速度 v 对底物浓度[S]作图(图 2-5)，即酶的动力学曲线。由图可见，在底物浓度较低时，反应速度随着底物浓度的提高而加快，两者成正比例关系，表现为一级反应(first-order reaction)；此后，随着底物浓度继续提高，反应速度还在加快，但变化幅度越来越小，不再成正比例关系；最后，即使底物浓度再提高，反应速度也已经基本不变，表现为零级反应(zero-order reaction)，说明此时全部酶分子都已经与底物结合，接近饱和状态。

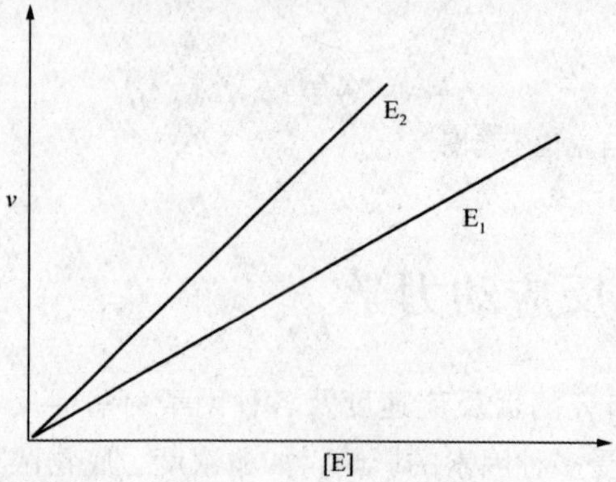

图 2-4　酶浓度与酶促反应速度的关系

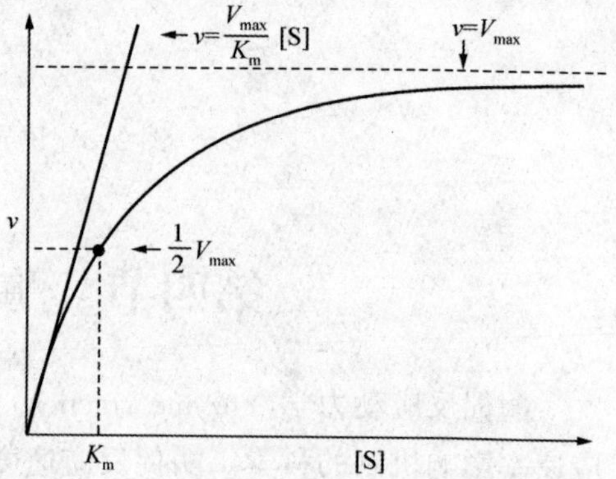

图 2-5　底物浓度与酶促反应速度的关系

(一) 米氏方程

为了解释这个现象，阐明酶促反应速度与底物浓度之间的定量关系，Michaelis 和 Menten 于 1913 年以酶-底物复合物学说为基础对以下单底物酶促反应进行了定量研究：

$$E+S \underset{k_2}{\overset{k_1}{\rightleftharpoons}} ES \xrightarrow{k_3} E+P$$

式中，k_1、k_2和 k_3分别为各向反应的速率常数。

他们根据定量研究的实验数据归纳出一个反映酶促反应速度与底物浓度关系的数学方程式，称为米氏方程(Michaelis equation)：

$$v=\frac{V_{max}[S]}{K_m+[S]}$$

米氏方程中 v 为在不同底物浓度时的反应速度，V_{max} 为最大反应速度(maximum velocity)，[S]为底物浓度，K_m 为米氏常数(Michaelis constant)，$K_m=(k_2+k_3)/k_1$。

从米氏方程可看出，当底物浓度极低即$[S] << K_m$时，$K_m + [S] \approx K_m$，$v \approx (V_{max}/K_m)[S]$，即反应速度与底物浓度成正比。当底物浓度极高即$[S] >> K_m$时，$K_m + [S] \approx [S]$，$v \approx V_{max}$，即反应速度接近最大反应速度，此时即使增加底物浓度，反应速度也已基本不再加快。因此，米氏方程揭示了反应速度与底物浓度之间的关系。

米氏反应动力学需要满足3个条件：①反应速度为初速度，此时反应刚刚开始，反应速度与酶浓度呈正比关系，各种影响因素尚未发挥干扰作用。②酶-底物复合物处于稳态，即[ES]不发生变化。③符合质量作用定律。其推导如下：

根据上式，ES的生成速率$v_1 = k_1([E_t]-[ES])[S]$，ES的分解速率$v_2 = k_2[ES]+k_3[ES]$。式中$[E_t]$表示酶的总浓度，$[E_t]-[ES]$表示游离酶的浓度[E]。

当反应系统处于稳态时，$v_1 = v_2$，即：

$$k_1([E_t]-[ES])[S] = k_2[ES]+k_3[ES] \tag{1}$$

对(1)式整理得：

$$\frac{[E_t][S]-[ES][S]}{[ES]} = \frac{k_2+k_3}{k_1} \tag{2}$$

令

$$\frac{k_2+k_3}{k_1} = K_m \tag{3}$$

将(3)式代入(2)式并整理得：

$$[ES] = \frac{[E_t][S]}{K_m+[S]} \tag{4}$$

由于在初速率范围内，反应体系中剩余的底物浓度远超过生成的产物浓度，因此逆反应可不予考虑，整个反应的速率与ES的浓度成正比，即：

$$v = k_3[ES] \tag{5}$$

将(4)式代入(5)式得：

$$v = \frac{k_3[E_t][S]}{K_m+[S]} \tag{6}$$

当所有的酶均形成ES时（即$[ES]=[E_t]$），反应速度达到最大，即$V_{max} = k_3[E_t]$，代入(6)式即得米氏方程：

$$v = \frac{V_{max}[S]}{K_m+[S]}$$

（二）K_m和V_{max}的意义

1. K_m值的意义

(1) K_m值是反应速度为最大反应速度一半时的底物浓度。当反应速度为最大反应速度的一半时，将$v = 1/2V_{max}$代入米氏方程：

$$\frac{V_{max}}{2}=\frac{V_{max}\cdot[S]_{1/2V_{max}}}{K_m+[S]_{1/2V_{max}}} \qquad K_m=[S]_{1/2V_{max}}$$

因此，K_m的单位为 mol/L 或 mmol/L。

从米氏方程可知，K_m值小表示不需要很高的底物浓度就可以达到很高的反应速度。一种酶有几种底物就有几个 K_m值，其中 K_m值最小的底物在同等条件下反应最快，该底物称为酶的天然底物或最适底物。K_m值因底物而异的现象可以帮助我们判断酶的特异性，研究酶的活性中心。

（2）K_m是酶的特征常数。K_m值在 0.01～10mmol/L。K_m值只与酶的性质、底物的种类和酶促反应的条件（如温度、pH 值和离子强度等）有关，与酶和底物的浓度无关。不同的酶有不同的 K_m值，比较来源于同一器官不同组织或同一组织不同发育期的催化同一反应的酶的 K_m值，可以判断它们是同一种酶还是同工酶。

（3）K_m值反映酶与底物的亲和力。当 $k_2 \gg k_3$时，即 ES 解离成 E 和 S 的速度大大超过 ES 分解成 E 和 P 的速度时，k_3可以忽略不计。此时 K_m值近似于 ES 的解离常数 K_d值：

$$K_m=\frac{k_2}{k_3}=\frac{[E][S]}{[ES]}=K_d$$

在这种情况下，K_m值可以反映 E 与 S 亲和力的大小，K_m值越小，E 与 S 的亲和力越大，表示不需要很高的 S 浓度就可以使 E 达到饱和。不过，K_m值和 K_d值的含义不同，对于不满足 $k_2 \gg k_3$的酶促反应不能相互代替使用。

（4）分析酶的激活剂和抑制剂。激活剂或抑制剂与酶结合会改变酶的构象，影响酶与底物结合，从而影响 K_m值。因此，通过研究不同物质对酶促反应 K_m值的影响，可以分析它们是激活剂还是抑制剂，或者发现有重要生理意义的调节物。

2. V_{max}的意义

在特定的酶浓度下，V_{max}也是酶的特征常数，然而，在现实的条件下，一个酶促反应很难达到或者根本就达不到此值。随着底物浓度的增加，v 只能接近此值。

3. 酶的转换数

当酶被底物完全饱和时（V_{max}），单位时间内每个酶分子（或活性中心）催化底物转变成产物的分子数称为酶的转换数（turnover number），单位是 s^{-1}。如果酶的总浓度已知，便可从 V_{max} 计算酶的转换数。例如，10^{-6}mol/L 的碳酸酐酶溶液在一秒内催化生成 0.6mol/L H_2CO_3，则酶的转换数为：

$$k_3=\frac{V_{max}}{[E_t]}=\frac{0.6\text{mol}/(\text{L}\cdot\text{s})}{10^{-6}\text{mol/L}}=6\times10^5\text{s}^{-1}$$

动力学常数 k_3 称为酶的转换数。对于生理性底物来说，大多数酶的转换数在 $1\sim10^4\text{s}^{-1}$ 之间。酶的转换数可用来表示酶的催化效率。

（三）K_m 值和 V_{max} 值的测定

从图 2-5 可见，底物浓度与酶促反应速度的关系图是一条渐近线，即底物浓度再高也只能使反应速度趋近 V_{max}，永远达不到 V_{max}。因此，很难从图 2-5 中直接得到 K_m 和 V_{max} 的准确值。因此有必要将米氏方程进行线性变换，使它成为相当于 $y=ax+b$ 的一次函数式，就可以用作图法得到 K_m 和 V_{max} 的准确值。

双倒数作图法(double reciprocal plot)又称为林-贝氏作图法(Linewear-Burk)，是最常用的确定酶动力学常数的方法。将米氏方程两边取倒数所得到的双倒数方程式称为林-贝氏方程(Lineweaver-Burk equation)。

$$\frac{1}{v}=\frac{K_m}{V_{max}}\frac{1}{[S]}+\frac{1}{V_{max}}$$

在林-贝氏方程中，$1/v$ 与 $1/[S]$ 呈线性关系。以 $1/v$ 对 $1/[S]$ 作图得到一条直线(图 2-6)，其斜率为 K_m/V_{max}，在纵轴上的截距为 $1/V_{max}$，在横轴上的截距为 $-1/K_m$。双倒数作图法除了可以用于求得 K_m 值和 V_{max} 值之外，还可以用于判断可逆性抑制剂对酶促反应的抑制作用。

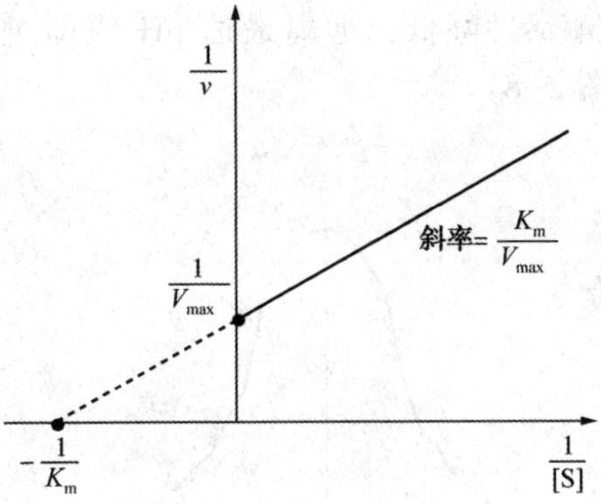

图 2-6　双倒数作图法

米氏方程只适用于研究单底物酶促反应。大多数酶促反应都是多底物反应，多底物酶促反应动力学比单底物酶促反应复杂，不能直接用米氏方程来研究。

三、温度对酶促反应速度的影响

由于酶是生物催化剂，其化学本质是蛋白质，因此，温度对酶促反应速度具有双重影响：一方面升高温度可以增加活化分子数目，使反应速度提高；另一方面温度超过一定范围会导致酶蛋白变性失活，使酶促反应速度降低。酶促反应速度最快时的反应温度称为该酶促反应的最适温度(optimum temperature)。当反应温度低于最适温度时，升高温度增加活化分子数目起主导作用，反应速度提高；当反应温度超过最适温度时，升高温度使酶蛋白变性失活起主导作用，反应速度降低(图 2-7)。

人体内多数酶的最适温度为 37~40℃，60℃时变性加速，80℃时多数酶的变性是不可逆的。当反应温度低于最适温度时，温度每升高 10℃，反应速度可以提高 1~2 倍。如果降低温度，反应速度也会降低，但降低温度不会使酶蛋白变性失活；温度回升时，反应速度仍然会提高。基于酶的这一特性，临床上常通过低温麻醉降低组织细胞代谢速度，以提高机体对 O_2 和营养物质缺乏的耐受力。低温保存菌种也是基于这一特性。在生化研究中测定酶活性时，应当严格控制反应温度。酶制剂应当保存在低温冰箱中，从冰箱中取出后应当立即使用，以免发生酶蛋白变性。

四、pH 值对酶促反应速度的影响

反应体系的 pH 值从以下方面影响酶与底物的结合，从而影响酶促反应速度：①影响酶和底物的解离状态。②影响酶和底物的构象。③过酸或过碱导致酶蛋白变性失活。因而，在某一 pH 值下酶促反应速度最快，该 pH 值称为酶促反应的最适 pH 值(optimum pH)。反应体系的 pH 值高于或低于最适 pH 值时都会导致酶活性降低，远离最适 pH 值即过酸或过碱甚至还会导致酶蛋白变性失活(图 2-8)。

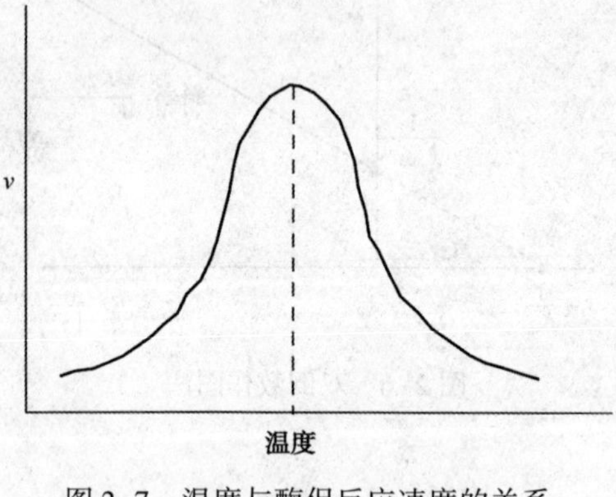

图 2-7　温度与酶促反应速度的关系

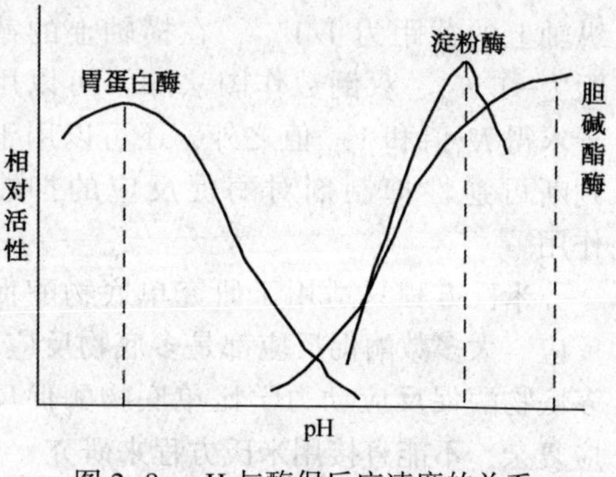

图 2-8　pH 与酶促反应速度的关系

不同的酶具有不同的最适 pH 值。动物体内多数酶的最适 pH 值在 5~9，但也有例外。例如：胃蛋白酶最适 pH=1.8~3.5，所以临床上胃蛋白酶制剂常配合稀 HCl 一起服用；胰蛋白酶最适 pH=8，所以药用胰蛋白酶配以 $NaHCO_3$ 效果最好。

五、抑制剂对酶促反应速度的影响

能特异性地抑制酶活性、从而抑制酶促反应的物质称为抑制剂(inhibitor, I)。强酸、强碱和其他一些化学试剂能使酶蛋白变性失活，因而也能抑制酶促反应，但它们的作用没有特异性，所以它们不属于抑制剂。本章讨论的抑制剂能特异地改变酶的必需基团或活性中心的化学性质，从而使酶活性降低甚至丧失。根据抑制剂与酶作用方式的不同，抑制剂可分为不可逆抑制剂和可逆抑制剂。

（一）不可逆抑制剂

有些抑制剂以共价键与酶活性中心内的必需基团结合，使酶促反应速度减慢甚至停止，且抑制剂与酶结合后不能用透析和超滤等物理方法除去，必须通过化学反应才能除去，使酶活性恢复，这类抑制剂称为不可逆抑制剂(irreversible inhibitor)，这类抑制作用称为不可逆抑制作用(irreversible inhibition)。

(1) 不可逆抑制剂分类：根据作用机制，不可逆抑制剂分为三类：基团特异性抑制剂、底物类似物、自杀性抑制剂。

① 基团特异性抑制剂：这类抑制剂在结构上与底物无相似之处，但能共价修饰酶活性中心上的必需侧链基团而导致酶活性不可逆地失活。如DIPF(二异丙基氟磷酸)修饰蛋白酶、乙酰胆碱酯酶等丝氨酸酶的丝氨酸羟基。

② 底物类似物抑制剂：又称亲和标记(affinity label)，可以对酶分子活性中心进行化学修饰，因此特异性高于基团特异性抑制剂。这类抑制剂在结构上分为两个部分：一个部分类似于底物，抑制剂通过这个部位结合到活性中心，锁定抑制的对象；另外一个部分含有反应基团，在抑制剂进入活性中心以后，可以不可逆地修饰上面的必需基团，导致酶活性的丧失。如甲苯磺酰-苯丙氨酸氯甲基酮(TPCK)是糜蛋白酶的底物类似物，与活性中心组氨酸共价结合使其失活。3-溴丙酮醇磷酸酯是磷酸二羟丙酮的类似物，可以与磷酸丙糖异构酶(TPI)活性中心谷氨酸共价结合使其失活。

③ 自杀性抑制剂(suicide inhibitor)：受酶本身激活的不可逆抑制剂，即被酶活性中心转化成中间产物，与必需基团共价结合使其失活。由于它们依赖酶正常的催化机理来导致酶失活，因此被称为机理型抑制剂(mechanism-based inhibitor)；又由于它们"冒充"底物与酶结合并受到酶的激活而抑制酶活性，因此又被称为特洛伊木马(trojan horse)抑制剂。例如引起葡萄球菌感染的病原体是金黄色葡萄球菌，其细胞壁的重要成分是肽聚糖，催化肽聚糖合成的关键酶是肽聚糖转肽酶，青霉素是其自杀性抑制剂。*N*,*N*-二甲基-2-丙炔胺是单胺氧化酶(MAO)的自杀性抑制剂，被氧化后与活性中心FAD的N-5共价结合，使酶失活。多巴胺缺乏与帕金森病有关，5-羟色胺缺乏与抑郁有关。它们都是被单胺氧化酶灭活的。司来吉兰(selegiline)也是单胺氧化酶的自杀性抑制剂，用于治疗帕金森病和抑郁。

(2) 常见的不可逆抑制剂：巯基酶抑制剂和丝氨酸酶抑制剂。

① 巯基酶抑制剂：巯基酶是许多以巯基为必需基团的酶的统称，如3-磷酸

甘油醛脱氢酶。砷化合物和重金属离子 Ag^+、Hg^{2+}、As^{3+} 等都是巯基酶抑制剂，其引起中毒的化学本质就是破坏酶蛋白的巯基，使酶活性丧失。临床上用二巯基丙醇或二巯基丁二酸钠解毒，其机制就是使酶蛋白的巯基重新形成，使酶活性恢复(图 2-9)。

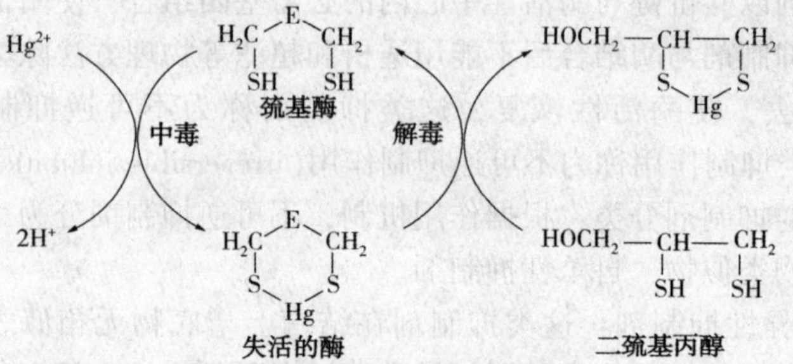

图 2-9　巯基酶的抑制和解毒

② 丝氨酸酶抑制剂：丝氨酸酶是指活性中心含有丝氨酸的一类酶，如乙酰胆碱酯酶、丝氨酸蛋白酶。有机磷化合物如有机磷杀虫剂(一六〇五、一〇五九、敌百虫等)能与丝氨酸的羟基共价结合，从而抑制酶活性，它们称为丝氨酸酶抑制剂。有机磷化合物的结构及其对丝氨酸酶的抑制作用见图 2-10，其中 R、R′代表烷基，X 代表 F 或 CN。

胆碱酯酶(cholinesterase)是催化乙酰胆碱水解的丝氨酸酶。该酶活性丧失会造成乙酰胆碱在体内积累，出现胆碱能神经兴奋性增强的中毒症状(如心跳变慢、瞳孔缩小、流涎、多汗和呼吸困难等)。解救的办法是早期使用解磷定(pyridine aldoxime methyliodide，PAM)，解磷定分子中含有电负性较强的肟基(—CH ═ NOH)，可以与有机磷化合物反应，置换出其结合的胆碱酯酶，使酶活性恢复(图 2-10)。

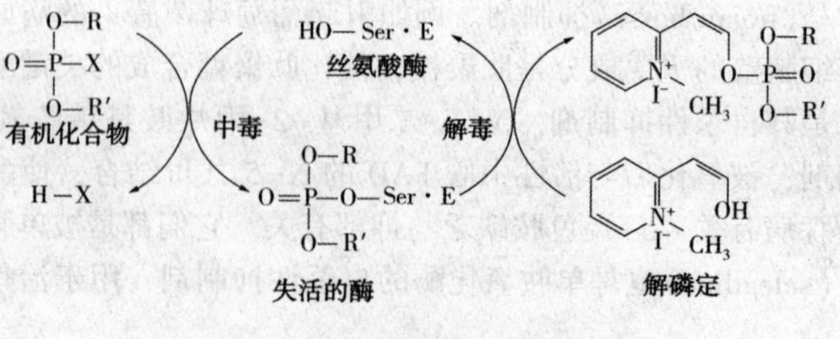

图 2-10　丝氨酸酶的抑制与解毒

（二）可逆抑制剂

有些抑制剂通常以非共价键与酶或中间产物结合，使酶活性降低甚至丧失。采用透析和超滤的方法可以将抑制剂除去，使酶活性恢复，所以这种抑制作用是可逆的。根据抑制剂与底物的竞争关系，可以将可逆性抑制作用分为竞争性抑制作用、非竞争性抑制作用和反竞争性抑制作用。

（1）竞争性抑制剂：有些抑制剂(I)与底物(S)结构相似，属于底物类似物(substrate analog)，能与酶(E)的活性中心结合，与底物竞争酶的活性中心，抑制酶与底物的结合，从而抑制酶促反应，这类抑制剂称为竞争性抑制剂(competitive inhibitor)，这种抑制作用称为竞争性抑制作用(competitive inhibition)(图 2-11①②)。

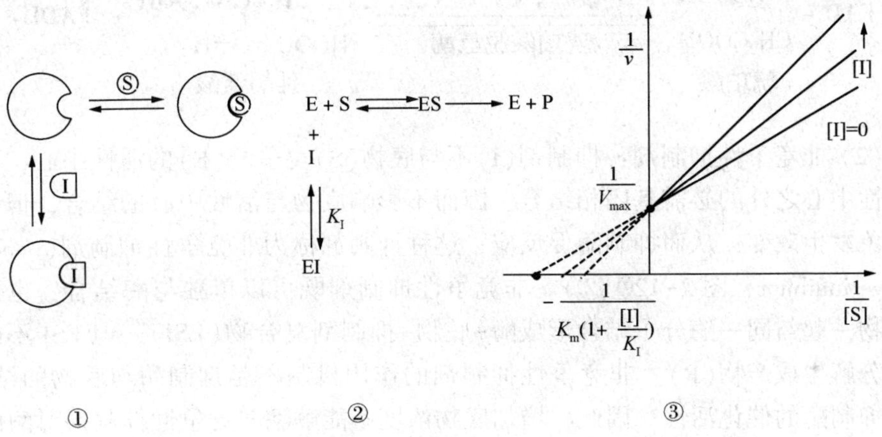

图 2-11　竞争性抑制作用

竞争性抑制剂、底物和反应速度有以下动力学关系：

$$v=\frac{V_{max}[S]}{K_m\left(1+\frac{[I]}{K_I}\right)+[S]}$$

其林-贝氏方程为：

$$\frac{1}{v}=\frac{K_m}{V_{max}}\left(1+\frac{[I]}{K_I}\right)\frac{1}{[S]}+\frac{1}{V_{max}}$$

根据该林-贝氏方程可作双倒数图(图 2-11③)，从图中可见，当有竞争性抑制剂存在时，表观 K_m 值(在有抑制剂存在的条件下分析双倒数图得到的 K_m 和 V_{max} 分别称为表观 K_m 和 V_{max})增大，表观 V_{max} 不变。

竞争性抑制作用的特点：①抑制剂和底物结构相似，都能与酶的活性中心结合。②酶的活性中心既可以结合底物也可以结合抑制剂，但不能同时结合。③酶的活性中心与抑制剂结合之后，酶活性丧失。④竞争性抑制作用的强弱取决于抑制剂和底物的相对浓度([I]/[S])，以及它们与酶的相对亲和力，若[I]不变，增加[S]可以削弱甚至消除抑制剂的竞争性抑制作用。

丙二酸对琥珀酸脱氢酶的抑制属于典型的竞争性抑制作用。丙二酸、草酰乙酸等一些二元羧酸的结构与琥珀酸相似，也能与琥珀酸脱氢酶的活性中心结合，但结合之后不会发生脱氢反应，而是抑制琥珀酸的结合与脱氢，从而起到竞争性抑制作用。

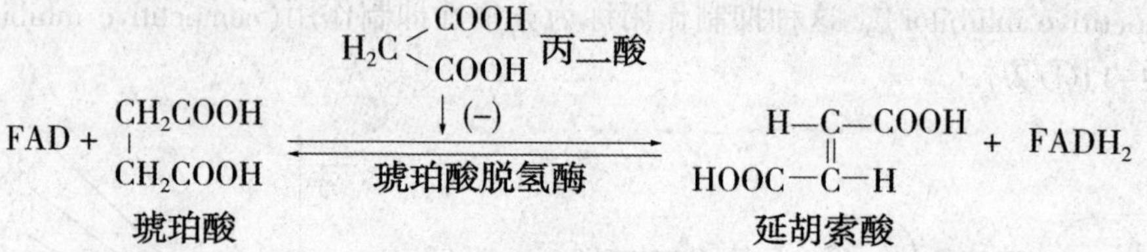

(2) 非竞争性抑制剂：抑制剂(I)不与底物(S)竞争酶(E)的活性中心，而是与活性中心之外的必需基团相结合，因而不影响底物与活性中心的结合，但使酶的构象发生改变，从而抑制酶促反应，这种抑制剂称为非竞争性抑制剂(noncompetitive inhibitor，图2-12①②)。非竞争性抑制剂既可以单独与酶结合，也可以和底物一起与同一酶分子结合形成酶-底物-抑制剂复合物(ESI)，但ESI不能进一步分解生成产物(P)。非竞争性抑制剂的作用机制不是抑制酶与底物的结合，而是抑制酶的催化活性。因此，增加底物浓度不能解除非竞争性抑制剂对酶的抑制作用。

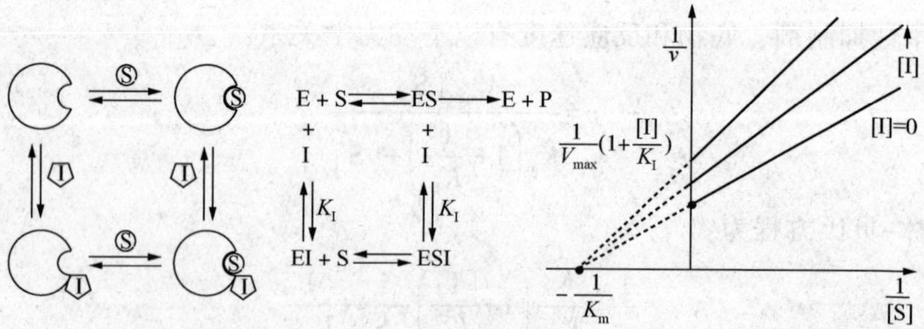

图 2-12　非竞争性抑制作用

非竞争性抑制剂、底物和反应速度有以下动力学关系：

$$v=\frac{V_{max}[S]}{K_m\left(1+\frac{[I]}{K_I}\right)+[S](1+\frac{[I]}{K_I})}$$

其林-贝氏方程为：

$$\frac{1}{v}=\frac{K_m}{V_{max}}\left(1+\frac{[I]}{K_I}\right)\frac{1}{[S]}+\frac{1}{V_{max}}\left(1+\frac{[I]}{K_I}\right)$$

根据该林-贝氏方程可作双倒数图(图 2-12③)，从图中可见，当有非竞争性抑制剂存在时，表观 V_{max} 降低，表观 K_m 值不变。

(3) 反竞争性抑制剂：抑制剂(Ⅰ)只与酶-底物复合物(ES)结合，使酶(E)失去催化活性。抑制剂与 ES 结合后，降低了 ES 的有效浓度，从而促进底物和酶的结合，这种抑制恰好与竞争性抑制相反，故称为反竞争性抑制作用(uncompetitive inhihitor)(图 2-13①②)。因为形成 ESI，ES 浓度低于未加抑制剂时的 ES 浓度，所以产物(P)的生成速度降低。反竞争性抑制作用在酶促反应中较为少见，主要发生于双底物反应，偶见于水解反应。苯丙氨酸对肠道碱性磷酸酶的抑制及肼对胃蛋白酶的抑制等均属于反竞争性抑制作用。

反竞争性抑制剂、底物和反应速度有以下动力学关系：

$$v=\frac{V_{max}[S]}{K_m+[S]\left(1+\frac{[I]}{K_I}\right)}$$

其林-贝氏方程为：

$$\frac{1}{v}=\frac{K_m}{V_{max}}\frac{1}{[S]}+\frac{1}{V_{max}}\left(1+\frac{[I]}{K_I}\right)$$

根据该林-贝氏方程可作双倒数图(图 2-13③)，从图中可见，当有反竞争性抑制剂存在时，表观 K_m 值减小，表观 V_{max} 降低。

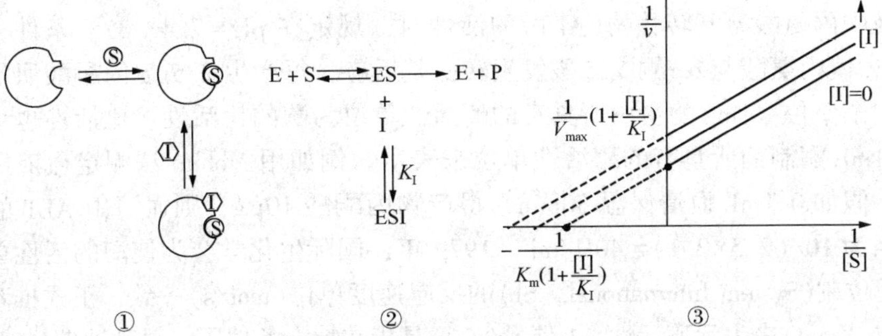

图 2-13　反竞争性抑制作用

六、激活剂对酶促反应速度的影响

能使酶从无活性到有活性或使酶活性提高的物质称为酶的激活剂(activator)。激活剂大多是金属离子，如Mg^{2+}、Mn^{2+}和K^{+}，少数是阴离子，如Cl^{-}，也有些激活剂是有机化合物，如胆汁酸。使酶从无活性到有活性的激活剂称为必需激活剂(essential activator)，它与酶、底物或酶-底物复合物结合参加反应，但不转化成产物。大多数金属离子激活剂属于这一类，其中有些同时还是酶的辅助因子。有些酶即使不存在激活剂也有一定的催化活性，但存在激活剂时催化活性更高，这类激活剂称为非必需激活剂(nonessential activator)。例如Cl^{-}是唾液淀粉酶的非必需激活剂，许多有机化合物类激活剂都属于非必需激活剂。

七、酶活力单位

酶活性(enzyme activity)的高低一般用它催化某一特定反应的速度来表示。测定酶活性就是测定酶促反应速度，酶促反应速度越快酶活性越高；反之，酶促反应速度越慢酶活性越低。酶促反应速度可以用单位时间、单位体积内底物的消耗量或产物的生成量来表示。底物变化是一个从多到少的过程，而产物生成是一个从无到有的过程，更灵敏，所以测定反应速度多采用测定产物生成量的方法。

酶对反应条件非常敏感，如pH值、温度和离子强度的改变都会对酶促反应速度产生影响。因此，在测定酶活性时，这些因素保持恒定才会得到正确结果。另外，酶促反应时间应当短一些，因为只有反应刚开始时反应速度是稳定的，进行一段时间之后反应速度会降低，测定结果也会偏低。

酶活性的高低一般用“活力单位(activity unit，U)”来表示。国际生化学会酶学委员会于1976年规定：在25℃、最适pH值、最适底物浓度时，每分钟催化1μmol底物反应所需的酶量为1个酶活力国际单位(1U)。这是一个统一标准，但使用起来不如习惯用法方便，所以目前仍沿用习惯方法。例如：在用Mohun法测定血液中丙氨酸氨基转移酶(ALT)的活性时，规定在pH=7.4、37℃条件下保温30min，使丙氨酸与α-酮戊二酸发生转氨基反应，每产生2.5μg丙酮酸所需的酶量为1个单位。1mg酶蛋白所具有的酶活性单位为酶的比活性。比活性也可以用1g或1mL酶制剂所具有的酶活性单位来表示。例如用Mohun法测定血液中ALT活性，假如0.1mL血清保温30min，得产物丙酮酸10μg，则血清中ALT的比活性应当为$10/(2.5 \times 0.1) = 40U/mL$。1979年，国际生化学会为使酶的活性单位与国际单位制(System International，SI)的反应速度单位(mol/s)一致，正式推荐以催量单位(Katal)来表示酶活性。1催量(Kat)是指在特定条件下、每秒钟催化1mol底物生成产物所需的酶量。催量与国际单位之间的换算关系为：$1Kat = 6 \times 10^{7}U$。

第五节　酶的调节

细胞内很多酶的活性是可以调节的。通过适当的调节，有些酶可在有活性和无活性或者高活性和低活性两种状态之间转变。此外，某些酶在细胞内的量可以发生改变，从而改变酶在细胞内的总活性。细胞根据内外环境的变化而调整细胞内代谢时，都是通过调节关键酶的活性实现的。所谓关键酶是指在某一代谢途径中，催化特定反应，且控制代谢速度的酶，也称为限速酶。机体通过调节关键酶活性来控制代谢速度，以满足机体对能量和代谢物的动态需要。此外，关键酶还是很多药物的靶点。

一、酶的结构调节

酶结构的调节是指通过改变酶的结构改变酶的活性，其调节方式包括变构调节、酶促化学修饰调节和酶原激活。

（一）变构调节

又称别构调节(allosteric regulation)，是指特定物质与酶活性中心外的特定部位以非共价键特异性结合，改变酶的构型，从而改变活性。受变构调节的酶称为变构酶(allosteric enzyme)、别构酶，引起变构效应的物质称为变构效应剂，其中提高酶活性的称为变构激活剂(allosteric activator)，降低酶活性的称为变构抑制剂(allosteric inhibitor)。变构效应剂可以是代谢途径的终产物、中间产物、酶的底物或其他物质。酶分子与变构效应剂结合的部位称为变构位点或调节位点。有些酶的调节位点与催化位点在同一亚基；有的则分布于不同的亚基，从而有催化亚基和调节亚基之分。

变构酶催化的反应一般位于代谢途径上游，某些下游产物甚至是终产物常常为其变构抑制剂。它们的生成量一旦超过需要量，就会积累而抑制变构酶，降低其所催化反应的速度，其后面的酶促反应也减慢，这种调节称为反馈抑制(feedback inhibition)。反馈抑制使终产物生成量与代谢需要量一致，既避免终产物积累对细胞造成损害，又避免能量和代谢物浪费。

（二）酶促化学修饰调节

又称共价修饰调节(covalent modificaiton)，是指酶蛋白肽链上的一些基团在其他酶的催化下，与某些化学基团共价结合，同时又可在另外一种酶的催化下，去掉已结合的化学基团，从而影响酶的活性。在化学修饰过程中，酶发生无活性(或低活性)与有活性(或高活性)两种形式的互变。

酶促化学修饰调节有多种形式，其中最常见的形式是磷酸化和去磷酸化。磷酸化(phosphorylation)是指酶蛋白中特定基团(主要是特定部位丝氨酸、苏氨酸或酪氨酸的羟基)与来自 ATP 的 γ-磷酸基以酯键结合，反应由蛋白激酶(protein kinase)催化。去磷酸化(dephosphorylation)是指水解脱去上述磷酸化酶蛋白的磷酸基，反应由蛋白磷酸酶(protein phosphatase)催化。磷酸化和去磷酸化可改变酶蛋白的带电状态，影响底物结合；或改变调节位点对催化位点(即活性中心)的影响，从而改变酶活性，即改变 V_{max} 或 K_m。

(三) 酶原与酶原的激活

有些酶在细胞内刚合成或初分泌时是酶的无活性前体，必须水解掉一个或几个特定肽键，或水解掉一个或几个特定氨基酸残基、肽段，改变酶蛋白构象，从而表现出酶的活性。酶的这种无活性前体称为酶原(zymogen)。酶原向酶转化的过程称为酶原的激活(activation)。酶原的激活实际上是酶的活性中心形成或暴露的过程。

例如：胰腺细胞分泌的胰蛋白酶原(trypsinogen)是没有活性的，但进入小肠后，在 Ca^{2+} 的协助下被肠激酶催化水解掉一个六肽，分子构象发生改变，N 端螺旋程度增加，从而使组氨酸、丝氨酸、异亮氨酸等形成活性中心，成为有催化活性的胰蛋白酶(trypsin)(图 2-14①)。此外，胰蛋白酶、糜蛋白酶和羧肽酶等初分泌时都是以无活性的酶原形式存在的，经过激活才能成为有活性的酶(图 2-14②)。

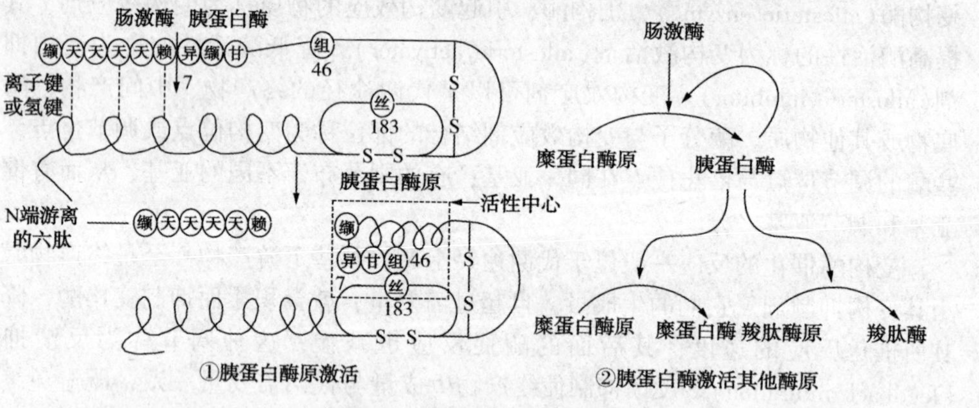

图 2-14　酶原激活示意图

生理情况下，血液中的凝血酶类与纤溶酶类也都以酶原的形式存在，不发生血液凝固，可保证血流畅通。一旦血管破损，一系列凝血因子被激活，就可以通过瀑布式的级联放大作用使大量的凝血酶原迅速激活成凝血酶，后者催化纤维蛋白原转变成纤维蛋白，引发快速而有效的血液凝固以阻止大量失血，对机体起保护作用。

酶原具有重要的生理意义：①酶原是酶的安全转运形式，一些消化酶类如胃蛋白酶、胰蛋白酶、糜蛋白酶等都以无活性的酶原的形式分泌并转运到肠道，激活后再发挥作用，这样可以避免在分泌和转运过程中对细胞自身蛋白质的消化。②酶原是酶的安全储存形式，如凝血酶类和纤溶酶类以酶原的形式存在于血液循环中，一旦需要便迅速激活成有活性的酶，发挥对机体的保护作用。与变构调节、化学修饰调节相比，酶原激活是不可逆调节而且可以在细胞外进行。酶原激活可被视为特殊形式的化学修饰调节。

二、酶的数量调节

酶的水平调节(regulation of enzyme quantity)是指通过调节酶蛋白的合成和降解速度改变酶蛋白水平，从而改变其总活性。

(一) 酶的合成调节

酶可根据水平是否受到调节分为组成酶、诱导酶和阻遏酶。组成酶(constitutive enzyme)含量相对恒定，不受组织组成、代谢物水平和生长条件影响。诱导酶和阻遏酶的合成受某些底物、产物、激素或药物影响，其中使诱导酶(inducible enzyme)合成增加的经常是代谢底物，例如β-半乳糖苷能诱导大肠杆菌β-半乳糖苷酶的合成，使β-半乳糖苷分解增加；使阻遏酶(repressible enzyme)合成减少的经常是代谢产物，例如胆固醇能抑制胆固醇合成途径关键酶HMG-CoA还原酶的合成，使胆固醇合成减少。一些关键酶是诱导酶或阻遏酶，其底物或产物通过调控酶蛋白基因的表达起作用。

(二) 酶的降解调节

控制酶蛋白的降解也是调节酶水平的重要方式。酶蛋白可以通过泛素-蛋白酶体途径和溶酶体途径降解：①泛素-蛋白酶体途径：酶蛋白被多聚泛素化后被蛋白酶体降解，消耗ATP。②溶酶体途径：酶蛋白在溶酶体内被组织蛋白酶降解，不消耗ATP。其他组织蛋白也可以通过这两条途径降解。

思 考 题

1. 酶促反应有什么特点？其机制是什么？
2. 影响酶促反应速度的因素有哪些？
3. 米氏方程中K_m值的含义是什么？怎样求得K_m值？

第三章　酶的生产

酶的生产是指通过人工操作获得所需酶的全部技术过程，包括酶的生物合成、分离、纯化等多个技术环节。

由于酶的催化效率远高于一般的或者人造催化剂，而且其作用条件温和，在各种生化过程和多种产品加工过程中，酶都起着十分重要的作用。如何利用酶来提高生产效率，控制生产过程，改善产品品质，解决生产上的一些极端问题成为人们关注的热点。

第一节　酶的生产方法

酶的生产方法可分为提取分离法(abstraction and separation)、生物合成法(biosynthesis)和化学合成法(chemosynthesis)3 种。其中，酶的提取分离法是最早采用并沿用至今的方法，也是其他方法的基础；生物合成法是 20 世纪 50 年代以来，酶生产的主要方法；而化学合成法则应用相对较少，至今仍停留在实验室阶段。

一、提取分离法

提取分离法是指采用各种提取、分离、纯化技术从自然界含酶丰富的生物材料中将酶提取分离出来，再进行纯化精制的技术过程。

从自然界含酶丰富的生物材料中提取酶具有较长的历史。1894 年，日本科学家首次从米曲霉中提炼出淀粉酶，并用淀粉酶治疗消化不良，从而开创了人类有目的地生产和应用酶制剂的先例。1908 年，德国科学家 Rohm 从动物的胰脏中提取胰酶(胰蛋白酶、胰淀粉酶和胰脂肪酶的混合物)，并将胰酶用于皮革的鞣制。同年，法国科学家 Boidin 从细菌中提取淀粉酶。1911 年，美国科学家 Wallstein 从木瓜中提取木瓜蛋白酶，并将木瓜蛋白酶用于除去啤酒中的蛋白质浑浊物，从而开始了酶制剂利用的新纪元。

提取分离法是最早用于酶生产的方法，此法中所采用的各种提取、分离、纯化技术，在其他的酶生产方法中也是重要的技术环节，是生物合成法、化学合成法生产酶的下游技术。

理论上，动物和植物的组织、器官、细胞以及微生物细胞都可以作为酶的生产提取材料。自然界含酶丰富的生物原料是采用提取分离法生产酶制剂的基础。自然界生物材料多样且十分广泛，价格也相对便宜，人们所需要的各种酶几乎都可以在自然界中找到相关的提取材料。但事实上，该生产方法受制于生物资源、地理环境、气候条件等因素，产量低，难以满足实际生产的需要，价格成本也较高，因此该方法适用于目前还难以实现生物合成或化学合成的酶类。例如，从动物的胰脏中提取分离胰蛋白酶、胰淀粉酶、胰脂肪酶或这些酶的混合物；从木瓜中提取分离木瓜蛋白酶、木瓜凝乳蛋白酶；从菠萝中提取分离菠萝蛋白酶；从柠檬酸发酵后得到的黑曲霉菌体中提取分离果胶酶等。

二、生物合成法

在提取法用于酶制剂生产的近半个世纪内，酶制剂的生产一直停留在从现成的动植物和微生物的组织或细胞中提取酶的阶段。这种生产方式工艺比较复杂，原料有限，得率也往往比较低，难以实现规模化生产。1949 年，人们成功地用液层发酵法生产出了细菌 α-淀粉酶，从此揭开了近代酶工业的序幕，利用大规模的微生物发酵工程或细胞培养来生产酶制剂逐渐成为主要的生产方法。

目前许多酶都采用生物合成法进行生产。例如，利用枯草杆菌生产淀粉酶、蛋白酶，利用黑曲霉生产糖化酶、果胶酶，利用大肠杆菌生产谷氨酸脱羧酶、多核苷酸聚合酶等。生物合成法目前已发展成为一个庞大复杂的技术体系，第二代酶(固定化酶)和第三代(包括辅助因子再生系统在内的固定化多酶系统)，都属于该方法的发展和衍生，并正日益成为酶工业生产的主力军，在化工医药、轻工食品、环境保护等领域发挥着巨大的作用。

生物合成法根据使用的细胞种类不同，可以分为微生物发酵产酶、植物细胞培养产酶和动物细胞培养产酶。在人为控制条件的生物反应器中，利用动植物细胞以及微生物的生命活动合成所需酶的方法称为发酵法，其中利用微生物发酵生产酶是目前最主要的酶生产方法。生物合成法生产酶制剂包括产酶细胞的获取、人工控制发酵、分离提取三大步骤。

产酶细胞的获取，包括从自然界中筛选、诱变、细胞融合、基因重组等方法。从自然界中筛选优良的产酶菌种目前获取产酶细胞的主要途径。微生物是地球上分布最广、物种最丰富的生物种群，为获得产酶菌提供了巨大的资源库。理论上，人们所需要的各种酶及产酶微生物都能在自然界中找到。但由于酶在生物体内主要起生理调节作用，无论是哪种酶，在细胞中的浓度都不会太高，即使采用微生物发酵生产酶制剂，也不能完全有效地解决生产需求问题，而基因工程为解决这一难题提供了新的方向。生物体内的酶，即使含量很低，只要应用基因重组技术，通过基因扩增与超量表达，就可能建立高效表达特定酶制剂的基因工程菌或基因工程细胞。将基因工程菌或基因工程细胞固定，就可以建成新一代的生物催化剂——固定化工程菌或固定化工程细胞，也称为基因工程酶制剂。如果把相关的技术与连续反应生物器巧妙结合起来，将导致整个发酵工业和化学合成工业的根本性变革。

人工发酵是在人为控制条件的生物反应器中培养细胞，通过细胞内物质的新陈代谢活动，生产各种代谢产物，这就是生物合成的过程。如何提高酶的生物合成效率是人工发酵法的主题，改良发酵菌种、改善发酵条件、控制产物和酶合成阻遏物浓度、科学利用酶合成诱导物等手段都能有效提高酶的生物合成效率。

分离提取是从发酵基质或细胞中分离提取目标酶，并经过精制获得所需要产品的过程。

三、化学合成法

化学合成法是20世纪60年代中期出现的新技术。1965年，人工合成胰岛素的成功，首开蛋白质化学合成的先河。1969年，美国物理化学家诺贝尔奖获得者昂萨格(L. Lars Onsager)成功合成了由124个氨基酸残基组成的核糖核酸酶A，这是世界上首个人工合成的酶。现在人们已经可以采用合成仪进行酶的化学合成，但由于酶的化学合成对氨基酸单体的纯度要求高，化学合成的成本高，而且只能合成化学结构已知的酶，因而化学合成法受到较大限制，难以实现工业化生产。然而利用化学合成法进行酶的人工模拟和化学修饰，对认识和阐明生物体的行为和规律，设计和合成既有酶的催化特点又克服酶的不足的高效非酶催化剂等，具有重要的理论意义和发展前景。

模拟酶是在分子水平上模拟酶活性中心的结构和催化作用，设计并合成的仿酶体系。现在研究较多的小分子仿酶体系有环糊精模型、冠醚模型、卟啉模型、环芳烃模型等。目前利用环糊精模型，已经获得了酯酶、转氨酶、氧化还原酶、核糖核酸酶等多种酶的模拟酶。随着科学的发展和技术的进步，酶的生产技术将进一步发展和完善，人们将可以根据需要生产更多更好的酶，以满足生产的需要。

第二节　酶的发酵生产

酶的发酵生产包括产酶菌或细胞的获得、控制发酵、分离提取三大步骤，优良产酶菌株的获得是该方法的前提和基础，控制发酵是主要过程，分离提取是下游技术。

酶的发酵生产是目前生产酶的主要方法，相对其他方法，其优势体现在：

① 微生物种类繁多，可以根据实际情况进行优选，满足不同生产需求；

② 微生物极易诱变、筛选，为优良菌株的选育提供捷径；

③ 微生物容易培养，培养基质来源广，成本低；

④ 产酶活力高，繁殖快，周期短；

⑤ 利用现代化发酵技术，可实现自动化、连续化、规模化生产；

⑥ 微生物的基因组较小，进行基因操作相对容易，为现代分子生物学在食品酶生产的应用提供良好的平台。

目前自然界中发现的酶有数千种，但投入工业发酵生产的仅有 50~60 种，因此通过微生物发酵生产酶具有极大的发展前景。

一、优良产酶菌的特点

现在大多数酶都采用微生物发酵生产。产酶微生物包括细菌、放线菌、霉菌、酵母等，优良的产酶微生物要求具有如下一些共同特点：

(一) 产酶效率和产酶量高

优良的产酶菌应该具有高产、高效的特性，才具有开发应用价值。高产细胞可通过不断筛选、诱变、基因克隆、细胞或原生质体融合等技术获得。生产过程中若发现退化现象，必须及时进行复壮处理，以保持细胞的高产特性。

(二) 容易培养和管理，适合高密度发酵

优良的产酶细胞对培养基和工艺条件应没有苛刻的要求，容易生长繁殖，适应性强，易于控制，便于管理。

(三) 目的酶的活性高

酶最重要的指标是酶活力，来源于不同微生物的同一种酶，其活力可能不同，优良的菌株不仅要求产量高，更要求酶活力高。

(四) 产酶稳定性好，不容易退化

优良的产酶细胞在正常生产条件下能够稳定地生长和产酶，不易退化，一旦出现退化现象，经过复壮处理，能恢复其原有的产酶特性。

(五) 利于酶的分离纯化

生物合成的酶需要经过分离纯化至所需纯度，才能成为可以应用于相关领域的酶制剂。因此，要求产酶细胞和发酵过程中产生的其他代谢产物应容易与目标酶分离。根据目的酶分布位置的不同，可分为胞外酶和胞内酶。胞外酶是指微生物合成的目的酶运输分泌到细胞外，即富集在培养基中；胞内酶是指微生物合成的目的酶存在于微生物细胞内。这两种酶的提取分离工艺也是不同的。

(六) 安全可靠，无毒性

产酶细胞及代谢产物要求安全无毒，不会对人体和环境产生不良影响，也不会对酶的应用产生其他不良影响。

1987 年联合国农业粮食组织(FAO)和世界卫生组织(WHO)的食品添加剂专家联合委员会(JECFA)就有关酶的安全生产提出如下意见：

① 凡是从动植物可食用部位或用传统食品加工的微生物所产生的酶，可作为食品对待，无须进行毒物学的研究，只需建立有关酶化学和微生物的详细说明；

② 凡是由非致病性的一般食品污染微生物所制取的酶，需做短期的毒性试验；

③ 由非常见微生物制取的酶，应做广泛的毒性试验，包括慢性中毒试验在内。

实际上，酶制剂的安全性除了酶本身之外，还可能来自酶分离纯化工艺的不足，使其有微生物污染及环境中的一些致病菌毒素，因此酶制剂在生产时还应通过安全性检查。

二、主要的产酶菌

现在大多数的酶都采用微生物细胞发酵生产，有不少性能优良的微生物菌株已在酶的发酵生产中广泛应用。

(一) 细菌

细菌是原核微生物，在工业上有重要的应用价值。酶的生产常用的细菌有大肠杆菌、枯草芽孢杆菌等。

1. 大肠杆菌

大肠杆菌(Escherichia coli)可以生产多种酶，这些酶一般都属于胞内酶，需要经过细胞破碎才能分离得到。目前应用大肠杆菌生产的酶有：谷氨酸脱羧酶，用于测定谷氨酸含量或生产 γ-氨基丁酸；天冬氨酸酶，用于催化延胡索酸和氨生产 L-天冬氨酸；青霉素酰化酶，用于生产新的半合成青霉素或头孢霉素；天冬酰胺酶，用于白血病的治疗；β-半乳糖苷酶，用于分解乳糖或其他 β-半乳糖苷；采用大肠杆菌生产的限制性核酸内切酶、DNA 聚合酶、DNA 连接酶、核酸外切酶等，在基因工程等方面应用广泛。

2. 枯草杆菌

枯草杆菌(Bacillus subtilis)是芽孢杆菌属细菌。枯草杆菌是应用最广泛的产酶微生物之一，可以用于生产 α-淀粉酶、蛋白酶、β-葡聚糖酶、5′-核苷酸酶和碱性磷酸酶等。例如，枯草杆菌 BF7658 是用于生产 α-淀粉酶的主要菌株；枯草杆菌 Als. 398 用于生产中性蛋白酶和碱性磷酸酶。枯草杆菌生产的 α-淀粉酶和蛋白酶等都是胞外酶，而其产生的碱性磷酸酶则存在于细胞质中。

(二) 放线菌

放线菌(Actinomycetes)是具有分支状菌丝的单细胞原核微生物。常用于酶发酵生产的放线菌主要是链霉菌(Streptomyces)。

链霉菌是生产葡萄糖异构酶的主要微生物，同时还可以用于生产青霉素酰化酶、纤维素酶、碱性蛋白酶、中性蛋白酶、几丁质酶等。此外，链霉菌还含有丰富的 α-羟化酶，可用于甾体转化。

(三) 霉菌

霉菌是一类丝状真菌，用于酶的发酵生产的霉菌主要有黑曲霉、米曲霉、红曲霉、青霉、木霉、根霉、毛霉等。

1. 黑曲霉

黑曲霉(Aspergillus niger)是曲霉属黑曲霉群霉菌。黑曲霉可用于生产多种酶，有胞外酶，也有胞内酶。例如，糖化酶、α-淀粉酶、酸性蛋白酶、果胶酶、葡萄糖氧化酶、过氧化氢酶、核糖核酸酶、脂肪酶、纤维素酶、橙皮苷酶和柚苷酶等。

2. 米曲霉

米曲霉(Aspergillus oryzae)是曲霉属黄曲霉群霉菌。米曲霉中糖化酶和蛋白酶的活力较强，因而在传统的酒曲和酱油曲的制造中应用广泛。此外，米曲霉还可以用于生产氨基酰化酶、磷酸二酯酶、果胶酶、核酸酶 P 等。

3. 红曲霉

红曲霉(Monascus)是红曲霉属霉菌。红曲霉可用于生产 α-淀粉酶、糖化酶、麦芽糖酶、蛋白酶等。

4. 青霉

青霉(Penicillium)属半知菌纲。青霉菌种类很多，其中产黄青霉(Penicillium chrysogenum)用于生产葡萄糖氧化酶、苯氧甲基青霉素酰化酶(主要作用于青霉素)、果胶酶、纤维素酶等。橘青霉(Penicillium citrinum)用于生产 5′-磷酸二酯酶、脂肪酶、葡萄糖氧化酶、凝乳蛋白酶、核酸酶 S1、核酸酶 P1 等。

5. 木霉

木霉(Trichoderma)属半知菌亚门丝孢纲丛梗孢目。木霉是生产纤维素酶的重要菌株。木霉生产的纤维素酶中包含有 C_1 酶、C_x 酶和纤维二糖酶等。此外，木霉中含有较强的 17-α 羟化酶，常用于甾体转化。

6. 根霉

根霉(Rhizopus)属于毛霉科根霉属。根霉可用于生产糖化酶、α-淀粉酶、蔗糖酶、碱性蛋白酶、核糖核酸酶、脂肪酶、果胶酶、纤维素酶、半纤维素酶等。根霉有强的 11-α 羟化酶，是用于甾体转化的重要菌株。

7. 毛霉

毛霉(Mucor)属于毛霉科的一个大属，常用于生产蛋白酶、糖化酶、α-淀粉酶、脂肪酶、果胶酶、凝乳酶等。

(四) 酵母

1. 啤酒酵母

啤酒酵母(Saccharomyces cerevisiae)是啤酒工业上广泛应用的酵母。啤酒酵母除了主要用于啤酒、酒类的生产外，还可以用于转化酶、丙酮酸脱羧酶、醇脱氢酶等的生产。

2. 假丝酵母

假丝酵母(Candida)可用于生产脂肪酶、尿酸酶、尿囊素酶、转化酶、醇脱氢酶等。假丝酵母还含有丰富的 17-α 羟化酶，可用于甾体转化。

三、产酶菌的获得

自然界丰富的微生物种群是筛选产酶菌的天然资源宝库。随着酶发酵生产技术的不断发展，仅从自然界中筛选产酶菌已难以满足对优良产酶菌的要求，因此在筛选自然界产酶菌的同时，加以压力选择、定向诱导、定向诱变等技术，可获得更加优良的产酶菌株。

工程菌是获得产酶菌的另一个重要途径，发展十分迅速，正逐步成为获得产酶菌的重要手段。

(一) 从自然界中分离

从自然界中分离纯化和筛选产酶微生物的主要步骤：

样本采集 → 标本材料预处理 → 富集培养 → 菌种初筛 → 性能鉴定 → 菌种保藏

在实际工作中通常引入选择压力，以提高筛选效率。

1. 标本采集

标本采集要根据目标酶、目的菌的特点，寻找相应的标本资源。一般地，一些极端环境，如高温、高压、高盐、高 pH 值、低 pH 值、海洋等往往是采集分离特殊微生物菌的重要标本采集环境。此外，一些自然发酵产品往往也是重要的微生物菌资源库。

2. 样本的预处理

为提高分离效果，一般采集回来的样本需要进行预处理。常用的预处理方法包括物理方法、化学方法、诱饵法 3 种。

物理方法有热处理、膜过滤、离心、富氧处理、空气搅动等。比如分离耐热产酶菌时，可根据其耐热特点，通过热处理减少非耐热菌群。膜过滤、离心处理可浓缩产酶菌，但会对收集的酶的类型有影响。富氧处理可除去一些厌氧菌，有利于分离好氧产酶菌。空气搅动可分离一些孢子，减少分离中的细菌数。

化学方法主要用于一些选择性的初筛或强化培养，如土壤链霉菌属菌的分离，可以通过添加 1% 几丁质或用 $CaCO_3$ 提高 pH 值的培养基进行强化培养，提高预处理效果。

诱饵技术是采用固体物质如石蜡棒、花粉、蛇皮、毛发等作为诱饵，加在待分离的标本中进行富集，等菌落长出后再进行分离。

3. 菌种的分离

经过一般培养基或选择性培养基的分离培养后，在平板上出现很多单个菌落，通过观察菌落形态，选出所需菌落，然后进行菌种鉴定，对于符合目的菌种特性的菌落，可将之转移到试管斜面纯培养。这种从自然界中分离得到的纯种称为野生型菌种，这只是筛选的第一步，所得菌株是否具有实际生产价值，能否作为生产菌株，还必须采用与生产相近的培养基和培养条件，进行小型发酵试验，才能得到适合于工业生产的菌株。如果野生型菌株产量偏低，达不到工业生产的要求，可以留作菌种选育的出发菌株。

4. 毒性试验

自然界的一些微生物在一定条件下可能会产生毒素，为了保证安全性，根据联合国农业粮食组织(FAO)和世界卫生组织(WHO)的食品添加剂专家联合委员会(JECFA)的相关意见，对于由非致病性的一般食品污染微生物所制取的酶，只需做短期的毒性试验，而由非常见微生物制取的酶，应做包括慢性中毒试验在内的广泛的毒性试验。

(二) 产酶菌的诱变育种

自然界直接分离的菌种，其发酵活力一般比较低，达不到工业生产的要求，因此应根据菌种形态、生理特点进行菌种改良。以微生物自然变异为基础的生产选种几率不高，主要是因为自然变异率太低，有益突变率更低。为提高变异率，可采用物理和化学因素诱发突变，这种以诱发基因突变为基础的育种就是诱变育种(mutation breeding)，它是提高菌种产量和性能的主要手段。当今发酵工业所使用的高产菌种，几乎都是通过诱变育种提高了生产性能的。诱变育种不仅能提高菌种的生产性能，还能改进产品的质量、扩大品种和简化生产工艺等。虽然目前在育种方法上，杂交、转化、转导以及基因工程、原生质体融合等方面的研究发展快速，但诱变育种仍为目前广泛应用的主要育种手段之一。

早在1927年，H. J. Muller发现X射线可提高突变率，1977年，C. Allback首次发现氮芥子气的诱变效应，后来，人们陆续发现许多物理的(如紫外线、γ射线、快中子等)和化学的诱变因素可以促使或提高微生物诱变效应。化学诱变因素分为三种：第一种是诱变剂与一个或多个核酸碱基发生化学反应，使DNA复制时碱基置换而引起变异，如羟胺亚硝酸、硫酸二乙酯、甲基磺酸乙酯、硝基胍基、亚硝基甲基脲等；第二类诱变剂属于天然碱基的结构类似物，在复制时掺入DNA中引起变异，如5-溴尿嘧啶、5-氨基尿嘧啶、8-氮鸟嘌呤和2-氨基嘌呤等；第三类诱变剂通过在DNA分子上减少或增加1~2个碱基，使碱基突变点以下全部遗传密码的转录和翻译发生错误，导致移码突变，如吖啶类物质和一些氮芥衍生物(ICR)等。诱变育种操作简便，突变率高，突变谱广。

诱变育种的基本步骤如下：

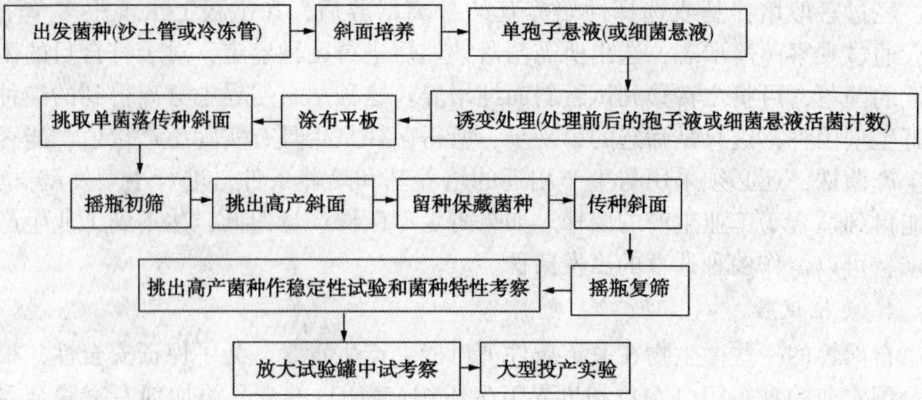

在诱变育种中，进行诱变或基因重组育种处理的起始菌株称为出发菌株。出发菌株的选择直接影响到最后的诱变效果，因此必须了解出发菌株的产量、形态、生理等特征特性，挑选出对诱变剂敏感性强、变异幅度大、产量高的出发菌株。可选择的菌株有：①自然界新分离出的野生型菌株，它们对诱变因素敏感，容易发生变异；②生产中由于自发突变或长期在生产条件下驯化而筛选得到的菌株，与野生型菌株较相像，容易达到较好的诱变效果；③每次诱变处理都有一定提高的菌株，往往多次诱变可使效果叠加，积累更多的变异。实际操作中，可同时选取2~3株出发菌株，在处理比较后，将适合的菌株保留继续诱变。另外，对于基因重组的出发菌株，无论是供体还是受体，都必须考虑与重组方式对应的基本性能，如感受态、亲和性、噬菌体吸附位点等，还必须考虑标记互补、选择性性状、受菌体的强代谢活性、营养需求、生长速度等，以及与社会公害有关的问题如耐药性、致病性、肠道寄生性等。

有研究报道，以2-脱氧葡萄糖作为降解产物阻遏物，诱变处理里氏木霉，选育得到一株抗分解代谢阻遏的突变株，其滤纸酶活和CMC酶活分别达3.63IU/mL和24.64IU/mL，比出发菌株高了3倍。此外，以葡萄糖（梯度浓度）纤维素双层平板进行选育，紫外诱变处理里康氏木霉，获得一株在葡萄糖浓度高达10%时，仍能产生纤维素水解酶透明圈的突变株。该突变株干曲的CMC酶活、滤纸酶活和β-葡聚糖苷酶活分别达1145.7U/g，55.6U/g，24U/g，分别是出发株的2.4倍、3.0倍和12.6倍。

（三）产酶菌的杂交育种

杂交育种（crossing breeding）一般指两个不同基因型的菌株通过结合或原生质体融合使遗传物质重新组合，再从中分离和筛选优良菌株。真菌、放线菌和细菌均可进行杂交育种。选用已知性状的供体菌株和受体菌株作为亲本，把不同菌株的优良性状集中于重组体中。通过这种方法可以分离得到具有新的基因组合的重组体，也可以选出由于具有杂种优势而生长旺盛、生物量多、适应性强以及某些酶活性提高的新品系。

但是，由于操作方法较复杂、技术条件要求较高，其推广和应用受到一定的限制。杂交育种主要有常规的杂交育种和原生质体融合这两种方法，其中原生质体融合法较为多见。

原生质体融合技术是先用脱壁酶处理微生物细胞壁，制成原生质体，再用聚乙二醇促使原生质体融合，从而获得异核体或重组子的过程。由于质体无细胞壁，易于接受外来遗传物质，不仅能将不同种的微生物融合在一起，而且还能使亲缘关系更远的微生物融合在一起。原生质体容易受到诱变剂的作用，因而成为较好的诱变对象。实践证明，原生质体融合能大大提高重组频率。因此，通过此项技术可将来自不同菌株的多种优良性状，通过遗传重组，组合到一个重组菌株里。原生质体融合作为一项新的生物技术，为微生物育种提供了一条新的途径。

例如，在纤维素酶研究中，里氏木霉能大量合成外切葡聚糖酶、内切葡聚糖酶，但是纤维二糖酶活力低，而黑曲霉的纤维二糖酶活力高。为了充分利用里氏木霉和黑曲霉这两个远缘属种中的互补优势性状，可将里氏木霉和黑曲霉进行原生质体融合，筛选得到的融合子获得了两个菌株的优点。用高效发酵单糖为乙醇的运动发酵单胞菌的原生质体球作为受体与纤维素发酵菌的原生质体融合，即可获得直接利用纤维素产生乙醇的基因重组的融合子。马建华等人用电融合技术，将木霉和酿酒酵母细胞融合，使酿酒酵母获得利用纤维二糖产生乙醇的能力。

（四）基因工程菌

利用基因操作将外源基因转入宿主菌内，经过筛选、继代后能够稳定地表达该基因，合成有生理活性的酶，这种带上了人工给予的新的遗传性状的菌，被称为基因工程菌（gene-engineering strains）。

基因工程菌获得的基本步骤：

目的基因的获取→载体的选择→目的基因与载体 DNA 的体外重组→宿主菌的准备→重组载体引入受体菌→重组菌的筛选。

在纤维素酶的生产上，许多真核纤维素酶基因都已在大肠杆菌、酿酒酵母、运动发酵单胞菌以及黄单胞菌等微生物中表达。Penttila 等将黑曲霉的纤维二糖酶基因在酵母中表达，使酵母能在纤维二糖培养基中生长。山东大学生命科学院微生物系已成功地从微紫青霉（Penicillium janthinellum）的 cDNA 文库中克隆得到 CBH Ⅰ基因，并将 CBH Ⅰ转入到 CBH 酶活力较低的黄单胞菌中，获得了成功表达，结合子的 CBH Ⅰ酶活力比原始菌株提高 2～4 倍，滤纸酶活力提高 1 倍。在里氏木霉纤维素酶制剂中补加黑曲霉的纤维二糖酶可大幅度提高纤维素底物水解速度。

目前，基因操作已经发展成为一个庞大的技术群，基因修饰、外源基因的表达、多点突变、酶的定向进化技术等，都为获得优良产菌酶提供了广阔的技术平台。例如，利用酶的定向进化技术中的基因嵌合酶技术得到的儿茶酚 2,3-双氧酶，不但具有与原酶相同的催化活性和特异性，而且在高温下更稳定；用易错 PCR 技术筛选到的一个枯草芽孢杆菌蛋白酶突变体，催化活性提高了 150 倍；用 DNA 体外随机拼接技术改造 β-内酰胺酶，获得了一个对头孢霉素抗性提高 1600 倍的突变株。

四、产酶菌的培养

（一）产酶菌培养的基本要素

产酶菌的培养是指在人为控制的培养条件下，使产酶菌的数量增加到适宜的浓度，并在最适条件下进行生物酶的合成和积累的过程。产酶菌的培养需具备一些基本要素。

1. 培养基的基本组分

虽然培养基多种多样，但是培养基一般包括碳源、氮源、无机盐和生长因子等几大类组分。

（1）碳源：碳源是指能够为产酶菌提供碳水化合物的营养物质。不同微生物对碳源的利用有所不同，在配制培养基时，应根据产酶菌的需要选择不同的碳源。目前，大多数产酶微生物采用淀粉或其水解产物，如糊精、淀粉水解酶、麦芽糖、葡萄糖等为碳源。例如，黑曲霉具有淀粉酶系，可以利用淀粉为碳源；酵母不能利用淀粉，只能采用蔗糖或葡萄糖等为碳源。此外，有些微生物可以利用脂肪、石油、乙醇等为碳源。

（2）氮源：氮源是指能向微生物提供氮元素的营养物质。氮元素是各种细胞中蛋白质、核酸等组分的重要组成元素之一，也是各种酶分子的组成元素。氮源是细胞生长、繁殖和酶的生产必不可少的营养物质。

氮源可以分为有机氮源和无机氮源两大类。有机氮源主要是各种蛋白质及其水解产物，例如，酪蛋白、豆饼粉、花生饼粉、蛋白胨、酵母膏、牛肉膏、蛋白水解液、多肽、氨基酸等。无机氮源是各种含氮的无机化合物，如氨水、硫酸铵、磷酸铵、硝酸铵、硝酸钾、硝酸钠等铵盐和硝酸盐等。

(3) 无机盐：无机盐的主要作用是提供细胞生命活动所必不可缺的各种无机元素，并对细胞内外的 pH、氧化还原电位和渗透压起调节作用。

不同的无机元素在细胞的生命活动中作用有所不同。有些是细胞的主要组成元素，如磷、硫等；有些是酶分子的组成元素，如磷、硫、锌、钙等；有些作为酶的激活剂调节酶的活性，如钾、镁、锌、铜、铁、锰、钙、钼、钴、氯、溴、碘等；有些对 pH、氧化还原电位、渗透压起调节作用，如钠、钾、钙、磷、氯等。

(4) 生长因子：生长因子是指细胞生长繁殖所必需的微量有机化合物，主要包括各种氨基酸、嘌呤、嘧啶、维生素等。氨基酸是蛋白质的组分；嘌呤、嘧啶是核酸和某些辅酶或辅基的组分；维生素主要起辅酶作用。有的微生物可以通过自身的新陈代谢合成所需的生长因子，有的微生物属于营养缺陷型细胞，本身缺少合成某一种或某几种生长因子的能力，需要在培养基中添加所需的生长因子，微生物才能正常生长、繁殖。

在酶的发酵生产中，生长因子多由天然原料提供，如酵母膏、玉米浆、麦芽汁、豆芽汁、米糠、麸皮水解液等，以提供细胞所需的各种生长因子。也可以加入某种或某几种提纯的有机化合物，以满足细胞生长、繁殖需要。表 3-1 为几种产酶菌常用的培养基配方。

表 3-1 几种产酶菌常用的培养基配方

产酶菌	产酶种类	常用培养基
枯草杆菌 BF7658	α-淀粉酶	玉米粉 8%，豆饼粉 4%，Na_2HPO_4 0.8%，$(NH_4)_2SO_4$ 0.4%，$CaCl_2$ 0.2%，NH_4Cl 0.15%(自然 pH)
枯草杆菌 AS1.398	中性蛋白酶	玉米粉 4%，豆饼粉 3%，麸皮 3.2%，糠 1%，Na_2HPO_4 0.4%，KH_2PO_4 0.03%(自然 pH)
黑曲霉	糖化酶	玉米粉 10%，豆饼粉 4%，麸皮 1%(pH4.4~5.0)
地衣芽孢杆菌 2709	碱性蛋白酶	玉米粉 5.5%，豆饼 4%，Na_2HPO_4 0.4%，KH_2PO_4 0.03%(pH8.5)

续表

产酶菌	产酶种类	常用培养基
黑曲霉 AS3. 350	酸性蛋白酶	玉米粉 8%，豆饼粉 4%，玉米浆 0. 6%，Na_2HPO_4 0. 2%，$CaCl_2$ 0. 5%，NH_4Cl 1%(pH5. 5)
游动放线菌	葡萄糖异构酶	糖蜜 2%，豆饼粉 2%，Na_2HPO_4 0. 1%，$MgSO_4$ 0. 05%(pH7. 2)
橘青霉	磷酸二酯酶	淀粉水解糖 5%，蛋白胨 0. 5%，Na_2HPO_4 0. 05%，$CaCl_2$ 0. 04%，$MgSO_4$ 0. 05%，KH_2PO_4 0. 05%(自然 pH)
黑曲霉 AS3. 396	果胶酶	麸皮 5%，果胶 0. 3%，$(NH_4)_2SO_4$ 2%，$MgSO_4$ 0. 05%，KH_2PO_4 0. 25%，$NaNO_3$ 0. 02%，$FeSO_4$ 0. 001%(自然 pH)
枯草杆菌 ASl. 398	碱性磷酸酶	葡萄糖 0. 4%，乳蛋白水解物 0. 1%，$(NH_4)_2SO_4$ 1%，KCl 0. 1%，$CaCl_2$ 0. 1mmol/L，$MgCl_2$ 1mmol/L，Na_2HPO_4 20mmol/L (pH7. 4 Tris-HCl 缓冲液配制)

2. 适宜的 pH

培养基的 pH 与细胞的生长、繁殖以及发酵产酶关系密切，在发酵过程中必须进行必要的调节控制。

不同的微生物，其生长繁殖的最适 pH 有所不同。一般细菌和放线菌的生长最适 pH 在中性或碱性范围(pH6. 5~8. 0)；霉菌和酵母的最适生长 pH 偏酸性(pH4~6)；植物细胞生长的最适 pH 为 5~6。

产酶菌发酵产酶的最适 pH 与生长最适 pH 往往有所不同，有些细胞可以同时产生若干种酶，在生产过程中，通过控制培养基的 pH，往往可以改变各种酶之间的产量比例。例如黑曲霉可以生产 α-淀粉酶，也可以生产糖化酶，在培养基的 pH 为中性时，α-淀粉酶的产量增加，而糖化酶减少，如果 pH 偏向酸性时，糖化酶的产量提高，而 α-淀粉酶的产量降低。类似地，用米曲霉生产酶蛋白时，当培养基的 pH 为碱性时，以产碱性蛋白酶为主，当培养基的 pH 为中性时，以产中性蛋白酶为主，当培养基的 pH 为酸性时，以产酸性蛋白酶为主。

3. 适宜的培养温度

产酶菌的生长、繁殖和发酵产酶需要一定的温度条件。在一定的温度范围内，细胞才能正常生长、繁殖和维持正常的新陈代谢。

不同的产酶菌有各自不同的最适生长温度。例如，枯草杆菌的最适生长温度为 34~37℃，黑曲霉的最适生长温度为 28~32℃。值得注意的是，有些产酶菌发酵产酶的最适温度与个体生长最适温度有所不同，而且往往低于最适生长温度。例如，采用酱油曲霉生产蛋白酶，40℃条件下，霉菌的生长良好，在 28℃下，酶的产量是 40℃下的 2~4 倍，但生长却比较缓慢，20℃下产酶量更大，所以在实际生产中，常常采用分段控制，在发酵初期，采用适宜的高温，以提高霉菌的生长，提高霉菌细胞数量，然后采用适当的低温，以提高产酶量。

4. 溶解氧

产酶菌生长、繁殖和酶的生物合成过程需要大量的能量。为了获得足够多的能量，微生物必须获得充足的氧气，使从培养基中获得的能量物质(一般指各种碳源)经过有氧降解而生成大量的ATP。所以在产酶菌的发酵培养时应维持一定的溶氧量。

不同的培养基溶氧量有很大的差异。固体培养基往往有相对较高的溶氧量，而液体培养基溶氧量相对较小，在实际生产中应根据溶氧量的要求，加以调节。

(二) 发酵产酶的基本工艺

1. 菌种选择

在实际生产中应该选用：酶的产量高，容易培养和管理，产酶稳定性好，不易退化的产酶菌，而且要使用的细胞及其代谢物安全无毒，不会影响生产人员和环境，也不会对酶的应用产生其他不良的影响。

2. 固态发酵产酶的基本工艺流程

固体发酵(solid-state fermentation)是以麸皮或米糠为主要原料，另外添加谷糠、豆饼等为辅助原料。经过对原料发酵前处理，在一定的培养条件下微生物进行生长繁殖代谢产酶，同时还具有原料简单、不易污染、操作简便、酶提取容易、节省能源等优点。缺点是不便自动化和连续化作业，占地多、劳动强度大、生产周期长。

其基本生产工艺如下：

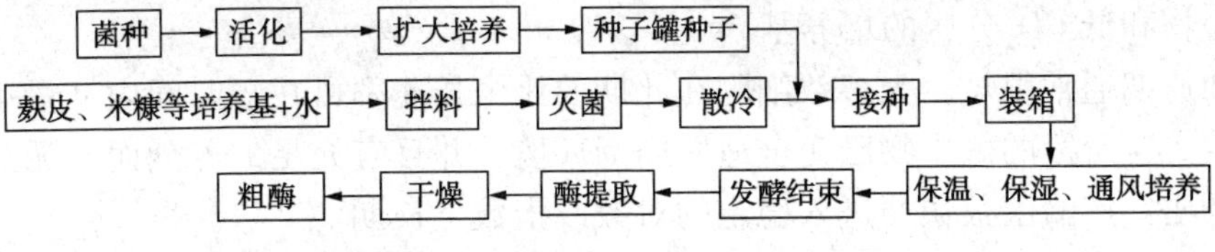

3. 液态深层发酵产酶的基本工艺流程

相对固体发酵，液体培养法(liquid-state subsurface fermentation)具有独特的优势：占地少、生产量大、适合机械化作业、发酵条件容易控制、不易污染，还可大大减轻劳动强度。其培养方法有分批培养、流加培养和连续培养三种，其中前两种培养法应用更为广泛，后者因污染和变异等关键性技术问题未解决，应用受到限制。在液体深层培养中，pH、通气量、温度、基质组成、生长速率、生长期及代谢产物等都对酶的形成和产量有影响，要严加控制。深层培养的时间通过检测培养过程的酶活力来确定，一般比固体培养周期(1~7d)短，仅需1~5d。

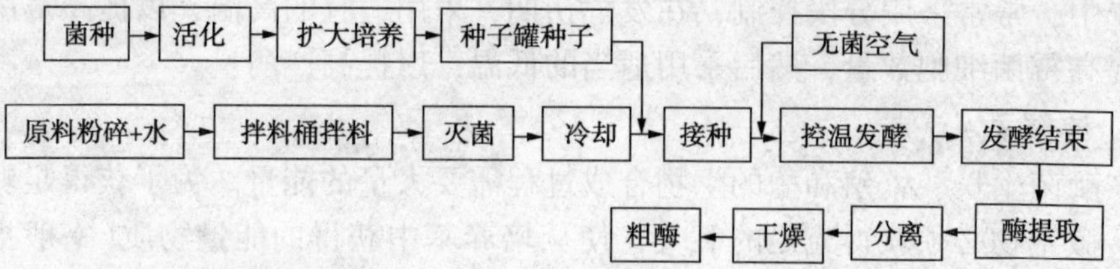

（三）近代发酵技术概述

发酵是一种复杂的生化过程，其好坏涉及诸多因素。除了上述的菌种的生产性能、培养基的配比、原料的质量、灭菌条件、种子质量、发酵条件等，还与过程控制密切相关。近年来，为了提高发酵生产的效率，先后形成了多种发酵技术，并逐步成为现代生产的主流发酵技术。现代发酵技术主要包括分批发酵、补料-分批发酵、半连续与连续发酵等。

1．分批发酵

分批发酵(batchwise fermentation)是指经灭菌的培养基在接种后开始培养直到结束，除了调节或维持发酵液的pH所加的酸碱及消泡时添加的消泡剂外，无料液的进出，发酵结束后将所有的发酵糟全部取出，进入后续操作。分批发酵是一种准封闭系统，种子接种到培养基后，除了气体流通外，发酵液始终留在生物反应器内直到发酵结束。分批发酵过程一般可分为6期：即停滞期、加速期、对数期、减速期、静止期和死亡期。

停滞期即接种菌的适应期，这段时间内，细胞数目和菌量基本不变，其长短主要取决于种子的活性、接种量和培养基的可利用性和浓度。一般为缩短停滞期，接种的种子应采用对数生长期且达到一定浓度的培养物，该种子能耐受含高渗化合物和低CO_2分压的培养基。

加速期通常很短，大多数细胞在此期的比生长速率可在短时间内从最小升到最大值。这阶段的微生物已完全适应周围环境，并且有充足的养分而又无抑制生长的物质，产酶菌很快便进入稳定的对数或指数生长期。

在对数生长期的比生长速率达到最大，该生长期的长短主要取决于培养基，包括溶氧的可利用性和有害代谢产物的积累。

减速期是随着养分的减少以及有害代谢物的不断积累而出现，这时比生长速率为养分、代谢产物和时间的函数，其细胞量仍在增加，但比生长速率不断下降，细胞在代谢与形态方面逐渐蜕化，经短时间的减速后进入生长静止(稳定)期。

静止期实际上是一种生长和死亡的动态平衡，净生长速率等于零。由于此期菌体的次级代谢十分活跃，许多次级代谢产物大量合成，菌的形态也发生较大变化，如菌已分化，染色变浅，形成空胞等。当养分耗竭，对生长有害代谢物会在发酵液中大量积累，菌体便进入死亡期。

分批发酵操作简单，周期短，染菌的机会减少，生产过程和产品质量易掌握，因而在工业生产中仍有重要地位。但对基质浓度敏感的产物或次级代谢产物不宜采用分批发酵，因为发酵周期较短(一般1~3d)，产物产率较低。这主要是由于养分的耗竭，无法维持下去。

在分批发酵中，若产物为初级代谢产物，可设法延长与产物关联的对数生长期；若产物为次级代谢产物，可缩短对数生长期，延长生产期(静止期)，或降低对数期的生长速率，从而更早产生所需产物。

一般固态发酵多采用此发酵工艺。

2. 补料-分批发酵

补料-分批发酵(fed-batch fermentation)是在分批发酵的过程中，补充因维持生长或产物合成所需的养分与前体，避免由于养分不足导致发酵过早结束的一种发酵方式。由于只有料液的输入，没有输出，因此，发酵液的体积会不断增加。

补料-分批发酵可维持很低的基质浓度，因而可避免因快速利用碳源产生的阻遏效应，并能按设备的通气能力维持适当的发酵条件，有利于次级代谢产物的积累，减缓代谢有害物的不利影响。

3. 半连续发酵

半连续发酵(semi-continuous fermentation)指在发酵过程中除了补料还间歇排放部分发酵液。在补料-分批发酵的基础上加上间歇放掉部分发酵液，称为半连续发酵。这种发酵方法可克服补料带来的体积增大问题，同时还可减少有害代谢物的不断积累，尽可能延长产物合成的时间。

但半连续发酵在放掉发酵液的同时也损失了未利用的养分和处于生产旺盛期的菌体，定期补充和放液会使发酵液稀释，使得需提炼的发酵液体积更大，增加了提取工艺的负荷。此外，发酵液被稀释后可能会产生更多的代谢有害物，从而限制发酵产物的合成，还有一些经代谢产生的前体可能也会丢失，而补料和放液后的相对稀释条件也更有利于非产酶突变株的生长。所以，在实际生产中，不同品种应具体情况具体分析，选择合适的发酵工艺。

4. 连续发酵

连续发酵(continuous fermentation)是经一段时间的分批培养后，发酵过程中一边不断地补充新鲜的料液，一边以相近的流速除去发酵液，基本维持发酵液的体积不变。在连续发酵中，补料和放液的速度取决于产酶菌的繁殖速度、养分消耗速度、产物积累速度、有害物质积累速度等因素。生产上应选用一个合适的补料和放液速度，以达到最大优化的发酵工艺。

连续发酵工艺在产酶的效率、生产的稳定性和易于实现自动化方面比前述的发酵工艺优越，但污染杂菌的机会和菌种退化的可能性增加，这是该发酵工艺的缺陷。

在连续发酵过程中，需长时间不断地向发酵系统供给无菌的新鲜空气和培养基质，这就增加了染菌的可能性。尽管可以通过改良一些发酵条件、工艺参数加以控制，如选取耐高温、耐极端 pH 和能够同化特殊营养物质的菌株作为生产菌种来控制杂菌的生长，但是这种方法的应用范围有限。故染菌问题一直是连续发酵工艺中不易解决的问题。

连续发酵发酵工艺中的另一个问题是菌种突变或退化。微生物的遗传物质 DNA 在复制过程中高度保守，出现差错的频率为百万分之一。尽管自然突变率很低，但一旦在连续培养系统中的生产菌出现某一个菌的突变，且突变的结果使这一细胞获得高速生长能力，但失去生产能力，最终取代系统中原来的生产菌种，而使发酵效率变得十分低下，连续培养的时间越长，所形成的突变菌株越多，最终导致发酵失败。当然并不是菌株的所有突变都会造成危害，但造成产酶效率下降是常见的问题，因为工业生产菌株均经过多次诱变选育，消除了菌株自身的代谢调节功能，以适应人们的需求，利用有限的碳源和其他养分合成所需的产物。生产菌种发生回复突变的倾向性很大，因此这些生产菌种在连续发酵时很不稳定，低产突变株很可能最终取代高产生产菌株。

为解决这一问题，需建立一种不利于低产突变株的选择性生产条件，使低产菌株逐渐被淘汰。例如，利用一株具有多重缺陷的异亮氨酸渗漏型高产菌株生产 L-苏氨酸。此生产菌株在连续发酵过程中易发生回复突变而成为低产菌株。若补料中不含异亮氨酸，那些不能大量积累苏氨酸而同时失去合成异亮氨酸能力的突变株则从发酵液中被自动淘汰。

5. 高细胞密度培养

工业生产的基本目标是以最小的代价获得最大的产值和利润，而实现这一目标的工程手段是针对每个特定过程建立相应的高效发酵模式。产酶菌的数量是产量的一个基本条件，菌量越多，自然产量也越大。生产上，要提高发酵效率，不仅要尽量使菌的生产力保持在最佳状态，还要创造一个最合适的生产条件，努力实现高细胞密度培养。

凡是发酵液中细胞密度比较高，以至接近其理论值的培养均可称为高细胞密度培养（high density cell culture），通常用干细胞重量（DCW/L）来表示。一般认为其上限值为 150~2000g(DCW/L)，下限值为 20~30g(DCW/L)。由于不同菌种(或者不同菌株)之间存在较大的差异，所以高密度培养的上、下限值也均有例外。高细胞密度培养最早应用于生产单细胞蛋白、乙醇。现在已有许多采用高细胞密度培养成功的例子。

实现高密度培养的途径主要有透析培养、细胞循环培养、补料分批培养等，其中以补料分批培养技术较为成熟和完善。用于细胞高密度培养的生物反应器常用的类型有搅动罐和带有外置式或内置式细胞持留装置的反应器，如透析膜反应器、气升式反应器、气旋式反应器与振动陶瓷瓶等。

透析培养是利用半透膜有效地去除培养室中有害的低分子质量代谢产物，同时向培养液提供充足的营养物质的培养方式。Osborne 在 1977 年首次将透析用于乳酸杆菌培养，获得了 1×10^{11} cfu/mL 的高菌体密度，相当于 30~40g(DCW/L)。透析培养主要发展了营养分配补料策略，即将培养基分为浓缩营养液和无机盐溶液两部分。浓缩营养液直接加入培养室，无机盐溶液则加入透析室以维持渗透压。采用这种培养方式，可以直接增加生物量的积累，大大降低营养物质的损失，而且与微滤和超滤相比，在透析过程中透析膜不会被阻塞，并且可以长时间维持其渗透性能。

细胞循环培养是通过某种方式将细胞保留在培养罐中加以循环利用的培养方式，一般通过沉降、离心和膜过滤几种方式实现。膜过滤培养是连续培养和超滤的结合，它通过在普通培养装置上附加一套膜过滤系统，用泵使培养液流经过滤器，截留菌体，流出滤液，并通过液面计控制添加泵添加新鲜的培养基，维持培养基体积不变。细胞循环可以除去抑制性代谢产物，可以用低浓度的培养基得到高的细胞密度，可以就地分离产物，有利于下游操作。

采用补料分批培养进行高密度发酵成功的关键是补料策略的选择。高细胞密度培养需投入几倍于生物量的基质以满足细胞迅速生长繁殖及大量表达基因产物的需要。不同的发酵菌株有不同的补料流加依据，大部分都以菌落形态、发酵液中糖浓度、液体溶氧浓度、尾气中氧和二氧化碳的含量、摄氧量或呼吸商的变化为依据的。在发酵培养中，由于大多数菌体不能耐受温度、pH 和溶液浓度的较大改变，尤其是代谢产物积累等极端条件，所以限制了菌体的高密度培养。由于发酵中产生了大量的代谢物，所以需要加入大量碱液调整 pH，这样就导致了营养培养基的稀释，而若以葡萄糖为主要基质，由于浓缩程度有限，在细胞高密度补料时也会发生培养基的稀释，这些问题都影响了细胞的生长。

目前，有两种主要的策略控制流加营养物：开环式和闭环式(反馈)流加补料方式。补料添加方法与工作原理见表 3-2。

表 3-2　补料分批发酵的补料添加方法和工作原理

补料类型	工作原理
	非反馈补料
恒速补料	预先设定恒定的营养流加速率，微生物的比生长速率逐渐下降，菌体密度呈线性增加
变速补料	在培养过程中流加速率不断增加(梯度、阶段、线性等)，比生长速率不断改变
指数补料	流加速度呈指数增加，比生长速率为恒定值，菌体密度呈指数增加
	反馈补料
恒 pH 法	通过 pH 的变化，推测细菌的生长状态，调节流加葡萄糖速度，调节 pH 为恒定值
恒溶解氧法	以溶解氧为反馈指标，根据溶解氧的变化曲线调整碳源的流加量，菌体浓度反馈通过检测菌体的浓度，拟合营养的利用情况，调整碳源的加入量
CER 法	通过检测二氧化碳的释放率(CER)，监测碳源的利用情况，控制营养的流加
DO-stat 法	通过控制溶解氧、搅拌和补料速率，维持恒定的溶解氧，控制减少有机酸的生成

在反馈流加过程中，直接与生理生化和化学参数有关，如温度、压力、pH、泡沫和搅拌速度等，而这些参数的检测较为复杂和昂贵，尤其是呼吸商控制体系由于需要 O_2 和 CO_2 分析仪，恒 pH 法和恒溶解氧法相对简单和便宜，因而较为常用。非反馈补料中，指数流加方式可使菌体以一定的比生长速率稳定生长，同时还有利于目的蛋白的表达。

采用高细胞密度培养的主要问题是：在水溶液中的固体与气体物质的溶解度，基质对生长的限制或抑制作用，基质与产物的不稳定性和挥发性，产物或副产物的积累达到抑制生长的水平，产物的降解，高的 CO_2 与热的释放速率，高的氧需求以及培养基的黏度不断增加等。在发酵基质选用方面，采用化学成分已知的培养基可以简化补料策略。

(四) 现代发酵技术中的控制技术

计算机的广泛应用，使现代发酵工业逐步走向全程监控、自动检测的新时代。

计算机在发酵中的应用有三项主要任务：过程数据的储存、过程数据的分析和生物过程的控制。数据的存储包括以下内容：顺序地扫描传感器的信号，将其数据条件化，过滤并以一种有序并易找到的方式储存。数据分析是从测得的数据用规则系统提取所需信息，求得间接(衍生)参数，用于反映发酵的状态和性质。过程管理控制器可将这些信息显示打印和作曲线，并用于过程控制。控制器有 3 个任务：按事态发展或超出控制回路设定点的控制；过程灭菌，投料，放罐阀门的有序控制；常规的反应器环境变量的闭环控制。此外，还可设置报警分析和显示。一些巧妙的计算机监控系统主要用于中试规模、仪器装备良好的发酵罐。对生产规模的生物反应器，计算机主要应用于监测和顺序控制。先进的优化控制可使生产效率达到最大，但目前该技术仍需进一步完善。

第三节 提高酶发酵产量的方法

影响酶发酵的因素很多，要提高发酵产酶量，首先要有优良性能的生产菌种，其次还要有最佳的发酵条件即发酵工艺。为了获得好的发酵工艺技术，必须对发酵过程中的影响因素和产酶菌的生理代谢及过程变化规律有详细的认识，并在此基础上进行合理的调控，才能有效实现酶产量的提高。

一、酶合成的调控机制

(一) 酶生物合成的分子机理概述

酶生物合成的过程其实就是基因的表达过程，包括转录、翻译和翻译后加工三个过程。每个过程都在满足多方面条件下由多种酶参与的复杂的生物过程，这个过程受多因素调控。

(二) 酶生物合成的调节

微生物细胞中存在组成酶(constitutive enzyme)和诱导酶(induced enzyme)两大类酶。微生物中总有一些酶，它们的合成不依赖于底物或底物的结构类似物，这些酶称为组成酶。诱导酶又称为适应性酶(adaptive enzyme)，是依赖于某种底物或底物的结构类似物而合成的酶。

在酶的生物合成中，调节方式包括诱导和阻遏两种。诱导作用指在某种化合物(包括外加的和内源性)作用下，导致某种酶合成或合成速率提高的现象。阻遏作用是指在某种化合物的作用下，导致某种酶合成停止或合成速率降低的现象。这两种情况有时同时存在，通过它们的协调作用达到有效地控制产酶量的目的。

1. 酶生物合成的诱导

能够诱导某种酶合成的化合物称为该酶的诱导剂(revulsant)，诱导剂的使用可显著地增加酶的产量，诱导剂可分为三类：①酶的作用底物；②酶的底物类似物；③酶的反应产物。

例如，乳糖是大肠杆菌β-半乳糖苷酶合成的诱导剂，也是该酶的作用底物，甲基-β-硫代半乳糖苷是β-半乳糖苷酶合成的诱导剂，但它不是其作用的底物，而对硝基苯-α-L-阿拉伯糖苷是β-半乳糖苷酶的底物，但它不是诱导剂。因此，是否是诱导剂主要在于其能否诱导酶的合成，而不是依据是否为其底物。

某种诱导酶的合成可以有一种以上的诱导剂，但不同的诱导剂的诱导能力是不同的，并且诱导能力还与诱导剂的浓度有关。比如半乳糖、乳糖和异丙基-β-D-硫代半乳糖苷酶(IPTG)都是β-半乳糖苷酶的诱导剂，但乳糖的诱导能力要大于半乳糖，半乳糖浓度在 10^{-5} mol/L 以下就没有诱导能力了，而 IPTG 的诱导能力比乳糖高几百倍。

2. 酶生物合成的阻遏

微生物的产酶培养过程可能受到代谢末端产物的阻遏或分解代谢阻遏的调节。微生物在代谢过程中，当胞内某种代谢产物积累到一定程度时，可能会反馈阻遏这些酶的继续产生，如果代谢产物是某种合成途径的终端产物，这种阻遏称为代谢末端产物阻遏(end product repression)；如果代谢产物是某种化合物分解的中间产物，这种阻遏称为分解代谢产物阻遏(catabolite repression)。

为避免分解代谢产物阻遏，可以采用难以利用的碳源，或采用分次添加碳源的培养方法，使培养基中的碳源物质浓度始终维持在不足以引起分解代谢阻遏的浓度之下，对于受代谢末端产物阻遏的酶，可以通过控制末端产物浓度来解除阻遏。

3. 酶合成调节的机制

(1) 单一效应物调节。酶合成的诱导作用和阻遏作用是通过效应物或激活剂与调节蛋白相互作用形成复合物，导致调节蛋白的构型发生变化，从而能够结合操纵子的操纵基因，或不能结合操纵子的操纵基因，致使 RNA 聚合酶结合于启动子上，并进行转录和翻译，表达所需酶。

操纵子(operon)指基因的调控单位，也称转录单位，包括结构基因、操纵基因和启动子。结构基因指能通过转录、翻译合成相应酶的基因。操纵基因位于启动子之后，结构基因之前，是阻遏蛋白结合的区域，直接决定后面的基因能否转录。启动子位于操纵基因的最前端，在转录时与 RNA 聚合酶结合。这三个部分共同组成一个操纵子(图 3-1)。操纵子的活动又受基因调控。调节基因通过转录、翻译合成蛋白来调控操纵子的活动，这个蛋白称为阻遏蛋白。

操纵子的负调节基因产物阻止转录的进行，如大肠杆菌的乳糖操纵子，它的调节基因编码一个相对分子质量为 150000 的四聚体阻遏蛋白，当乳糖不存在时，阻遏蛋白与操纵基因结合，导致转录不能进行，见图 3-1(a)。当乳糖存在时，乳糖与阻遏蛋白结合，使之不能结合于操纵基因上，RNA 聚合酶即可迅速通过操纵基因，到达结构基因上，启动结构基因转录出一条 mRNA 分子，并翻译出 3 种酶，共同分解乳糖，见图 3-1(b)。不过当细胞质中有了β-半乳糖苷酶后，便催化分解乳糖为半乳糖和葡萄糖。乳糖被分解后，又造成了阻遏蛋白与操纵基因结合，使结构基因关闭，这就是负反馈。

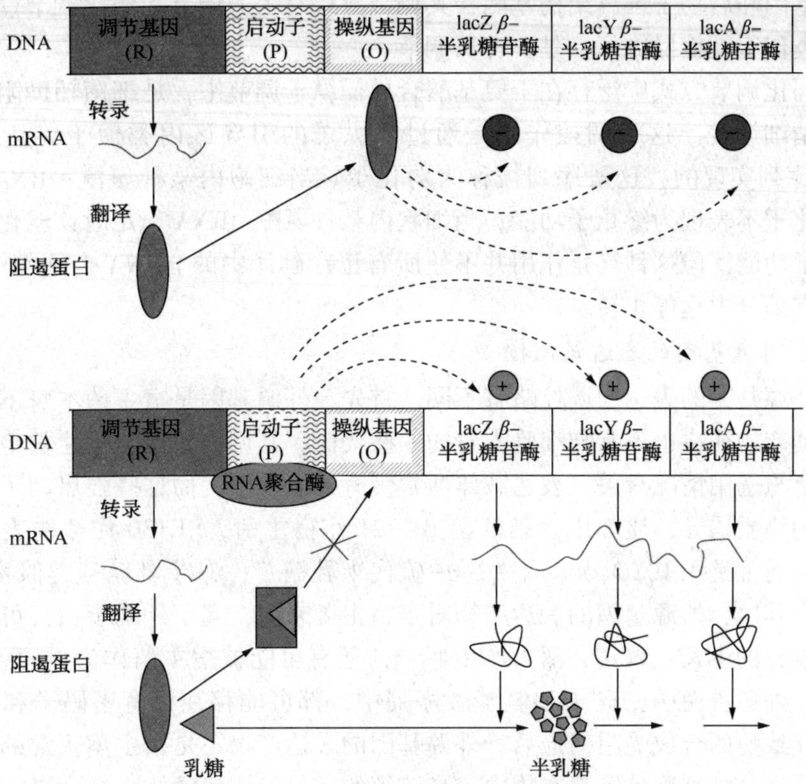

图 3-1 乳糖操纵子模型示意图

（2）两种效应物的共同调节。原核生物中，分解酶合成的调节方式更为复杂，对它们的调控除需要效应物外，还需要活化蛋白的参与。如乳糖操纵子的调节与大肠杆菌胞内 cAMP 的浓度有关。cAMP 与 cAMP 的受体蛋白(CRP)结合成复合物，然后起调节作用。CRP 不能单独与启动基因结合，只有在与 cAMP 结合后发生自身构型变化，才能结合到启动子上，促使 RNA 聚合酶集合到启动子的另一位点。如果此时有效应物存在，阻遏蛋白不能结合至操纵基因上，乳糖操纵子的结构基因才能转录。当 cAMP 不存在或 CRP 不存在时，即使效应物(如乳糖)存在，RNA 聚合酶也不能结合到启动基因上，不能使结构基因转录和表达。

（3）弱化调节。弱化调节是 Yanofasky 于 1973 年在研究色氨酸合成时发现的一种调节方式。即当细胞内存在色氨酸时，可使翻译在未到终点之前，便有 80%~90%的翻译停止。由于这种调节方式不是使翻译全部在中途停止，因此称其为弱化调节。大肠杆菌的色氨酸操纵子由调节基因、操纵基因、启动子和 5 个结构基因(E、D、C、A、B)组成。在结构基因中，E 和 D 一起编码邻氨基苯甲酸合成酶，C 编码吲哚磷酸合成酶，B 与 A 编码色氨酸合成酶。它的调节基因、操纵基因和启动子远离结构基因，其调节方式有阻遏调节和弱化调节两种。阻遏调节类似于乳糖操纵子，是一种负调节。

弱化调节方式广泛存在于氨基酸合成操纵子调节中，是细菌辅助阻遏作用的一种精细调控。这一调控作用是通过操纵子的引导区内类似于终止子的一段DNA序列实现的，这段序列被称为弱化子。当细胞内某种氨酰-tRNA缺乏时，该弱化子不表现为终止子功能；当细胞内某种氨酰-tRNA充足时，弱化子表现为终止子功能，但这种终止作用并不使所有正在翻译中的mRNA全部都中途停止，而仅有部分中途停止转录。

4. 外源基因的表达与调控

外源基因的表达与调控略有不同。首先，外源基因是宿主菌本身不带有的基因，其产物往往也不参与细胞本身的一些代谢，其调控主要与构建重组菌时的载体构建与选用情况有关，表达载体通常带有强启动子，而这些强启动子又受一些特殊的物质诱导，比如用大肠杆菌BL-21作宿主菌，PET30作载体表达外源基因是，通常是用IPTG(异丙基-β-d-硫代半乳糖苷，β-半乳糖苷类似物)作为诱导剂。其次，外源基因的表达产物对于宿主菌来说，属于外源蛋白，可能会对宿主菌本身的生长、繁殖、活力产生影响，还有可能被宿主菌作为异源蛋白水解。再次，外源蛋白的密码子和氨基酸序列中，都可能存在稀有密码子和稀有氨基酸，导致酶的合成受阻。最后，外源基因的表达产物不是宿主菌正常的产物，合成以后是分泌到胞外还是在体内，是溶解的还是形成包涵体，都会影响到酶合成的效率，也会影响到后续酶的提取工艺。

(三) 酶生物合成的模式

细胞在一定条件下的培养生长过程一般经历调整期、生长期、平衡期和衰退期4个阶段，如图3-2所示。目前研究发现细胞生长与酶生物合成的模式有4种类型：同步合成型、延续合成型、中期合成型和滞后合成型。

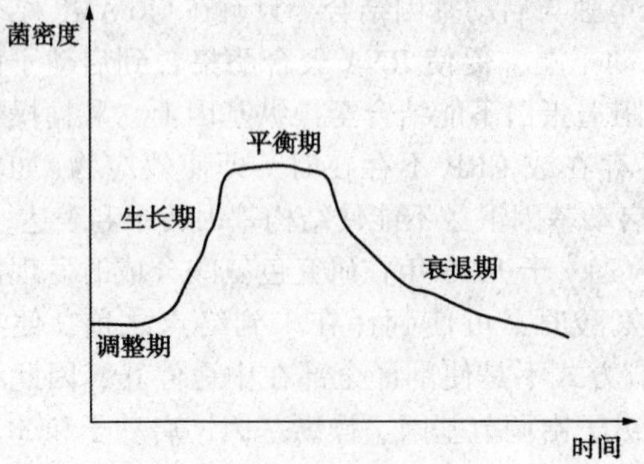

图3-2　细胞的生长曲线

1. 同步合成型

同步合成型指酶的生物合成与细胞生长同步进行的生物合成模式，又称为生长偶联型。属于该合成型的酶，其生物合成伴随着细胞的生长而开始；在细胞进入旺盛生长期时，酶大量生产；当细胞生长进入平衡期后，酶的合成停止。研究表明，该类型酶所对应的 mRNA 很不稳定，其寿命一般只有几十分钟。在细胞进入生长平衡期后，新的 mRNA 不再生成，原有的 mRNA 被降解，酶的生物合成随即停止。

大部分组成酶的生物合成属于同步合成型，部分诱导酶也属于这种模式。例如，米曲霉在含有单宁或者没食子酸的培养基中生长，在单宁或者没食子酸的诱导作用下，合成单宁酶(又称鞣酸酶)就属于同步合成型。

同步合成酶的生物合成可以由其诱导物诱导生成，但是不受分解代谢物的阻遏作用，也不受产物的反馈阻遏作用。

针对同步合成型的酶，要提高酶的产量，就必须提高培养体系中高活力细胞的数量，所以采用最适宜的培养基，建立最适合产酶菌生长繁殖的培养条件，是提高酶产量的关键，并在细胞进入平衡期后及时终止发酵，进行酶的分离提取。

2. 延续合成型

延续合成型酶的生物合成从细胞的生长阶段开始，到细胞生长进入平衡期后，酶还可以延续合成一段较长时间。

属于延续合成型的酶可以是组成酶，也可以是诱导酶。例如，黑曲霉在以半乳糖醛酸或果胶为单一碳源的培养基中培养，可以诱导聚半乳糖醛酸酶的生物合成。该工艺在培养第一段时间(约 40h)以后，细胞生长进入旺盛生长期，此时，聚半乳糖醛酸酶开始合成，当细胞生长达到平衡期(约 80h)后，细胞生长达到平衡，然而聚半乳糖醛酸酶却继续合成，直至 120h 以后，呈现延续合成型的生物合成模式。

在上述生物合成工艺中，当以含有葡萄糖的粗果胶为诱导物时，细胞生长速度较快，细胞浓度在 20h 达到高峰，但是聚半乳糖醛酸酶的生物合成由于受到分解代谢物阻遏，合成时间延迟，直到葡萄糖被细胞利用完之后，聚半乳糖醛酸酶的合成才开始进行，若果胶中所含葡萄糖较多，则在细胞生长达到平衡期以后，酶才开始合成，呈现滞后合成型模式。由此可见，延续合成型的酶在合成时可受到诱导物的诱导，一般不受分解代谢物阻遏。延续合成型的酶在细胞生长达到平衡期以后，仍然可以延续合成，说明这些酶所对应的 mRNA 相当稳定，在平衡期以后相当长的一段时间内仍然可以通过翻译合成其所对应的酶。有些酶的 mRNA 相当稳定，其生物合成可受到分解代谢物阻遏，在培养基中没有阻遏物时，呈现延续合成型；在有阻遏物存在时，转为滞后合成型。

一般地，酶的延续合成型模式要优于同步合成型，酶产量也要高。要提高延续合成型酶的产量，不仅要提高产酶菌的生长状况，获得更多的高活力的细胞数量，还要防止阻遏物的影响。比如在 β-半乳糖苷酶的发酵生产中，由于葡萄糖可以引起分解代谢阻遏，因此可以采用难以利用的半乳糖作为碳源，可以获得更好的产酶效果。

3. 中期合成型

中期合成型酶一般在细胞生长一段时间后开始合成，细胞生长进入平衡期以后，酶的生物合成随之停止。

例如，利用枯草杆菌生产碱性磷酸酶的生物合成模式属于中期合成型。碱性磷酸酶的生物合成受到其反应产物无机磷酸的反馈阻遏。磷是细胞生长必不可缺的营养物质，培养基中必须有磷的存在。这样，在细胞生长的开始阶段，培养基中的磷阻遏碱性磷酸酶的合成，只有当细胞生长一段时间，培养基中的磷几乎被细胞用完(低于0.01mmol/L)以后，碱性磷酸酶才开始大量生成。由于编码该碱性磷酸酶所对应的mRNA不稳定，寿命只有30min左右，所以当细胞进入平衡期后，酶的生物合成随之停止。

中期合成型酶具有的共同特点是：酶的生物合成受到产物的反馈阻遏作用或分解代谢物阻遏作用，且编码酶的mRNA稳定性较差。要提高中期合成型酶的产量，首先要注意选育抗反馈阻遏或抗分解代谢的变异菌株，另外要注意控制反馈阻遏或者分解代谢阻遏。

4. 滞后合成型

滞后合成型酶在细胞生长一段时间或进入平衡期后，才开始生物合成并大量积累，又称为非生长偶联型。许多水解酶的生物合成都属于这一类型。例如，黑曲霉酸性蛋白酶的生物合成，当细胞生长24h后进入平衡期，此时羧基蛋白酶才开始合成并大量积累，直至80h，酶的合成还在继续。该酶所对应的mRNA具有很高的稳定性。

滞后合成型酶滞后合成的主要原因是受到培养基中的阻遏物的阻遏作用。随着细胞的生长，阻遏物被细胞代谢减少，阻遏作用解除后，酶才开始大量合成。若培养基中不存在阻遏物，合成模式可以转为延续合成型。滞后合成型酶所对应的mRNA稳定性好，可以在细胞生长进入平衡期后的相当长一段时间内，继续进行酶的生物合成。要提高滞后合成型酶的产量，首先要提供最适的产酶菌生长繁殖的条件，以便尽可能地获得高密度、高活力的产酶菌，同时注意控制培养基的阻遏物，以便及时进入酶的生物合成期。对于产酶条件和菌体生长条件不一致的情况，应注意在进入酶合成期后，适当改变条件，以适应酶合成的最适条件。此外，由于这种模型的发酵体系培养时间相对比较长，培养基条件也容易改变，尤其是在进入平衡期后，应注意通过补料等方式以维持适宜的产酶条件。

综上所述，mRNA稳定性好的，可以在细胞生长进入平衡期以后，继续合成其对应的酶；mRNA稳定性差的，随着细胞生长进入平衡期而停止酶的生物合成；不受培养基中某些物质阻遏的，可以随着细胞生长而开始酶的合成；受培养基中某些物质阻遏的，则要在细胞生长一段时间甚至在平衡期后期，酶才开始合成并大量积累。

在酶的发酵生产中，为了提高产酶率和缩短发酵周期，延续合成型应当为首选，因为延续合成型的酶，在发酵过程中没有生长期和产酶期的明显差别。细胞从开始生长就有酶产生，直至细胞生长进入平衡期以后，酶还可以继续合成一段较长的时间，产酶量较高。

二、控制发酵条件提高酶产量

产酶菌培养过程中基本条件的改变对发酵过程影响很大。在酶的发酵生产过程中，应根据不同酶的生产特性，优化发酵条件以提高产酶量。适宜的培养基组成、细胞代谢物的分析技术、统计优化策略和生化研究对于建立高产、稳产和经济的发酵过程是关键的因素。

常规的发酵条件包括：培养基配比、发酵的罐温、搅拌转速、搅拌功率、空气流量、罐压、液位、补料、前体添加、补水等。表征发酵过程的状态参数有：pH、溶氧、溶解 CO_2、氧化还原电位、尾气中的 O_2 和 CO_2 含量、基质（如葡萄糖）或产物浓度、代谢中间体或前体浓度、菌液浓度（以 OD 值或细胞干重 DCW 等代表）等。通过直接参数还可以求得各种更有用的间接状态参数，比如生长速率（μ）、摄氧率（OUR）、CO_2 释放速率（CER）、呼吸商（RQ）、氧得率系数（YX/O）、氧体积传质速率（KL_α）、基质消耗速率（QS）、产物合成速率（QP）等。

（一）培养基的优化

1. *碳源*

近年研究发现有些碳源对酶的生物合成具有代谢调节的功能，包括酶生物合成的诱导作用以及分解代谢物阻遏作用，在酶的发酵生产过程中，可根据不同的产酶菌特点，选用一些特定的碳源。

例如，淀粉对 α-淀粉酶的生物合成有诱导作用，而果糖对该酶的生物合成有分解代谢物阻遏作用，因此，在 α-淀粉酶的发酵生产中，应当选用淀粉为碳源。同理，在 β-半乳糖苷酶的发酵生产时，应当选用对该酶的生物合成具有诱导作用的乳糖为碳源，而不用或者少用对该酶的生物合成具有分解代谢物阻遏作用的葡萄糖为碳源。

2. *氮源*

不同的产酶菌对氮源有不同的要求，应当根据细胞的营养要求进行选择和配制。一般来说，异养型微生物要求有机氮源，自养型微生物可以采用无机氮源。在多数情况下将有机氮源和无机氮源配合使用能起到较好的效果。

例如，用黑曲霉生产酸性蛋白酶时，单独使用无机态氮或有机态氮，产酶的效果都不如配合使用的效果好，单独使用铵态氮或硝态氮的产酶量仅为配合使用的30%。

一般地讲，产酶菌的发酵培养基比其他发酵工业生产的培养基需要更多的氮源，因为发酵的目标产物是酶蛋白，其他发酵过程的目标产物是一些初级或次级代谢产物，如柠檬酸发酵、酒精发酵等，产物中酶蛋白的含氮量比这些产物中的含氮量显然高很多。

在一些工程菌的发酵培养基中，有时候还要添加一些特殊的含氮基质。比如在表达外源基因时，如果外源基因编码的蛋白相对宿主菌具有稀有氨基酸特点的时，可在培养基中添加相应的氨基酸，以提高产酶量，这在许多试验研究中均有成功的报道。

3. 碳氮比

碳氮比(C/N)对酶的产量有显著影响。所谓碳氮比一般是指培养基中碳元素(C)的总量与氮元素(N)总量之比，可以通过测定和计算培养基中碳素和氮素的含量而得出。有时也采用培养基中所含的碳源总量和氮源总量之比来表示碳氮比。但这两种比值有时相差很大，在使用时要注意。

在微生物生产培养中碳氮比是随生产的酶类、生产菌株的性质和培养阶段的不同而改变的。一般蛋白酶(包括酸性、中性和碱性蛋白酶)的生产中，培养基多选用较低的碳氮比。例如，黑曲霉 3.350 酸性蛋白酶生产采用由豆饼粉 3.75%、玉米粉 0.625%、鱼粉 0.625%、NH_4Cl 1%、$CaCl_2$ 0.5%、Na_2HPO_4 0.2%、豆饼石灰水解液 10%等组成的培养基。淀粉酶(包括 α-淀粉酶、糖化酶、β-淀粉酶等)发酵生产的培养基多采用相对较高的碳氮比。例如，利用枯草杆菌 TUD127 生产 α-淀粉酶的培养基采用由豆饼粉 4%、玉米粉 8%、Na_2HPO_4 0.8%、$CaCl_2$ 0.2%、$(NH_4)_2SO_4$ 0.4%等组成的培养基。

碳氮比的选择也受发酵过程的不同阶段的影响。一般来说，在种子培养时常采用较高比例的氮源，以满足产酶菌个体增加的需要，因为个体的繁殖需要较多的氮源，而在产酶阶段根据情况可以提高碳氮比以利于产酶。例如，利用枯草杆菌 BF-7658 生产 α-淀粉酶时，发酵基础料多采用较高的氮源：豆饼粉 7.2%、玉米粉 5.6%、Na_2HPO_4 0.8%、$CaCl_2$ 0.13%、$(NH_4)_2SO_4$ 0.4%、NH_4Cl 0.13%，而在进行补料时相应地提高碳氮比：豆饼粉 5.2%、玉米粉 22.4%、Na_2HPO_4 0.8%、$CaCl_2$ 0.4%、$(NH_4)_2SO_4$ 0.4%、NH_4Cl 0.06%。

4. 无机盐

无机盐的主要作用是为细胞生命活动提供必不可缺的各种无机元素，并调节细胞内外的 pH、氧化还原电位和渗透压。根据细胞对无机元素需要量的不同，无机元素可以分为大量元素和微量元素两大类。

无机元素是通过在培养基中添加无机盐来提供的，一般采用添加水溶性的硫酸盐、磷酸盐、盐酸盐或硝酸盐等。在天然培养基中，一般微量元素无需另外加入，但也有例外。例如，以玉米粉、豆粉为碳源，生产放线菌 166 蛋白酶时，添加 100mg/kg 的 Zn^{2+}，可使酶的活力提高 70%～80%。

（二）培养基的灭菌情况

培养基的灭菌对发酵生产的影响主要是灭菌会影响培养基的养分。一般来说，随着灭菌温度的升高，灭菌时间的延长，灭菌对养分的破坏作用越大，从而影响产物的合成。例如，在葡萄糖氧化酶发酵生产中，培养基的灭菌条件对产酶有显著的影响，主要是因为培养基中的葡萄糖在高温灭菌时极易与其他物质发生反应，从而影响到产酶量，其中灭菌温度比灭菌时间对产酶的影响更大。

所以，培养基的灭菌条件和方法要根据培养基的配比、产酶菌的特点等进行优化。在上述例子中将葡萄糖或含葡萄糖丰富的原料分开灭菌，接种前进行混合，可以较好地解决这个问题。

（三）种子质量

种子质量很大程度上决定了发酵期产酶菌的生长状况和产物合成的量。在发酵原种一定的情况下，接种菌龄和接种量是接种工序的两个重要指标。

接种菌龄是指种子罐中的培养物从开始移种到下一级种子罐或发酵罐时的培养时间。选择适当的接种菌龄十分重要，菌龄太短或太长的种子对发酵都不利。菌龄太短的种子接种后往往会出现前期生长缓慢，整个发酵周期延长，产物开始形成时间推迟；菌龄太长的种子虽然菌液浓度较高，但菌体可能过早衰退，导致生产能力的下降。不同品种或同一品种不同工艺条件的发酵，其接种菌龄也不尽相同。一般最适的接种菌龄要在反复多次试验的基础上，根据其最终发酵结果而定，多数情况以对数生长期的后期的接种菌龄，即培养液中菌浓度接近高峰时所需的时间较为适宜。

接种量是指接入种子液体积和发酵液体积之比。接种量的大小是由发酵罐中菌的生长繁殖速度决定的。通常采用较大的接种量可以缩短生长达到高峰的时间，使产物的合成提前。这是由于种子量多，种子液中含有大量胞外水解酶，有利于基质的利用，并且生产菌在整个发酵罐内迅速占优势，从而减少杂菌生长的机会。但是，如果接种量过大，也可能使菌种生长过快，培养液黏度增加，导致溶氧不足，影响产物的合成。一般发酵常用的接种量为 5%～10%。

（四）发酵体系温度的调节控制

温度是影响产酶菌生长繁殖最重要的因素之一，通过影响产酶菌的状态，进而影响产酶量。

温度对微生物发酵的影响是多方面的。随着温度的升高，细胞的生长繁殖加快。这是由于生长代谢及繁殖都是酶促反应，根据酶促反应的动力学，温度升高，反应速度加快，呼吸强度加强，必然最终导致细胞生长繁殖加快。但随着温度的上升，酶失活的速度也越快，菌体衰老提前，发酵周期缩短，这对发酵生产是极为不利的。所以产酶菌的生长、繁殖和发酵产酶需要一定的温度条件。在一定的温度范围内，细胞才能正常生长、繁殖并维持正常的新陈代谢。不同的细胞有各自不同的最适生长温度，例如，枯草杆菌的最适生长温度为34~37℃，黑曲霉的最适生长温度为28~32℃。

在酶的发酵生产中，有些产酶菌发酵产酶的最适温度与菌体生长的最适温度有所不同，而且往往低于生长最适温度。这是由于在较低的温度条件下，可以提高酶所对应的mRNA的稳定性，增加酶生物合成的延续时间，从而提高酶的产量。

维持温度的稳定是发酵产酶的另一个问题。影响温度的因素主要有两个方面。其一，发酵罐或发酵池与环境的温差，其二，发酵热。在发酵培养过程中，发酵热的影响更为重要。

细胞生长和发酵产酶过程中，由于细胞的新陈代谢作用，会不断放出热量，使培养基的温度升高，同时，由于热量的不断扩散，会使培养基的温度不断降低。两者综合的结果，决定了培养基的温度。由于在菌体生长和产酶的不同阶段，细胞新陈代谢放出的热量有较大差别，散失的热量又受到环境温度等因素的影响。温度的调节一般采用热水升温、冷水降温的方法。为了及时进行温度的调节控制，在发酵罐或其他生物反应器中，均应设计有足够传热面积的热交换装置，如排管、蛇管、夹套、喷淋管等，并且随时备有冷水和热水，以满足温度调控的需要。

工业上使用大体积发酵罐的发酵过程，一般不需要加热，因为释放的发酵热常常超过微生物的最适培养温度，所以较多的情况是需要冷却。通常是利用发酵罐的热交换装置进行降温，如果气温较高，冷却水的温度也比较高时，多采用冷盐水进行降温，才能保持在最适温度下进行发酵。

（五）发酵体系溶解氧的调节控制

在培养基中培养的细胞一般只能吸收和利用溶解氧。溶解氧是指溶解在培养基中的氧气。由于氧是难溶于水的气体，通常情况，培养基中溶解的氧并不多。因此在细胞培养过程中，培养基中原有的溶解氧很快会被细胞利用完。为了满足细胞生长、繁殖和发酵产酶的需要，在发酵过程中必须不断供给氧，使培养基中的溶解氧保持在一定的水平。

溶解氧的调节控制，就是要根据细胞对溶解氧的需要量，连续不断地进行补充，使培养基中溶解氧的量保持恒定。而细胞对溶解氧的需要量可以用好氧速率K_{O_2}表示：

$$K_{O_2}=Q_{O_2}\cdot C_C$$

式中，K_{O_2}为耗氧速率，指单位体积（L，mL）培养液中的细胞在单位时间（h，min）内的耗氧量（mmol，mL）。耗氧速率一般以[mmol/(h·L)]表示。Q_{O_2}为细胞呼吸强度，是指单位细胞量（每个细胞，g干细胞）在单位时间（h，min）内的耗氧量，一般以mmol/(h·g干细胞)或mmol/(h·每个细胞)表示。C_C为细胞浓度，指单位体积培养液中细胞的量，以g干细胞/L或者个细胞/L表示。

所以，耗氧速率与细胞的呼吸强度及培养基中的细胞浓度密切相关，细胞的呼吸强度与细胞种类以及细胞的生长期有关。不同的细胞呼吸强度不同，同种细胞在不同生长阶段呼吸强度也有所不同。一般细胞在生长旺盛期呼吸强度较大，在发酵产酶高峰期，由于酶的大量合成，需要大量氧气，其呼吸强度也大。

溶解氧的供给，一般是将无菌空气通入发酵容器，使空气中的氧溶解到培养液中，培养液中溶解氧的量，取决于在一定条件下氧气的溶解速度。

氧的溶解速度又称溶氧速率或溶氧系数，以K_d表示。溶氧速率指单位体积的发酵液在单位时间内所溶解的氧的量，其单位通常以mmol/(h·L)表示。

当溶氧速率和耗氧速率相等时，即$K_{O_2}=K_d$的条件下，培养液中的溶解氧的量保持恒定，可以满足细胞生长和发酵产酶的需要。

值得注意的是，随着发酵过程的进行，细胞耗氧速率是不断变化的，必须相应地对溶氧速率进行调节。调节溶解氧的方法主要有：

（1）调节通气量。通气量指单位时间内流经培养液的空气量（L/min），也可以用培养液体积与每分钟通入的空气体积之比（VVM）表示。例如，1m^{3}培养液，每分钟流经的空气量为0.5m^3，即通气量为1∶0.5；1L培养液，1min流经的空气为2L，则通气量为1∶2。在其他条件不变的情况下，增大通气量，可以提高溶氧速率。反之，减少通气量，则使溶氧速率降低。

（2）调节氧分压。提高氧分压，可以增加氧的溶解度，从而提高溶氧速率。通过增加发酵容器中的空气压力，或者增加通入空气中的氧含量，都能提高氧分压，从而使溶氧速率提高。

（3）调节气液接触时间。气液两相的接触时间延长，可以使氧气有更多的时间溶解在培养基中，从而提高溶氧速率。气液接触时间缩短，则溶氧速率降低。可以通过增加液层高度，降低气流速度，在反应器中增设挡板，延长空气流经培养液的距离等方法，以延长气液接触时间，提高溶氧速率。

（4）调节气液接触面积。氧气溶解到培养液中是通过气液两相的界面进行的，增加气液接触面积，有利于提高溶氧速率。为了增大气液接触面积，应使通过培养液的空气尽量分散成小气泡。在发酵容器的底部安装空气分配管，使气体分散成小气泡进入培养液中，是增加气液接触面积的主要方法。装设搅拌装置或增设挡板等可以使气泡进一步打碎和分散，也可以有效地增加气液接触面积，从而提高溶氧速率。

（5）改变培养液的性质。培养液的性质对溶氧速率有明显影响，若培养液的黏度大，在气泡通过培养基时，尤其是在高速搅拌的条件下，会产生大量泡沫，影响氧的溶解。因而，可以通过改变培养液的组分或浓度等，有效降低培养液的黏度；设置消泡装置或添加适当的消泡剂，可以减少或消除泡沫的影响，以提高溶氧速率。

以上各种调节方法可以根据不同菌种、不同产物、不同的生物反应器、不同的工艺条件选择使用，以便根据发酵过程耗氧速率的变化而及时有效地调节溶氧速率。

需要指出的是，低溶氧速率会影响到菌的生长、繁殖和新陈代谢，使酶的产量降低，同样，过高的溶氧速率对酶的发酵生产也会产生不利影响。高溶氧速率会抑制某些酶的生物合成，而且，为了提高溶氧速率而采用的大量通气或快速搅拌，也会使某些细胞（如霉菌、放线菌、植物细胞、动物细胞、固定化细胞等）受到损伤。所以，在发酵生产过程中，应尽量控制溶氧速率等于或稍高于耗氧速率。

另外，固态发酵体系中溶氧量的控制，可通过两个方面进行调节。其一是培养基的配比与处理，比如添加一些填充剂（如稻壳等）可以调高溶氧量，配料粉碎程度低，溶氧量高。其二是通过翻料，可以改善氧气供给。

（六）发酵体系 CO_2 的调节控制

CO_2是微生物的代谢产物，同时也是某些合成代谢的基质，它既是细胞代谢的重要指示物，也对发酵产酶有重要影响。

通常 CO_2 对菌体生长具有抑制作用，当排气中 CO_2 的浓度高于4%时，微生物的糖代谢和呼吸速率就会下降。例如，发酵液中 CO_2 的浓度达到 1.6×10^{-1} mol，就会严重抑制酵母菌的生长；当进气口 CO_2 的含量占混合气体的80%时，酵母活力与对照相比降低20%。

CO_2在发酵液中的浓度变化不像溶解氧那样有一定的规律，它的大小受到许多因素的影响，如细胞的呼吸强度、发酵液的流变学特性、通气搅拌程度、罐压大小、设备规模等。由于 CO_2 的溶解度比氧气大，所以随着发酵罐压力的增加，其含量比氧气增加得更快。大容量发酵罐的静力压可达 1×10^5Pa 以上，再加上正压发酵，致使罐底部压强达 1.5×10^5Pa。当 CO_2 浓度增大时，若通气搅拌不改变，CO_2不易排出，在罐底形成碳酸，使 pH 下降，从而影响微生物细胞的呼吸和产物合成。

对 CO_2 浓度的控制主要看其对发酵的影响，如果对发酵有促进作用，应该提高其浓度；反之，应设法降低其浓度。通过提高通气量和搅拌速率，在调节溶解氧的同时，还可以调节 CO_2 的浓度，通气使溶解氧保持在临界值以上，CO_2 可随着废气排出，使其维持在引起抑制作用的浓度之下。降低通气量和搅拌速率，有利于提高 CO_2 在发酵液中的浓度。

（七）发酵体系 pH 的调节控制

培养基的 pH 与细胞的生长、繁殖以及发酵产酶关系密切，在发酵过程中必须进行必要的调节控制。

产酶菌发酵产酶的最适 pH 与生长最适 pH 往往有所不同。细胞生产某种酶的最适 pH 通常接近于该酶催化反应的最适 pH。例如，发酵生产碱性蛋白酶的最适 pH 为碱性（pH8.5～9.0），生产中性蛋白酶的 pH 以中性或微酸性（pH6.0～7.0）为宜，而酸性条件（pH4.0～6.0）有利于酸性蛋白酶的产生。然而，有些酶在其催化反应的最适条件下，产酶菌的生长和代谢可能受到影响，在此情况下，细胞产酶的最适 pH 与酶催反应的最适 pH 有所差别，如枯草杆菌碱性磷酸酶，其催化反应的最适 pH 为 9.5，而其产酶的最适 pH 为 7.4。

有些细胞可以同时产生若干种酶，在生产过程中，通过控制培养基的 pH，往往可以改变各种酶之间的产量比例。例如，黑曲霉可以生产 α-淀粉酶，也可以生产糖化酶，在培养基的 pH 在中性范围时，α-淀粉酶的产量增加而糖化酶减少；反之，在培养基的 pH 偏向酸性时，则糖化酶的产量提高而 α-淀粉酶的产量降低。再如，采用米曲霉发酵生产蛋白酶时，当培养基的 pH 为碱性时，主要生产碱性蛋白酶；培养基的 pH 为中性时，主要生产中性蛋白酶；而在酸性条件下，则以生产酸性蛋白酶为主。

随着细胞的生长、繁殖和新陈代谢产物的积累，培养基的 pH 往往会发生变化。这种变化与细胞特性有关，也与培养基的组成成分及发酵工艺条件密切相关。例如，含糖量高的培养基，由于糖代谢产生有机酸，会使 pH 向酸性方向移动；含蛋白质、氨基酸较多的培养基，经过代谢产生较多的胺类物质，使 pH 向碱性方向移动；以硫酸铵为氮源时，随着铵离子被利用，培养基中积累的硫酸根会使 pH 降低；以尿素为氮源的，随着尿素被水解生产氨，而使培养基的 pH 上升，然后又随着氨被细胞同化而使 pH 下降；磷酸盐的存在，对培养基的 pH 变化有一定的缓冲作用。在氧气供应不足时，由于代谢积累有机酸，可使培养基的 pH 向酸性方向移动。

所以，在发酵过程中，必须对培养基的 pH 进行适当的控制和调节。调节 pH 的方法可以通过改变培养基的组分或其比例；也可以使用缓冲液来稳定 pH；或者在必要时通过流加适宜的酸、碱溶液的方法，调节培养基的 pH，以满足细胞生长和产酶的要求。

选择最适 pH 的原则是既有利于菌体的生长繁殖，又可以最大限度地获得高的产量。一般最适 pH 是根据实验结果来确定的，通常将发酵培养基调节成不同的起始 pH，在发酵过程中定时测定，并不断调节 pH，以维持其起始 pH，或者利用缓冲剂来维持发酵液的 pH。同时观察菌体的生长情况，菌体生长达到最大值的 pH 即为菌体生长的最适 pH。产物形成的最适 pH 也可以参照该方法测得。在测得发酵过程中不同阶段的最适 pH 要求之后，生产上便可以采用各种方法来控制。

在工业生产中，采用酸碱中和是调节发酵体系 pH 的基本思路，但是酸碱中和虽然可以迅速中和培养基中过量酸碱，但是却不能阻止代谢过程中连续不断发生酸碱变化。而且连续不断地进行测定和调节，势必会增加体系中的离子浓度，反而影响菌的生长和酶的生物合成，而且不能从根本上改善代谢状况。所以生产上调控 pH 的根本措施主要考虑培养基中生理酸性物质或生理碱性物质的配比，然后才是通过中间补料进一步加以控制。

比如通过控制生理酸性物质$(NH_4)_2SO_4$和生理碱性物质氨水之间的比例，不仅可以调控 pH，还可补充氮源。当 pH 和氨氮含量均低时，补加氨水；若 pH 较高，而氨氮较低时，应该补加$(NH_4)_2SO_4$。

（八）加强发酵期泡沫的管理与控制

在微生物好氧培养中，由于通气搅拌、微生物、发酵液往往产生许多泡沫，这是正常现象。微生物细胞生长代谢和呼吸也会排出气体，如氨气、二氧化碳等，这些气体使发酵液产生的气泡也称为发酵性泡沫。

过多的泡沫对发酵不利，主要表现在由于过多的泡沫生成，若不加控制，会引起“逃液”造成损失，从而减少酶的得率。泡沫升至罐顶，顶至轴封或逃液，都增加了杂菌污染的机会。并且泡沫液位的上下变化，会使部分菌体黏附到罐顶或罐壁上，不能再回到发酵液中，使发酵液中的菌体量减少。泡沫形成后，泡沫中的代谢气体不容易被带走，从而使菌体的生活环境发生了改变，妨碍了菌体的呼吸，造成了代谢异常，导致菌体提前自溶。菌体自溶反过来又进一步促使更多的泡沫形成。生产上为了减少因通气搅拌产生的泡沫，常采用降低通气量乃至“闷罐”的措施，但会影响溶解氧的浓度。此外，还通过加入消沫剂消除泡沫，但消沫剂的加入给提取工艺带来困难。所以在生产中应尽量减少或消除泡沫。

消除和控制泡沫产生的方法主要包括机械消沫和消沫剂两大类。

机械消沫是利用机械的强烈振动或压力的变化促使泡沫破碎。机械消沫的方法有多种，一种是在罐内将泡沫消除，最简单的是在搅拌轴上安装消沫桨，当消沫浆随着搅拌轴转动时，将泡沫打碎。另一种是将泡沫引出罐外，通过喷嘴的加速作用或利用离心力消除泡沫后，液体再返回罐内。机械消沫的优点是不需要引入外来物质，可节省原材料，减少杂菌污染的机会，也可以减少培养液性质的变化，对提取工艺无任何副作用。其缺点是效率不高，对黏度较大的流态型泡沫几乎没有作用，也不能消除引起泡沫稳定的根本原因，所以仅作为消沫的辅助方法。

消沫剂消沫是另外一种选择。消沫剂一般是采用表面活性物质，不过因为形成泡沫的因素很多，所以消沫剂的选择和作用机制也是多样的。当泡沫的表面有极性表面活性物质形成的双电层时，加入另一种极性相反的表面活性物质可以中和电性，破坏泡沫的稳定性，使泡沫破碎。或者加入极性更强的物质与发泡剂争夺泡沫表面空间，引起力的不平衡，并使液膜的机械强度降低，促使泡沫破碎。当泡沫的液膜具有较大的黏度时，可加入某些分子内聚力小的物质，以降低液膜的表面黏度，使液膜的液体流失，从而破碎泡沫。

一般好的消沫剂最好能同时降低液膜的机械强度和表面黏度。此外，为了使消沫剂易于分散在泡沫表面，消沫剂应具有较小的表面张力和较小的溶解度。同时，还应对微生物是无毒的，不影响氧的传递，耐高温高压，浓度低且效率高，并且对产品质量和产量无影响，具有成本低、来源广等特点。常用的消沫剂有天然油脂、聚醚类、高级醇、硅酮类、脂肪酸、亚硫酸、磺酸盐等。其中最常用的为天然油脂和聚醚类。常用的天然油脂有玉米油、米糠油、豆油、棉籽油、菜籽油、猪油和鱼油等。

消沫剂的实际使用还需要在应用之前进行对比实验，找出特定培养基中对微生物生理特征影响最小，对终产物无太大影响，成本低、消沫效果最好的条件。当然，消沫是一种消极的方法，一般是万不得已才用。

此外，消除泡沫还可以考虑从减少起泡物质和产泡外力着手。如起泡物质多为表面活性物质，可以适当减少；通气使氧含量达到临界值即可，不一定要达到饱和度。此外，也可以从菌种的选育方面考虑，例如，选育在生长期不产生泡沫的突变株进行培养。

三、通过基因突变提高酶产量

通过基因诱变提高酶产量是近年来酶学研究的一个重要领域。例如，在纤维素酶的生产上，经过大量研究发现代谢终产物对酶合成的抑制阻遏作用是造成纤维素酶产量低的一个主要原因。当纤维素被降解后就会产生大量的葡萄糖，发生降解物阻遏抑制现象，这种现象直接影响转录水平的负调控。虽然纤维素酶的合成受到诱导物诱导和分解物阻遏的双重调节，但是因为诱导物纤维素是不溶于水的，难以进入细胞，可溶性的纤维二糖、槐糖、龙胆二糖等虽易进入细胞具有较强的诱导能力，但自然界中很少存在，所以通过筛选诱导物来提高酶活性比较困难，因此人们大多通过筛选抗阻遏突变株的方法来获得高产菌株。

自然条件下基因也会发生突变，不过频率较低。在现代酶学上，人们主要通过控制条件进行诱变，将酶基因中个别核苷酸加以修饰或置换，改变酶分子中某个或几个氨基酸，使酶变得更有利于人类利用。利用基因的非定点和定点突变技术，进行有目的和有预见的遗传修饰，从而获得突变菌株或高产菌株，是当今酶工程最集中的研究领域，也会获得越来越多的性能优异的突变酶菌株。

四、通过基因重组提高酶产量

利用基因重组技术，构建高产基因工程菌是现代酶生产工业中发展最快的领域。

例如，在纤维素酶的产酶菌育种上，人们对里氏木霉纤维素酶基因做了大量的比较透彻的研究，克隆了 cbh1、cbh1、eg11、eg12、eg13、eg14、eg15 七个纤维素酶基因，且都在大肠杆菌得到表达。但是纤维素酶在大肠杆菌中的分泌表达水平很低，而且提取很困难。于是人们又采用生长速度快、不产毒素、易于培养、能将产物直接分泌到胞外的酵母作为表达异源蛋白的理想宿主系统。巴斯德毕赤酵母表达系统是一种较为理想的真核蛋白表达系统：一方面，它具有受甲醇调控的 AOX1 基因强启动子，能对外源蛋白进行加工、折叠、翻译后修饰，并将其分泌到培养基中；另一方面，毕赤酵母自身分泌的蛋白很少，这使得外源蛋白的分离纯化较为简单，并且毕赤酵母可进行细胞密度发酵，重组工程菌能稳定高效地表达外源蛋白。现已有多种蛋白质在巴斯德毕赤酵母系统中得到高效表达。Godbole 等人将里氏木霉 cbh Ⅰ 基因在毕赤酵母中成功转化并表达。乔宇等将里氏木霉内切-1，4-β-D 葡聚糖酶Ⅱ基因 eg12 插入毕赤酵母表达载体，转化毕赤酵母菌株，获得高效分泌表达内切葡聚糖酶Ⅱ的毕赤酵母工程菌株 Gp2025。用甲醇诱导培养进行摇瓶发酵实验，所得酶的活力高达 1573. 0U/mL。另外，Takesshima 等人将里氏木霉纤维素酶基因在 Aspergillus oryzae 内成功表达。在 Aspergillus oryzae 淀粉酶基因强启动子调控下，用麦芽糖作为主要碳源进行诱导，转化得到的重组菌内切葡聚糖酶Ⅱ的 CMC 酶的活力达 59. 8U/mg。Nomachi 将绿色木霉的 eg11 基因和 cekA 基因转化到 Aspergillus kawachii 中，重组菌 cekA 基因表达的葡聚糖内切酶活力是野生菌的 1. 8~2. 1 倍。

五、其他提高酶产量的方法

在酶的发酵生产过程中，要使酶的产量提高，除了要选育或选择使用优良的产酶细胞，采用优化的发酵工艺并根据需要和变化的情况及时加以调节控制外，生产上还经常采取其他有效的措施，如添加诱导物、控制阻遏物浓度、添加表面活性剂等来提高酶产量。

（一）添加诱导物

有些酶属于诱导酶，可以被某些特殊物质诱导表达。在诱导酶的发酵生产过程中，适时添加适宜的诱导物，可以显著提高酶的产量。例如，乳糖诱导β-半乳糖苷酶，纤维二糖诱导纤维素酶，蔗糖甘油单棕榈酸诱导蔗糖酶的生物合成等。

一般来说，不同的酶有不同的诱导物，不过有时一种诱导物可以诱导同一个酶系中若干种酶的生物合成，还有同一种酶往往有多种诱导物的情况。如β-半乳糖苷可以同时诱导乳糖系的β-半乳糖苷酶、透过酶和β-半乳糖苷乙酰化酶3种酶的生物合成，而纤维素、纤维糊精、纤维二糖等都可以诱导纤维素酶的生物合成。

可见，在细胞发酵产酶的过程中，添加适宜的诱导物对酶的生物合成具有显著的诱导效果。在实际应用时可以根据酶的特性、诱导效果和诱导物的来源、价格等进行选择。

（二）控制阻遏物的浓度

有些酶的生物合成受到某些阻遏物的阻遏作用，结果导致该酶的合成受阻或者产酶量降低。为了提高酶产量，必须设法解除阻遏物的阻遏作用。

控制阻遏物的浓度是解除阻遏、提高酶产量的有效措施。例如，枯草杆菌碱性磷酸酶的生物合成受到其反应产物无机磷酸的阻遏，当培养基中无机磷酸的含量超过1mmol/L时，该酶的生物合成完全受到阻遏。当培养基中无机磷酸的含量降低到0.01mmol/L时，阻遏解除，该酶大量合成。所以，为了提高枯草杆菌碱性磷酸酶的产量，必须限制培养基中无机磷酸的含量。同样，在β-半乳糖苷酶发酵中，只有在不含葡萄糖的培养基或培养基中的葡萄糖被细胞利用完以后，同时还存在诱导物的情况下，才能诱导该酶大量合成，所以应注意控制培养基中葡萄糖的含量。

对于受代谢途径末端产物阻遏的酶，可以通过控制末端产物的浓度解除阻遏。例如，在利用硫胺素缺陷型突变株发酵过程中，限制培养基中硫胺素的浓度，可以使硫胺素生物合成所需的4种酶的末端产物阻遏作用解除，使4种酶的合成量显著增加，其过程中会不断合成末端产物，即可以通过添加末端产物类似物的方法，以减少或者解除末端产物的阻遏作用。例如在，组氨酸合成途径中的10种酶的生物合成受到组氨酸的反馈阻遏作用，若在培养基中添加组氨酸类似物2-噻唑丙氨酸，即可以解除组氨酸的反馈阻遏作用，使这10种酶的合成量提高30倍。

（三）添加表面活性剂

表面活性剂可以与细胞膜相互作用，增加细胞膜的透过性，有利于胞外酶的分泌，从而提高酶的产量。

将适量的非离子型表面活性剂，如吐温(Tween)、特立顿(Trition)等添加到培养基中，可以加速胞外酶的分泌，而使酶的产量增加。例如，利用木酶发酵生产纤维素酶时，在培养基中添加1%的吐温，可使纤维素酶的产量提高1~20倍。在使用时，应当控制好表面活性剂的添加量，过多或者不足都不能取得良好效果。此外，添加表面活性剂有利于提高某些酶的稳定性和催化能力。

由于离子型表面活性剂对细胞有毒害作用，不宜添加到酶的发酵生产培养基中。

（四）添加产酶促进剂

产酶促进剂是指可以促进产酶、但是作用机制未阐明清楚的物质。在酶的发酵生产过程中，添加适宜的产酶促进剂，可以显著提高酶的产量。例如，添加一定量的植酸钙镁，可使霉菌蛋白酶或者橘青霉磷酸二酯的产量提高1~20倍；添加聚乙烯醇可以提高糖化酶的产量；聚乙烯醇、醋酸钠等的添加对提高纤维素酶的产量也有效果。产酶促进剂对不同细胞、不同酶的作用效果各不相同，现在还没有规律可循，要通过实验确定所添加的产酶促进剂的种类和浓度，再逐步运用于生产。

思 考 题

1. 酶的生产方法包括哪几种？
2. 优良产酶菌有什么特点？怎样获得优良产酶菌？
3. 如何提高酶发酵产量？

第四章　酶的分离纯化

酶的分离纯化是指选择适当的方法将酶从含有杂质的溶液或发酵液中分离出来，得到一定纯度的酶。由于酶的使用目的不同，所要求的纯度也不尽相同。工业用酶制剂需求量大，纯度一般要求不高。但不同工业所用酶的纯度要求也不同，如食品工业用酶要求纯度较高，酶需要经过适当的分离纯化，以确保饮食安全和卫生；而用于纺织退浆、皮革脱毛以及洗涤去污等的酶对于纯度、质量等要求相对较低。应用于酶学性质研究、生化试剂和医药等方面的酶则需要高度纯化。因此，在实际生产中要根据使用目的的不同来分离纯化酶，以满足不同领域酶的需求。

第一节　酶分离纯化的一般原则

酶分离纯化的最终目的是要获得高纯度的酶。酶的分离纯化包括三个基本环节：一是抽提，即把酶从原料中抽提出来，并尽可能地避免引入杂质，得到粗酶溶液；二是纯化，即去除酶溶液中的杂质或将酶从酶溶液中分离出来；三是制剂，即把分离纯化后的酶制备成各种不同的剂型。

酶是一类具有专一催化活性的蛋白质，其催化作用依赖蛋白的结构。但在酶的分离纯化过程中，温度、pH、离子强度、压力等环境条件难免会发生一些改变，有时还会使用一些有机溶剂等，这些因素都有可能改变酶的结构，最终导致酶变性失活。因此，为实现酶的分离纯化，并有效地避免或减少操作过程中酶活的损失，根据酶的理化性质，在分离纯化过程中应遵循以下原则。

一、减少或防止酶的变性失活

除个别情况外，酶的储存以及所有分离纯化操作都必须在低温条件下进行。虽然某些酶不耐低温，如线粒体 ATP 酶在低温下很容易失活，但大多数酶在低温下是相对稳定的，一般 4℃左右较为适宜。温度超过 40℃时，酶非常不稳定，大多数酶容易失活，但也有一些酶例外，如极端嗜热酶耐热性较强，甚至在煮沸后仍能保持酶活性。

酶作为一种两性电解质，其结构容易受到 pH 的影响。大多数酶在 $pH<4.0$

或 pH>10.0 的情况下不稳定，因此应将酶溶液控制在适宜的 pH 条件下。特别要注意避免在调整溶液 pH 时产生局部过酸或过碱的情况。在实际操作过程中，应使酶处于一个适宜的缓冲体系中，以避免酶因溶液 pH 剧烈变化而失活。

酶是蛋白质，也是高泡性物质，因而酶溶液容易形成泡沫而导致酶变性。因此分离纯化过程中，应尽量避免大量泡沫的形成，如需要搅拌处理，最好缓慢进行，切忌剧烈搅拌，以免产生大量泡沫，影响酶活性。

重金属离子也会导致酶的变性失活，加入金属螯合剂有利于保护酶蛋白，避免因重金属离子影响而变性失活。

微生物污染可导致酶被降解破坏，溶液中的微生物可通过无菌过滤去除，满足无菌要求，在酶溶液中加入防腐剂，如叠氮化钠等可以抑制微生物的生长繁殖。

蛋白酶的存在会使酶蛋白被水解，在酶蛋白的分离提取过程中需要加入蛋白酶抑制剂防止其水解。为了提高作用效果还可以将几种蛋白酶抑制剂混合使用。一般情况下，未经纯化的酶不适合长期保存。

二、根据酶不同性质采用不同的分离纯化方法

分离纯化酶的目的是将酶以外的所有杂质尽可能全部分离去除，因此，在保证目的酶活性不受影响的前提下，可以使用各种不同的方法和手段。每种分离纯化的方法都有其各自的特点和作用，因此，应根据不同酶的基本特性，在不同的分离纯化阶段，采用适宜的分离方法。例如，纤维素酶的分离纯化可以先利用硫酸铵盐析法获得粗酶液，然后再通过葡聚糖凝胶层析进行分离纯化。

三、建立快速可靠的酶活性检测方法

在酶纯化分离过程中，每一步都必须检测酶活性，一旦酶蛋白变性失活，通过酶活力的检测就可以及时发现，这就为选择合适的分离方法和条件提供了直接依据。由于酶活性检测工作量大，而且要求迅速、简便，所以经常采用分光光度法和电化学测定法。由于酶在分离纯化过程中会丢失辅助因子，导致酶活性受到影响，因而检测过程中有时还需在反应体系中加入某些相应的物质，如煮沸过的抽提液、辅酶、盐或半胱氨酸等。纯化过程中引入的某些物质可能对酶反应和测定造成干扰，有时需在测定前进行透析或加入螯合剂等。

四、尽量减少分离纯化步骤

酶分离纯化的每一步操作都可能导致酶活力的损失。酶分离纯化的过程越复杂，步骤越多，酶变性失活的可能性越大。因此，在保证目的酶纯度、活力等基

本质量要求的前提下，分离纯化的过程、步骤越少越好。

第二节 酶的提取

一、预处理和细胞破碎

微生物产生的酶分为胞内酶和胞外酶两种，不论是哪种酶，均需要首先将微生物细胞与发酵液分离，即固液分离。胞内酶收集菌体细胞，经细胞破碎后得到目的酶；胞外酶去除菌体细胞，从发酵液中分离提取酶。酶的固液分离主要有离心和过滤两种。

离心分离法主要包括：差速离心法、密度梯度离心法、等密度离心法和平衡等密度离心法等。离心分离具有速度快、效率高、卫生等优点，适合于大规模分离过程，但该法设备投资费用较高，能耗较大。工业上常用的离心分离设备有两类：沉降式离心机和离心过滤机。对于发酵液中细胞体积较小的微生物，例如，细菌和酵母菌的菌体一般采用高速离心分离，而对于细胞体积较大的丝状微生物，例如，霉菌和放线菌的菌体一般采用过滤分离的方法处理。

在发酵液黏度不大的情况下，可采用过滤分离进行大量连续的发酵液处理。在过滤过程中，为了提高过滤效率往往需要加入助滤剂。助滤剂是一种不可压缩的多孔微粒，可使滤饼疏松，工业上常用的助滤剂有硅藻土、纸浆、珠光石(珍珠岩)等。常用的过滤设备包括板框式压滤机、鼓式真空过滤机。板框式压滤机的过滤面积大，过滤推动力能在较大范围内进行调整，适用于多种特性的发酵液，但不能连续操作，且压差较小、劳动强度大，所以较少使用。鼓式真空过滤机可连续操作，并能实现自动化控制，它的固定悬浮液流动方向与过滤介质平行，避免了常规垂直过滤的缺陷，因而可连续清除介质表面的滞留物，不形成滤饼，使整个过滤过程能保持较高的滤速。

如果从动植物中提取酶，应首先去除不含目的酶的组织、器官等，以提高酶的含量。在对材料的预处理中，首先都要进行细胞破碎。

细胞破碎是指采用物理、化学或生物学方法破碎细胞壁或细胞膜，使细胞内的酶充分释放出来。细胞破碎是动植物来源的酶和微生物胞内酶提取的必要步骤。不同材料细胞破碎的难易程度较大，因而应根据实际情况选择不同的破碎方法，同时应避免条件过于激烈而导致酶蛋白变性失活。

细胞破碎的方法按照是否需要施加外力作用分为机械破碎法和非机械破碎法两大类，主要有以下几种。

1. *渗透压法*

渗透压破碎法(osmotic shock method)是破碎细胞最温和的方法之一。将细胞置于低渗透压溶液中，细胞外的水分会向细胞内渗透，使细胞吸收膨胀，最终导致细胞破裂。如红细胞在纯水中会发生溶血。但对于植物细胞或微生物细胞，必须先用其他方法将坚韧的细胞壁去除。

2. 酶溶法

酶溶法(enzymatic lysis)利用酶的专一性破碎细胞壁，包括外加酶法和自溶法两种。在外加酶法中，常用的酶有溶菌酶、蜗牛酶、纤维素酶、糖苷酶、蛋白酶等，它们可水解细胞壁，部分或完全破坏细胞壁，然后通过渗透压法破碎细胞。溶菌酶适用于革兰氏阳性菌细胞壁的水解，辅以 EDTA 也可用于革兰氏阴性菌。真核细胞细胞壁的破碎需多种酶的协同作用，如酵母细胞壁的酶解需要蜗牛酶、葡聚糖酶和甘露聚糖酶等。植物细胞的酶解则需要纤维素酶、果胶酶等的作用。自溶法(autolysis)是将一定浓度的细胞悬液在适宜的温度与 pH 下直接温育，或加入甲苯、乙酸乙酯以及其他溶剂一起温育，将细胞自身溶胞酶激活，分解细胞壁，达到细胞自溶的目的。这种方式常导致溶液成分复杂，黏度较大，从而影响过滤速度。同时，在水解细胞壁的过程中，酶蛋白也可以被水解。

3. 化学法

化学法(chemical method)利用一些化合物处理细胞，通过改变细胞壁的通透性破碎细胞，释放胞内物质。酸、碱、表面活性剂、螯合剂、有机溶剂等均可增大细胞壁通透性，使细胞破碎并释放胞内酶。但该方法容易引起酶蛋白变性或降解。

4. 匀浆法

高压匀浆法(homogenate)利用细胞在高速运动过程中受到的剪切、碰撞和高压到常压的变化破碎细胞。高压匀浆法是工业上大规模破碎细胞最常用的方法，常用的有高压匀浆泵、研棒匀浆器等。动物组织的细胞器不是很坚固，极易匀浆，一般可将组织剪成小块，再用匀浆器或高速组织捣碎器将其匀质化。高压匀浆泵非常适合破碎细菌、真菌，且处理容量大，一次可处理几升悬浮液，一般循环 2~3 次，就可以达到破碎要求。

5. 研磨法

研磨法(polishing)是利用压缩力和剪切力使细胞破碎。常用的设备有球磨机，将细胞悬浮液与直径小于 1mm 的小玻璃珠、石英砂或氧化铝等研磨剂混合在一起，高速搅拌和研磨，依靠彼此之间的相互碰撞、剪切使细胞破碎。这种方法需要采取冷却措施，以防止由于机械能消耗而产生过多热能，造成酶变性失活。

6. 冻融法

冻融法(freeze thawing)将细胞冷却至-20~-15℃，然后于室温或 40℃迅速融化，如此反复冻融多次，可达到破坏细胞的作用，此法适用于比较脆弱的菌体。冻结的作用是破坏细胞膜的疏水键，增加其亲水性和通透性。此外，由于冰冻细胞内形成冰晶，使细胞内浓度突然发生改变，细胞在渗透压作用下因膨胀而破裂。

7. 超声波破碎法

超声破碎法(ultrasonic disintegration)是通过空穴的形成、增大和闭合产生极大的冲击波和剪切力，使细胞破碎。经过足够时间的超声波处理，细菌和酵母菌细胞都能得到很好的破碎。若在细胞悬浮液中加入玻璃珠，时间可以缩短一些。超声波破碎法一次处理的量较大，就超声效果而言，探头式超声器比水浴式超声器效果要好。超声处理的主要问题是超声过程中会产生大量的热，容易引起酶活性的丧失，所以超声振动处理的时间应尽可能短，适宜短时多次进行，并且操作过程最好在冰水浴中进行，尽量减少热效应引起的酶失活。

8. 压榨法

压榨法(expression)是在 $1.05\times10^5 \sim 3.10\times10^5$ Pa 的高压下使细胞悬液通过一个小孔，然后突然释放至常压彻底破碎细胞。这是一种温和的彻底破碎细胞的方法，也是比较理想的细胞破碎方法，但其仪器费用较高。目前工业上最常用的是研磨法和匀浆法。

二、提取

酶的提取(extract)是将经过预处理或破碎的细胞置于溶剂中，使待分离的酶分子充分地释放到溶剂中，并尽可能使其保持天然状态，保持酶活性。提取过程是将目的酶与细胞中其他化合物和生物大分子加以分离，将酶由固相转入液相，或将其从细胞内转入一定的溶液中。

酶的来源不同，提取方法也不同。以动物为材料，从动物组织或体液中提取酶蛋白时，处理要迅速，充分脱血后立即提取或在冷库里冻结，保存备用。动物组织和器官要尽可能地除去结缔组织和脂肪，切碎后放入捣碎机，加入 2~3 倍体积的冷抽提缓冲液，匀浆几次，直至无组织块为止，倾出上清液，即可得到细胞抽提液。以植物为材料提取酶时，因植物细胞壁比较坚韧，要先采取有效的方法使其充分破碎。植物中含有大量的多酚物质，在提取过程中氧化成褐色物质，影响后续的分离纯化工作，为防止氧化作用，可以加入聚乙烯吡咯烷酮吸附多酚物质，以减少褐变。另外，植物细胞的液泡内含有可能改变抽提液 pH 值的物质，因此应选择高浓度的缓冲液作为抽提液。微生物来源的胞外酶可以通过离心或过滤，将菌体从发酵液中分离弃去，所得发酵液通常要浓缩，然后进一步纯化。对于胞内酶则首先进行细胞破碎处理，使酶完全释放到溶液中。

由于大多数蛋白属于球蛋白，一般可用稀盐、稀酸或稀碱水溶液进行抽提。稀盐溶液和缓冲液对蛋白质稳定性好，溶解度大，因而是提取蛋白和酶的最常用方法。影响酶提取的因素主要包括：目的酶在提取溶剂中溶解度的大小；酶由固相扩散到液相的难易程度；溶剂的 pH 和提取时间等。一种物质在某一溶剂中溶解度的大小与该物质分子结构及所用溶剂的理化性质有关。一般极性物质易溶于极性溶剂，非极性物质易溶于非极性溶剂；碱性物质易溶于酸性溶剂，酸性物质易溶于碱性溶剂。温度升高，溶解度增大，远离等电点，溶解度增大。提取酶时，应选择能够增加目的酶溶解度和保持酶活性的提取条件。为了尽可能地将目的酶抽提出来，并防止酶变性失活，在酶的抽提过程中，应当注意以下几个问题。

1. pH

酶的溶解度和稳定性与 pH 相关。调节 pH 时应首先考虑酶的稳定性，即应控制 pH 在一定的范围内，不宜过酸或过碱，一般 pH6.0~8.0，提取溶剂的 pH 通常应偏离等电点，酸性蛋白酶最好用碱性溶液抽提，碱性蛋白酶最好用酸性溶液抽提，以增加酶蛋白的溶解度，提高提取效果。例如，胰蛋白酶为碱性蛋白酶，常用稀酸溶液提取，而肌肉中甘油醛-3-磷酸脱氢酶为酸性蛋白酶，常用稀碱溶液来提取。

2. 盐浓度

大多数蛋白质在低浓度的盐溶液中溶解度较大，所以抽提液一般采用类似生理调节的缓冲液，最常用的为 0.020~0.050mol/L 的磷酸缓冲液（pH7.0~7.5）或 0.1mol/L Tris-HCl 缓冲液（pH7.0~7.5）、0.15mol/L NaCl 溶液（pH7.0~7.5）等，必要时缓冲液中可以加入 EDTA（1~5mmol/L）、巯基乙醇（3~20mmol/L）或蛋白质稳定剂等来防止酶的变性。

3. 温度

为防止酶变性，使酶保持活性，抽提尽可能在低温下进行，温度一般控制在 0~5℃，但少数热稳定性好的酶可以例外。如胃蛋白酶可在 37℃下保温抽提。

4. 搅拌与氧化

搅拌能促进提取物的溶解，一般采用温和搅拌，速度太快容易产生大量泡沫，增大酶与空气的接触面，引起酶等物质的变性失活。因为一般蛋白质都含有相当数量的巯基，其中有些巯基是酶活性中心的必需成分，若提取液中含有氧化剂或与空气中的氧气接触过多，都会使巯基氧化为分子内或分子间的二硫键，从而导致酶的失活。在提取液中加入少量巯基乙醇或半胱氨酸可以防止巯基氧化。

5. 抽提液用量

抽提液用量常采用原料量的 1~5 倍。为了提高抽提效果需要反复抽提时，抽提液比例可稍大一些。

6. 其他

破碎细胞时，某些亚细胞结构受到损伤，给抽提系统带来不稳定因素，因此有时还需要在抽提液中加入一些物质。例如，加入蛋白酶抑制剂，以防止蛋白酶破坏目的酶，加入半胱氨酸或维生素 C、惰性蛋白及底物等，以防止酶的氧化。

一些和脂类结合比较牢固或分子中含较多非极性侧链的蛋白质和酶难溶于水、稀盐、稀酸或稀碱中，常用不同比例的有机溶剂提取，如乙醇、丙酮、异丙醇、正丁酮等，这些溶剂可与水互溶或部分互溶，同时具有亲水性和亲脂性，其中正丁醇 0℃时在水中的溶解度为 10.5%，40℃时为 6.6%，同时又具有较强的亲脂性，因此常用来提取与脂结合较牢或含非极性侧链较多的蛋白质、酶和脂类。例如，植物种子中的玉蜀黍蛋白、麸蛋白，常用 70%~80%的乙醇提取，动物组织中一些线粒体及微粒上的酶常用丁醇提取。

有些蛋白质和酶既溶于稀酸、稀碱，又能溶于含有一定比例有机溶剂的水溶液，此时，采用稀有机溶剂提取可防止酶的破坏，同时还可去除杂质提高纯化效果。

细胞破碎后，溶酶一般不难抽提。至于膜结合酶，其中有些颗粒结合不太紧密，在颗粒结构受损时，也不难抽提。例如，α-酮戊二酸脱氢酶、延胡索酸酶，可用缓冲液直接抽提，而和颗粒结合紧密的酶常以脂蛋白的形式存在，其中有的可以制成丙酮粉后进行抽提；但有的酶要使用强烈的手段才能抽提出来，如琥珀酸脱氢酶要用正丁醇等处理，正丁醇具有高度的亲脂性和亲水性，能破坏蛋白间的结合使酶进入溶液。

抽提后的细胞残渣或固体成分可用离心或过滤方式除去，在离心时，加入氢氧化铝凝胶或磷酸钙等物质，有助于除去悬浮的胶体物质。

三、浓缩

提取液或发酵液的酶蛋白浓度一般很低，如发酵液中酶蛋白浓度一般为 0.1%~1.0%。如果要得到一定数量的纯化酶，需要处理的抽提液的体积比较大，不方便操作，通过浓缩(concentration)可以缩小体积，提高溶液中的酶浓度，这样，一方面可以提高每步分离提取的回收率，另一方面也可以增加浓缩液中酶蛋白的稳定性。因此，在分离纯化过程中，酶溶液往往需要浓缩。常用的浓缩方法主要包括以下几种。

1. *蒸发浓缩法*

蒸发浓缩法(evaporating concentration)可分为常压蒸发浓缩和真空蒸发浓缩两种。常压蒸发浓缩法效率低、加热时间长，加热过程中可能产生一定量的泡沫，容易导致酶蛋白变性失活，因此不利于浓缩热稳定性差的酶。另外，在蒸发浓缩过程中，还可能出现色泽加深的现象，影响产品的质量，所以一般在工业上很少用蒸发浓缩。对热敏感性的酶通常用真空蒸发浓缩。目前工业上应用较多的是薄膜蒸发浓缩，即将待浓缩的酶溶液在高度真空下转变成极薄的液膜，液膜通过加热而急速汽化，经旋风汽液分离器将蒸汽分离、冷凝而达到浓缩的目的。

2. 超滤浓缩法

超滤浓缩法(ultrafilitrating concentration)是在加压的条件下，将酶溶液通过一层只允许小分子物质选择性透过的微孔半透膜，酶等大分子物质被截留，从而达到浓缩的目的。这是浓缩蛋白质的重要方法。这种方法不需要加热，更适用于热敏物质的浓缩，同时它不涉及相变化、设备简单、操作方便，能在广泛的 pH 条件下操作，因此，近年来发展迅速。国内外已经生产出了各种型号的超滤膜，可以用来浓缩相对分子量介于 250~300000 的蛋白质。

3. 凝胶过滤浓缩法

凝胶过滤浓缩法(gel filtrating concentration)利用 Sephadex G-25 或 G-50 等吸水膨胀，使酶蛋白等大分子被排阻在胶外面浓缩酶蛋白。通常采用“静态”方式，即将干胶直接加入酶溶液中，胶吸水膨润一定时间后，再借助过滤或离心等方法处理浓缩的酶溶液。凝胶过滤浓缩法的优点是：条件温和，操作简便，pH 与离子强度等也没有改变，但是采用此法有可能会导致蛋白质回收率降低。

4. 沉淀法

沉淀法(precipitation)采用中性盐或有机溶剂沉淀酶蛋白，再将沉淀溶解在小体积的溶剂中。这种方法往往造成酶蛋白的损失，所以在操作过程中应注意防止酶的变性失活。该法的优点是浓缩倍数大，同时因为各种蛋白质的沉淀范围不同，也能达到初步纯化的目的。

5. 透析法

透析法(dialysis)将酶蛋白溶液放入透析袋中，在密闭容器中缓慢减压，水及无机盐等小分子物质向膜外渗透，酶蛋白即被浓缩；也可用聚乙二醇(PEG)涂于装有蛋白质的透析袋上，在 4℃低温下，干粉聚乙二醇(PEG)吸收水分和盐类，大分子溶液即被浓缩。此方法快速有效，但一般只能用于少量样品。

6. 吸收浓缩法

吸收浓缩法(absorbing concentration)是通过在酶溶液中直接加入吸收剂以吸收去除溶液中的溶剂分子，从而使溶液浓缩。所使用的吸收剂不与溶液起化学反应，对酶蛋白没有吸附作用，容易与溶液分开。吸收剂除去后还能重复使用。常用的吸收剂有聚乙二醇、聚乙烯吡咯烷酮、蔗糖等。这种方法只适用于少量样品的浓缩。

第三节 酶的纯化

在抽提液中，除了目的酶外，通常不可避免地要混杂其他小分子和大分子物质。由于酶的来源不同，酶与杂质的性质不尽相同，酶纯化(purification)的方法也是多种的。但是任何一种纯化方法都是利用酶和杂质在物理和化学性质上的差异，采取相应的方法和工艺路线，使目的酶和杂质分别转移至不同的相中达到纯化的目的。通常酶的分子量、结构、极性、两性电解质的性质、在各种溶剂中的溶解性以及其对 pH、温度、化合物的敏感性等都是决定酶分离纯化的基本因素。根据酶分离纯化原理的不同，可以将分离纯化方法进行以下分类。

一、根据酶溶解度不同进行纯化

1. *盐析法*

盐析法(salting out)通过在酶溶液中加入某种中性盐而使酶蛋白形成沉淀析出。酶的盐析原理和蛋白质的盐析原理一致。在酶蛋白颗粒表面分布着不同的亲水基，这些亲水基吸聚着许多水分子，这种现象称为水合作用，水合作用使酶蛋白分子表面形成一层水化膜。水化膜的存在使酶分子之间以分离的形式存在。另外，酶蛋白分子中含有不同数目的酸性和碱性氨基酸，肽链的两端又分别含有自由羧基和氨基，这些基团使酶蛋白颗粒的表面带有一定的电荷，因为相同电荷相互排斥，也使酶蛋白颗粒得以以分离的形式存在。所以，酶蛋白溶液是稳定的亲水胶体溶液。如果向溶液中加入一定量的中性盐，因为中性盐的亲水性比酶蛋白的亲水性大，它会结合大量的水分子，从而使酶蛋白分子表面的水化膜逐渐消失，同时由于中性盐在溶液中解离出的阴离子和阳离子会中和蛋白表面电荷，中和分子间的排斥力，于是，酶蛋白颗粒因不规则的布朗运动而相互碰撞，并在分子亲和力的作用下形成大的聚集物，从而从溶液中沉淀析出。

常用的中性盐有硫酸铵、硫酸镁、氯化铵、硫酸钠、氯化钠等，其中效果最好的是硫酸镁，但生产中最常用的是硫酸铵。硫酸铵溶解度大，且在低温下仍有较高溶解度，盐析时无需加温即可溶解，其饱和溶液可使大多数酶沉淀，温度高时也不易引起酶蛋白活性的丧失，而且价格便宜。用硫酸铵进行盐析时，溶液的盐浓度常以饱和度表示，调整溶液盐浓度的方式有两种，加入固体粉末或饱和溶液。当溶液体积不大，要达到的盐浓度又不太高时，为防止加盐过程中产生局部浓度过高的现象，最好添加饱和硫酸铵溶液，浓的硫酸铵溶液的 pH 通常为 4.5~5.5，调节 pH 可用硫酸或氨水。测定溶液的 pH 时，一般应先稀释 10 倍左右，然后再用 pH 试纸或 pH 计测定。当溶液体积很大，盐浓度又需要达到很高时，则可加固体硫酸铵。加入固体硫酸铵经济方便，但所用的固体硫酸铵在使用前应反复研细和烘干，并不断搅拌缓慢加入，以避免局部浓度过高，同时还要防止大量泡沫的生成。

pH、温度、蛋白质浓度都会影响酶的分离效果。控制盐析的 pH 有利于提高酶的纯化效果。通常情况下，盐析的 pH 宜接近目的酶的等电点，因为酶蛋白在等电点附近溶解度小。但某些情况下，酶和杂蛋白会形成配合物，从而干扰盐析分离。此时如果控制 pH<5 或 pH>6，使它们带相同电荷，就可以减少配合物的形成，但应注意在该条件下酶的稳定性与盐的溶解度。盐析温度以控制在 4℃左右为宜。低温有利于保持酶的活性，也可以降低其溶解度，使酶蛋白更容易沉淀析出。为了获得更好的盐析效果，还应调节蛋白质的含量，一般来说，蛋白质浓度应在 1mg/mL 以上，蛋白浓度太低(<100mg/mL)，蛋白不能形成沉淀。蛋白浓度在 200mg~1mg/L 范围，沉淀时间较长，回收率较低。经盐析后，沉淀通过离心或压滤与母液分开，收集沉淀并溶解于一定的缓冲液中，通过离心去除沉淀使酶溶液再次得到纯化。

对于含有多种酶或蛋白质的混合溶液，可以采用分段盐析的方法进行分离纯化。盐析法的优点是：操作简便、安全、重现性好、适用范围广，同时还能够浓缩蛋白。缺点是：分辨率差，纯化倍数低，酶的比活力提高不多，同时还常伴随脱盐问题，影响后续操作。

2. 等电点沉淀法

等电点沉淀(isoelectric precipitation)是将溶液 pH 调到酶的等电点，从而使酶沉淀析出。酶是两性电解质，所带电荷随 pH 变化而变化，在等电点时，酶蛋白所带净电荷为零，相同酶蛋白分子间没有了静电排斥作用而凝聚沉淀，此时酶蛋白的溶解度最小。不同蛋白质具有不同的等电点，利用蛋白质在等电点时溶解度最小的原理，可以分离不同的蛋白质。当溶液的 pH 调至酶的等电点时，绝大部分酶蛋白都会被沉淀出来，而等电点高于或低于此 pH 的蛋白质仍保留在溶液中。经离心分离出的沉淀再用一定的缓冲液将目的酶溶解，被纯化的酶蛋白仍保持其天然构象，酶活性不会受到破坏。

当所需 pH 与提取液的 pH 相差甚远时，等电点沉淀法是很好的选择。例如，碱性蛋白质可在酸性条件下溶解并在高 pH 条件下沉淀，而酸性蛋白质可溶于碱性溶液并在低 pH 条件下沉淀。具有中性等电点的蛋白质在中性 pH 附近溶解，这时可用等渗或略高于等渗的缓冲液，有可能仅仅通过将缓冲液稀释到较低离子强度就可沉淀这种蛋白。

当样品中杂蛋白种类较多时，可以调节 pH，使蛋白质在等电点下沉淀，也可使该杂蛋白两侧带上相反电荷形成复合物而沉淀，从而去除杂蛋白。

由于蛋白质在等电点时，仍有一定的溶解度，沉淀往往不完全，因而一般很少单独使用等电点沉淀法，常常需要与其他方法配合使用。

3. 有机溶剂沉淀法

有机溶剂沉淀法(origanic solvent precipitation)将一定量的能够与水相混合的有机溶剂加入酶溶液中，利用酶蛋白在有机溶剂中的溶解度不同，使目的酶和其他杂蛋白分开。在溶液中加入与水互溶的有机溶剂，可显著降低溶液的介电常数，酶分子相互间静电作用加强，分子间引力增加，从而导致溶解度下降，形成沉淀从溶液中析出。有机溶剂的另一个作用是能够破坏酶蛋白周围的水化膜，失去水化膜的酶蛋白分子因不规则的布朗运动而互相碰撞，并在分子亲和力的影响下结合成大的聚集物，最后从溶液中沉淀析出。

有机溶剂的种类和使用量、pH、温度、时间、溶液中的盐类等均会影响酶的纯化效果。所选择的有机溶剂必须能够与水完全混合，并且不与酶蛋白发生反应，要有较好的沉淀效应，溶剂蒸气无毒且不易燃烧。用于酶蛋白纯化的有机溶剂中，以丙酮的分离效果最好，而且不容易引起酶的失活。

当溶液中存在有机溶剂时，酶蛋白的溶解度随温度的下降而显著降低，大多数蛋白质遇到有机溶剂很不稳定，特别是在较高的温度下，蛋白极易变性失活，因此应尽可能在低温下操作，这样既可以减少有机溶剂的使用量，又可以减少有机溶剂对酶的影响。一般分离纯化过程适宜在0℃以下进行。有机溶剂也最好预先冷却到-20~-15℃，并边搅拌边缓慢加入。沉淀析出后蛋白应尽快在低温下离心分离，获得的沉淀还应立即用冷的缓冲液溶解，以降低有剂溶剂的浓度。

由于蛋白质在等电点时溶解度最小，因此采用有机溶剂沉淀法分离酶蛋白也多选择在接近目的酶等电点的条件下进行。

中性盐在大多数情况下能增加蛋白质的溶解度，并且减少对酶变性的影响。在利用有机溶剂进行分级沉淀时，如果适当地添加某些中性盐，有助于提高酶的分离效果。但盐浓度一般不宜超过0.05mol/L，否则会使蛋白质过度析出，不利于沉淀分级，甚至不能形成沉淀。

当蛋白浓度太低时，如果有机溶剂浓度过高，很可能造成酶变性，这时加入介电常数大的物质(如甘氨酸)可避免酶蛋白的变性失活。

有机溶剂沉淀法的优点是分辨率高，溶剂容易除去。缺点是酶蛋白在有机溶剂中一般不稳定，容易变性失活。

4. 共沉淀法

共沉淀法(coprecipitation)利用高分子物质在一定条件下能与蛋白质直接或间接形成络合物的性质，使蛋白质分级沉淀以纯化蛋白。除了盐和有机溶剂能沉淀蛋白质外，大分子量的非离子型聚合物也可以沉淀蛋白质，如聚乙二醇、聚丙烯酸、聚乙烯亚胺、单宁酸、硫酸链霉素以及离子表面活性剂(如十二烷基磺酸钠)等。

非离子型聚合物如聚乙二醇，其分子量大于4000时，浓度为20%(w/v)时能够非常有效地沉淀蛋白质，虽然与蛋白质共同沉淀下来的聚乙二醇不能通过过滤和透析去除，但因为本身对酶蛋白无害，并且不影响盐析、离子交换、凝胶过滤等后续操作。

聚丙烯酸可用来沉淀带正电的蛋白质，因为聚丙烯酸上带有大量的羧基，碱性蛋白质带有碱性基团，两者结合形成很大的颗粒沉淀下来。加入钙离子后，聚丙烯酸形成钙盐，使蛋白质游离出来，从而使蛋白质纯化。

5. 双水相萃取法

双水相萃取法(partion of two aqueous phase system)利用酶和杂蛋白在不混溶的两液相系统中分配系数不同分离纯化酶。这是近几年发展起来的非常有前途的新型分离技术，利用该方法分离提取的酶已达数十种。双水相萃取的原理是将两种不同水溶性聚合物的水溶液混合，当聚合物达到一定浓度时，体系自然分成互不相溶的两相，从而构成双水相体系。双水相体系的形成是由于聚合物的空间位阻作用，相互间无法渗透，具有强烈的相分离倾向。近年来发现很多聚合物和盐(如PEG/葡聚糖体系和PEG/磷酸盐体系)也能形成水相。当生物分子进入双水相体系后，由于表面性质、电荷作用以及各种次级键作用的存在，使其在上下相之间按其分配系数进行选择性分配。在很大浓度范围内，要分离物质的分配系数与浓度无关，只与其本身的性质和双水相体系的性质有关。

双水相萃取尤其适用于直接从含有菌体等杂质的酶液中分离纯化目的酶。该技术还可以与其他分离方法结合使用，以提高分离纯化效率。

双水相萃取的主要优点在于两相中均含有70%以上的水，这样的环境对于蛋白质而言比较温和，而且处理量不受限制。聚乙二醇和葡聚糖这类物质可作为蛋白质的稳定剂，即使在常温下酶活力也很少损失。双水相萃取所需设备简单，仅需要一个能使酶抽提液与两相系统充分混合的贮藏罐和一个离心力不高的普通离心机或使两相快速分离的分离器。操作方便、快速。回收率一般可达80%~90%，而且可迅速实现酶蛋白与菌体、细胞碎片、多糖、脂类等物质的分离。

6. 反胶团萃取法

反胶团萃取法(reversed micelles)是向水中加入表面活性剂，使水溶液的表面张力随表面活性剂浓度增大而下降。当表面活性剂浓度达到一定值后，表面活性剂相互缔合形成水溶性胶团，在有机相中形成分散的亲水微环境，使生物分子处于有机相(萃取相)内的反胶团的亲水微环境中，消除蛋白质难溶于有机相或在有机相中发生不可逆变性的现象。通过控制pH、离子强度、有机溶剂的种类以及表面活性剂的种类和浓度等条件，改变蛋白质在两相中的分配系数，不同蛋白质表面电荷的不同也使其在两相中的分配系数不同，从而达到分离的目的。

二、根据酶分子大小、形状不同进行纯化

1. *凝胶层析法*

凝胶层析法(gel chromatography)又称分子筛过滤法、凝胶过滤法等，含酶混合物随流动相流经装有凝胶作为固定相的层析柱时，混合物中的各种成分因分子量大小不同而被分离。

当含有各种物质的酶溶液缓慢流经层析柱时，各种物质在柱内同时进行着两种不同的运动，即垂直向下的运动和无定向的扩散运动。大分子物质直径较大，不容易进入凝胶颗粒的微孔，只能沿着凝胶颗粒的间隙向下运动，所走的路线较短，所以下移的速度比较快。小分子物质除了在凝胶颗粒的间隙扩散外，还可以进入凝胶颗粒的微孔之中，即进入凝胶相内。在向下移动的过程中，这些小分子物质从凝胶内扩散至凝胶颗粒间隙后再进入另一凝胶颗粒，它们能够自由进出凝胶颗粒内外，所走的路线长而曲折，所以下移的速度比较慢。如此不断地进入和扩散的结果，必然使小分子物质的下移速度落后于大分子物质，因此，溶液中各种物质可按照分子量的大小依次流出柱外，从而达到酶的分离纯化的目的(图 4-1)。

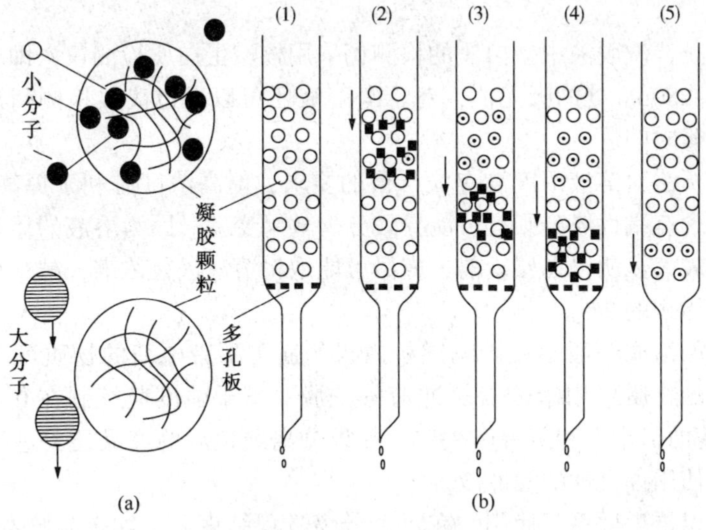

图 4-1 凝胶层析原理

凝胶是一类具有三维空间结构的多层网状大分子化合物，包括天然凝胶和人工合成凝胶两种。天然凝胶包括马铃薯淀粉凝胶、琼脂和琼脂糖凝胶等。人工合成凝胶包括聚丙烯酰胺凝胶和交联葡聚糖凝胶等。凝胶都有很高的亲水性，可在

水溶液中膨润。膨润后的凝胶具有一定的弹性和硬度，并有很高的化学稳定性，在盐和碱溶液中都很稳定，可在 pH4.0~9.0 范围稳定存在。但是，凝胶在 pH2.0 以下的酸性条件下长时间处理后可被水解破坏。此外，凝胶也对氧化剂比较敏感。另外，凝胶没有易于解离的基团，因此很少发生非专一性吸附的现象。

虽然凝胶的种类较多，但目前以葡聚糖凝胶最为常用。葡聚糖凝胶是由分子量为几万到几十万的葡聚糖通过环氧氯丙烷交联而成的网状结构大分子物质，可用于分离分子量 1000~500000 的分子。其商品名为 Sephadex G，分为各种不同的型号，G 后面的数字表示每克干胶吸水量(吸水值)的 10 倍。聚丙烯酰胺凝胶是以丙烯酰胺为单体，通过 *N*，*N*-甲叉丙烯酰胺为交联剂共聚而成的凝胶物质。商品名为 Bio-Gel P，分为不同型号，P 后面的数字乘以 1000 表示其分离的最大分子量。

商品凝胶必须经过充分溶胀后才能使用，否则会影响分离效果。将干燥凝胶在缓冲液中进行浸泡，搅拌后静置一段时间，倾去上层混悬液，除去过细粒子，反复数次，直至上层澄清为止。凝胶在使用之前需要浸泡 2d。加热煮沸能加速溶胀过程。装柱后上样前要用缓冲液充分洗涤，使溶剂和凝胶达到平衡状态，这个过程大约需要 8h。扩展时需要控制合适的流速，商品凝胶一般都有各自的推荐流速，一般要求流速保持在 0.1~0.3mL/min，在凝胶层析过程中要保证流速稳定。

目前为止，洗脱液中蛋白质的检测仍采用核酸蛋白质检测仪，即在线检测流出液在 260~280nm 处的吸光值，对于酶溶液还可以通过离线检测酶活力，以确定目的酶出峰时间。

凝胶层析法对溶液浓度没有太严格的要求，但高浓度有利于提高分辨效率。如果溶液中含有黏性成分则有可能导致分离效果变差。因为溶液的体积对分离效果的影响比较大，所以在层析前，应尽可能地将溶液进行浓缩，减少体积，一般不宜超出柱体积的 2%。

洗脱液的组成一般不宜影响层析效果。通常不带电荷的物质可用蒸馏水洗脱，带电荷的物质可用磷酸盐缓冲液等洗脱，离子强度应控制在 0.02mol/L 左右，pH 由酶的稳定性和溶解度决定。如果分离纯化后的产品还要进行冷冻干燥处理，则可使用挥发性的缓冲液。

凝胶可以再生后重复使用，在每个分离过程结束后，如果凝胶本身没变化，一般无须特殊的再生处理，只需用蒸馏水、稀盐或缓冲液充分洗涤就可以重复使用。如果有尘埃污染，可以用反向上行法漂洗；如果有少量非专一性的交换或吸附现象，可以先用 0.1mol/L HCl 或 0.1mol/L NaOH 洗涤后再用水洗至中性。为了防止微生物污染，可加入 0.02%叠氮钠抗菌剂流洗，也可保存于 20%的乙醇溶液中。洗涤的凝胶可以在膨胀状态下放置于冰箱中长期保存。

2. 透析法

透析法(dialysis)利用大分子的酶或蛋白质不能透过半透膜，将酶或蛋白质和其他小分子的物质如无机盐、水等进行分离。透析时，将需要纯化的酶溶液装入半透膜的透析袋中，放入蒸馏水或缓冲液中，小分子物质扩散至透析袋外的蒸馏水或缓冲液中。通过更换透析袋外的溶液，可以使透析袋内的小分子物质浓度降至最低。

透析通常用于除去酶液中的盐类、有机溶剂、水等小分子物质。此外，采用聚乙二醇、蔗糖反透析还可以对少量酶进行浓缩。

对分子量小于10000的酶溶液进行透析时，可能会发生泄漏。透析袋在使用之前最好在EDTA-$NaHCO_3$溶液中加热煮沸，以除去生产过程中混入的有害杂质，还需特别注意检查膜有无破损、泄漏等，然后才能转入待透析液，两头扎紧，进行透析。一般在透析过程中，透析液组更换3~5次。透析袋使用之后，一般可用清水冲洗干净，再次检查透析膜是否完好无损，最后浸泡于75%的乙醇溶液中备用。

3. 超滤法

超滤法(ultrafiltration)是在一定压力(正压或负压)下将溶液强制性通过固定孔径的膜，使溶质按分子量、形状、大小的差异得到分离，所需的大分子物质被截留在膜的一侧，小分子物质随溶剂透过膜到达另一侧。这种方法在分离提纯酶时，既可直接用于酶的分离纯化，又可用于纯化过程中酶的浓缩。

近20年来，超滤已成为膜分离技术中发展最快的一种技术，应用范围非常广泛。用超滤膜进行分离纯化时，超滤膜应具备以下条件：要有较大的透过速率和较高的选择性；要有一定的机械强度，能够耐热、耐化学试剂；不容易遭受微生物的污染，价格低廉。

表征超滤膜分离透过性能的参数主要有以下几个。

(1) 水通量。水通量指在一定工作压力、温度下，单位面积或单个组件在单位时间内所透过的水量。膜的水通量除了与温度、压力因素有关之外，还取决于膜材料、形态结构等物化性能，另外还与操作条件、溶液的性质有密切关系。

(2) 截留分子量与截留率。商品超滤膜多用截留分子量或孔径大小来表明产品的截留性能。截留分子量指被膜接留住的溶质中最小溶质的分子量。截留率指溶液中被膜截留的特定溶质的量占溶液中该物质总量的比率。

常用超滤膜的截留分子量的范围为1000~1000000。对相同分子量的线形分子和球形蛋白质分子，截留率大于或等于90%。截留率不仅取决于溶质分子的大小，还与下列因素有关：分子的形状，线形分子的截留率低于球形分子；吸附作用，如果溶质分子吸附在孔道壁上，会降低孔道的有效直径，因而使截留率增大；其他高分子物质的存在可能导致浓度极化层的出现，从而影响小分子的截留率；温度的升高和浓度的降低也会导致截留率降低。

制造超滤膜的材料很多，膜材料应具有良好的成膜性、热稳定性和化学稳定性、耐酸碱性、耐微生物腐蚀和抗氧化性，并且具有良好的亲水性，以获得高水通量和抗干扰能力。目前常用的超滤膜材料以聚砜、纤维素等材料制成，使用时一定要注意膜的正反面，不可混淆。超滤膜在使用后要及时清洗，一般可用超声波、中性洗涤剂、蛋白酶液、次氯酸盐及磷酸盐等处理，使膜基本恢复原有水通量。如果超滤膜暂时不用，可浸泡在加有少量甲醛的清水中保存。

超滤膜的优点是超滤过程无相的变化，可以在常温及低压下进行分离，条件温和，不容易引起酶蛋白的变性失活，因而能耗低，设备体积小，结构简单，故投资费用低，易于实施，超滤分离过程只需的加压输送液体，工艺流程简单，易于操作管理，适用于大体积处理。缺点是只能达到粗分的要求，只能将分子量相差10倍的蛋白质分开。

三、根据酶分子电荷性质进行纯化

1. *离子交换层析*

离子交换层析(ion exchange chromatography，IEC)是根据被分离物质与所用分离介质间异种电荷的静电引力不同进行分离。各种蛋白质分子由于暴露在分子外表面的侧链基团的种类和数量不同，在一定的离子强度和pH的缓冲液中，所带电荷的情况不同。如果在某pH下，蛋白质分子所带正负电荷量相等，整个分子呈电中性，该pH即为蛋白质的等电点。与蛋白质所带电荷性质有关的氨基酸主要有组氨酸、精氨酸、赖氨酸、天冬氨酸、谷氨酸、半胱氨酸以及肽链末端的氨基酸等。例如，当 $pH<6.0$ 时，天冬氨酸和谷氨酸的侧链带有负电性，当 $pH>8.0$ 时，半胱氨酸的侧链由于巯基解离，也带负电荷，如果 $pH<7.0$，组氨酸残基带正电荷，大多数蛋白质等电点多在中性附近，因而层析过程可以在弱酸或弱碱条件下进行，避免了离子交换时pH急剧变化而导致蛋白质变性。

离子交换作用是在固定相和流动相之间发生的可逆的离子交换反应。蛋白质在离子交换过程分为两个阶段：吸附和解吸附。吸附在离子柱上的蛋白质可以通过改变pH或增强离子强度，使加入的离子与蛋白质竞争离子交换剂上的电荷，从而使吸附的蛋白质与离子交换剂解离。不同蛋白质与离子交换剂形成的键数不同，即亲和力大小有差异，因此只要选择适当的洗脱条件就可以将蛋白质混合物中的组分逐个洗脱下来，达到分离纯化的目的。

离子交换剂的母体是一种不溶性高分子化合物，往往亲水性比较高，一般不会引起生物分子变性失活，如树脂、纤维素、葡聚糖等，其分子中引入了可解离的活性基团，这些基团在水溶液中可与其他阳离子或阴离子起交换作用。按照母体的不同可将离子交换剂分为以下三类：

离子交换树脂：以聚苯乙烯树脂等为母体，再导入相应的解离基团而成。具有疏水的基本骨架，易导致蛋白质的变性，交换容量低，一般只有以羟基为解离基团的弱酸性树脂，个别对酸碱较稳定的酶也曾用强酸型或强碱型交换树脂。

离子交换纤维素：是目前酶的纯化中应用较多的交换剂，它是以亲水的纤维素为母体，引入相应的交换基团后制成。交换容量较大，交换速率也较高。缺点是容易随交换介质 pH、离子强度的改变而发生膨胀、收缩。

离子交换凝胶：以葡聚糖凝胶或琼脂糖凝胶为母体，导入相应的交换基团制成。交换容量比离子交换纤维素还要大，同时还具有分子筛的作用。其缺点是易随缓冲液 pH 和离子强度的不同而改变其交换容量、容积和流速。

按照离子交换基的不同又可以分为阳离子交换剂和阴离子交换剂；按照结合力的不同分为强离子交换剂和弱离子交换剂。能与阳离子发生离子交换的称为阳离子交换剂，其活性基团为酸性；与阴离子发生交换作用的称为阴离子交换剂，其活性基团为碱性。解离基团为强电离基团的称为强离子交换剂，而带有弱解离基团的称为弱离子交换剂。分离时应根据吸附蛋白质的性质来选择交换剂种类。如羧甲基是弱酸性阳离子交换剂，磺酸基是强阳离子交换剂，二乙胺乙基纤维素(DEAE)是弱碱性阴离子交换剂，季铵离子是强阴离子交换剂。

离子交换层析的操作过程一般包括3个环节：加样、洗涤和洗脱，其中每一个环节都包含酶和杂蛋白的分离。

(1) 加样。用缓冲液将柱料充分平衡后，即可上样，由于吸附过程是靠离子键的作用，所以这一过程能够瞬时完成，加样时流速并没有特殊要求。

(2) 洗涤。在与加样条件相同的情况下，使相同的缓冲液继续流过色谱柱，以洗脱一些未通过离子吸附键作用滞留在柱中的杂蛋白，以提高分离效果。

(3) 洗脱。当洗脱液中加入一定浓度的盐(多采用氯化钠)时，蛋白质即可与离子交换剂发生解离；主要有三种洗脱法，即恒定溶液洗脱、逐次洗脱和梯度洗脱。

恒定溶液洗脱时，样品体积应控制在柱床体积的1%～5%。色谱柱应细长些，高径比为20左右，这种方法所用的洗脱液体积往往比较大。

逐次洗脱是指用几个浓度梯度的盐溶液逐次洗脱，而梯度洗脱则借助梯度混合仪使洗脱液中的盐浓度成线性升高。一个容器装有低浓度盐溶液，另一个容器装有高浓度盐溶液，开始洗脱时，洗脱液中盐浓度与低浓度盐溶液相同，随着洗脱液中离子强度的增加，蛋白质与洗脱树脂上的解离基团之间的作用力逐渐降低，不同的蛋白质由于结合力不同，而被分别洗脱下来。

离子交换柱的柱长通常为柱径的4~5倍。在装柱前交换剂应充分溶胀(在10倍量的蒸馏水中溶胀一夜或在100℃沸水浴中溶胀1h以上)，清洗除去过细粒子，然后用2~3倍量0.5mol/L HCl和0.5mol/L NaOH溶液进行循环转型，每次转型至少维持10~15min。对于阳离子交换剂，转型次序为酸-碱-酸，而阴离子交换剂则为碱-酸-碱，经平衡缓冲液平衡，即可进行层析操作。加入柱中的蛋白量一般约为柱中交换剂干重的0.1~0.5倍，样品体积也尽可能小，以得到理想分离效果。洗脱时，可以通过提高洗脱液的pH，使蛋白质分子的有效电荷减少而被解吸洗脱。

使用过的离子交换剂可用2mol/L NaCl彻底洗涤，阳离子交换剂转成H^+型或盐型储存，弱碱性阴离子交换剂以OH^-型储存，中等和强碱性阴离子交换剂以盐型储存，并加入适当的保存剂。

离子交换剂的选择也是需要注意的问题。因为酶蛋白是两性电解质，处于不同的pH时，它可以带正电，也可以带负电，因此既可选用阳离子交换剂，也可选用阴离子交换剂。在这种情况下，一个重要的决定因素就是酶的稳定性，即如果目的酶在低于其pI等电点的pH条件下更稳定，应选用阳离子交换剂；如果目的酶在高于pI等电点的pH条件下更稳定，应选用阴离子交换剂。如果目的酶既可用强型交换剂，也可用弱型交换剂，应优先考虑弱型交换剂。但如果目的酶pI<6.0或pI>9.0，则应考虑强型交换剂，因为只有强型交换基团才能在广泛的pH范围内保持完全解离状态，而弱型交换基团适用的pH范围较窄，多数弱型阳离子交换剂在pH<6.0或弱型阴离子交换剂在pH>9.0时不带电荷，已经失去交换能力。

如果要分离的蛋白质需要在很高的盐浓度下才能洗脱下来，可以改换较弱的离子交换剂。改变pH也可以解决问题，对于阳离子交换剂，提高pH会降低洗脱蛋白质所需的盐浓度。对于阴离子交换，降低pH会产生类似的效果。相反，如果要分离的蛋白质即使在很低的离子强度下也不能被交换剂所保留，那就要用较强的交换剂或调节pH。

不同离子交换剂对流速的要求不同，纤维素的流速一般低于凝胶，Sepharose交换剂兼有高流速和高交换容量的优点。

缓冲液的选择原则是缓冲液不能与离子交换剂发生相互作用，即阳离子交换剂用阴离子缓冲液，阴离子交换剂用阳离子缓冲液，否则缓冲液离子参与离子交换反应，影响溶液pH的稳定。例如，用阴离子交换剂选择Tris缓冲液，用阳离子交换剂选择磷酸缓冲液。缓冲液还要选择合适的pH和离子强度。缓冲液盐浓度比洗脱点至少低0.1mol/L，pH与酶蛋白等电点相差一个单位，效果比较好。

离子交换层析是目前仅次于盐析的一种分离纯化方法。该方法适用面广，几乎所有的蛋白质都可以用该方法分离，分辨率很高；一次可以处理大体积的样品，从而避免了浓缩的步骤；分离纯化所用时间比较短，而收率比较高。

2. 电泳

电泳(electrophoresis)是根据各种蛋白质在解离、电学性质上的差异，利用其在电场中迁移方向与迁移速度的不同纯化蛋白的一种方法。根据电泳使用技术的不同可分为显微电泳、免疫电泳、密度梯度电泳、等电聚焦电泳等。根据电泳方向可分为水平电泳和垂直电泳。根据连续性可分为连续性电泳和不连续性电泳。根据有无支持物分为自由界面电泳和区带电泳。自由界面电泳是利用胶体溶液的溶质颗粒经过电泳后，在溶液和溶剂之间形成界面，从而达到分离的目的。区带电泳是样品在惰性支持物上进行电泳，支持物的存在减少了界面之间的扩散和干扰，而且多数支持物还具有分子筛的作用，提高了电泳的分辨率，区带电泳简单易行，成为目前应用较多的电泳技术。根据支持物的不同，区带电泳又分为纸电泳、琼脂糖凝胶电泳以及聚丙烯酰胺凝胶电泳等。

(1) 聚丙烯酰胺凝胶电泳。聚丙烯酰胺凝胶电泳(PAGE)是最常用的电泳方法，这种电泳具有分子筛效应，因而可以达到很高的分辨率。常用的聚丙烯酰胺凝胶电泳以不连续方式进行，即电泳胶与缓存体系都具有不连续性，称为disc电泳。由于它的不连续性导致样品在电泳分离过程中被浓缩成圆盘状薄层，从而显示出很高的分辨率。这种电泳由三部分组成：样品胶、成层胶和分离胶。样品胶和成层胶的孔径与缓冲介质都相同，而分离胶的孔径较小。电泳开始后，先行离子超前流动，并在它的后面留下一低离子浓度的低电导区。这种低电导区导致高电位梯度的产生，迫使尾随离子加速泳动，在高、低电位区构成迁移快的界面，同时样品离子被压缩于界面中形成圆盘状薄层。由于样品中各组分所带电荷不同，迁移率也不同，当样品离子和尾随离子进入分离胶后，由于其间的pH有利于尾随离子的解离，故它的迁移率显著增大，并迅速超过样品离子，导致高电位梯度消失，样品开始在具有均一电场的分离胶中按照解离状况进行电泳分离。由于分离胶孔径较小，样品同时受到分子筛效应的控制，净电荷相同的蛋白质也能得到进一步分离，故而分辨率较高。为了进一步提高其分辨率，又发展了SDS聚丙烯酰胺凝胶电泳等，SDS是一种阴离子去垢剂，它能与蛋白质结合，破坏蛋白质分子内部和分子间以及与其他物质间的次级联系，使蛋白质变性；通常每克蛋白质约能结合1.4g SDS，从而使蛋白质所带负电荷远远超过蛋白质原有电荷数，消除了不同蛋白质原有的荷电差异；再加上结合了SDS的蛋白质都是椭圆状，没有大的形状差异，因此蛋白质电泳迁移率仅取决于蛋白质的分子量。SDS聚丙烯酰胺凝胶电泳主要用于蛋白质的纯度分析和分子量测定。

(2) 等电聚焦电泳

等电聚焦电泳(isoelectric focusing)是利用蛋白质在等电点下呈电中性、不发生泳动的特点而进行的电泳分离。在电泳设备中首先调配连续的 pH 梯度，然后使蛋白质在电场作用下泳动到与各自等电点相等的 pH 区域而不再继续泳动，从而形成具有不同等电点的蛋白质区带。

该技术的关键是调配稳定的连续 pH 梯度。一般采用氨基酸混合物或氨基酸聚合羧酸的缓冲液。如已经商品化的载体 Ampholine 为数百种组分的混合物，各组分具有不同的等电点，一般有 3 种 pH 梯度范围可供选择，pH4.0~6.0、pH8.0~10.0 和 pH9.0~11.0。

一般电泳容易受溶质扩散的影响，而等电聚焦电泳不存在这个问题，因此该方法的分离性能极高。但等电聚焦电泳也存在一些缺点，如载体两性电解质对产品产生污染，pH 梯度的稳定性不高，操作过程容易发生凝胶脱水等。

(3) 毛细管电泳。毛细管电泳(capillary electrophoresis)是以毛细管为电泳装置，其内径为 25~200μm，长度约为 100cm，壁厚约为 200μm。它是离子或带电离子在直流电场的驱动下，在毛细管中按其淌度或分配系数的不同而进行的一种高效、快速分离的电泳新技术。在毛细血管和电泳槽内充满相同组成或相同浓度的缓冲液，样品从毛细管的一端加入，在毛细管两端加上一定的电压后，带电荷的溶质便朝其电荷极性相反的电极方向移动。由于样品中各组分的淌度不同，其迁移速度各不相同，经过一定时间电泳后，各组分按其速度或淌度的大小顺序，依次到检测器被检出。用峰谱的迁移时间(保留时间)可做定性分析；按其峰的高度(h)或峰面积可做定量分析。

毛细管电泳具有高效、快速、样品用量少等优点，同时自动化程度高、操作简便、溶剂消耗少、环境污染少。毛细管电泳管道微细，能够有效防止电泳过程中发生流和混合，分离精度高；毛细管电泳比表面积大，设备易冷却；传统电泳技术受焦耳热限制，只能在低电场下进行电泳，分离时间长，分辨率低，分辨效果受到制约。而毛细管具有良好的散热功能，散热速度快，因而操作电场强度可达 100~300V/cm，电泳速度快，分离时间短，加样量少(不足 1μL)，样品浓度可低至 10^{-4}mol/L，因而毛细管电泳是目前发展很快的一种分离分析技术。

(4) 聚焦层析。聚焦层析(chromatofocusing)是在层析柱中填满多缓冲交换剂(如 pH7~9)，加样后以特定的多缓冲剂滴定或淋洗时，随着缓冲液的扩展，便在层析柱中形成一个自上而下的 pH 梯度，而样品中各种蛋白质则按各自的等电点聚焦于相应的 pH 区段，并随着 pH 梯度的扩展不断下移，最后分别从层析柱中洗出。该方法将层析技术和等电聚焦技术相结合，因而兼具有等电聚焦电泳的高分辨率和柱层析技术操作简便的优点。聚焦层析可分为以下几个步骤：

① 按照样品等电点选择适宜的多缓冲液或多缓冲剂。

② 调整多缓冲液 pH 至梯度上限，并以该多缓冲液平衡多缓冲剂，然后装柱。

③ 调整多缓冲液 pH 至梯度下限，以此 pH 缓冲液 5~10mL 流洗层析柱。

④ 加样，以下限 pH 多缓冲液洗脱，分布收集并检测。

⑤ 多缓冲剂再生。

四、根据酶分子专一亲和作用进行纯化

由于酶对底物、竞争性抑制剂、辅酶等配体具有较高的亲和力，而其他杂蛋白对此没有或有很弱的亲和作用，因此，可以根据酶、杂蛋白对配体亲和力的差异，很容易将酶分离出来。目前已建立的方法有亲和层析法、亲和电泳法等。

1. 亲和层析法

亲和层析法(affinity chromatography)利用酶分子具有专一性结合位点或独特的结构性质进行酶的分离，其特点是分离效率高、速度快。酶的底物、抑制剂、辅因子、别构因子，以及酶的特异性抗体等都可作为酶蛋白的亲和配体，将这些亲和配体偶联于载体上，即可制成亲和吸附剂。当酶溶液流经层析柱时，目的酶便选择性地快速吸附在亲和配体上，然后用适当的溶液进行洗涤，除去一些非专一性的杂质后，再用高浓度或高亲和力的配体溶液进行亲和洗脱，酶就会从层析柱的载体上脱离下来并留出柱外。

吸附剂的种类很多，可以分为无机吸附剂和有机吸附剂。吸附剂通常由一些化学性质不活泼的多孔材料制成，比表面积较大。常用的吸附剂包括硅胶、活性炭、磷酸钙、碳酸盐、氧化铝、硅藻土、泡沸石、陶土、聚丙烯酰胺凝胶、葡聚糖、菊糖、纤维素等。在吸附剂上连接亲和基团就制成了亲和吸附剂。

吸附剂作为固相载体应符合以下要求：具备和配体进行偶联反应的大量功能基团；具有高度侵蚀性，不会引起酶蛋白的变性失活；具有很好的惰性，没有或很少有非特异性吸附；化学性质稳定，能适应偶联、吸附、洗脱等操作过程中各种 pH、温度、离子强度甚至变性剂如脲、盐酸胍等反复处理，并有良好的流体力学性质；具有一定的机械强度、结构疏松，以便能使酶与配体自由地接触。

利用亲和层析纯化酶，配基的选择同样很重要。配基一般要求符合以下的条件：配基-酶的解离常数的选择范围应在 10^{-8}~10^{-4}mol 内，如果解离常数太小，配体与酶的结合太强，亲和洗脱困难；解离常数太大，酶体配基的结合太松散，不能达到专一性亲和吸附的目的；配体上必须具有供偶联反应的活泼基团，而且当它们与载体(或臂)结合后，不能影响酶的亲和力；配基的偶联量太高也会造成过强的亲和吸附而洗脱困难，同时带来空间位阻和非专一性吸附，偶联量太低

时，造成分离效率低，一般配基偶联量应控制在 1~20μmol/mL 膨润胶。

将配体连在载体上往往需要经过几步反应。直接将配体偶联于载体上得到的亲和层析剂，常因配体和载体相距太近，影响到酶与配体的亲和作用。因为酶的活性中心一般处于酶分子的内部，如果在配体和载体间加上连接臂，便可提高亲和作用。臂的长短必须合适，太长容易断裂并产生非专一性吸附；太短起不到应有的效果。一般所选择的臂应具有与载体和配体进行偶联反应的功能基团；要能经得起偶联、洗脱等处理和条件的变化；亲水，但又不能带电荷。在实践中常采用的充当手臂的物质有：碳氢链类，如 α、ω-二胺化合物，α、ω-氨基羧酸、聚氨基酸，如聚 *DL*-丙氨酸，聚 *DL*-赖氨酸等，某些天然蛋白质，如白蛋白等。

亲和层析和其他层析的操作过程基本相似，在制备了亲和吸附剂后，进行预处理与平衡、装柱、加样、洗涤和洗脱以及脱盐与再生等基本过程，亲和吸附与 pH、离子强度、温度等吸附条件有关。吸附剂与样品间的比例要恰当，样品体积一般控制在柱体积的 1%~5%，蛋白质浓度不要超过 20~30mg/mL。流速一般控制在 10mL/(cm^2·h)。

洗涤与洗脱，洗涤是为了除去杂质，一般选择平衡时所用的缓冲液进行洗涤。洗脱的条件是在不引起酶变性的条件下，尽量减小酶与配基之间的相互作用力，从而使酶从吸附剂中转移至洗脱液中。一般分为非专一性洗脱和专一性洗脱。非专一性洗脱根据洗脱条件可采用多种方法：①改变温度的洗脱，有些酶只要用线性温度梯度洗脱就能达到洗脱的目的。解吸过程一般是吸热过程，因此提高温度可解吸。②改变 pH、离子强度即溶剂系统组成进行洗脱。亲和作用力中静电引力、范德华力、疏水作用都是一些重要的相互作用力。改变 pH 和离子强度可以降低和削弱静电作用，甚至使酶配基碱的引力转变为排斥力；另外加入与水混溶的溶剂如乙二醇、二甲基砜等能降低溶剂表面的张力，加入促溶离子可以破坏 IDE 结构并削弱疏水作用，也能达到较好的洗脱效果。

专一性洗脱，首先是亲和洗脱，使用浓度更高的配基溶液或亲和力高的底物溶液进行洗脱。其次是电泳洗脱，被吸附在吸附剂上的各种物质，当置于电场中时，便会按照其荷电性质向相反的方向移动，这样也可以达到洗脱的目的。另外，使用一些蛋白质可逆变性剂，如脲、盐酸胍等，可在低 pH 条件下使酶构型发生可逆变化从而解离下来，但是，这种洗脱也可能导致酶的不可逆失活，而且即使是可逆变性，随着时间延长也可能向不可逆进行转化，所以在洗脱后应立即从酶溶液中除去这些物质。

吸附剂的再生一般采用浓度为 0.1mol/L Tris-HCl 缓冲液(含 0.5mol/L NaCl，pH8.5)洗至 pH8.5，再用 0.1mol/L、0.5mol/L 醋酸缓冲液(pH4.5)洗至 pH4.5，然后用水洗至中性，用时再用起始缓冲液平衡。

2. 免疫吸附层析

免疫吸附层析(immunoadsorption chromatography)根据抗原和抗体具有高度专一亲和作用，通过将酶的抗体连接到不溶性载体上，再利用带抗体的层析柱来分离纯化酶。这种方法在酶的分离纯化过程中经常使用。用传统方法从一个生物种属中得到少量的纯酶(如0.1mg)，利用它在另一种属(通常为兔子、羊或鼠)中产生多克隆抗体。抗体经纯化后，偶联到溴化氰活化的Sepharose上，即可用于从混合物中分离出酶抗原。通过改变洗脱液的pH、增加离子强度或其他降低抗原抗体结合力的方法，可将吸附的酶解吸洗脱。解吸过程是整个纯化过程中最困难的一步，因为在剧烈的解吸过程中，酶会大量失活，回收率大大下降。

单克隆抗体(McAb)制备技术解决了许多多克隆抗体在使用中的问题。首先，作为抗原的酶不用很纯；其次，通常用小鼠免疫制备McAb，因此抗原酶的使用量很小，一般50mg就足够了。作为抗原的酶可含有不同的抗原决定簇，因此同一抗原可产出多种不同的McAb，可从中挑选出亲和力适中的McAb用于制备亲和介质，以保证目的酶的高效吸附和洗脱。因此，以McAb制备亲和柱，柱效往往很高，而且McAb还可通过体外大规模培养大量制备。

动物中产生抗体的淋巴细胞在体外培养条件下，生存时间极短。而骨髓瘤细胞能在体外长期培养生长，但不能产生专一性的抗体。将这两种细胞融合得到的杂交细胞则兼具两者的优点：既能长期培养又能分泌所需的特异性抗体。因此，可用目的酶的酶液作为抗原免疫动物，然后分离出这一动物的脾细胞，与遗传缺陷型骨髓瘤细胞相融合。经过多次克隆后，挑选出能单一分泌这种酶抗体的杂交瘤细胞，再经扩大培养，即可得到这种酶的大量McAb。

3. 亲和超滤

亲和超滤(affinity ultrafiltration)是将亲和层析的高度专一性与超滤技术的高处理能力相结合的一种新的分离方法。需要提纯的粗酶自由存在于抽提液时，可以顺利通过截留分子量较大的超滤膜。但当酶与大分子亲和配体结合，形成酶-配体复合物后，由于其分子量远大于超滤膜的截留分子量，因而被截留。提取液中其他未被结合的组分仍可顺利通过超滤膜，分离出上述复合物后洗去杂质，再用合适的洗脱液洗脱，使酶解吸下来；然后再通过一次超滤膜，把大分子配体分离出来，供再生使用。透过的酶液再经截留分子量小的超滤膜进行浓缩。

亲和超滤技术的关键在于选择合适的配体、载体及相应截留分子量的超滤膜。配体对所分离对象要具有亲和力好，专一性高，在亲和洗脱条件下很稳定，抗剪切力，容易回收等特点。常用的载体一般有聚丙烯酰胺、琼脂糖、葡聚糖、淀粉等。一个好的载体应具有高度亲和力，不会引起酶的失活，能自由悬浮于提取液中，不易产生膜的浓差极化和堵塞现象。超滤膜的截留分子量决定了超滤的透过效率。截留分子量越大，水通量也越大，超滤越容易进行。

亲和超滤技术既克服了超滤技术选择性不高，被分离物质的分子量需相差一个数量级以上，才能得到较好分离效果的缺点，又解决了亲和层析技术只能间隙操作，单批处理量小的不足，具有广阔的应用前景。

4. 亲和沉淀

亲和沉淀（affinity precipitation）是将生物亲和作用与沉淀分离相结合的一种蛋白质分离纯化技术。根据亲和沉淀的机理不同，可分为一次作用亲和沉淀和二次作用亲和沉淀。

（1）一次作用亲和沉淀。水溶性化合物分子上偶联有两个配基时称为双配基，有两个以上的亲和配基时称为多配基。双配基或多配基可与含有两个以上亲和部位的多价蛋白质产生亲和交联，从而形成较大的交联物而沉淀析出。

（2）二次作用亲和沉淀。利用特殊的载体固定亲和配基制备亲和沉淀介质，这种载体在改变 pH、离子强度、温度和添加金属离子时溶解度下降，形成可逆性沉淀的水溶性聚合物。亲和介质与目的酶分子结合后，通过改变条件使介质与目的酶共同沉淀的方法称为二次作用亲和沉淀。亲和沉淀后，再通过离心或过滤回收沉淀，即可除去未沉淀的杂蛋白，沉淀经适当清洗或加入洗脱剂即可回收纯化的目的产物。

亲和沉淀具有如下优点：配基与目的酶的亲和作用是在溶液中自由进行的，无扩散传质阻力，两者结合迅速；亲和配基裸露在溶液中，可以更有效地与酶结合，使配基利用率提高；容易规模放大；适用于高黏度或含有微粒的处理液。

五、高效液相层析法

高效液相层析法（high performance liquid chromatography，HPLC）也称高效液相色谱法，其分离原理与经典液相色谱相同，但是由于它采用了高效色谱柱、高压泵和高灵敏检测器，因此，它的分离效率、分析速度和灵敏度有了大幅提高。高效液相色谱仪由输液系统、进样系统、分离系统、检测系统和数据处理系统组成。

输液系统包括流动相储存器、高压泵和梯度淋洗装置。流动相储存器由不锈钢或玻璃制成，可储存不同的流动相。高压泵能提供 150~450kg/cm^2 的压强，流速稳定，流量可以调节，且耐腐蚀。按排液性能高压泵可分为恒压泵和恒流泵。按机械结构可分为液压隔膜泵、气动放大泵、螺旋注射泵和往复柱塞泵。前两者为恒压泵，后两者为恒流泵。梯度淋洗装置可以将两种或两种以上不同极性的溶剂，按一定程序连续改变组成，分为外梯度装置和内梯度装置，前者为流动相在常压下混合，靠高压泵压至色谱柱；后者是先将溶剂分别增压后，再由泵按程序压入混合室，注入色谱柱。

高效液相层析法多采用六通阀进样，先用注射器将样品在常压下注入样品杯，然后切换阀门到进样位置，由高压泵输送的流动相将样品送入色谱柱，样品的容积是固定的，进样重复性比较好。

分离系统包括色谱柱、连接管、恒温器等。色谱柱长10~30cm，内径为2.1~4.6mm，由内部抛光的不锈钢管制成，柱内装有固定相，液相色谱的固定相是将固定液涂在担体上而成。担体有表面多孔型和全多孔型两类。如果需要两根以上色谱柱，柱与柱间常使用厚壁聚四氟乙烯毛细管连接。为改善传质、提高柱效和缩短分析时间，一般对色谱柱要进行适当的保温处理。

检测系统采用紫外检测器、示差折光检测器和荧光检测器等，HPLC的数据系统包括数据采集、储存、显示、打印和数据处理工作。

酶蛋白的种类繁多，理化性质各不相同，从复杂的生物物质中分离出某种酶蛋白所用的方法、条件也略有差异。在实验室小规模分离分析时，一般使用分析型HPLC，但当分离分析规模扩大时，则必须使用制备型液相色谱仪。制备型液相色谱仪的特点是柱长和柱径都比较大(最大为2.3m×0.1m)。柱长和柱径的选择依据制备的目的和产量而定。对于大口径柱子，泵系统的输流能力可达100mL/min。大多数制备型色谱仪配有微电脑控制的自动收集系统，可对目的样品中成分进行选择性收集，但对含量较大而不复杂的样品，自动收集没有手工收集方便。手工收集还可循环进行纯化操作。

HPLC按分离机理不同，可分为体积排阻色谱、离子交换色谱、反相色谱及高效疏水作用色谱。

(1) 体积排阻色谱。体积排阻色谱(size exclusion chromatography，SEC)是一种纯粹按照溶质分子在流动相中的体积大小而分离的色谱法。其填料具有一定大小的孔隙，大分子不能进入填料内部而从颗粒间最先流出色谱柱；小分子能进入填料颗粒内部，其路径较长而后流出。此时，若用水系统作为流动相，又称为凝胶过滤色谱(GFC)。目前有两种类型的商品载体已用于蛋白质的高效排阻色谱，即表面改性硅胶和亲水交联有机聚合物。表面改性硅胶具有许多蛋白质凝胶过滤填料所应有的性质，能很好地保持溶质的生物活性，回收率可达80%以上。改性硅胶的粒径一般为10~15mm，孔径为5~400nm。理论上讲，它完全适用于分离分子量为5000到数百万的球蛋白。但事实上，大孔径填料的柱效低，而小孔径填料对低分子多肽有吸附作用，使用25~30nm孔径的填料最为合适。这样的填料兼顾了分级范围、分辨率和回收率，可分离5000~5000000分子量范围内的蛋白质。

排阻色谱的流动相比较简单，流动相的pH一般选用6.5~8.0，有时为了控制蛋白质与固定相可能发生的相互作用，通常在流动相中加入某些中性盐或有机改性剂。流动相的流量一般为 1mL/min。

(2) 离子交换色谱。离子交换色谱(ion exchange chromatography，IEC)是将离子交换和液相色谱技术结合的一种方法。

(3) 反相色谱法。反向色谱法(reversed phase chromatography，RPC)是根据溶质、极性流动相和非极性固定相表面间的疏水效应而建立的一种色谱模式。用反相色谱法分离蛋白质时，许多蛋白质在接触到酸、有机溶剂等或吸附于疏水固定相时容易发生变性而失活。因此，当样品为纯蛋白时，应考虑其质量和活力的回收率。这就要求控制好一定的分离条件。比如，色谱条件适宜，以中等极性反相柱为固定相、含磷酸盐的异丙醇水体系为流动相，在 pH3.0~7.0 时，许多蛋白质可以用反相 HPLC 分离，并保持其生物活性。因此，分离的关键在于固定相和流动相的选择。

分离蛋白质的固定相一般有 C_{18}、C_8、CN 基和苯基键合相，其中以 C_{18} 填料最为重要。目前为止，利用 C_{18} 柱已经成功分离了许多蛋白质和肽。在一些流动相中，极性肽在有 C_{18}、苯基柱上的色谱有很大的差别。一些在 C_{18} 柱上不能分离的试样，却在中等极性柱上能够获得满意的分离效果。CN 基键合相是分离非极性肽的有效固定相。对于分子量大于 10000 的肽，一般选用的填料粒径为 5~10nm；分子量大于 20000 的肽和蛋白质选用 20~50nm 的大孔径填料。

选择分离蛋白质和肽的流动相时主要考虑有机溶剂的种类、酸度、离子强度以及离子对试剂等因素。

在纯水中，大多数肽和蛋白质能牢固地保留在反相载体上，因此流动相必须含有有机溶剂，使溶质以合理的保留时间被洗脱。最常用的有机溶剂有甲醇、乙腈、异丙醇、四氢呋喃等。它们和水组成的洗脱体系能获得很好的回收率。洗脱强度随着有机溶剂的增加而增加，其排列顺序为：乙腈<乙醇<丙醇<异丙醇<四氢呋喃。在选择有机溶剂时，还要考虑到反相柱的类型和生物大分子的特性。

流动相中离子对试剂分为无机酸和有机酸两种，无机酸有磷酸、盐酸和高氯酸，其作用是抑制固定相表面硅烷基离子化，增加蛋白质的亲水性，随着蛋白质极性的增加，其在色谱柱上的保留时间下降。有机酸主要以三氯乙酸(TFA)和七氯丁酸(HFBA)应用较多，虽然其作用也是阻止固定相表面硅烷基离子化，但它增加了蛋白质的疏水性，增加了蛋白质在色谱柱上的保留时间，因而提高了分离度。

(4) 高效疏水色谱。疏水色谱(hydrophobic interaction chromatography，HIC)利用适度疏水性填料，以含盐的水溶液作为流动相，借助于疏水作用分离活性蛋白。它以表面偶联弱疏水性基团的疏水性吸附剂为固定相，根据蛋白质与疏水性吸附剂之间的弱疏水性作用的差异分离纯化蛋白质。由于蛋白质易变性失活，而高效疏水色谱洗脱和分离条件比较温和，大大减少了蛋白质变性失活的可能，因而具有良好的分离效果，这也是高效疏水色谱分离的最大优势。蛋白质的疏水残基通常位于蛋白质的内部，只有当蛋白质部分变性时，疏水残基才能与本体溶剂接近。但在蛋白质的表面也有一些疏水补丁，能够与非极性部分相互作用而不变性。增加盐浓度能促进这些表面的疏水作用，即使可溶性很好的亲水蛋白质也能与疏水物质结合从而吸附到固定载体上，只要降低流动相的离子强度就可以逐次洗脱吸附的蛋白而达到分离的目的。

高效疏水色谱的固定相是键合低密度的烷基或芳香基的葡聚糖，流动相为无机盐溶液，以递减盐浓度的方式进行梯度洗脱。近年来，硅胶也可以作为基体制备弱的疏水固定相，广泛用于生物大分子的分离。

虽然反相色谱和高效疏水色谱柱上大分子的保留都是由于疏水作用，但高效疏水色谱柱的疏水性比反相色谱柱小得多，所以高效疏水色谱柱能以盐溶液代替有机溶剂作为流动相。

高效疏水色谱柱的流动相一般是含硫酸铵的缓冲溶液，其 pH 为 6~7，采用梯度洗脱时，硫酸铵浓度逐渐降低。有时在流动相中加入一定的有机溶剂以提高分离纯度。流动相的种类、pH、有机溶剂等都影响生物大分子的保留和回收。

六、酶的结晶

结晶(crystallization)指溶质从过饱和状态的液相或气相中析出，生产具有一定形状、分子按规则排列形成晶体的过程，由于各种分子形成结晶的条件不同，而且变性蛋白质或酶不能形成结晶，因此，结晶是制备固体纯物质的有效方法，也是分离纯化酶的常用方法。结晶包括三个过程：形成过饱和溶液、晶核形成和晶体生长。

工业上为得到过饱和溶液一般采用以下方法：将饱和溶液冷却、将部分溶剂蒸发、化学反应结晶和盐析结晶。这些方法在制备酶的结晶时同样适用，但是酶的结晶需要在极其温和的条件下使酶溶液极为缓慢地接近结晶的条件，才能使酶结晶析出，否则，酶就以无定形的形式直接沉淀出来。一般进行酶结晶时，先通过毛细管或是借助透析方式缓慢地加入硫酸铵等沉淀剂，待溶液出现微弱的浑浊后，再移入某一适宜温度下静候结晶出现，也可在加入相应的试剂后，再缓慢地改变 pH 和温度，使之逐渐接近结晶条件。在溶液黏度较高的情况下，晶核很难自发形成，而在高过饱和度下，一旦产生晶核，就会同时出现大量晶核，溶液发生聚晶现象，产品质量不易控制。在晶体的生长过程中，溶质分子移向晶核，晶体逐渐长大，不同物质结晶需要的时间并不相同。

结晶质量直接反映酶制剂质量的好坏，评价晶体质量的主要指标包括：晶体的大小、形状(均匀度)和纯度。工业上通常需要得到粗大而均匀的晶体，以便过滤和洗涤，并防止在存储过程中结块。

1. 影响酶结晶的主要因素

(1) 酶的纯度。一般来说，酶纯度越高，越容易获得结晶，长成单晶的可能性也越大。除个别情况外，一般酶纯度应达到50%以上。不纯的溶液通常不能得到结晶，因为晶核很快就会被杂质所包围掩盖，无法长成晶体。

(2) 酶蛋白的浓度。对大多数酶来说，蛋白质浓度在3~50mg/mL结晶效果较好。酶蛋白浓度越高，越有利于分子间相互碰撞而发生聚合现象，但是酶蛋白浓度过高，往往会形成沉淀；酶蛋白浓度过低，不易发生晶核。所以酶蛋白浓度至关重要。

(3) 晶种。有些不容易结晶的酶，往往需要加入微量的晶种才能形成结晶。在加入晶种前，要将溶液调整到适于结晶条件，加入的晶种开始溶解时，还要加入沉淀剂，直到晶种不溶解为止。当晶种不溶解又没有无定形物形成时，静置一段时间，有利于晶体的生长。

(4) 温度。结晶温度直接影响结晶的生成。温度要控制在酶的热稳定性范围内，有些酶对温度敏感，要防止酶变性失活。一般温度控制在0~4℃范围内，低温条件下酶的溶解度下降且不易变性。

(5) 合适的饱和度。饱和度过小不利于结晶的生成，而饱和度太大又会导致以下问题：成核速率过快，产生大量微小晶体，结晶难以长大；晶核生长速率过快，容易在晶体表面产生液泡，影响结晶质量；结晶器壁上容易产生晶垢，给结晶操作带来困难。对于酶溶液，浓度一般以1%~5%为宜。当溶液过饱和的速度过快时，溶质分子聚集太快，便会产生无定形的沉淀。如果控制溶液缓慢地达到过饱和点，溶质分子就可能排列到晶格中，形成结晶。所以，在实际操作中必须注意要调整溶液，使之缓慢地趋向于过饱和点。

(6) pH。pH是影响酶结晶的一个重要条件，有时只相差0.2pH单位时，就只能得到沉淀，而得不到结晶。选择pH应以降低酶蛋白的溶解度为目的，这样可以提高结晶的回收率，但是pH应控制在酶的稳定范围内，一般选择在被结晶酶的等电点附近。

(7) 金属离子。许多金属能引起或有助于酶的结晶，不同的酶选用不同的金属离子。在酶结晶的过程中常用Ca^{2+}、Zn^{2+}、Co^{2+}、Ni^{2+}、Cd^{2+}、Cu^{2+}、Mg^{2+}、Mn^{2+}等金属离子。在许多情况下，这些离子是酶活力所必需的，它们有助于保持酶分子结构的一些特点。

(8) 搅拌。提高搅拌速度有利于晶核的形成和晶体的生长，但是搅拌速度过快会造成晶体剪切破碎。

(9) 重结晶。为了进一步提高晶体的纯度，有时可以进行重结晶，特别是在不同溶剂中反复结晶，可能会取得好的效果，因为杂质和结晶物质在不同溶剂、不同温度下的溶解度是不同的。

(10) 其他。除了以上诸多因素外，还有一些因素会影响结晶的形成。在结晶过程中不得有微生物生长，一般高盐浓度或乙醇，可以防止微生物生长，在低离子强度的蛋白质溶液中，容易生长细菌和霉菌。因此，所有溶液需要用超滤膜或细菌过滤器进行过滤除菌，加入少量的甲苯、氯仿或吡啶也可以有效防止微生物的污染。另外，在结晶过程中，还要防止蛋白酶的水解作用。蛋白酶水解常引起结晶的微观不均一性，影响结晶的生成和生长。

2. 酶结晶的主要方法

(1) 盐析法。采用一些中性盐，如硫酸铵、硫酸钠、柠檬酸钠、氯化钠、氯化钾、氯化铵、硫酸镁、氯化钙、硝酸铵、甲酸钠等，在适当条件下，保持酶的稳定，慢慢改变盐浓度进行结晶。其中，最常用的是硫酸铵、硫酸钠。一般是将盐加入比较浓的酶溶液中至溶液呈浑浊，然后静置并缓慢增加盐浓度。

(2) 有机溶剂法。往酶溶液中滴加某些有机溶剂，如乙醇、丙酮、丁醇、甲醇、乙腈、异丙醇、二甲基亚砜等，也能使酶形成结晶。一般在含有少量无机盐和适宜 pH 条件下，于冰浴中缓慢滴入有机溶剂，并不断搅拌，当酶溶液微微浑浊时，在冰箱中放置几个小时，便有可能获得结晶。

(3) 微量蒸发扩散法。该法将酶溶液装入透析袋，用聚乙二醇吸水浓缩至蛋白质含量为 1mg/mL 左右，然后加入饱和硫酸铵溶液到 10%饱和度左右，再将其分装于比色瓷板的小孔内，连同饱和硫酸铵溶液放入密封的干燥器内，然后在 4℃下静置结晶。

(4) 透析平衡法。透析平衡法是将酶溶液装入透析袋中，对一定的盐溶液或有机溶剂进行透析平衡，酶溶液可缓慢达到饱和而析出结晶。

(5) 等电点法。酶蛋白在等电点时溶解度最小，通过改变酶溶液的 pH，使之缓慢达到过饱和状态，最后使酶蛋白结晶析出。

七、酶纯化方法评价

酶纯化的目的是使酶制剂具有最大的催化活性和最高纯度，酶纯化的方法多样，每种方法都有各自的优点和缺点，总体而言，好的纯化方法应能使酶的活力回收高，纯度提高倍数大，同时重复性好。评价酶分离纯化方法的标准可归纳为三点：一是酶活回收率；二是比活力提高的倍数；三是方法的重现性。酶活回收率是纯化后样品的总酶活占纯化前样品总酶活的百分比，它反映了纯化过程中酶活力的损失情况，这一比值越高说明酶活的保存率越高，酶活的损失越少。纯化操作的每一步都不可避免地造成酶活损失，分析其原因主要有两个方面：一是由于部分酶变性失活；二是由于各种纯化方法的分辨率有限，部分酶可能连同杂蛋白一起被去除。比活力的提高倍数则反映了纯化方法的效率。纯化后比活力提高越多，总活力损失越少，纯化效果就越好。实际上，纯化倍数与回收率不可能兼顾，两者存在一定的矛盾，如盐析时，沉淀范围越宽，酶活回收率越高，但是纯化倍数越低。实际操作中应根据具体情况选择适宜的方法。较好的重现性是评价酶分离纯化方法的必要条件，操作材料要有较好的稳定性，操作条件要容易控制。

第四节　酶的纯度与保存

一、酶纯度的检验

当酶的比活达到恒定时，酶的纯化即可完成。为了确定纯化酶的纯度，还要通过某些方法进行纯度检验。由于酶分子结构高度复杂，用不同方法检验时可能结果会有差异，因此，检验后酶的纯度应注明达到哪种纯度，如电泳纯、层析纯、HPLC 纯等。常用的检验方法主要有以下几种。

1. 电泳法

电泳法(electrophoresis，EP)具有较高的分辨率，所用样品量小(10mg 左右)，速度快(2~4h)，仪器简单，操作也方便，所以是目前较为常用的方法。一般包括醋酸纤维素薄膜电泳、聚丙烯酰胺凝胶电泳和聚焦电泳。使用最多的聚丙烯酰胺凝胶电泳又分为圆盘电泳和垂直板电泳两种。

当聚丙烯酰胺凝胶的孔径约为被分离的蛋白质分子平均大小的一半时，分离效果最佳。因此，用聚丙烯酰胺凝胶电泳来检验酶的纯度时，应根据被检验酶分子量的大小，选用合适孔径的凝胶，凝胶的孔径可通过改变聚丙烯酰胺和甲叉丙烯酰胺的含量和比例进行调节。通过把浓度为 7.5%的凝胶称为标准凝胶，其平均孔径为 5mm 左右，适合于大多数蛋白质的分离。

溶液 pH 可显著影响蛋白质分子侧链基团的解离状态，使蛋白质分子电荷性质发生改变，故应选择合适的 pH 凝胶系统，使蛋白质得到最好的分离。碱性或中性凝胶系统适合于分离酸性和中性蛋白质，酸性凝胶系统适用于分离碱性或中性蛋白质。

电泳样品中通常加一些甘油或蔗糖溶液，以增加样品密度，防止加样时样品扩散、漂移。样品中有时还要加入一些巯基乙醇，以防电泳时蛋白质侧链中游离的巯基氧化成二硫键，使蛋白质发生聚集。另外，样品液中常加入少量溴酚蓝(0.1%左右)作指示剂，用以指示电泳进行的程度。电泳结束后，需将分离的酶蛋白进行染色显示。如果染色显示出多个条带，说明样品中还有其他蛋白质。假如凝胶电泳显示一条区带，说明样品的纯度达到了电泳纯，但在某种条件下，可能有两种蛋白质的电泳迁移率完全相同，所以有时还需要进一步的验证，可以通过改变电泳条件，如 pH 等来确定酶的纯度。常用的 SDS-PAGE 只能说明样品在分子量方面是均一的，而且只适用于含有相同亚基的蛋白质。

等电聚焦是根据等电点不同进行纯度检验的，它有很高的灵敏度，较高的分辨率，可将蛋白质按等电点的大小逐一分开，可以检验出其他方法无法区别的电荷差异很小的同工酶。该法的缺点是所用仪器、试剂价格比较昂贵，操作也比较复杂。

2. 色谱法

用线性梯度离子交换法或分子筛检验样品时，如果酶制剂是纯的，则各个部分的比活力应当恒定。分析型高效液相色谱(HPLC)在证明蛋白质纯度方面的分辨率接近电泳法。

3. 化学结构分析法

肽链 N-末端分析也可用于酶纯度的检测。通常如果酶分子只有一条肽链组成，理论上只能检测出一种 N-末端的氨基酸，少量其他末端基的存在，则常表示存在杂质。有些酶分子中 N-末端的氨基和肽链中的羧基形成环状结构，不能用该方法检测纯度。

对样品进行总的氨基酸分析，也是检验纯度的一种方法。纯蛋白中所有氨基都呈整数比。

4. 超离心沉降分析法

超速离心法需在专用的超速离心机上进行，通过观察离心过程中样品的沉降等检测酶的纯度，具体采用的方法有沉降速度法和沉降平衡法。此法的优点是时间短、用量少，但灵敏度较差。

5. 免疫学法

利用抗原-抗体间的免疫反应也可以检验酶的纯度，常用的有免疫扩散和免疫电泳法。这两种方法都应预先准备好酶蛋白的抗血清。在免疫扩散中，通常将纯化制得的酶样品和抗血清分别加到琼脂糖凝胶板上的小孔中，让其自由扩散，通过观察抗原-抗体间形成的沉淀弧的数量和形状，来分析酶的纯度。免疫电泳是将酶样品经电泳分离后，再将抗血清加到抗体槽中进行双向扩散，使其形成沉淀弧，免疫电泳由于利用扩散和电泳两种方法将不同抗原组分逐一分开，其灵敏度比单纯的免疫扩散法要高得多。

6. 其他方法

纯蛋白在 280nm 与 260nm 处的光密度比值为 1.75，此时，可用分光光度法检查蛋白质中有无核酸存在。

酶的纯度可用百分比来表示，要求 95%、99%或 99.9%，由于酶的用途不同，对酶的纯度要求也不尽相同，应选择满足实际需要纯度的检验方法。

二、酶活性的检验

检测纯化酶的催化活性(activity)时，要使测定条件保持在最适状态。如测定体系中要有足够的激活剂和辅因子，没有抑制剂等，另外还要保证酶的稳定性。在有些情况下还要加入一些还原剂(如二硫苏糖醇、巯基乙醇)，以保证半胱氨酸侧链巯基的还原性。保存酶时，可在 50%的甘油溶液中保存于-18℃，以减少酶的失活。长时间保存酶制剂时，应考虑到痕量蛋白水解酶进行降解的可能性。

三、酶的剂型

酶制剂通常有下列 4 种剂型。

1. 液体酶制剂

包括稀酶液和浓缩酶液。一般去除固体杂质后，不再纯化而直接制成，或加以浓缩制成。这种酶制剂不稳定，且成分复杂，只用于某些工业用酶。

2. 固体酶制剂

发酵液经杀菌后直接浓缩或喷雾干燥制成。有的加入淀粉等填充料，用于工业生产。有的经初步纯化后制成，用于洗涤剂、药物生产。酶制剂用于加工或生产某种产品时，一定要去除起干扰的杂酶，这样才不会影响酶本身的质量。固体酶制剂适于运输和短期保存，成本也不高。

3. 纯酶制剂

包括结晶酶，通常用作分析试剂和医疗药物，要求有较高的纯度和一定的活力。医疗注射酶还必须除去热源。热源属于糖蛋白，分子量在 10 万以上，是染菌后细菌分泌的类毒素。含有这类物质的制剂注射后会引起体温升高。热源耐热、耐酸，但不耐碱，对氧化剂敏感。它可以用吸附、亲和层析等方法除去。

4. 固定化酶制剂

将游离酶固定于水不溶性载体上，使之在一定的空间内仍然保持催化活性。固定化酶性质更稳定，可以反复使用，提高了酶的利用度。

四、酶的稳定性与保存

酶容易受诸多因素的影响而导致酶活性的下降，甚至酶活性的丧失。影响酶稳定性的主要因素包括以下几个方面。

1. 温度

有些酶对温度很敏感，因此要防止酶失活，一般控制在0~4℃内。低温条件下酶不仅溶解度降低，而且不易变性。有时需要更低的温度。

2. pH

酶只有在适宜的pH范围内才能保持稳定的酶活性，酶应在此pH范围内保存，并采用缓冲液保存，以避免pH出现波动。

3. 酶蛋白浓度

一般酶在浓度高时比较稳定，浓度低时易发生解离、吸附、表面变性失效。

4. 氧化剂

有些酶容易被氧化而失去活性。

5. 金属离子

有些金属离子是酶的激活剂，有些却是抑制剂，使酶变性失活。

为了提高酶的稳定性，经常加入下列稳定剂：

(1) 底物、抑制剂和辅酶。通过降低局部的能级水平，使酶蛋白中处于不稳定状态的扭曲部分转入稳定状态。

(2) 对巯基酶，可加入SH-保护剂，如二巯基乙醇、GSH(谷胱甘肽)、DTT(二硫苏糖醇)等。

(3) 金属离子。如Ca^{2+}可保护α-淀粉酶，Mn^{2+}能稳定溶菌酶，Cl^-能稳定透明质酸酶。它们的作用机制可能是防止酶蛋白肽链延展。

(4) 表面活性剂。许多酶置于1%的苯烷水溶液中，即使在室温下催化活力也能维持相当长的时间。

(5) 高分子化合物。如血清蛋白、多元醇等，特别是甘油和蔗糖常用于低温保存添加剂。

(6) 其他。在某些情况下，丙醇、乙醇等有机溶剂也显示出一定的稳定作用。为了防止微生物污染酶制剂，也可以加入一定浓度的甲苯、苯甲酸和百里醇等。

思考题

1. 酶分离纯化的一般原则包括哪些？
2. 提取酶的基本步骤包括哪些？
3. 根据酶分离纯化原理的不同，分离纯化的方法包括哪些？

第五章　酶的固定化

固定化酶是20世纪60年代发展起来的一项技术。以往用的酶绝大多数是水溶性的酶。这些水溶性的酶催化结束后，极难回收，因而阻碍了酶工业的进一步发展。60年代后，在酶学研究领域内涌现出固定化酶，最早被称为“水不溶酶”或“固相酶”，此技术将水不溶性的自然酶与不溶性载体相结合，成为不溶于水的酶的衍生物。固定化酶(immobilized enzyme)这个术语是在1971年酶工程会议上被推荐使用的。利用固定化技术，解决了酶在应用过程中的很多问题，为酶的应用开辟了新的前景。如可使所使用的酶、细胞能反复使用，使产物分离提取容易，并在生产工艺上可以实现连续化和自动化，故在20世纪70年代后得到迅速发展。其新的功能和新的应用正在迅速不断地扩展，是一项研究领域宽广、应用前景极为引人瞩目的新技术。

第一节　固定化酶技术

1953年Grubhofer和Schleith首先将羧肽酶、淀粉糖化酶、胃蛋白酶和核糖核酸酶等，用重氮化聚氨基聚苯乙烯树脂进行固定。从60年代起，固定化酶的研究迅速发展。现在，酶的固定化已拥有一套成熟的技术，而且在此基础上，已发展了细胞固定化技术。近年来，细胞器固定化技术、固定化多酶反应器、固定化微生物多酶反应系统、固定化酶-微生物复合物等技术相继发展起来，因而使生物工程更趋向于相互联系和综合发展。酶的固定化技术则是这一发展的基础。

一、酶固定化技术的含义

酶是高效性和专一性强的生物催化剂。但是酶在水溶液中一般不很稳定；作为催化剂，酶液只能一次性地起作用；若是用于医药或是化学分析，酶必须很纯，如一次性使用，必然耗资可观。为了克服这些缺点，人们开始探索将水溶性酶与不溶性载体联结起来，使之成为不溶于水的酶的衍生物，又能保持或大部分保持原酶固有的活性，在催化反应中不易随水流失。这样制备的酶，曾被称为水不溶酶(water-insoluble enzyme)、固相酶(solid phase enzyme)“bound enzyme”“fixed enzyme”等。后来发现，一些包埋在凝胶内或置于超滤装置中的酶，本身仍是可溶的，只是被限定在有限空间不能自由流动而已。

二、固定化酶的一般原则

酶的催化反应取决于它的高级结构及活性中心。因此一个固定化酶的研制成功，关键在于选择适当的固定方法和必要的载体以及稳定性研究、改进。目前已经进行固定化的酶不下100种。我国研究者也已对30多种酶进行了固定化研究。这些酶的固定化方法多种多样，但可归纳为四大类：吸附法、载体偶联法、交联法和包埋法。近年来，在吸附法中报道了电吸附法；在载体偶联法中，发展了多种无机多孔材料。交联法的双功能试剂，也有一些新的试剂被采用。微胶囊法也是包埋法的一种，在材料和方法上有所进展。首先，必须注意维持酶的催化活性及专一性。酶的催化反应取决于酶本身蛋白质分子所特有的高级结构和活性中心，为了不损害酶的催化活性及专一性，酶在固定化状态下发挥催化作用时，既需要保证其高级结构，又要使构成活性中心的氨基酸残基不发生变化。这就要求酶与载体的结合部位不应当是酶的活性部位，应避免活性中心的氨基酸残基参与固定化反应；另外，由于酶蛋白的高级结构是凭借疏水键、氢键、盐键等较弱的键维持的，所以固定化时应采取尽可能温和的条件，避免那些可能导致酶蛋白高级结构破坏的条件，如高温、强酸、强碱、有机溶剂等处理。其次，酶与载体必须有一定的结合程度。酶的固定化既不影响酶的原有构象，又能使固定化酶能有效回收贮藏，利于反复使用。第三，固定化应有利于自动化、机械化操作。这要求用于固定化的载体必须有一定的机械强度，才能使之在制备过程中不易破坏或受损。第四，固定化酶应有最小的空间位阻。固定化应尽可能不妨碍酶与底物的接近，以提高催化效率和产物的量。第五，固定化酶应有最大的稳定性。在应用过程中，所选载体应不和底物、产物或反应液发生化学反应。最后，固定化酶的成本适中。工业生产必须要考虑到固定化成本，要求固定化酶应是廉价的，以利于工业使用。

三、固定化酶的方法

吸附法(adsorption)是通过载体表面和酶分子表面间的次级键相互作用而达到固定目的的方法，是固定化中最简单的方法。酶与载体之间的亲和力是范德华力、疏水相互作用、离子键和氢键等。吸附法又可分为物理吸附法和离子吸附法。物理吸附法(physical adsorption)是通过物理方法将酶直接吸附在水不溶性载体表面上而使酶固定化的方法。是制备固定化酶最早采用的方法，如α-淀粉酶、糖化酶、葡萄糖氧化酶等都曾采用过此法进行固定化(图5-1)。

(1) 无机载体：常见的有活性炭、氧化铝、皂土、多孔玻璃、硅胶、二氧化钛、羟基磷灰石等；

(2) 有机载体：常见的有纤维素、胶原、赛璐玢、陶瓷、淀粉及面筋等。

物理吸附法制备固定化酶，操作简单、价廉、条件温和，载体可反复使用，酶与载体结合后，酶活性中心不易被破坏且酶高级结构变化少，故所制得的固定化酶活力较高。但由于靠物理吸附作用，酶和载体结合不牢固，在使用过程中容易脱落，所以使用受到限制。

第二种吸附方法是离子交换吸附法。离子吸附法(ion adsorption)是将酶与含有离子交换基团的水不溶性载体以静电作用力相结合的固定化方法，即通过离子键使酶与载体相结合的固定化方法。离子吸附法所使用的载体是某些离子交换剂。常用的阴离子交换剂有 DEAE-纤维素、混合胺类(ECTEOLA)-纤维素、四乙氨基乙基(TEAE)-纤维素、DEAE-葡聚糖凝胶、Amberlite IRA-93、410、900等；阳离子交换剂有羧甲基(CM)-纤维素、纤维素柠檬酸盐、Amberlite CG-50、IRC-50、IR-200、Dowex-50 等。离子吸附法操作简便、条件温和，不会引起酶变性或失活，载体廉价易得，而且可反复使用。此外，吸附过程同时可以纯化酶。但是由于依靠吸附法固定的酶与载体相互作用力弱，酶容易从载体上脱落下来，进而影响酶的纯度和酶的稳定性。

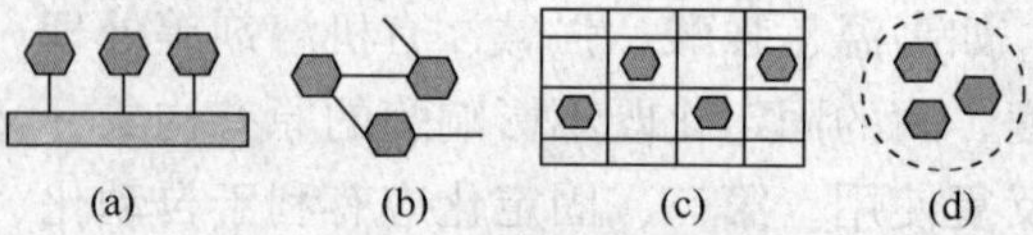

图 5-1　酶的固定化方法

(a)载体结合法；(b)交联法；(c)凝胶包埋法；(d)微胶囊包埋法

包埋法(entrapment)是将酶包埋在各种多孔载体中使酶固定化的固定化方法。包埋法操作简单，由于酶分子只被包埋，未受到化学反应，可以制得较高活力的酶，对大多数酶、粗酶制剂甚至完整的微生物细胞都适用。包埋法根据载体材料和方法不同，可分为凝胶包埋法和微胶囊包埋法。

凝胶包埋法也叫网格型包埋法，是指将酶或含酶菌体包埋在凝胶细微网格中，制成一定形状的固定化酶或固定化含酶菌体。常用的载体有海藻酸钠凝胶、角叉菜胶、明胶、琼脂凝胶、卡拉胶等天然凝胶以及聚丙烯酰胺、聚乙烯醇和光交联树脂等合成凝胶或树脂。

微胶囊包埋法，把酶包埋在由高分子聚合物制成的小球内，制成固定化酶。由于形成的酶小球直径一般只有几微米至几百微米，所以也称为微囊化法。它使酶存在于类似细胞内的环境中，可以防止酶的脱落，防止微囊外的环境直接接触，从而增加了酶的稳定性。常用于制造微胶囊的材料有聚酰胺、火棉胶、醋酸纤维素等。

共价键结合法：酶蛋白分子与不溶性固相支持物表面通过离子键结合而使酶固定的方法，叫离子键结合法。其间形成化学共价键结合的固定化方法叫共价键结合法。共价键结合法结合力牢固，使用过程中不易发生酶的脱落，稳定性能好。该法的缺点是载体的活化或固定化操作比较复杂，反应条件也比较强烈，所以往往需要严格控制条件才能获得活力较高的固定化酶。

使载体活化的方法有很多，主要有重氮法、叠氮法、溴化氰法和烷基化法等。

重氮法是将酶蛋白与水不溶性载体的重氮基团通过共价键相连接而固定化的方法，是共价键法中使用最多的一种。常用的载体有芳族氨基衍生物、氨基酸的共聚体和聚丙烯酰胺衍生物等。

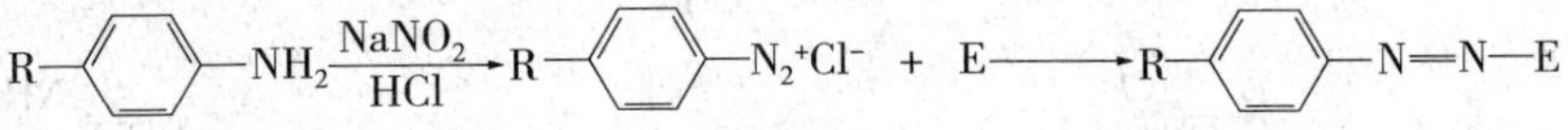

$$ROCH_2COOH \xrightarrow[HCl]{CH_3OH} RO\text{-}CH_2COOCH_3 \xrightarrow{NH_2NH_2} R\text{-}O\text{-}CH_2CONHNH_2 \xrightarrow[HCl]{NaNO_2} R\text{-}O\text{-}CH_2\text{-}CON_3+H_2N\text{-}E \longrightarrow R\text{-}O\text{-}CH_2\text{-}CONH\text{-}E$$

叠氮法，即载体活化生成叠氮化合物，再与酶分子上的相应基团偶联成固定化酶。含有羟基、羧基、羧甲基等基团的载体都可用此法活化。如 CMC、CM-Sephadex(交联葡聚糖)、聚天冬氨酸、乙烯-顺丁烯二酸酐共聚物等都可用此法来固定化酶，其中使用最多的是羧甲基纤维素叠氮法。

溴化氰法，即用溴化氰将含有羟基的载体，如纤维素、葡聚糖凝胶、琼脂糖凝胶等，活化生成亚氨基碳酸酯衍生物，然后再与酶分子上的氨基偶联，制成固定化酶。任何具有连位羟基的高聚物都可用溴化氰法来活化。由于该法可在非常缓和的条件下与酶蛋白的氨基发生反应，近年来已成为普遍使用的固定化方法。尤其是溴化氰活化的琼脂糖已在实验室广泛用于固定化酶以及亲和层析的固定化吸附剂。

烷化法和芳基化法，以卤素为功能团的载体可与酶蛋白分子上的氨基、巯基、酚基等发生烷基化或芳基化反应而使酶固定化。此法常用的载体有卤乙酰、三嗪基或卤异丁烯基的衍生物。

交联法(cross-linking)是使用双功能或多功能试剂使酶分子之间相互交联呈网状结构的固定化方法。由于酶蛋白的功能团，如氨基、酚基、巯基和咪唑基，参与此反应，所以酶的活性中心构造可能受到影响，而使酶失活明显。但是尽可能地降低交联剂浓度和缩短反应时间将有利于固定化酶活力的提高。常用的双功能试剂有戊二醛、己二胺、异氰酸衍生物、双偶氮联苯和 N,N'-乙烯双顺丁烯二酰亚胺等，其中使用最广泛的是戊二醛。戊二醛和酶蛋白中的游离氨基发生 Schiff 反应，形成薛夫碱，从而使酶分子之间相互交联形成固定化酶。

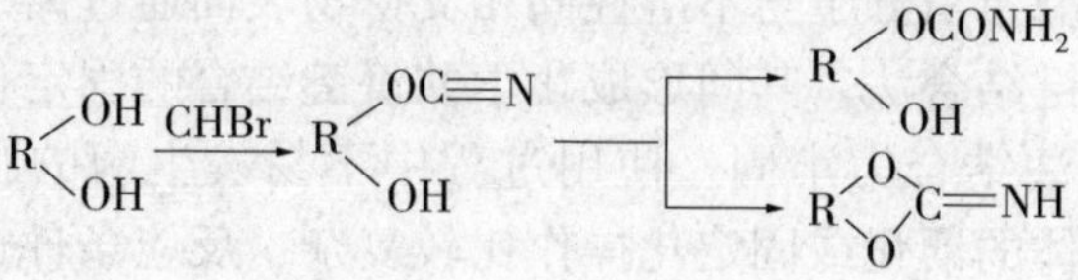

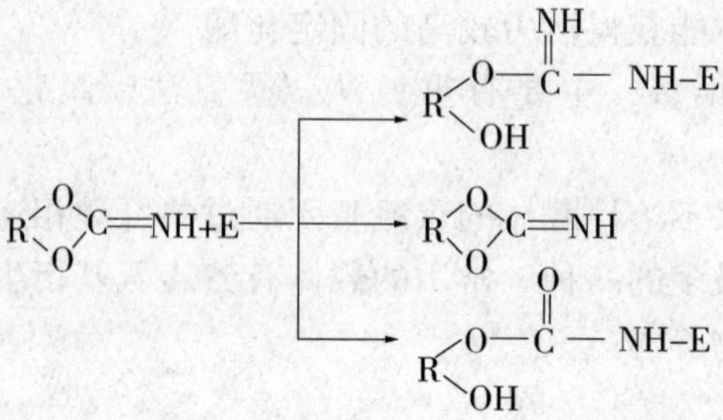

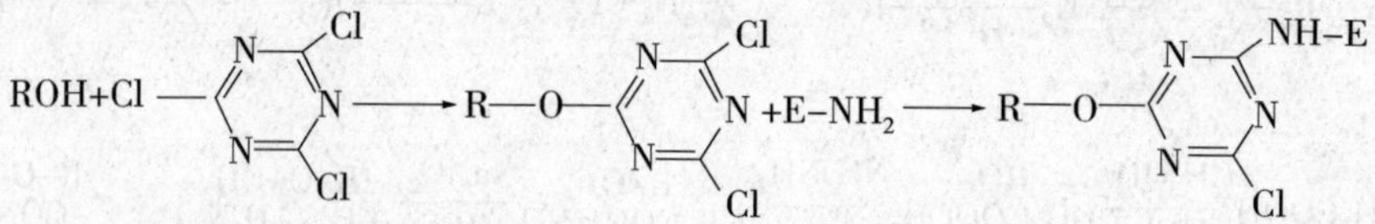

四、固定化酶的性质

固定化酶的活力在多数情况下比天然酶的活力低，其原因可能是：

① 酶活性中心的重要氨基酸残基与水不溶性载体相结合；

② 当酶与载体结合时，它的高级结构发生了变化，其构象的改变导致了酶与底物结合能力或催化底物转化能力的改变；

③ 酶被固定化后，虽不失活，但酶与底物间的相互作用受到空间位阻的影响。

也有在个别情况下，酶经固定化后其活力升高，可能是由于固定化后酶的抗抑能力提高使得它反而比游离酶活力高。

游离酶的一个突出缺点是稳定性差，而固定化酶的稳定性一般都比游离酶提高得多，这对酶的应用是非常有利的。其稳定性增强主要表现在如下几个方面：

(1) 操作稳定性。酶的固定化方法不同，所得的固定化酶的操作稳定性亦有差异。固定化酶在操作中可以长时间保留活力，一般情况下，半衰期在一个月以上，即有工业应用价值。

(2) 贮藏稳定性。固定化可延长酶的贮藏有效期。但长期贮藏，活力也不免下降，最好能立即使用。如果贮藏条件比较好，亦可较长时间保持活力。例如，固定化胰蛋白酶，在 0.0025mol/L 磷酸缓冲液中，于 20℃ 保存数月，活力尚不损失。

(3) 热稳定性。热稳定性对工业应用非常重要。大多数酶在固定化之后，其热稳定性都有所提高，但也有一些酶的耐热性反而下降。一般采用吸附法进行酶的固定化时，有时会导致酶热稳定性的降低。

(4) 对蛋白酶的稳定性。酶经固定化后，其对蛋白酶的抵抗力提高。这可能是因为蛋白酶是大分子，由于受到空间位阻的影响，不能有效接触固定化酶。例如，千烟一郎发现，用尼龙或聚脲膜包埋，或用聚丙烯酰胺凝胶包埋的固定化天门冬酰胺酶，对蛋白酶极为稳定，而在同一条件下，游离酶几乎全部失活。另外固定化后酶对有机试剂和酶抑制剂的耐受性也得到了提高。

(5) 酸碱稳定性。多数固定化酶的酸碱稳定性高于游离酶，稳定 pH 范围变宽。极少数酶固定化后稳定性下降，可能是由于固定化过程使酶活性构象的敏感区受到牵连而导致的。

酶被固定后，其最适 pH 和 pH 曲线常会发生偏移，原因可能有以下三个方面：一是酶本身电荷在固定化前后发生变化；二是由于载体电荷性质的影响致使固定化酶分子内外扩散层的氢离子浓度产生差异；三是由于酶催化反应产物导致固定化酶分子内部形成带电荷微环境。一般来说，产物为酸性时，固定化酶的最适 pH 与游离酶相比升高；产物为碱性时，固定化酶的最适 pH 与游离酶相比降低。这是由于酶经固定化后产物的扩散受到一定的限制所造成的。当产物为酸性时，由于扩散限制，使固定化酶所处微环境的 pH 与周围环境相比较低，需提高周围反应液的 pH 值，才能使酶分子所处的催化微环境达到酶反应的最适 pH，因而，固定化酶的最适 pH 比游离酶的最适 pH 高一些；反之，产物为碱性时，固定化酶的最适 pH 比游离酶的 pH 低。固定化酶的最适反应温度多数较游离酶高，如色氨酸酶经共价结合后最适温度比固定前提高 5~15℃，但也有不变甚至降低的。固定化酶的作用最适温度会受固定化方法以及固定化载体的影响。固定化酶的表观米氏常数 K_m 随载体的带电性能变化。米氏常数 K_m 反映了酶与底物的亲和力。酶经固定化后，酶蛋白分子的高级结构的变化以及载体电荷的影响可导致底物和酶的亲和力的变化。使用载体结合法制成的固定化酶 K_m 有时变动，主要是载体与底物间的静电相互作用的缘故。

五、影响固定化酶性能的因素

固定化酶的制备方法很多，酶在固定化过程中，对酶反应系统产生的影响各不相同。但若假定：①酶固定化之后，在载体表面或多孔介质内的分布完全均匀；②整个系统各向同性，则可以将讨论对象大为简化，这样就可以将固定化带来的影响概括为如下三个方面：

构象改变、立体屏蔽。酶在固定化过程中，由于酶和载体之间相互作用，引起酶分子构象发生某种扭曲，从而导致酶与底物的结合能力或催化底物转化能力发生改变，在大多数情况下，固定化致使酶活性不同程度下降。在共价结合法和吸附法制备固定化酶时，表现尤为突出。立体屏蔽是指固定化后，由于载体孔隙太小，或固定化的结合方式不对，使酶活性中心或调节部位造成某种空间障碍，使效应物或底物与酶的邻近或接触受到干扰。因此，选择载体的孔径不可忽视。采用载体加"臂"的方法，亦能改善这种立体屏蔽的不利影响。

分配效应和扩散限制。这两种效应都和微环境密切相关。所谓微环境是指紧邻固定化酶的环境区域，主要是载体的疏水亲水及电荷性质带来的影响。分配效应是由于载体性质造成的酶的底物或其他效应物在微观环境和宏观体系之间的不等性分配，从而影响酶促反应速度的一种效应。这种效应可以用分配系数进行定量描述。

扩散限制效应是指底物、产物和其他效应物在环境中的迁移运转速度受到的限制作用。有外扩散限制和内扩散限制两种类型。前者是指物质从宏观体系穿过包围在固定化酶颗粒周围近乎停滞的液膜层(又称 Nernst 层)达到颗粒表面时所受到的限制。内扩散限制是指上述物质进一步向颗粒内部酶所在点扩散所受到的限制。扩散限制效应可通过引入相应的参数和模量，进行定量讨论。微扰(perturbation)，由于载体的亲水、疏水作用和介质的介电常数等性质，直接影响酶的催化能力或酶对效应物作出反应的能力，这种效应称为微扰。近年来，关于蛋白质"可及表面"计算方法的进展，似为这几种效应的定量讨论展示了一种前景。以上效应将具体表现在酶的动力学性质、酶的稳定性、酶促反应影响因素乃至酶的底物专一性等方面。

六、固定化酶的优缺点及研究意义

固定化酶与水溶性酶相比，具有下列优点：①固定化酶可以多次使用，而且在多数情况下，酶的稳定性提高，因而单位酶催化的底物量大增，用酶量大减，亦即单位酶的生产力高；②固定化酶极易与底物、产物分开，因而产物溶液中没有酶的残留，简化了提纯工艺，产率较高，产品质量较好；③固定化酶的反应条件易于控制，可以装柱(塔)连续反应，宜于自动化生产，节约劳动力，减少反应器占地面积；④较水溶性酶更适合于多酶反应；⑤辅酶固定化和辅酶再生技术将使固定化酶和能量再生体系或氧化还原体系合并使用，从而扩大其应用范围。

固定化酶虽然有上列优点，但用于工业生产的实例至今仍然不多。原因就在于固定酶的应用尚存若干困难或缺点：①固定化酶所用载体与试剂较贵、成本高、工厂投资大，加上固定化过程中酶活力有损失，即酶活力回收率低，更增加了工业化生产的投资困难。如果用胞内酶进行固定化，还要增加酶的分离成本。固定化酶在长期使用后，因染杂菌，酶的渗漏，载体降解以及其他错误操作，都会致使酶失活；②固定化酶一船只适用于水溶性的小分子底物；大分子底物常受载体阻拦，不易接触酶，致使催化活力难以发挥；③目前固定化酶尚限于单级反应，多酶反应，特别是需要辅因子的固定化酶技术，还有待开发。

酶促反应机理的研究，是阐明生物体内各种复杂代谢过程及其调控的基础。生物细胞内大多数主要代谢酶，都是定位在生物膜上或亚细胞结构之中，它们在细胞中的这种结合状态，则是构成代谢过程乃至整个生命物质运动的严密有序性的基础。

以往酶学研究中，人们总是把酶从细胞的结合状态分离出来，加以探讨。酶学在理论上和实践上取得的辉煌成就，表明这种研究方法无疑是必要的，接近真实的。然而现在也证明，结合在细胞膜和亚微结构中的酶，在催化性质上，毕竟与水溶状态下的酶存在差异。为了阐明生物体内的代谢规律，对于这种结合状态的酶，必须用更逼近真实的体系和方法来深入研讨。而固定化酶，在很大程度上可用作这种研究的理论和实验模型。固定化酶的研究，有助于了解生物体内膜或凝胶类的微环境对酶功能的影响。在一定程度上可以说是一种生物模拟。

利用酶的固定化技术，进行调节酶的亚基固定化和重组酶，使一些在溶液状态难于解离为“天然”亚基的酶得以解离，从而确定这些酶的四级结构和亚基功能。

利用酶的固定化技术，可以改变酶的性质。例如固定化辅因子，使酶不再要求游离辅因子。在效应物存在下(保护酶)进行化学固定化处理，使酶的构象“冻结”，从而使酶不再受效应物的影响。在底物存在下进行固定化处理，使其构象“冻结”，从而使酶处于高底物亲和力构象状态。固定化酶技术转化为亲和色谱技术，应用于分子生物学研究，为酶等生物化学制剂提供快速的分离纯化手段。固定化酶的动力学研究，还可以为农业化学和土壤化学中常遇到的类似体系，提供借鉴。固定化酶技术，作为一项新技术，其研究成果推动了细胞固定化技术的发展。这就为植物次生物质的工业化生产和基因工程产物的工业化生产提供了技术基础。

总之，固定化酶是酶工程的重要组成部分，又是酶工程的一个重要发展阶段。有人把酶工程分为化学酶工程(亦称初级酶工程)和生物酶工程(亦称高级酶工程)两部分。固定化酶属于前者。如果说天然酶的酶制剂是第一代酶，那么固定化酶则是第二代酶。从酶的实际应用上讲，第二代酶正在登上历史舞台。第三代酶，将是包括辅因子再生系统在内的固定化多酶反应器，正在迅速发展着，当其用于工业生产时，必将引起发酵工业和化学合成工业的巨大变革。

七、固定化酶的研究现状及展望

新型载体材料及固定化技术：酶(细胞)固定化对载体材料具有很高的要求，

理想的载体要有良好的机械强度、热稳定性及化学稳定性、耐微生物降解性和对酶的高结合能力等。高分子复合物是由两种不同的高分子链通过氢键等次价键聚集成的具有一些特殊功能的复合物，其优良的质量传递性能、电解质的灵敏介电特性以及生物相容性等特点，为酶的固定化技术提供了一种新型载体。将无机载体表面用有机聚合物进行修饰，然后再与酶结合制得的固定化酶具有良好的机械强度和热稳定性。

共价偶联法是应用较为广泛的固定化酶的传统方法。但由于反应过程中酶的活性部位易受到破坏，有的可能完全失活，故在固定化技术方面也必须寻求新的途径。总的原则是在较为温和的条件下进行酶的固定化以减少酶活力的损失，如超声波作用下的酶固定化过程仅有部分失活或完全不失活。辐射技术也在固定化酶领域得到应用，γ 射线引发丙烯醛与聚乙烯膜接枝聚合后，活性醛基可共价固定化葡萄糖氧化酶并呈现出良好的结果，60Co 辐照低温下单体与酶的混合液使酶包埋固定化，有利于酶活力的提高。Demarn 等用等离子体引发丙烯酰胺(AM)聚合的载体包埋固定化葡萄糖氧化酶(GOD)，使得酶的稳定性和活性均得到了显著提高。传统的酶固定化方法中酶是在随意位点和载体进行连接的，酶的多个位点可能同时与载体结合，以致会阻碍底物进入到酶的活性位点，同时，多位点结合也会降低固定化酶的载酶量，所以，酶的定向固定化研究日益受到重视。由于酶的定向固定化具有容量大、活性高的优点，将成为今后固定化酶方法研究的一大热点。

固定化载体材料和固定化技术的发展，保持各种传统固定化酶(细胞)的优点，同时改进其不足是固定化酶(细胞)研究的重要内容之一。在酶包埋材料中渗入特定粒子以增加其密度或赋予磁性，将有利于改善其传质、吸附及分离性能。明胶包埋-戊二醛交联法中的戊二醛对微生物有毒害，当改用高碘酸钾氧化淀粉作偶联剂时则能保持菌体的高活性且非常适合在生物反应器中应用。两种或多种固定化方法同时运用能改进单一固定化方法的不足，如将酶吸附于离子交换树脂上后再用多功能基化合物交联可提高固定化胰蛋白酶的活性及稳定性。对某一方法的部分改进也能提高固定化酶的活力，如将戊二醛的一端用二乙醇胺保护后活化载体，再脱保护并用于固定化酶，避免了载体或酶的自身交联反应，从而可以较大幅度地提高固定化酶的酶活力回收。调节 pH 使酶固定化及固定化酶处于一个最佳环境中，也是提高酶活力的一种途径。

因为有些酶在酶促反应过程中需要辅酶，特别是某些产品的生物合成中需要多步酶促反应才能完成，因而发展了制备多酶固定化反应系统的技术。葡萄糖氧化酶与过氧化氢酶共同固定化，黄素氧化酶与过氧化氢酶及超氧化物歧化酶共同固定化等都是人们熟悉的多酶共固定化的例子。

自20世纪60年代以来，固定化酶(细胞)的研究得到了长足的发展，取得了许多重要成果。设计和开发新的合成载体材料，利用和改性质优价廉的天然高分子载体材料，探索和研究新的固定化技术将是这一领域的基础性研究。合成具有特定反应性官能团的功能高分子大孔载体，使其所带有的功能基与所吸附酶(细胞)的氨基、羧基等蛋白质残基在温和条件下通过共价偶联，这样所制备的固定化酶(细胞)具有较小的酶活力损失，传质效率高，且同时具有吸附法及共价偶联法的优势，杜绝了包埋法的缺点，因而是固定化酶(细胞)载体材料今后的发展方向。同时研究高分子和特定无机材料的复合材料将是固定化酶(细胞)载体的另一个发展方向。另外，要充分重视和利用沸石、分子筛等无机材料作为固定化酶的载体。因为此类载体材料不仅价格低廉，同时还具有比有机高分子材料更好的物理稳定性、化学稳定性及抗微生物降解性。尤其重视用此类载体固定化酶的相关应用方面。拓展新的应用领域并研究解决应用过程中出现的种种问题是固定化酶(细胞)技术发展的保证。现代工农业生产、现代生物工程、生物医学工程、生物环境工程以及科学技术领域的基础理论研究需求将是固定化酶(细胞)技术持续发展的动力。

第二节　固定化细胞技术

利用胞内酶制作固定化酶时，先要把细胞破碎，才能将里面的酶提取出来，这就增加了工序和成本。因此，人们设想直接固定含有所需胞内酶的细胞，用于催化化学反应。20世纪70年代，在固定化酶的基础上科学家们研制成固定化细胞，并用于生产。70年代末，法国成功将固定化细胞用于生产啤酒，80年代初中国的居乃琥等用固定化细胞批量生产啤酒和酒精，并获得重要研究成果。

固定化细胞就是被限制自由移动的细胞，即细胞被约束或限制在一定的空间范围内，但仍保留催化活性并能被反复连续使用。与酶的固定化相比，固定化细胞保持了胞内酶的原始状态与天然环境，有效地利用游离细胞的完整酶系统和细胞膜的选择透过性，既具有固定化酶的优点，又具有其自身的优越性：①无需分离和纯化酶，减少了酶的损失，同时大大降低了成本；②可以进行多酶反应，且不需添加辅助因子。固定化细胞不仅可以作为单一的酶发挥作用，而且可以利用菌体中所含的复合酶系完成一系列的催化反应，对于这种多酶系统，辅助因子容易再生；③对于活细胞来说，保持了酶的活性原始状态，酶的稳定性更高，对污染的抵抗力更强；④细胞生长停滞时间短、细胞多、反应快等。

当然，固定化细胞也有其自身的缺点，如必须保持菌体的完整，需防止菌体的自溶，否则影响产物的纯度；必须抑制细胞内蛋白酶对目的酶的分解；胞内多酶的存在会形成副产物；载体、细胞膜或细胞壁会造成底物渗透与扩散的障碍。

一、固定化细胞技术的含义

固定化细胞按细胞类型分固定化微生物、植物和动物细胞三大类；按生理状态又可分为固定化死细胞和活细胞两大类，如图 5-2 所示。

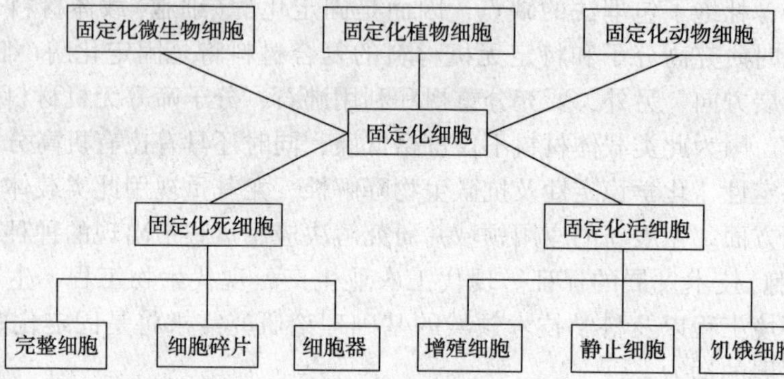

图 5-2 固定化细胞分类

到目前为止，固定化细胞已经发展到第三代，第一代固定化细胞以固定化死细胞为主体，用于催化比较简单的单酶反应。第二代固定化细胞以固定化增殖细胞为主体，主要利用增殖细胞内饥饿的多酶系统或者整个代谢过程来连续生产各种氨基酸、有机酸、多肽、酒精和啤酒等产品。第三代固定化细胞就是固定化动植物细胞。

固定化细胞由于其用途和制备方法的不同，可以是颗粒状、块状、条状、薄膜状或不规则状等，其中多为球形颗粒。用吸附法制备时其形状取决于吸附物质的形状。

固定化死细胞是指在固定化前或固定化后对细胞进行物理或化学方法处理，如加热、匀浆、冷冻、干燥、表面活性剂、化学试剂等处理，使细胞处于死亡甚至破碎状态的固定化细胞，通过处理可以增加菌体细胞膜的渗透性或者抑制副反应，所以比较适于单酶催化的反应。

固定化活细胞在固定化后细胞仍保持活性，其生长可以处于静止状态、饥饿状态或者增殖状态。固定化静止细胞和饥饿细胞在固定化之后，细胞是活的，但是由于采取了控制措施，固定化的细胞并不增殖，而是处于休眠状态或者饥饿状态。固定化增殖细胞是将活细胞固定在载体上，并使其在连续反应过程中保持旺盛的生长、繁殖能力的一种固定化方法；与固定化酶和固定化死细胞相比，由于细胞能够不断繁殖、不断更新，反应所需的酶也就可以不断更新，而且反应酶处于天然环境中更加稳定，且保持了细胞原有的全部酶活性，更适合于多酶顺序连续反应。

二、固定化细胞的方法

固定化酶和固定化细胞都是以酶的应用为目的，其制备方法也基本相同，一般的方法有直接固定法、包埋法、吸附法、交联法和共价结合法，其中以包埋法的使用最为普遍。

（一）吸附法

主要是利用细胞与载体之间的作用力，例如范德华力、离子键和氢键，使细胞固定在载体上，此外还可以利用专一的亲和力来固定细胞，主要包括物理吸附和离子吸附两种方法；前者是使用具有高度吸附能力的硅胶、活性炭、多孔玻璃、石英砂和纤维素等吸附剂将细胞吸附到表面上使之固定化；后者是利用细胞在解离状态下与带有相反电荷的离子交换剂之间的静电引力而被吸附固定化，所采用的载体如DEAE-纤维素、DEAE-Sephadex、CM-纤维素。很多细胞都具有吸附到固体物质表面或其他物质表面的能力，例如酵母细胞一般带有负电荷，可以选择带正电荷的载体使其固定化。

吸附法的优点是操作简单，条件温和，载体可以反复使用，并且对于细胞活性的影响较小，酶活力损失小；缺点是细胞与载体的结合不牢固，细胞易受环境影响而脱落，操作简单但是稳定性差。此外，吸附的细胞数量少，并且当离子强度发生变化、吸附细胞发生倍增以及气泡和粒子接触时，固定化细胞会变得不稳定。

（二）包埋法

包埋法包括凝胶包埋法和微囊包埋法两种，其中凝胶包埋法是应用最广泛的细胞固定方法，各种微生物、动植物细胞都可用此方法固定。一般采用的载体为琼脂、聚丙烯酰胺、海藻酸钙、角叉菜胶、明胶、壳聚糖、纤维素等，其中聚丙烯酰胺应用最早。早在1973年千畑一郎采用此法固定大肠杆菌。包埋法固定细胞具有很多优点，如方法简便，条件温和，对细胞活性影响小，稳定性好，力学强度较好和包埋容量较高等。但此法也有缺点，只适用于小分子底物。

以海藻酸钙凝胶包埋法为例，其制备过程如下：室温下，将一定浓度的海藻酸钠溶液与微生物细胞混合均匀，然后滴加到氯化钙溶液中形成珠球，即成固定化细胞制剂。

（三）直接固定法

直接固定法是借助物理或化学方法直接将细胞固定，可通过加热、冰冻或β

射线的手段进行固定化，也可添加柠檬酸、各种絮凝剂、交联剂和变性剂处理达到固定化目的。例如热固定法是将酶细胞在一定温度下加热一段时间使酶固定在菌体内的方法，但是该方法只适合热稳定性较好的酶，在进行加热处理时，一定要掌握好加热温度和时间，避免引起酶的变性失活；而凝聚法是通过添加絮凝剂使菌体细胞絮凝而直接固定化的。

（四）交联法与共价交联法

与酶的固定化方法类似，共价结合法是利用细胞表面的氨基、羧基、羟基、巯基、咪唑基等反应基团与活化的载体之间形成共价键从而使细胞固定化。交联法是应用双功能或者多功能试剂，与细胞表面的反应基团发生反应，使细胞彼此交联形成网状结构而制成的固定化细胞。交联法与共价结合法都是依靠化学结合的方法使细胞固定化，因此所制得的固定化细胞都很稳定，在使用过程中不容易脱落，但是这两种方法的反应条件较为剧烈，对于细胞的活性影响较大，从而造成细胞死亡率高，其应用受到极大的限制。

三、固定化细胞的性质

细胞被固定化后，很多性质发生了变化；与固定化酶相比，固定化细胞情况更为复杂，主要表现在：①固定化对酶产生的影响对于细胞有同样的表现，例如稳定性增加、储藏期延长；②由于胞内环境的相对稳定和细胞液的缓冲作用，固定化对胞内酶产生的影响不像固定化酶那么明显；③固定化细胞除了受固定化因素影响外，还受细胞结构及细胞膜通透性的影响；④固定化细胞还要考虑细胞的生长、增殖及其他生理生化因素等。

（一）胞内酶活性

由于酶在细胞内处于适宜的自然环境中，不会发生酶固定化时常遇到的共价修饰作用和构象变化的影响，所以固定化细胞在固定化时目的酶活力一般不下降或下降很小。特别是对于那些即使在游离态活力也不稳定的酶，用固定化方法可最大限度地保存酶活力。如天冬酶从菌体里提取出来就不稳定，经固定化后酶活力会迅速降低，在这种情况下，用于工业上效果很差，而采用直接固定化微生物菌体则效果就好得多。

另外，和固定化酶不同，其催化活性还受到两方面的额外影响：一方面，由于细胞壁和细胞质膜的存在，对底物、产物等效应物的扩散存在障碍，会导致酶催化效率下降，如果经一定条件保温或表面活性剂处理，其酶活性相应提高；另一方面，固定化在载体上的生长细胞可以活化增殖，使细胞密度和催化能力有所提高。

(二) 稳定性

细胞固定化后，由于载体的缓冲作用，有可能降低其对外部恶劣环境的敏感性，一般固定化细胞的稳定性高于游离细胞。

和固定化酶相比，由于细胞膜的存在可以排除重金属离子、有机溶剂等化学变性剂的影响，保护酶免受如剪切力和气泡等机械变性作用，而且大多数固定化细胞制剂中的细胞不会受到侵入微生物的作用，所以固定化细胞的酶活操作稳定性一般比相应的固定化酶的操作稳定性要高。

(三) 反应特性

固定化对细胞反应特性的影响和对酶的影响大致相同，如细胞固定化后，由于空间位阻的影响，细胞对高分子量底物的亲和力显著减小；细胞的带电性、载体的性质等因素会引起固定化细胞酶活性最适 pH 的变化等。例如，大肠杆菌和敏捷固氮菌经在阴离子交换树脂上固定后，细胞的最适 pH 要比在悬浮液中高些。

除此之外，和固定化酶相比，固定化完整细胞的动力学性质更为复杂，还要考虑到以下问题：固定化后细胞可能增殖；固定化后存在着对底物和产物的外加的(细胞壁或细胞膜)扩散障碍；存在能使某些大分子(如糖类)转移到细胞内的透性酶(Permeases)的主动转移系统等因素的影响。

四、固定化细胞的应用

(一) 在食品工业方面的应用

固定化细胞在酱油发酵、食醋发酵、酿酒工业等中应用广泛。马永强等用磁性壳聚糖微球固定的蒙奇球拟酵母(Torulopsis mogii)进行酱油发酵，酱油发酵液内可检出食用香料 2-乙基-4-羟基-5-甲基-3(2H)呋喃酮[2-ethyl-4-hydroxy-5-methyl-3(2H)furanone，HEMF]，其含量虽低，但具有强烈的焦糖酱香气，对酱油的香气有着较大的影响。张爱民以海藻酸钙包埋活性干酵母与醋酸菌(acetic acid bacteria)催化苹果发酵生产苹果醋，得到醋酸含量为 7.0g/100mL，糖度为 1.0Bx，具有浓郁苹果香气、清亮透明、口感微甜的苹果醋。叶生梅等研究了海藻酸钙包埋啤酒酵母细胞生产啤酒的性能，结果表明，固定化酵母比游离酵母能更快地利用还原糖，且还原双乙酰、pH 和酸度等均达到啤酒产品质量标准。在食品工业中，部分反应需要多酶同时作用，因此传统的酶法或者固定化酶法生产存在一定局限性，尤其是动植物细胞生长缓慢，生长过程不稳定。施安辉报道了利用固定化细胞技术连续发酵生产酸牛奶的方法，该方法具有简化菌种制备过程，乳酸菌种和发酵酸化设备利用率高、控制简单等优点。植物细胞培养的难度高，生长缓慢，因此，Ramachandra 等人利用固定化 Capsicum frutescens 和 Mill. Cv. annuum 细胞培养物生产辣椒素。与游离的悬浮细胞相比，辣椒素产量提高了数倍。与之类似，Furuya 等报道利用聚氨酯泡沫固定化 Coffea arabica 细胞长期连续生产咖啡因。

（二）在发酵工业及生物能源方面的应用

随着经济发展，作为主要能源的石油、煤的贮量趋于枯竭，高效、洁净的新能源亟待开发。生物法制备酒精、甲烷、氢气备受青睐，其中，固定化细胞技术作为一种高效的生物发酵工艺，潜力巨大。中国科学院沈阳生态所通过将细胞过程、发酵工程及固定细胞技术三者巧妙的结合应用，开发了固定化细胞酒精发酵技术。他们采用装有固定化细胞的柱式连续反应器，提高反应速度。采用本技术可以将传统方法每天接种改变为一次性接种，发酵周期可以从 72h 缩短为 30h，酒精生产能力提高 1 倍以上。黄炜等研究了固定化假丝酵母（Candida sp.）细胞在三相流化床内分批发酵玉米芯半纤维素水解液生产木糖醇工艺过程，利用固定化细胞重复进行 6 批生产，木糖醇得率平均为 63.5%。Bertkau 等用吸附在碎硅粒上的 Schizosaccharomyces pombe 将苹果酸转换为乳酸，反应器中葡萄酒苹果酸 48h 后消失，不仅酸度减少，同时增加了芳香的醇味。Yokotsuka 等报道了一种将酿酒酵母和栗酒裂殖酵母共同用于双层海藻酸钙凝胶珠中进行高酸葡萄糖浆的降解和酒精发酵的技术。除葡萄酒的酒精发酵和苹果酸-乳酸发酵外，固定化细胞技术可以应用于葡萄浆预处理，以改善发酵过程，提高葡萄酒的品质。Ciani 等报道了一种利用固定化的 Candida stellata 提高葡萄酒中甘油含量的方法，并证实利用固定化的 C. stellata 与酿酒酵母联合使用可以改善葡萄酒的风味。

（三）在“三废”处理等环境保护方面的应用

固定化细胞在“三废”处理中具有反应速度快，运行成本低，效果显著等优点。Geoffey 等将小球藻固定在藻朊酸盐中，用来聚集 Co、Zn、Mn 等金属，在相同的反应条件下，悬浮细胞的吸附量要小得多。吴乾菁等利用聚丙烯酰胺固定化酵母菌细胞去除电镀废水中的 Cd^{2+}，去除率达到 98.9%，而未固定化细胞去除率为 37.6%。Shreve 等利用固定化假单胞菌降解甲苯，与游离细胞相比，固定化细胞体系的半饱和常数增加 30 倍，细胞最大比生长速率降低 2 倍。Anselmo 等用琼脂、海藻酸钙、卡拉胶和聚乙烯酰胺等载体包埋固定化微生物降解苯酚。随后，他们又以聚氨酯泡沫为载体固定镰刀菌 Fusarium sp. 菌丝体，在完全混合器中降解酚。

固定化细胞技术大大简化了生产过程，降低了生产成本，在工业生产和环境保护等方面有着传统技术不可比拟的优势，然而其在生产实践中还存在有很多亟待解决的问题。①固定化载体材料需进一步改进。应从应用出发，在载体骨架结构上进行理论分析和改造，克服其在生物毒性、强度及稳定性等方面的不利因素，开发价廉耐用的新材料。②共固定化技术的改进。单一菌种往往无法适应复杂的工业生产环境，这就需要对多种微生物细胞与细胞或细胞与酶同时共固定于同一载体的共固定化系统进行更深入地研究。③高效的固定化生物反应器的研制。目前固定化细胞的研究多处于实验室生产水平，工业生产实践、生物反应器的不合理设计所导致的操作稳定性不强及管理成本过高都限制了固定化细胞的应用。需从发酵机理及反应动力学上进行更深入地研究，从而对生物反应器进行更优化地设计，以满足自动化、连续化、扩大化的工业生产需求。只有将固定化细胞广泛应用于工业生产实践，才能全面发挥其优势，创造更多价值。

思考题

1. 固定化酶有哪几种方法？
2. 固定化酶有哪些优缺点？
3. 与固定化酶相比，固定化细胞有哪些优势？

第六章　海洋宏基因组技术及其应用

宏基因组学(metagenomics)又叫微生物环境基因组学、元基因组学。它不依赖于培养，直接从环境样品中提取全部微生物的DNA，构建宏基因组文库，利用基因组学的研究策略研究环境样品所包含的全部微生物的遗传组成及其群落功能。它是在微生物基因组学的基础上发展起来的一种研究微生物多样性、开发新的生理活性物质(或获得新基因)的新理念和新方法。其主要含义是：对特定环境中全部微生物的总DNA(也称宏基因组DNA，metagenomics DNA)进行克隆，并通过构建宏基因组文库和筛选等手段获得新的生理活性物质；或者根据基因序列数据库设计引物，通过系统学分析获得该环境中微生物的遗传多样性和分子生态学信息。海洋微生物种类繁多，但是可培养的微生物种类仅占0.001%~0.1%，从开发微生物资源的角度出发，那些迄今为止尚未发掘的难培养微生物才是挖掘新型海洋酶制剂的重要来源。因此，宏基因组技术是开发新型海洋酶制剂的重要技术手段。

第一节　海洋宏基因组技术概述

宏基因组学也称为环境基因组学(environmental genomics)或群落基因组学(community genomics)。最初由Handelsman等于1998年提出，以生态环境中全部微小生物的基因组(the genomes of the total microbiota found in nature)作为研究对象，针对特定环境样品中微生物复杂群落的基因组总和进行研究，而不需要分离、培养微生物。伴随着PCR技术、基因克隆技术以及基因组测序技术等的逐渐成熟与完善，以及相关学科的发展与渗透，宏基因组学技术极大地推动了微生物学的发展。

海洋宏基因组技术的基本策略采用原位裂解法或者微生物细胞抽提法尽可能完全提取环境样品如海水、海泥及海底沉积物等的总DNA；选用合适的载体(如Cosmid、Fosmid或者人工染色体BAC等)，将获得的宏基因组DNA克隆到载体，并转到工程菌中来构建宏基因组文库，基于某些已知的DNA序列筛选或者通过外源基因的功能进行筛选，寻找新型的功能基因。

首先，富集目标基因(组)。为了减少筛选难度，提高功能基因检出率，可对目的DNA进行细胞水平和基因水平富集：通过选择性培养基富集目标微生物；通过稳定同位素探针技术(SIP)、抑制性消减杂交技术(SSH)、差异基因表达技术(DGE)以及DNA芯片技术等富集目标基因；然后，提取基因(组)

DNA，包括直接提取和间接提取法。前者直接破碎样本细胞，然后提取、纯化外释 DNA；后者先分离目标微生物，然后将样本细胞破碎并提取 DNA。其次，构建基因组文库，关键是选择合适的载体和宿主。根据插入的基因片段的大小以及外源基因表达相对重要性等选择适合的载体，细菌人工染色体载体(BAC)与 Cosmid 载体可插入较大的 DNA 片段，质粒和噬菌体可用作表达载体。宿主选择应主要考虑转化需要、载体在宿主细胞中的稳定性、文库构建目的等因素。常用的宿主有大肠杆菌(Escherichia coli)、链霉菌和假单胞菌等。最后筛选基因组文库 DNA，筛选方法主要包括序列筛选法和功能(活性)筛选法。前者采用寡核苷酸引物或探针，通过 PCR 和基因杂交等分子生物学手段对目的基因进行筛选，主要用于已知基因文库的拓展性筛选；后者主要通过可见特征(如颜色、菌斑等)筛选阳性克隆，该法操作简便、通量高，缺点是低阳性率会引起信号特征不明显(图 6-1)。

(一) 宏基因组文库的筛选

由于取样环境的复杂性和样品中微生物种类的多样性，宏基因组文库容量一般较大，因此，从几万或几十万个文库克隆子中筛选所需基因需要高效的筛选方法。目前，宏基因组文库的高通量筛选方法主要有功能驱动的筛选和序列驱动的筛选。

功能驱动的筛选(Function-Driven Screening)是以目标基因表达产物的活性测定为基础的筛选法。Healy 等最早采用功能驱动的筛选方法成功筛选到纤维素酶和木糖酶基因。此后，从不同环境样品的宏基因组文库中相继筛选到了产生脂酶、蛋白酶、淀粉酶、多糖修饰酶、脱氢酶及抗菌活性的克隆子。该筛选方法可直接筛选到应用于工农业和医药业的酶等蛋白质和抗菌素等天然产物。但其缺陷是必须依赖于功能基因在外源宿主中的表达，往往会因许多基因或基因产物在外源宿主中的不表达或表达后没有活性而降低了筛选效率。只有优化筛选方法，选择合适的底物及筛选条件，并建立合适的宿主载体系统，才能加快对新型的生物催化剂的挖掘和利用。

序列驱动的筛选(Sequence-Driven Screening)是基于基因序列本身而进行的筛选方法，以序列相似性为基础，根据已知功能的基因序列设计探针或 PCR 引物，通过核酸杂交或 PCR 扩增来筛选具有目标序列的克隆子。此筛选策略不依赖克隆基因在宿主内的表达，但必须对相关基因序列有一定的了解。因此，较难在宏基因组文库中筛选到与已知基因序列完全不同的全新功能基因。Venter 最早采用以序列为基础的筛选方法分析马尾藻海域的微生物，鉴定出大量的新基因。此外，鉴于第二代 DNA 测序技术的快速发展，直接对所构建的宏基因组文库的克隆子进行 DNA 序列的测定，可以获得丰富的基因信息。利用基因芯片技术大大提高筛选效率，有可能筛选到某一类结构或功能的新基因，但同样需要了解相关基因序列，较难发现全新的生物活性物质。

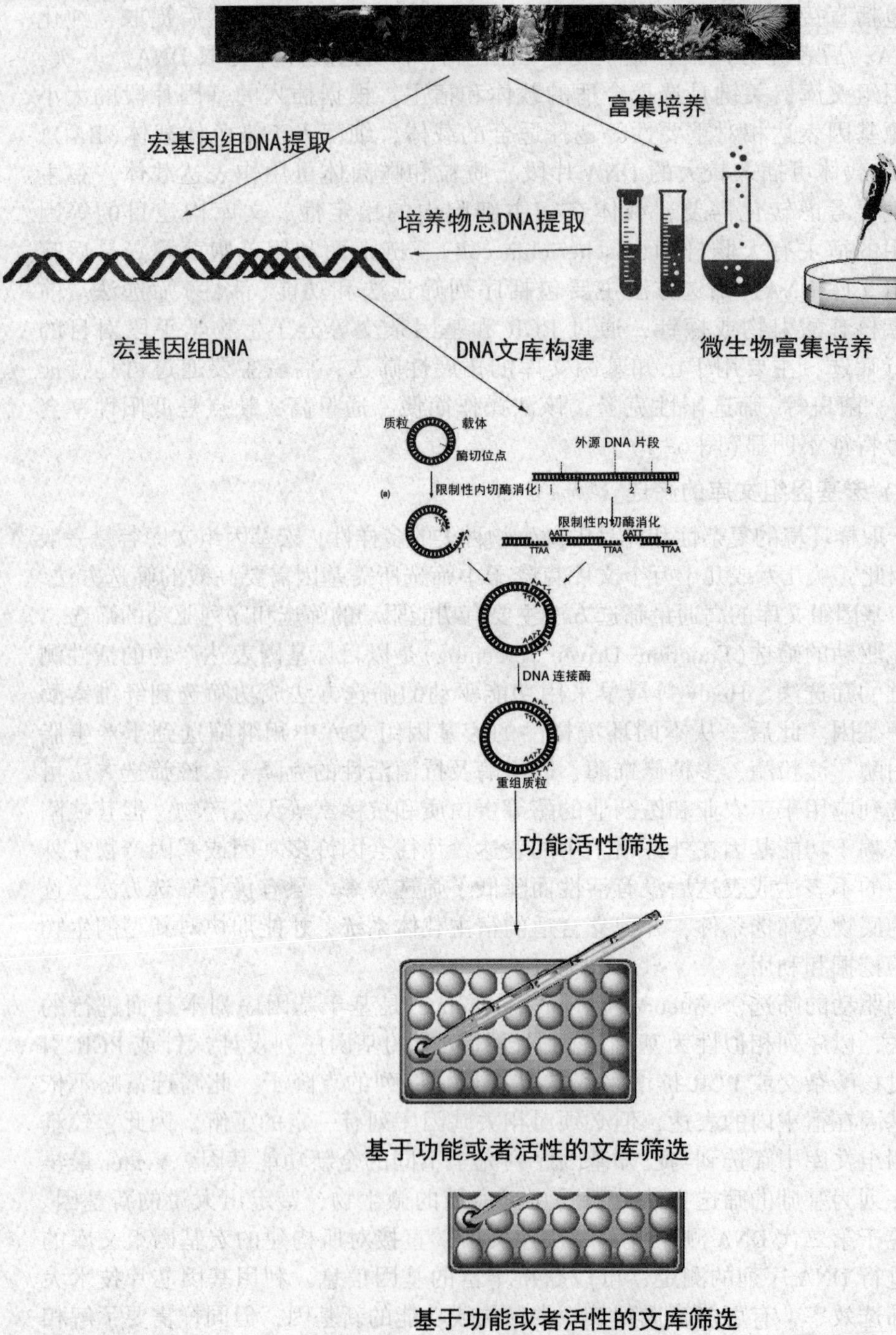

图 6-1　海洋宏基因组文库构建流程图

（二）宏基因组文库的发展前景

宏基因组学突破了物种界限，将有助于揭示生命活动的基本规律，拓展对生命本质的认识。例如，微生物极端环境的耐受机制、共生菌与宿主互相作用的特性、生物进化的规律等。随着科技的发展以及宏基因组学技术的完善，微生物功能酶基因将越来越广泛的应用于工业、农业、医学等领域，使人类生产和生活朝着更经济、更环保、更清洁的"绿色"方向发展。宏基因组学技术并非完美无缺，还存在着不少"瓶颈"问题有待解决。例如，现行的环境样品总基因组 DNA 提取方法对提取的 DNA 的纯度、片段长度及其代表性的要求还有待提高；另外，宏基因组文库的高通量筛选，尤其是功能驱动的筛选检出率不高，要做到高通量高效率的筛选仍然是十分棘手的问题。目前经过对环境宏基因组的蛋白酶、酯酶的相关大量研究，在宏基因组 DNA 的提取方面已经能够获得一定的成果，但是宏基因组文库的高通量筛选仍存在一定的难度，文库的构建以及载体和感受态细胞的选择直接影响功能驱动筛选对文库的筛选筛出率，而利用设计兼并引物进行的序列驱动筛选获得了大量不同种属蛋白酶的片段，但较难获得功能酶基因全长。

第二节 海洋宏基因组技术应用举例

海洋中的微生物资源非常丰富，研究海洋微生物的物种多样性和遗传多样性、发现新颖代谢产物、揭示海洋微生物的关键次生代谢过程及其主要调控机制，是开发生物合成新技术和创新药物或特色功能产品的重要基础。然而，研究发现仅有极少数的海洋微生物属于可培养种类，这极大限制了人类对海洋微生物资源的认知和开发。而宏基因组学（metagenomics）技术可不经过微生物的培养环节，直接从天然环境提取微生物的遗传物质进行研究，极大地促进了海洋微生物学的发展。

一、海洋宏基因组学在微生物多样性中的应用

研究海洋微生物多样性不仅可以揭示物种进化历程、探讨生命起源和进化，同时也是深入研究海洋微生物功能、发掘利用其基因产物的基础，可以更好地实现对海洋微生物的保护和可持续利用。近年来，宏基因组技术的飞速发展克服了微生物培养技术的限制，促进了对许多未培养海洋微生物的了解。

例如，Venter 等收集 Sargasso 海表层水样，构建了宏基因组文库，应用鸟枪测序法对基因组文库进行分析，得到了大量物种多样性和丰度方面的信息，共测得 1.05×10^{10} 个碱基对，发现 1800 多种新的海洋微生物及 1.21×10^{6} 余种新的基因，为研究海洋生命的代谢潜力和海洋生态学提供了素材。另外，Pope 等建立

了淡水蓝藻暴发的宏基因组，建立了细菌人工克隆文库(BAC)和PCR-16SrRNA文库，发现其中Cyanobacteria、Actinobacteria、Verrucomicrobium、Bacteriodetes、Planctomycetes以及Chloroflexi等属细菌最多，浮游生物以Aphanizomenon、Cylindrospermopsis和Cyanobacteria最多。他们对随机选取的BAC文库中37个克隆进行测序后发现，所得到的144kb序列编码130个蛋白分别属于Proteobacteria、Actinobacteria、Bacteroidetes和Cyanobacteria几个属。研究结果对控制有毒蓝藻的爆发及研究细胞毒素的产生机制具有重要意义。

二、海洋宏基因组在海洋活性物质开发中的应用

海洋环境在压力、盐分、温度和营养成分上的极端变化使得海洋微生物进化出了独特的生理生化生存竞争模式，产生了在普通陆生微生物上观察不到的特殊的次生代谢产物。有研究对十多种源自海洋的药物进行了临床试验和临床前期实验观察，发现了来自于海绵共生微生物和海洋底泥微生物的代谢产物，这些产物的临床试验结果非常令人鼓舞；另有研究从韩国西海岸底泥样品构建了宏基因组文库，筛选出了一个编码新颖的蛋白水解酶的基因，其编码的酶能够水解偶氮酪蛋白和纤维蛋白，可以制备血栓的治疗剂。

通过构建海洋宏基因组文库筛选海洋活性物质，从海水直接提取DNA，以BAC为载体构建宏基因组文库，可以进行海洋活性物质的筛选。有研究通过在构建的海洋基因组文库培养基中添加1%的三丁酸甘油酯和1%的阿拉伯胶，成功地筛选到两个新的酯酶EstA和EstB。前者含有保守的催化位点S146-D222-H255，并且在多种二价离子及高浓度NaCl存在情况下，均有良好的活性，对环境具有良好的适应性；后者含有一个不常见的催化三联体位点S-E-H，对*p*-硝基苯酯有显著的活性，同时在30%的甲醇、乙醇、二甲基甲酰胺和二甲基亚砜中仍能保持活性，具有潜在的工业应用价值。还有研究从南极普利兹湾深海900m深的沉积物中获得宏基因组DNA并构建克隆文库，从中获得了低温脂肪酶开放阅读框的完整序列，并在对其进行重组表达后得到了具有活性的低温酶。而有研究发现的酯/脂家族的新成员蛋白EML1，来自Edison海脊1个低温沉积样品宏基因组文库，在低温下仍具有活性，其最佳催化条件为pH8.0和25℃，在温度降至5℃时仍具有50%以上的催化活性。

三、海洋宏基因组在海洋酶制剂挖掘中的应用

微生物对环境的极强适应力和微生物本身的多样性及极高的变异率为发现大量新基因提供了可能，同时，特殊的自然环境对微生物起到筛选和富集的作用，因此以特殊环境样品中微生物复杂群落作为宏基因组研究对象，为功能酶新基因

的发现提供了更高的可能性。Su-Jung Sim 等利用宏基因组学技术从海洋软体动物鲍鱼的肠道微生物样品中获得了一个新型褐藻胶裂解酶基因 AlyDW11，该酶偏好降解甘露糖醛酸片段，具有较高的活力和稳定性。费忠等从虾蟹堆积场淤泥采样，采用宏基因组文库方法，从其 Fosmid 文库中筛选出新型壳聚糖酶基因 ChiE，并将其转化到大肠杆菌中进行重组表达。彭晴等利用中国南海 100m 深的 23 个底泥样品构建成功海洋宏基因组文库，文库共包含 194Mb 的环境 DNA。采用功能筛选方法，克隆获得 3 个脂肪酶新基因，序列分析结果表明，3 个基因的 G+C mol%在 55%~63%，它们所编码的蛋白结构具有脂肪酶或酯酶蛋白家族的特点。

四、海洋宏基因组发展前景及展望

海洋微生物在群落结构、新陈代谢途径、生理生化反应、代谢产物等方面存在着丰富的多样性，是蕴含巨大潜能的生物资源，而宏基因组学在研究这个生物资源方面显示了明显的优势。但是，宏基因组学还有许多需要解决的问题。例如，宏基因组方法很大程度上依赖于提取 DNA 的纯度，而且大片段(>100kb) DNA 的成功克隆也是宏基因组方法的关键，但对目前的技术来说这仍然是一个难点。例如，原核生物基因成簇分布，利用宏基因组技术能够覆盖所有基因簇的片段，可为研究次生代谢产物提供切入点，但有些代谢产物的合成涉及 100 多个基因，过程十分复杂。Bertrand 等认为大片段克隆的限制不仅与提取过程中的物理化学作用和酶的剪切作用有关，还与克隆用工程菌类微生物本身的特性有关系。

同时，随着高通量测序等新技术的发展，宏基因组学技术也迎来了新的发展机遇。首先，大规模 DNA 测序技术的普及，极大地促进了宏基因组学的发展，基于高通量测序技术的宏基因组学已经成为环境微生物研究的新方法。鉴于微生物群体的宏基因组测序只允许重构环境中高丰度的微生物基因组，Woyke 等人利用单细胞测序的新方法获得了 2 个不可培养的重要海洋微生物的高质量基因组信息，此外，越来越多的生物全基因组序列和各种生态环境中的宏基因组序列被测定和公开，与基因序列相关的数据库(如 GolD 数据库、CAMERA 数据库)逐渐丰富，有效的生物信息学算法和分析软件(如新发现基因的算法宏基因组数据分析和功能预测软件)的开发与应用，对宏基因组学的发展都具有积极的影响。

人体肠道中绝大多数种类的微生物是难以培养的，只有利用宏基因组学技术才能研究人类肠道中的所有微生物群落，进而了解人类肠道中细菌的物种分布，为后续研究肠道微生物与人类肠炎、糖尿病等疾病的关系提供理论依据(人类肠道宏基因组计划，MetaHIT)。中国深圳华大基因关于人类肠道宏基因组计划的研究成果发表于 2010 年 3 月份的《Nature》上，他们收集了 124 例欧洲人肠道菌群基因组样本，采用新一代大规模高通量测序技术进行测序，产出近6千亿的碱基序列，经过序列组装和基因注释分析，从中获得330万个非冗余的人体肠道宏基因组的参考基因，约是人自身基因的150倍，这些基因主要是目前未知的微生物基因。由这些基因信息可以估计人肠道中存在约1000~1150种细菌，平均每个个体内约含有160种优势菌种，并且这些细菌是绝大部分个体所共有的。MetahIT计划的完成，将极大地推动宏基因组学研究相继展开，大量新的微生物种群和新的基因将得以发现。

然而，新的一代测序技术并不是十全十美的，几乎所有的新一代的测序长度都要明显短于传统测序技术的测序长度，且测序准确率要比传统测序技术低10倍，我们没有一个关于环境样品各种微生物基因组DNA组成的确定模型，也不知道测序样品中含有多少种不同的微生物，当宏基因组学技术应用于环境微生物生态学研究时，根据测序结果反映的各种微生物在环境中的丰富度也是有偏差的。即使两个不同物种在环境中具有相同的数量，基因组大的物种在序列信息上也将表现出优势，因为测序时它产生了更多的片段。另外，在“1000美元测一个基因组”的时代真正到来之前，基于高通量测序宏基因组学计划仍然是一项高成本的庞大工程。

由于重复基因的存在、基因表达的时空特异性和蛋白质修饰作用等原因，复杂环境条件下环境微生物基因特异性表达及其功能，并不能通过基于DNA的宏基因组学的研究得到揭示，而这部分信息往往是生态环境中最重要的部分。环境组学方法研究环境中微生物的生物、物理、化学活性则不需要微生物群体中基因表达的信息，还能同时获得样品中的生物群体的结构和功能信息。另外，Frias-Lopez等人利用RNA扩增技术研究海洋表层水的微生物群落基因表达时发现，RNA反转录形成的cDNA没有被包含在现有的数据库中，这暗示着我们所知的海洋微生物代谢多样性仅是皮毛而已。

与宏基因组学相似，宏蛋白质组是指环境混合微生物群落中所有生物的蛋白质总和，宏蛋白质组学是以整个微生物群落为研究对象，绕过了传统的纯培养技术，了解环境中不同物种之间的相互作用及微生物如何应对环境条件变化的理想途径。宏蛋白质组学已经在少数极端生态环境的功能研究中取得了成功，提供了一种对环境样品总蛋白质进行研究的有效方法，在新活物质和重要蛋白质产品开发中展现了其研究潜力。宏基因组学提供环境中总DNA的信息，宏转录组学提供实时的环境基因表达信息，宏蛋白质组学可以提供实时状况下环境功能的信息，把这些“组学”联系起来形成从基因到蛋白质的研究联系，将极大地丰富人类对自然界的认识。然而，单就宏蛋白质组学技术而言，有不少的挑战摆在我们面前，如：目前还没有通用的应用于环境样品蛋白质提取的方法，特别是从海水、土壤等复杂环境样品中提取还有很大困难，应用目前的蛋白质分离技术仅能对复杂环境样品不到1%的蛋白质组分进行研究；如何分离具有生物活性的蛋白质又是一个重要的问题，已有的蛋白质数据库中的蛋白质大多来源于已培养微生物，数据库中包含的未培养微生物蛋白质的信息非常少，蛋白质数据库急需丰富完善。

通过宏基因组学方法获得的抗生素合成基因簇可能不完整，因而将导致无法获得完整的生物活性化合物，将由宏基因组学技术获得的不同基因通过组合生物技术重组起来，将能有效地促进环境未可培养微生物的开发和有价值的天然产物的发现和发展。

思 考 题

1. 什么是宏基因组学？
2. 海洋宏基因组技术的基本研究策略是什么？

第七章　酶的分子修饰

酶化学修饰是通过对酶蛋白分子的主链进行“切割”、“剪切”以及在侧链上进行化学修饰来达到改造酶分子的目的。这种应用化学方法对酶分子施行种种“手术”的技术称为酶化学修饰。绝大多数酶化学修饰的酶都具有无活性(或低活性)与有活性(或高活性)两种形式。它们之间的互变反应，正逆两向都有共价变化，由不同的酶进行催化，而催化这互变反应的酶又受机体调节物质(如激素)的控制。

第一节　蛋白质工程技术修饰酶

所谓“蛋白质工程”又称为“第二代基因工程”，就是人们通过对蛋白质结构和功能间规律的了解，按照人们预定的模式人为地改变蛋白质结构，从而创造出有特异性质的蛋白质。作为近十几年来出现的一门新兴学科，它涉及方方面面的知识和技能，包括对蛋白质空间结构和功能活性的全面了解；X 射线衍射技术的应用及计算机模拟蛋白质模型；DNA 序列分析；寡核苷酸人工合成以及基因工程方面的操作技能等。采用基因工程的方法，原则上可以得到任何已知的蛋白质，而蛋白质工程则可能按照人们的意愿改造蛋白质分子，并创造出自然界未发现或不存在的具有特异功能性质或生物活性的蛋白质。利用蛋白质工程可以产生具有特定氨基酸顺序、高级结构、理化性质和生理功能的新蛋白质，可以定向改造酶的性能，生产新型营养功能型食品，以全面的思路发展食品工业。

蛋白质工程是基因工程和蛋白质结构研究互相融合的产物，这一技术开辟了一条改变蛋白质结构的崭新途径，使蛋白质和酶学的研究进入一个新的发展时期。

一、蛋白质结晶学与动力学

蛋白质结晶学与动力学是蛋白质工程的基础，即根据 X 射线衍射原理解析蛋白质中的原子在空间的位置与排列(立体结构)。自从 20 世纪 50 年代 X 射线晶体学方法测定了一个蛋白质——肌红蛋白的结构以来，已有二三百种蛋白质的三维结构被研究清楚，包括各种酶、激素、抗体等。一方面让人们看到了成千上万个原子在三维空间精巧而复杂的排布是怎样与它们特定的生物学功能相关联；另一方面，人们得知蛋白质的基本结构是有规律的，如多肽链的折叠和盘绕方式。因此，蛋白质晶体学是人类所掌握的可精确测定蛋白质分子中每个原子在三维空间位置的唯一工具，并且通过比较蛋白质与配体结合前后的结构和不同活性状态的结构，提出该蛋白质发挥活性作用的分子机理。首先，必须分离足够量的纯蛋白质(至少几毫克到几十毫克)，制备出衍射分辨率优于 0.3nm 的单晶体，然后进行数据收集、计算和分析工作。20 世纪 80 年代以来，基因工程的建立，方便了人们摆脱对天然蛋白质的依赖，特别是当难以获得天然来源的蛋白质时，重组 DNA 技术利用可对遗传物质切割、聚合及拼接等工具酶，获得目的蛋白的重组基因，并以微生物为重组 DNA 的受体细胞，采用发酵的方法大量表达人们感兴趣的蛋白质，显示出无可争辩的优越性，使体内含量极微难以提取的蛋白质结构也得到充分的研究。获得蛋白质立体结构的基本工具是 X 射线晶体衍射技术。同步辐射、强 X 射线源及镭探测器的使用，使得数据收集过程大大加速，从而使测定一个大分子结构所需的时间比过去大大缩短。

要深刻理解多肽链是怎样折叠成蛋白质的，蛋白质在发挥其作用时三维结构经历了什么样的静态过程，必须对蛋白质动力学进行研究，这样才能预测基因水平的改造，才能进行真正有意义的分子设计。目前，蛋白质动力学多采用一种微扰方法，即用计算机控制的图像显示系统，把所要研究的蛋白质的已知三维结构显示在屏幕上，根据电子密度图可以构建能显示键长和键角的结构模型，这种结构模型通过计算机，在屏幕上可以清楚地显示出蛋白质结构的骨架及在特定环境下的表面结构，允许从分子内部或外部观察蛋白质分子某一断面的结构，还可以采用彩色图像、透视方法来描绘酶及底物分子的移动。

二、基因修饰技术

在蛋白质工程出现以前，改造蛋白质分子的手段有诱发突变、蛋白质化学修饰等，其中诱发突变随机性大，具有很强的不确定性。蛋白质化学修饰在一定程度上可按照人的意愿对分子进行局部手术，但由于化学修饰反应的不专一性以及由此带来的副反应和附加修饰基团，该方法很难对修饰结果做出结论性判断，同时对分子内部一些疏水侧链氨基酸的生物学研究还具有局限性。随着基因工程的发展，限制性内切酶、DNA 聚合酶、末端转移酶、DNA 连接酶等工具酶以及各种载体的运用和发现，目前已能克隆自然界中所发现的任何一种已知蛋白质基因，并且通过发酵或细胞培养生产足够量的蛋白质。因此，可通过对编码蛋白质基因的定位改造，人为地形成蛋白质突变体，目前已发展了两类有效的基因修饰技术：定位突变和盒式突变。

(一) 定点突变

蛋白质中的氨基酸是由基因中的三联密码子决定的，其中第一或第二个碱基决定了氨基酸的性质，只要改变第一或第二碱基就可以改变氨基酸的种类，从而产生新的蛋白质，这就是定位突变。定位突变需借助噬菌体 M_{13}的帮助，M_{13}的生长周期有两个阶段，当处于细胞外发酵液中时，质粒中的基因组以单链 DNA 形式存在。当侵入宿主细胞后，单链 DNA 基因组复制时以双链复制型存在。利用 M_{13}生活周期的这一特点可制备单链 DNA 模板分子，经过改造后的 M_{13}分子含有多个限制性内切酶位点，可用来插入所要研究的基因。位点需要一段寡核苷酸，其碱基序列与模板分子中插入的基因序列互补，但在欲改变的一个或几个碱基位点用别的非互补碱基代替，这样因碱基不互补不能配对，所以当引物与模板形成杂交分子(退火)时，它们与相应碱基不能形成氢键，称为错配碱基。在适当条件下，含错配碱基的引物与模板杂交，在 DNA 聚合酶 I 大片段作用下从引物的 3′-端沿模板合成相应互补链，在 T4 连接酶作用下形成闭环双链分子。经转染大肠杆菌，双链分子进入细胞后将分开并各自复制互补分子。因此可以得到两种噬菌体的噬菌斑，一种由原来链复制产生，称为野生型。另一种由错配碱基链产生，称为突变型，应用 DNA 顺序测定方法或生物学方法筛选，可以从大量野生型背景中找到突变体，从而分离出突变型基因，经转入表达系统可得到突变型蛋白质。

图 7-1 为酪氨酸 tRNA 合成酶 Cys-35 定点突变示意图，酪氨酸 tRNA 合成酶催化酪氨酸和 tRNA 之间的酰胺化反应，反应的第一步是 ATP 活化酪氨酸形成酪氨酰腺苷酸；第二步是酪氨酰基转移到 tRNA 分子上形成酪氨酰 tRNA。通过分析该酶的分子模型可知，35 位的 Cys 与酪氨酰腺苷酸的核糖 3′-羟基相结合，因此将 Cys-35 作为定点突变的靶位，如采用结构与 Cys 十分相似的 Ser 取代 Cys，估计会对底物产生影响。其基本顺序是：①先将其基因克隆于 pBR322，并在 E. coli 中高效表达，然后再克隆到 M_{13}mp93；②合成引物 5′CAAACCCGCTGTAGA3′，引物中除与 Cys-35 密码子 TGC 中的 T 不能配对外，其余均能与模板互补；③借助 Klenow 酶、4 种底物 dNTP 和 T4 连接酶作用，使引物延伸合成闭合环，通过蔗糖密度梯度离心分出共价闭环 DNA，转染受体菌 E. coli，让 M_{13}扩增；④从 E. coli 培养物中分离出噬菌体，并分离单链 DNA，点到硝酸纤维素膜上，进行印记杂交，并用 $5'-^{32}Pi$ 标记的引物作探针，此探针与突变基因是完全互补的，而与野生型基因存在错配，因此可通过升高温度选择性地将标记引物从野生型基因上洗下，而继续结合的便是突变基因，这样就筛选出突变株。

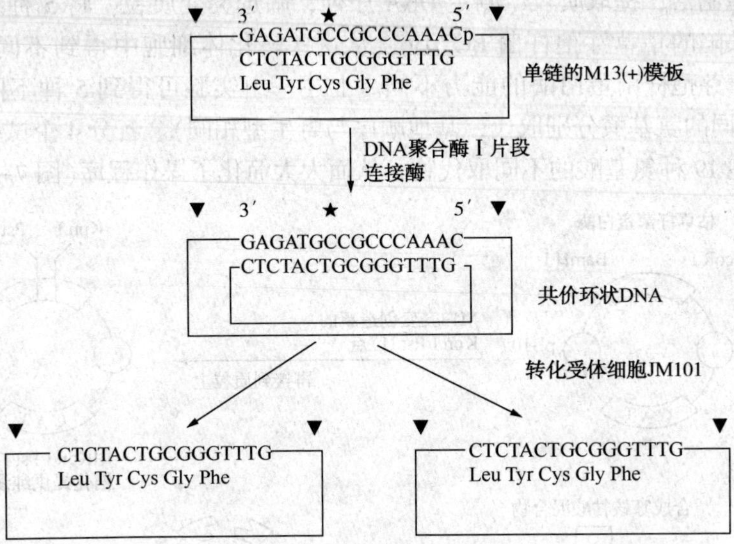

图 7-1　定点突变过程

(二) 盒式突变

盒式突变是 1986 年由 Wells 提出的一种基因修饰技术，经过一次修饰，在一个位点上可产生 20 种不同氨基酸的突变体，从而可以对蛋白质分子中某些重要氨基酸进行“饱和性”分析，大大缩短了“误试”分析的时间，加快了蛋白质工程的研究速度。

枯草杆菌蛋白酶是加酶洗涤剂中使用的主要蛋白水解酶，由于它易氧化失活，因此洗涤剂中添加的漂白剂大大降低了该酶的效力。该酶的氧化失活源于其活性中心的 Ser-221 残基与其邻近的 Met-222 残基的氧化。由于 Met-222 残基的影响，该酶极易氧化失活。尽管该酶的空间结构已被测定，但仍无法从分子模型预示何种氨基酸替代甲硫氨酸，可保持酶的活力并改善对氧化的稳定性。为此 Wells 提出盒式突变，首先，先将完整的蛋白酶基因连接在 pS4.5 的 EcoR Ⅰ-BamH Ⅰ之间，将此片段连接到噬菌体 M13mp9 上，构成一个单链重组噬菌体(M13mp9SUBT)，另外合成一个 38 体寡聚脱氧核苷酸引物，该引物缺失包括 Met-222 在内的 10 个核苷酸，并在其两侧分别设计了 Kpn Ⅰ和 Pst Ⅰ新的酶切位点，以此聚寡核苷酸为引物，以 M13mp9SUBT 为模板，在 DNA 聚合酶和 T4 连接酶的催化下，复制出新的突变 DNA 分子。用 EcoRI-BamH Ⅰ消化后所获得的片段再克隆到穿梭质粒 pBS42 上，获得质粒 p△222，用限制型内切酶 Kpn Ⅰ和 Pst Ⅰ消化质粒，形成切口。将 5 种双链 25 体寡聚核苷酸混合物(库)在连接酶的作用下能够切口，形成 5 种不同的重组质粒。将混合质粒转化大肠杆菌，培养后提取质粒，用限制酶 Kpn Ⅰ处理消除未突变的质粒。将净化后的质粒再转化大肠杆菌，分离单菌落，提取质粒，测定 DNA 序列，筛选突变质粒，将 5 种突变质粒转化蛋白酶缺陷的枯草芽孢杆菌 BG2036，从这些转化体细胞中得到不同的突变体，其分泌枯草芽孢杆菌蛋白酶的能力不同。上述一组实验可得到 5 种不同的蛋白酶(以 5 种不同的氨基酸分别取代，其他顺序与野生型相同)。若分 4 个试验组，可得到全部其他 19 种氨基酸的不同取代物，从而大大简化了操作程序(图 7-2)。

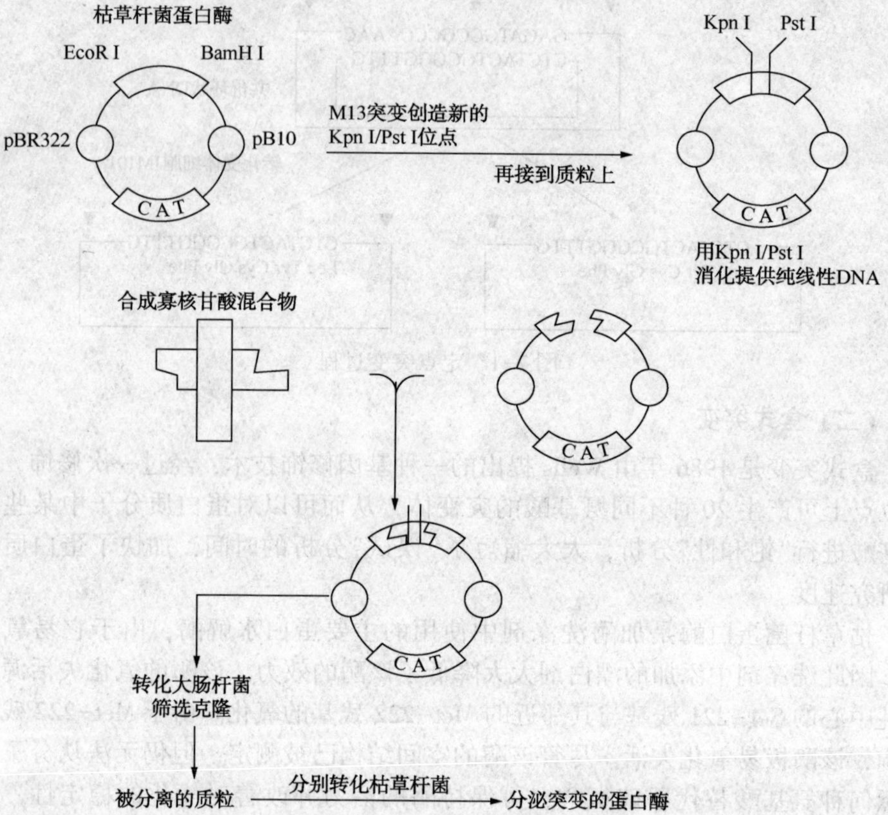

图 7-2　盒式突变过程

(三) 其他突变技术

理论上可以算出突变体与野生型的比值可达 50%，但实际工作中突变体出现较低，从大量野生型背景中筛选突变体通常费时费工。因此，为提高突变率，降低野生型背景，近年来发展了多种有效的新的突变技术，其中广泛接受的有两种：一种是由 Eckstrin 提出的硫代负链法，为了降低野生型背景，Eckstrin 发现核苷酸间磷酸基的氧被硫取代后的修饰物对某些限制性内切酶有更强的耐受性。因而在引物和 dCTP、修饰物存在下合成负链，然后用选定的限制性内切酶处理，由于负链对酶有较高耐受性，结果仅在正链造成“缺口”，“缺口”在核酸外切酶

III 作用下从 3′→5′扩大并超过负链上错配核苷酸，在聚合酶和连接酶作用下修复正链，再生复制型双链噬菌体，经过这样处理，复制型的两条链都只含突变核苷酸，减少了野生型背景；另一种方法叫作生物筛选法或 UMP 正链法，它基于大肠杆菌突变株 RZ1032 中缺失尿嘧啶糖苷酶和 UTP 酶，用尿嘧啶(U)可以替代胸腺嘧啶(T)渗入模板而不被修复，用这种含 U 的模板产生的突变双链可以不经纯化直接转化正常的 E. coli，在正常的 E. coli 中存在尿嘧啶修复系统，从而含 U 模板在正常寄主中被降解，而含突变的负链由于不含 U 得以保存。利用生物系统中的这一功能可以消除大量野生型背景，从而使突变率提高到 80%以上。

除了这两种有效的改进技术外，双引物法、缺口双链法、质粒直接突变法以及各种方法的配合使用也有不同程度的应用，基因定位修饰技术已日趋成熟。

三、蛋白质工程修饰酶分子

迄今为止，人们已经发现并鉴定了数千种酶，但真正有商业价值的并不多，一方面是由于酶的生产成本高，另一方面则由于自然来源的局限性。蛋白质工程可通过对蛋白质分子进行改造获得具有商业价值的蛋白质(或酶)，其工程程序如图 7-3 所示。

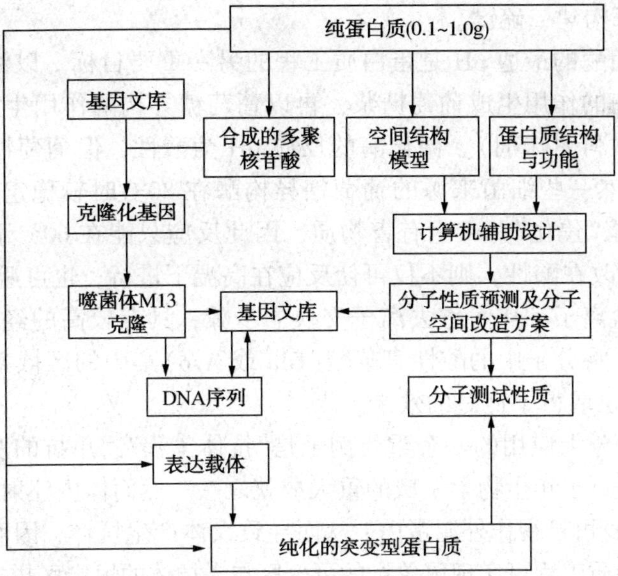

图 7-3　蛋白质工程程序

丝氨酸蛋白酶在蛋白质水解、酶原激活过程中起着非常重要的作用，是目前研究最清楚的蛋白酶。

枯草杆菌蛋白酶(subtilisin)是一种碱性蛋白酶，在洗涤剂和食品工业中已大规模应用。但用在洗涤剂中易氧化失活，特别是与漂白剂联合使用时。为了克服上述缺点，Wells 等采用盒式诱变技术用其他氨基酸取代 Met-222，发现，用 Ala 取代后，比活力下降了 50%，而 Lys 取代后比活力下降到 0.3%，但用 Ala、Ser 或 Leu 取代后的酶大大提高了对氧化作用的抗性，用 1mol/L 过氧化氢处理 1h 仍保持全部酶活力，使得该酶与漂白剂的联合使用成为可能。

溶菌酶广泛用于食品、医药工业，其催化速率随温度升高而升高，因此热稳定性是制约其应用的主要因素之一。T4 溶菌酶的晶体结构研究表明，其分子中含有一条肽链，并折叠成两个空间上相对独立的单元(结构域)。活性中心位于两个结构域之间，该分子含位于 97 位和 54 位的两个未形成二硫键的半胱氨酸，即野生型不含二硫键。二硫键是稳定蛋白质空间结构最重要的一种共价化学键，能将分子牢固地连接在一起，因此提高酶热稳定性最常用的方法是增加一对或多对二硫键。Perry 通过将溶菌酶第三位 Ile 突变成 Cys 来构建一对二硫键，发现 67℃时突变酶的半衰期由原来的 11min 提高到 6h。如果同时用碘乙酸封闭 54 位的 Cys 或将其突变为 Thr 或 Val，则同时提高了酶的抗氧化活性，新引入的“工程二硫键”稳定了两个结构域的相对位置，提高了活性中心的稳定性。引入二硫键时应避免由二硫键引入引起的酶分子的失活，因而可以选择突变两个临近的、取向合适的 Ala 来构建二硫键。

改变工业用酶的最适 pH 是蛋白质工程的另一重要目标。以淀粉为原料，经淀粉酶和糖化酶的作用生成葡萄糖浆，再以葡萄糖异构酶作用生成高果糖浆(一种新型的食品饮料甜味剂)。糖化酶的反应 pH 为酸性，但葡萄糖异构酶的最适 pH 为碱性。虽然一些细菌来源的葡萄糖异构酶在 80℃时较稳定，但在碱性 pH 下 80℃将使糖浆“焦化”并产生有害物质，因此反应只能在 60℃下进行。如果能将酶的最适 pH 改在酸性，则不仅可使反应在高温下进行，也可避免反复调节 pH 过程中产生的盐离子，从而省去离子交换的步骤，具有较高的经济效益。目前，利用盒式突变，将分子中的酸性氨基酸(Glu 或 Asp)集中的区域替代为碱性氨基酸(Arg/Lys)，也取得了良好的效果。

蛋白质在医学上应用的一个重要例子是“抗体工程”，单抗的发现及其在诊断治疗中的应用是近十年生物学领域的重大成就之一。然而体内注射的动物(主要是鼠类)单抗，本身可被视作外源蛋白，从而导致人体产生抗体，因而大大限制了其应用前景。蛋白质工程可实现鼠单抗的可变区与人抗体的恒定区拼接，实现鼠单抗的“人类化”，即形成所谓的嵌合抗体。目前实验室已制备出了树种嵌合抗体，既保持了对原抗原的亲和力，又可以选择具有不同发酵功能的保护区。抗体的蛋白质工程揭示，除了通过定位修饰蛋白质功能相关氨基酸外，如进行替换修饰等，通过对分子的剪裁与拼接构成全新的功能分子是蛋白质工程新的发展方向。

第二节　酶分子修饰的其他技术

一、酶法有限水解

将酶蛋白的肽链进行有限水解，既可保持酶活力，又可降低其抗原性。常用于水解蛋白质的酶有木瓜蛋白酶、真菌蛋白酶、胰酶和胃蛋白酶等。如木瓜蛋白酶由180个氨基酸连接而成，若用蛋白酶有限水解，除去整条肽链的三分之二——120个氨基酸组成的肽段，可保持其活力，且其抗原性大大降低。又如酵母的烯醇化酶，除去150个氨基酸组成的肽段后酶活力仍可保持。

另外，有些酶蛋白原来没有活性或酶活力不高，利用蛋白酶对这些酶蛋白进行有限水解后，除去一部分氨基酸或肽段，可使酶的空间结构发生细微改变，从而提高酶的催化能力。体内酶原的激活就是实质上就是一种自发的有限水解修饰。生物体内首先合成的胰蛋白酶原A和B是没有活力的，其中胰蛋白酶原A是由245个氨基酸残基构成的一条多肽链，当连接Arg15和Ile16的肽键被胰蛋白酶断开时，酶原转变为有活力的π-胰凝蛋白酶，π-胰凝乳蛋白酶经自我消化除去两个肽后产生α-凝乳蛋白酶。在体外，也可以利用这一方法来提高酶蛋白的催化活力。如胰蛋白酶原用蛋白酶修饰除去一个六肽，即可显示出胰蛋白酶的催化活力。用胰蛋白酶从天冬氨酰酶的C-端切去十多个氨基酸的肽段后，活力提高4.5倍。又如，天冬氨酸酶用胰蛋白酶水解，可使酶的活力提高约千倍。

除可用蛋白酶对酶进行有限水解修饰外，也可用其他方法使肽链水解，以达到修饰的目的。例如，枯草杆菌中性蛋白酶，先用EDTA等金属螯合剂处理，再经纯水或稀盐酸溶液透析，可使蛋白酶部分水解，得到仍有蛋白酶活力的小分子肽段，用作消炎剂时不产生抗原性，表现出良好的疗效。但用化学方法对蛋白质水解修饰时，常常由于作用条件剧烈易导致蛋白质功能特性及生物活性的降低或丧失。

二、氨基酸置换修饰

酶的催化能力及其稳定性主要依赖酶的空间结构，而酶蛋白的空间结构主要靠次级键(二硫键、盐键、酯键、疏水键和范德华力)来维持，而各种次级键的形成是由不同氨基酸所带基团决定的，如半胱氨酸残基上的巯基可形成二硫键，碱性氨基酸残基上的氨基和酸性氨基酸残基的羟基可形成盐键等。若将肽链上的某一个氨基酸换为另一个氨基酸，则可能引起酶蛋白空间结构的某些改变，这种方法即为氨基酸置换修饰。

通过氨基酸置换修饰，可使酶蛋白的结构发生某些精细的改变，从而提高酶活力或增加酶的稳定性。如酪氨酸-tRNA合成酶的功能是催化酪氨酸及其对应的tRNA合成酪氨酸-tRNA，若将该酶第51位的苏氨酸置换为脯氨酸，可使酶活力提高25倍，对ATP的亲和性提高近100倍。将T4溶菌酶分子第3位的异亮氨酸变成半胱氨酸，使之与第97位的半胱氨酸形成二硫键，经氨基酸置换修饰后，T4溶菌酶的活力保持不变，但酶的温度稳定性大大提高。

氨基酸置换修饰技术不但可以修饰酶分子，而且还可以修饰其他功能蛋白质或多肽，如修饰β-干扰素和白细胞介素。干扰素分子中含有三个半胱氨酸，其中两个半胱氨酸的巯基会与一分子干扰素的游离巯基结合成二硫键，使干扰素失去活性，稳定性差，若将这个半胱氨酸置换成丝氨酸，可大大提高干扰素的稳定性。修饰后的干扰素在低温条件下可保持半年而活性不变，为临床使用创造了条件。

化学方法进行氨基酸置换修饰存在许多困难，但近年来兴起和发展的蛋白质工程，却为氨基酸置换修饰提供了可靠的手段。

三、亲和标记修饰

亲和标记是一种特殊的化学修饰方法。早期，底物或过渡态类似物可作为竞争性抑制剂探索酶活性中心的结构，如丙二酸为琥珀酸脱氢酶的竞争性抑制剂，δ-葡萄糖酸内酯为葡萄糖苷酶的抑制剂。此外，还可利用蛋白质侧链基团的化学修饰试剂探讨酶的活力部位。如果某一试剂使酶失活，那么可推断与该试剂反应的氨基酸是酶活力所必需的，因此可利用此技术研究酶的活性中心的结构。但是一般的化学修饰技术专一性不高，与酶分子反应时，不仅作用于酶活力部位的必需基团，而且还能作用于活力部位外的同类基团，这种局限性虽然可以通过底物保护的方法进行差示标记(differential labeling)，但操作烦琐。因此，为了提高修饰反应的专一性，可结合上述两种方法，在底物类似物上结合化学反应基团，使它们与酶有较高的亲和力，而引入酶的活力部位，使抑制剂在活力部位的浓度远高于活力部位以外的区域，从而与酶共价结合使酶失活。这种试剂称为导向活力部位的抑制剂，也称为亲和标记试剂。例如胰凝乳蛋白酶的共价抑制剂对甲苯磺酰-L-苯丙氨酰氯甲酮(简称TPCK)就是这类抑制剂。

亲和标记试剂有两种形式：K_s和K_{cat}型。K_s型抑制剂是底物类似物上结合有化学活性基团，如TPCK，它的专一性仅仅取决于它与酶结合的亲和力。K_{cat}型抑制剂的专一性不仅取决于抑制剂与酶结合的亲和力，还取决于它作为酶底物的有效性。这种底物具有潜在的化学反应基团，当它被酶作用后转变成高度化学反应性能的基团，从而与酶的活力部位共价结合，因此这类化合物又称为“自杀底物”(suicide substrate)。

用E和Si分别代表酶和自杀底物，I为Si被催化后的抑制物，反应式表示如下：

$$E+Si \underset{\leftrightarrow}{\overset{K_s}{—}} ESi \underset{\rightarrow}{\overset{K_{cat}}{—}} E \cdot I \underset{\rightarrow}{\overset{K_i}{—}} E-I$$

式中，K_s为ESi的解离常数；K_{cat}为EI的催化常数；K_i是E和I形成共价结合的速率常数。抑制剂作用的有效性和专一性不但与K_s有关还取决于K_{cat}，因为Si与E结合还不能形成抑制剂，只有生成产物I以后才有抑制作用，K_{cat}越大，生成产物的速率越快，抑制作用越强。K_{cat}比K_s有更高的专一性，因为它需要酶的催化才能形成酶的抑制剂。因此，即使几种酶的底物有相同的空间结构，都能与Si结合，但不同的酶催化底物的反应性能不同，只有能将K_i生成I的酶才受Si的抑制，而且生成I的场所在活力部位。“I”能够集中地“攻击”活力中心的必需基团，因此K_{cat}抑制剂是专一性极强的试剂，已广泛用于探索酶的活性部位结构和研究酶的作用机制，在医疗上有极大的应用价值。

一个不可逆抑制剂是否引入酶的活性中心，可用以下几点来判断。

① 与抑制剂作用后酶完全失活，酶和抑制剂的反应以化学计量进行，即1mol抑制剂与1mol酶作用引起100%的失活。

② 酶活力的丧失程度依赖于反应时间，与抑制剂的浓度有化学计量关系，抑制反应动力学表现为一级反应。

③ 真正的底物或竞争性抑制剂能阻止抑制作用。

这类抑制剂有3,5-/4，6-环已烯四醇B环氧合物、3,5-/4,6-四羟基环氧乙烷等肌醇具有葡萄糖吡喃环相似的结构，引入一个化学活性基团——环氧基团到肌醇分子中得到它的衍生物3,5-/4,6-环已烯四醇B环氧合物。该化合物对糖苷酶具有很高的亲和力，分子内潜在活性基团——环氧环在酶的催化下发生类似质子化的变化而受到活化，变成对酶具有高度反应活性的基团，能专一地不可逆地作用于不同来源的β-葡萄糖苷酶，包括曲霉属、酵母、苦杏仁、蜗牛和哺乳动物等。对酵母的α-葡萄糖苷酶、果糖苷酶，对兔小肠蔗糖酶和异麦芽糖酶能够共价抑制，属于K_{cat}型抑制剂。

四、大分子结合修饰

利用水溶性大分子与酶结合，使酶的空间结构发生某些细微的改变，从而改变酶的特性和功能的方法，称为大分子结合修饰法。

通常采用的水溶性大分子修饰剂有右旋糖酐、聚乙二醇、聚蔗糖、聚丙氨酸、白蛋白、明胶、淀粉、硬脂酸等。由于酶的结构有差异，不同的酶所能结合的修饰剂的分子数目有所差别，故在进行修饰时，需按照所要求的分子比例控制好酶和修饰剂的浓度。

大分子结合修饰是目前应用最广的酶蛋白修饰方法，经过大分子结合修饰的酶可显著提高酶活力、增强稳定性和降低抗原性。

酶的催化能力受诸多因素的影响，但本质上由其活性中心的特定构象决定。水溶性大分子与酶分子结合，由于两者的相互作用，可使酶分子的空间构型发生精细的改变，若使活性中心更有利于酶和底物的结合并形成准确的催化部位，则可提高酶的活力。例如，每分子核糖核苷酸酶结合 6. 5 分子右旋糖苷，可使酶活力提高 2. 25 倍；每分子胰凝乳蛋白酶结合 11 分子右旋糖苷，经修饰后酶活力提高 5. 1 倍；每分子胰蛋白酶用 11 分子右旋糖苷结合修饰，酶活力可提高 30%。

由于受各种因素的影响，一段时间后酶的活力会逐渐降低，最后失去其催化能力。酶活力减少到原来活力的一半所经过的时间成为酶的半衰期。酶的半衰期长，稳定性好，反之稳定性差。尤其作为药物的酶，进入人体后往往稳定性差，半衰期短。例如，治疗血栓的尿激酶，在人体内的半衰期只有 2~20min；有多种疗效的超氧化物歧化酶，在人体内半衰期 6min 左右。为此，提高酶的稳定性、延长酶的有效作用时间，是酶工程的一大课题。

用分子结合法修饰酶，能显著增加酶的稳定性。用不溶性载体与酶分子结合形成固定化酶后酶的稳定性大大增加。水溶性大分子可与酶分子结合形成复合物，对酶起保护作用，使酶的空间结构难以受其他因素的影响而被破坏，从而增加酶的稳定性，延长半衰期。

超氧化物歧化酶(superoxide dismutase，E. C. 1. 15. 1. 1)简称 SOD，是一种氧化还原酶。超氧离子(氧自由基)是在细胞内由代谢产生的对细胞具有一定毒害的物质，可攻击自身细胞，造成溶酶体破坏，大量释放水解酶，造成细胞损伤并大量死亡。此外，自由基还可以与血浆中的一些物质形成稳定的趋化因子加重炎症。催化超氧负离子进行氧化还原反应，一方被氧化为 H_2O_2，另一方面还原为 O_2，因而 SOD 能清除体内的超氧化物负离子，治疗关节炎、皮肤炎、结肠炎，红斑狼疮等疾病，对于癌细胞也有一定的抑制作用。当 SOD 作为临床药用酶时，并未见副作用。此外，SOD 还是食品、日化产品的添加剂。但 SOD 不易进入细胞，在体内稳定性差，半衰期仅为 6min，且具有免疫原性，因而限制了其应用。用水溶性大分子修饰 SOD，可大大提高其在体内的稳定性，使半衰期延长至 70~500 倍(表 7-1)。

表 7-1　天然 SOD 与大分子修饰 SOD 半衰期比较

酶	半衰期
天然 SOD	6min
左旋糖苷 SOD	7h
低分子量 SOD	14h
高分子量 SOD	24h
聚乙二醇 SOD	35h

经过修饰后 SOD 的抗原性大大降低，注射时可明显抑制局部刺激反应，对胰蛋白酶消化的抵抗力也有了提高。同时，修饰后的 SOD 易于进入细胞。如以表面联结活化分子 PEG(聚乙二醇)修饰 SOD 后，可诱导生物膜变化使 SOD 易被细胞吸收。

思 考 题

1. 什么是酶的化学修饰?
2. 蛋白质工程技术修饰酶的方法有哪些?
3. 除蛋白质工程技术外，还有哪些技术可对酶分子进行修饰?

第八章　酶的定向进化

自然界中的酶蛋白分子具有很大的进化潜力，有很多新型的功能有待于进一步的开发，这就为酶的定向进化提供了前提条件。酶的定向进化(directed evolution)是一种蛋白质的非合理设计，可以人为的创造特殊的进化条件，模拟自然进化机制，在体外改造基因，并定向选择出所需性质的突变酶。它不需要事先了解酶的空间结构及催化机制，而是通过人为地创造特殊的条件，模拟自然进化的机制(例如随机突变、随机重组和自然选择)，在体外改进酶的基因(易错 PCR、DNA 改组技术)并通过功能筛选等定向地选择出所需性质的突变酶。通过酶的定向进化技术对酶进行分子改造，极大地促进了酶工程、代谢工程以及医药等很多领域的发展。

第一节　酶的定向进化概述

长期以来，人们对酶分子的研究可以分为认识和改造两个方面。对酶分子的认识是利用各种生物化学、晶体学、光谱学等方法对天然酶或其突变体行研究，获得酶分子特征、空间结构、结构和功能之间关系以及氨基酸残基功能等方面的信息，以此为依据对酶分子进行改造，称为酶分子的合理设计。与此相对应，不需要准确的群分子结构信息而通过随机突变、基因重组、定向筛选等方法对其进行改造，则称为酶分子的非合理设计，又称为酶的定向进化。定向进化的实用性很强，往往可以通过随机产生的突变，改进酶的特性。

一、定向进化的原理

利用 PCR 链式反应中的 Taq DNA 聚合酶不具有 3′-5′校正功能，因此在合适的条件下，会在 DNA 扩增过程中引入随机的突变，构建突变库，然后结合功能筛选的方法选出所需性质的目标蛋白。定向进化的主要步骤如下：首先，确定作为起点的酶和基因，然后选择合适的突变方法(如易错 PCR、DNA 改组技术等)并构建突变库，结合功能筛选(产物筛选、信号筛选等)分离出目标酶分子，然后作为下一轮的起点来进行进一步的进化和筛选表征(图 8-1)。

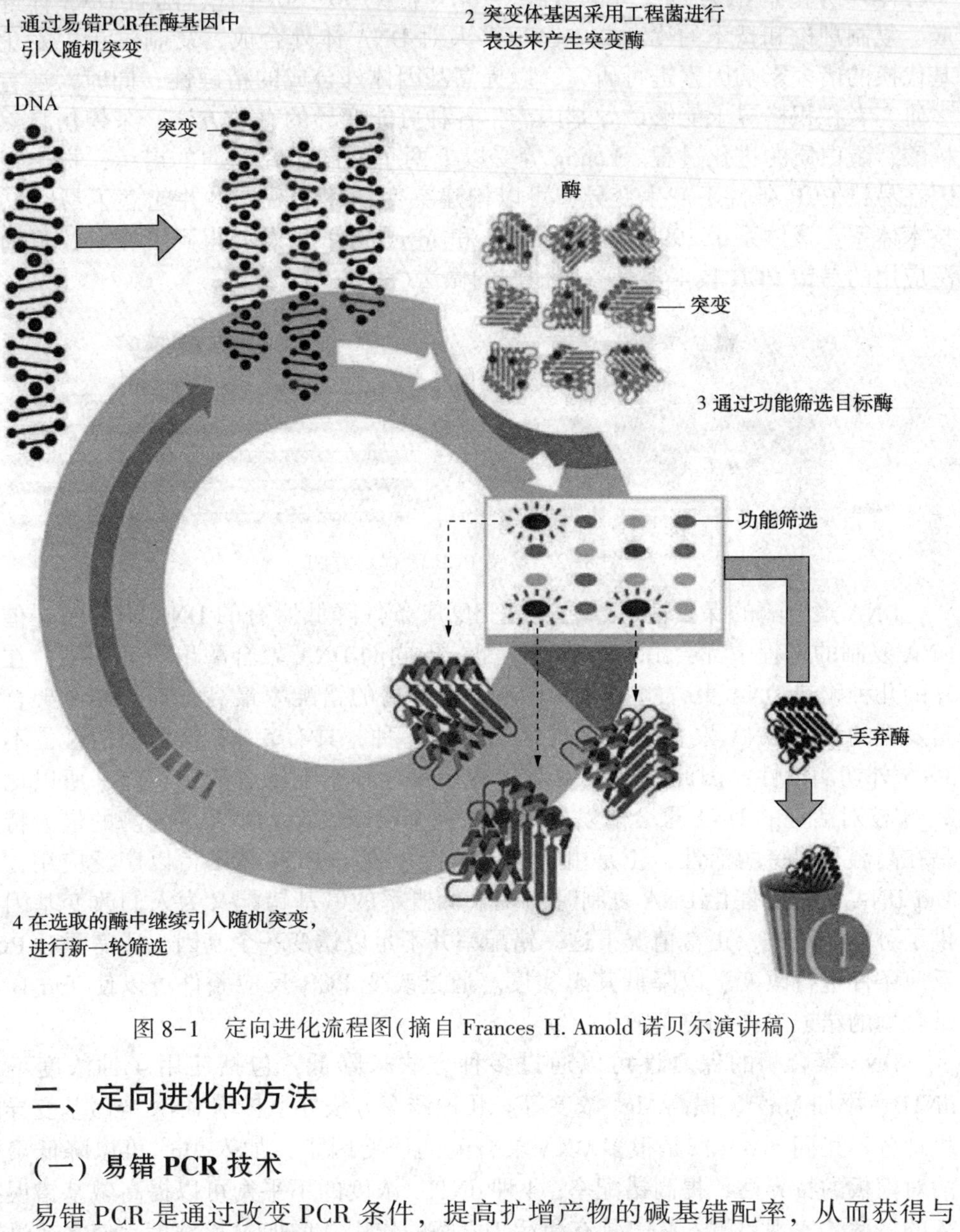

图 8-1　定向进化流程图（摘自 Frances H. Amold 诺贝尔演讲稿）

二、定向进化的方法

（一）易错 PCR 技术

易错 PCR 是通过改变 PCR 条件，提高扩增产物的碱基错配率，从而获得与原来不同的 DNA 序列或基因。易错 PCR，意为易错条件下的 PCR，即容易使复制出的 DNA 序列出现错误的 PCR 技术，又称错配 PCR 或倾向错误 PCR，是指通过利用低保真度 Taq DNA 聚合酶和改变 PCR 反应条件，降低 DNA 复制的保真度，在新 DNA 链合成过程中增加碱基错配，从而使扩增产物出现较多点突变的一种体外诱导 DNA 序列变异的方法。在 20 世纪 50~80 年代，随着 DNA 体外合成、复制理论和技术的逐渐成熟，很多人对 DNA 体外合成、复制过程中发生碱基代换的诸多影响因素进行研究，以提高基因体外合成的精确性；同时，还有很多研究者在积极寻求能够诱导基因产生各种可能变异的有效方法，来模仿自然界核酸、蛋白质的进化过程。Leung 等受以上两个不同研究方向的启示，提出了基因在易错 PCR 条件下产生变异，可以构建突变体库的观点，并建立了易错 PCR 技术体系。该体系于 1992 年经 Cadwell 和 Joyce 进一步发展得到了完善，目前广泛应用的易错 PCR 技术多是参照他们的做法(图 8-2)。

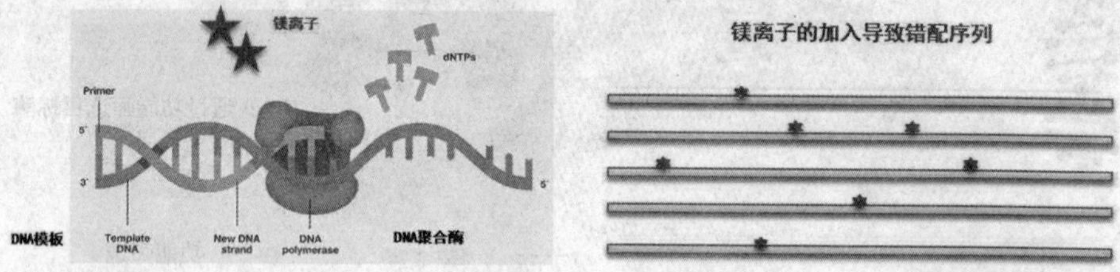

图 8-2　易错 PCR 流程示意图

DNA 聚合酶的保真性可以通过改变反应条件降低所有的 DNA 聚合酶在催化 DNA 复制的过程中都会出现碱基的错配，不同的 DNA 聚合酶出错率不同，在已知的几种耐热 DNA 聚合酶中，Taq DNA 聚合酶的错配率最高，Taq DNA 聚合酶是发现的耐热 DNA 聚合酶中活性最高，的一种，具有 5′-3′外切酶活性，不具 3′-5′外切酶活性，因此在合成中对某些单核苷酸错配没有校正功能，所以比有 3′-5′校对活性的 DNA 聚合酶发生错配的概率较高。Taq DNA 聚合酶的最大特点是在高温下保持酶活性，正是由于这一特点才使得 PCR 技术得以广泛应用，而 Taq DNA 聚合酶催化 DNA 复制时出现较低概率的碱基错配又为人们改变基因提供了可能。不过，正常情况下这一错配率并不足以诱变一个基因，还需要对 PCR 反应条件进行改变，以降低其忠实度。通过改变 PCR 反应条件可以使 Taq DNA 聚合酶的错误率得到显著放大。

DNA 聚合酶的保真性可以通过多种方法来降低，包括使用 4 种浓度不同 dNTP、添加 Mn^{2+}、提高 Mg^{2+}浓度等。几种诱变方法导致扩增 DNA 链碱基变异的机理各不相同。$MnCl_2$ 是很多 DNA 聚合酶的诱变因子，加入 Mn^{2+}可以降低聚合酶对模板的特异性，提高错配率；4 种 dNTPs 浓度的不平衡可以提高碱基错误掺入的概率，实现错配；Mg^{2+}具有激活 Taq 酶的作用，增加 Mg^{2+}浓度，使之超过正常用量，能稳定非互补的碱基对；提高 Taq DNA 聚合酶用量、增加每个循环延伸时间，可以增加错配终端延伸的概率；降低起始模板浓度，会使后面 PCR 循环的变异模板比例增加。

易错 PCR 技术是采用多种方法提高 DNA 聚合酶的碱基错配率，并稳定非互补碱基对。改变 PCR 反应条件的方法主要有 4 种，一是使用低保真度 Taq 酶、并加大 Taq 酶用量；二是调整反应体系中 4 种 dNTP 的浓度，使之非 1∶1∶1∶1 的平衡浓度关系；三是在反应体系中加入一定量的 Mn^{2+}；四是增加反应体系中的 Mg^{2+} 浓度。此外，降低起始模板浓度、增加每个循环的延伸时间、提高反应体系 pH 值、增加循环次数等也都可以明显提高诱变率。几种方法可单独使用，但更多的时候是综合使用，以求最简单、快捷地得到更多的突变子。

在 Leung 等提出的易错 PCR 体系中，易错 PCR 的变异带有强烈的倾向性，即 AT→GC 的变异率明显高于 GC→AT 的变异率。在 Cadwell 和 Joyce 修正的体系中 AT→GC 与 GC→AT 变异比率接近，这样，基因的诱变文库会有更好的多样性，并且不会造成不同碱基含量的显著变化。目前常用的标准易错 PCR 方法是参考 Cadwell 等的方案形成的，退火温度的基本设计原则是宜低不宜高；反应不进行热启动和末端延伸。易错 PCR 诱变出现最多的变异类型是点突变，删除引起的移框突变也偶有出现。

(二) 连续易错 PCR 技术

在通常情况下，经一轮的易错 PCR、定向筛选，很难获得令人满意的结果，由此发展出了连续易错 PCR(sequential error-prone PCR)，该方法是将一次 PCR 扩增得到的有益突变基因作为下一次 PCR 扩增的模板，连续反复进行随机诱变，使得每一次获得的少量有益突变累积而产生重要的有益突变。连续两轮 PCR，或连续多轮易错 PCR，突变率可增至一轮易错 PCR 的 3 倍。

诱变技术的基本要求是创造尽可能多的突变体，但碱基突变率并非越高越好，因为有益突变通常要比有害突变的变异率低很多，一个突变分子中所含的有益突变很有可能会被同时存在的有害突变所抵消或淹没。因此，连续易错 PCR 要根据基因具体情况设计每一轮 PCR 的诱变率，建立突变体库，通过高通量筛选，获得有益突变，然后再以其为模板，进行第二轮易错 PCR 不断富集有益基因。

易错 PCR 为以 PCR 为基础的诱变开辟了一条新路，不少学者沿着这条路寻找新的或更加完善、更加简便的诱变技术，如醇介导的易错 PCR、易错 PCR 与交错延伸联合简化诱变方法，以及碱基类似物与易错 PCR 混合使用方法等。

Claveau 研究了醇介导的易错 PCR，即在 PCR 反应体系中加入异丙醇、丙醇或丁醇，根据酶的耐热性和醇的疏水性不同，醇的临界浓度也不同。醇的临界浓度一般随着聚合酶抗热性增加而提高，随醇自身的疏水性提高而降低。研究显示，醇的疏水性是影响聚合酶构象的重要因素。当丙醇在体系中的体积比为 7.0%到 8.0%时诱变率可以达到 9.8×10^{-3}/bp/PCR，这一条件下优先得到碱基 G 和 C 的改变，而与此相反，标准易错 PCR 优先改变碱基 A 和 T。丙醇与 $MnCl_2$ 作用方式不同，丙醇对聚合酶保真性降低的作用是对聚合酶稳定性精细调节的结果。

以上的易错PCR研究全部采用改变PCR反应条件，来提高DNA聚合酶错误率的方法进行，也有人尝试通过修饰DNA聚合酶来提高常规PCR错配率的研究。Benjamin和Connolly于2004年报道了一个Pfu DNA聚合酶的变种在易错PCR反应中表现出极好的性能。Pfu DNA聚合酶有两个α螺旋构成了聚合酶的指状子域，这一区域负责将碱基与模板链正确地互补配对。当两个α螺旋之间的关键氨基酸发生变异，与缺失3′-5′核酸外切酶活性同时发生时，一个高保真野生型聚合酶就变为了一个低保真聚合酶。这个Pfu DNA聚合酶变种能够在标准PCR反应条件下用于诱变基因，并得到高频率、几乎没有任何倾向的变异，这些都是对易错PCR研究的新探索和有益补充。

易错PCR技术为特种工业酶的改造提供了有效的工具。工业酶的催化反应通常处于高温、有机溶剂、氧化剂、极端酸碱等存在的环境。在自然界进行选择，根本无法筛选到能在上述恶劣条件下完成催化反应的酶。运用易错PCR技术，在人工模拟环境下进行选择，已经成功地得到了各种特种功能的工业酶，可满足工业生产的特殊需要。例如，Zhao等利用连续易错PCR获得了枯草杆菌蛋白酶基因的随机点突变，并用交错延伸方法重组DNA，连续提高培养温度对突变体进行筛选，最终获得一株突变体E5-3H5，不仅将酶的最适温度提高了17℃，还使酶在65℃的半衰期增加了200倍。淀粉蔗糖酶是一种催化蔗糖合成直链淀粉的酶，Potockι-Veronese等利用易错PCR和DNA改组技术对其进行突变，得到催化蔗糖活性提高60%的突变体Asn387Asp。易错PCR是蛋白质分子体外定向进化研究最早采用的一种构建基因文库的方法，尤其是在酶分子诱变上研究应用最多。

在农业生物技术中的应用。中国科学院遗传所朱祯实验室采用易错PCR方法获得了水稻抗草甘膦突变基因epsp102，突变体对草甘膦和磷酸烯醇式丙酮酸的亲和力分别达到70倍和4.6倍。苏军等将epsp突变基因导入籼稻明恢86，对T3材料进行抗性检测，显示种子萌发时对草甘膦的抗性提高15倍，三叶期对草甘膦的抗性提高3~4倍。

在植物的遗传、育种研究中，最缺乏的已经不再是转基因和常规杂交的手段，而是缺乏优异基因。有了专一性优异基因，农业中的高产、抗逆、抗病虫、抗除草剂等新品种、新材料就会快速脱颖而出。易错PCR为我们提供了一种实验室快速获得优质基因的手段。

在医药研究中的应用。易错PCR技术已成为生物制药研究的有效工具。例如，黏质沙雷氏菌是多种病症的致病菌。刘治江等以重组E. coli BL21(DE3) pLysS/pET22β-ChiC为亲本，采用易错PCR对黏质沙雷氏菌几丁质酶C基因(Chi C)进行定向进化，经过两轮易错PCR，建立突变体文库，通过筛选获得一个酶活较高的突变酶(Mut-ChiC)，其催化活性为亲本重组酶的1.9倍，比活力为出发菌酶活的3.3倍，最适温度由40℃提高到60℃，对进化酶基因测序发现，该基因所编码蛋白有4处氨基酸被取代，均为有益突变。

此外，易错PCR技术在基础理论研究、生物制药、基因治疗、疫苗研制、石油化工等研究领域也具有广阔的应用前景。

易错PCR可以随机诱变任何一个克隆基因，建立突变体库，从而扫描到理想性状的表达序列。诱变中应注意选择最接近人们需要的基因作为起点，若用于理论研究，应控制较低的突变率，使突变多为单一氨基酸取代，这样才能将基因功能变化与突变表型一一对应起来。另外如果DNA的突变频率太高，产生的大多数蛋白将失去活性，如果突变频率太低，突变位点过少，野生型的背景太高，样品的多样性则较少，不利于后续的筛选和鉴定工作。对于每一DNA序列来说，理想的碱基置换率和易错PCR的最佳条件依赖于随机突变的目标DNA片段的长度。一般每代每序列有2~3个碱基置换或一个氨基酸替代较为适宜.

易错PCR方法虽然已广泛应用，但还是存在一些问题，首要问题是碱基的变异具有倾向性，即在四种碱基比例不平衡的情况下，AT→GC的变异比率通常高于G·C→AT的变异比率，这样就会影响变异的多样性，所以在用此方法诱变基因时，一定要注意选择诱变条件。二是易错PCR产量和变异水平偏低。较低的模板浓度以及引物与模板结合严格性的降低，使得目标片段的产量偏低，由于碱基变异偏好、转换高于颠换，造成变异谱较窄，筛库得到有益基因的概率降低。三是对模板的要求较高，最好是只含目的基因的DNA片段。PCR在易错条件下进行时，容易造成引物与模板的错误结合，形成大量与目的片段不同长度的非特异扩增产物，模板越长，这种非特异扩增的概率会越大。另外，应用易错PCR时一般都要针对具体基因进行诱变条件的优化，需要优化的条件有多个，包括Mn^{2+}浓度、Mg^{2+}浓度、4种dNTP浓度、Taq DNA聚合酶浓度、模板浓度、延伸时间、循环次数等，这些条件综合起来优化还比较费力。

针对以上问题，可能的解决途径有以下几个：一是从Taq DNA聚合酶的基本特性入手，寻找新的影响酶功能、同时又不带来碱基变异偏好的因素，开发更多的易错PCR方法，用于不同目的的诱变，或寻求更佳的诱变方法。Taq DNA聚合酶的基本性质中，Mg^{2+}依赖性和几种变性抑制剂对于酶的错误率有很大影响，可以作为研究的目标。在此研究方面，Claveau等做了成功的尝试，通过醇的疏水性影响Taq酶的构象，提高了碱基错配率。但醇介导的易错PCR出现了GC→AT的变异偏好，仍不理想。二是易错PCR多种诱变条件的简化。根据经验，多种诱变条件对碱基错配率的贡献不同，对于贡献大的因素，有2~3个条件即可得到2%左右的碱基错配率，这样就大大简化了诱变前期的条件优化工作。

（三）DNA shuffling技术

DNA shuffling是一种基于PCR技术的、新的体外定向分子进化技术。它利用 DNaseI 将欲改造的基因或基因家族打断成一定的大小的片段，在 PCR 变性后的复性过程中，利用片段间具有的部分同源性发生错配。错配的片段互为模板进行延伸。而与此同时，不同来源的基因间也可发生重组，形成融合基因。经过反复的变性、复性(错配)和延伸(重组)，直至扩出全长基因。这些基因在延伸中因为错配引入了突变，通过重组使基因融合，从而创造了新的基因。再通过人类的定向选择，最终可以得到一些符合人类需要的新基因。

大多数生物体进化都来自自然选择和性繁殖，其中真核生物性重组便是生物进化的一种主要方式。早在 1990 年，Marton 和 Meyerhans 等人就已经发现在体外 PCR 中存在的 DNA 重组现象，并指出该重组现象是由 DNA 断裂或出现切口引起的。1994 年美国的 Stemmer 等以 LacZα 基因为实验材料，用 DNase I 进行消化，得到 10~70bp 大小的随机片段集合，在不加入引物的情况下，利用 PCR 得到了全长的 LacZα 产物，从而以巧妙的设计验证了体外 PCR 中存在的 DNA 重组现象。Stemmer 将该技术称为体外 DNA shuffling 技术，并于 1998 年申请了专利。由于该方法一定程度上模拟了生物体自然进化过程中减数分裂期等位基因间的 DNA 片段互换(有性交换，sexual exchange)，故 DNA shuffling 又被称为有性 PCR (sexual PCR)。

DNA shuffling 技术是一种利用多次、反复选择和重组以获得具有预期性状的多聚核苷酸的方法。其原理大致如下：先将由多种同源核苷酸序列组成的模板(初级文库)进行随机片断化，所产生的随机片段集合包含了至少 1000 种以上寡核苷酸，这些寡核苷酸来自不同的同源序列，具有不同的 3′末端，这一点是下一步随机重排的前提条件。利用 PCR 技术在不加入引物的情况下对这些随机化片段进行重新排布：在起初的几轮循环中，具有互补 3′末端的来自不同模板序列的寡核苷酸互为引物，扩增出一段较长的核苷酸产物；接着下一轮循环时，以上轮产物为模板，又将产生一段更长的核苷酸产物，随着扩增数递增，模板的不断变化，产物长度亦在不断递增，如此，经过多轮扩增，最终将获得多种低拷贝的全长的重排产物，这些集合的重排产物又被称为嵌合文库(突变文库)。对嵌合文库进行筛选，选择改良的突变体组成下一轮 shuffling 的模板(次级文库)，重复上述步骤进行多次重排和筛选，直到最终获得性状比较理想的突变体。利用随机化片段的重新排列组合产生多样化的突变文库是 DNA shuffling 技术的精髓所在，这一点有点类似 assembly PCR。其优点是：可以在体外实现同源序列间的重组，并可能实现那些对进化有利的点突变的优化组合，最终获得性状改良比较理想的突变体。

DNA shuffling 的具体步骤如下：首先是目的性状的确立和模板的来源，目的蛋白的改造必须针对一定的表型特征，即要针对特定的目的性状，包括结构和功能方面的特性。如荧光蛋白的荧光强度、最大波长及酶的催化能力、热稳定性、底物的专一性等。此外，一些 DNA 调控序列，如启动子、5′UTR、3′UTR 等也可以作为靶序列进行改造以改善其调控功能。模板可以由多个同源序列或同源基因(如家族基因)组成初级文库(primary library)，也可以单个基因组成。后者在 DNA shuffling 之前要先利用其他突变方法对单个基因进行突变，或在 DNA shuffling 的同时借助聚合酶产生的点突变以产生多样性的突变产物。同源靶序列的长度在 50bp~50kb，一般通过 PCR 获得，后应除去多余的引物，以提高重组效率。

其次是随机片断化处理，初级文库(模板)用 DNase I 或多种内切酶处理后，获得随机片段集合。随机片段大小应在 20~500bp 为宜。并对片段集合进行纯化，除去未消化的模板，以避免原序列的污染。

然后是无引物的 PCR 扩增，在不加引物的情况下，将以上片段集合置于适当的 PCR 系统中进行 PCR 扩增。该步要求片段集合有较高的总量和浓度，同时还要求 PCR 反应有较高的循环数，以保证产生多样性足够好的嵌合文库(突变文库)。

进而加入引物的 PCR 扩增，上一步的 PCR 产物按一定比例稀释，同时加入两外侧引物，选用较少的循环数，如 15 轮，进行 PCR 扩增，便可获得大量的全长目的基因，即放大的嵌合文库(突变文库)。有时 PCR 产物中还可能存在全长目的基因的线形多拷贝聚合体，如 Stemmer 等对全长 2.7kb 的 pUC19 质粒进行 DNA shuffling 时，得到的产物大多在 20kb 以上，但用适当的内切酶消化后，即得到均一的全长目的基因。

最后是克隆、筛选、分析及多轮筛选，PCR 产物用适当的内切酶处理，克隆到表达载体中并转入宿主细胞(如大肠杆菌、噬菌体等)中进行表达，在特定的选择压力下，选择目的性状改良的突变体；将选择到的突变体混合在一起，作为下一次 DNA shuffling 的模板(次级文库)，选择压力不断提高，重复 1~5 步骤进行多次选择和重组，直到最终得到性状改良明显的理想突变体为止。在进行 DNA shuffling 时，最重要的是选择合适的筛选模型，只有选择的模型恰当，才会减少工作量，快速地实现预期目标。如欲提高酶的热稳定性，应以不断递增的温度为选择压力，通过突变产物(酶)对底物的活性变化来筛选热稳定性改良的酶；如果改造对象是细菌的酶，还可以选择该酶缺陷的细菌为宿主细胞进行筛选。

自 Stemmer 提出 DNA shuffling 以来，这种体外 DNA 重组的方式引起了各国学者浓厚的兴趣，包括 Stemmer 本人在内的许多学者提出各种改进方法，使 DNA shuffling 技术更加多样化，在不同需求的引导下发展出了一些各具特色的新方法。

1. DNA-family-shuffling

DNA-family-shuffling 技术是根据自然界中存在许多物种来源不同、基因序列有所差异但功能相似的基因家族建立的，用于改组的基因家族中的一组基因，可以是来源于同一物种的某一基因家族，也可以是来源于不同物种、属间有一定程度同源性的基因，该技术在体外模拟达尔文进化的过程，大大提高了基因体外定向进化的速度和效率。

DNA-family-shuffling 技术与单基因 shuffling 相比，具有两个明显的优势：首先，改良效率高。Crameri A 等在实验中选用了 4 种同源性为 58%~82%的来自不同菌属的头孢菌素 C 酶基因作为亲本，改组后使酶活性增加了 270~540 倍，而单基因 shuffling 只增加了 8 倍。其次，提高了突变概率。由于基因家族改组的块交换特性(blocк-exchange nature)，使得突变的概率大大提高了，前例中 b 内酰胺酶基因在 3 次单基因改组循环后，只得到了一株 4 个突变氨基酸的突变株，而 4 个头孢菌素 C 酶基因在一次 DNA-family-shuffling 后就产生了 102~196 个突变氨基酸的突变株。

2. 无 PCR 的 shuffling

该方法利用一些限制性内切酶(如 Fok 和 Bbv 等)，其识别位点位于切割位点上游或者下游若干碱基处，对亲本序列切割后生成的黏端通常是各不相同且非回文序列的黏端，酶切后用连接酶连接，得到顺序正确的重组装基因文库。该方法由王强等于 2004 年提出，他们构建了一个微型 shuffling 文库，其亲本分别为人组织型纤溶酶原激活剂(tissueplasminogen activator，tPA)基因以及含有 7 个突变位点的 tPA 基因。此方法操作相对简便，然而，因为只有能产生彼此不同且非回文序列黏端的内切酶可以使用，此方法受到内切酶酶切位点特异性的限制，使得 DNA 片段化的随机性较低，还需要进一步完善。

3. SCRATCH

SCRATCH 技术是 DNA shuffling 与 ITCHY(Incremental truncation for the creation of hybrid enzymes，产生杂交酶的增加平截技术)相结合而产生的技术，先将两个相关酶基间经单酶切打开一个切口，为外切酶 Exo Ⅲ提供作用位点，Exo Ⅲ每隔一定时间(如 30s)取一次样、灭活。然后将两基因的酶解产物混合，平端连接，生成 ITCHY 库，再以 ITCHY 库作为亲本进行 DNA shuffling。

一般来说，DNA shuffling 不能用于改组同源性低于 70%~80%的基因，而 SCRATCH 具有不依赖基因序列的同源性而产生多个 DNA 杂交位点的特点。

RACHITY(Random Chimera genes is on Transient Templates，过渡模板随机嵌合技术)将某一亲本基因作为临时 DNA 模板，将另一亲本基因(不同种或属)进行酶切与临时模板进行杂交，然后退火延伸连接成新链，此时由于错配或叠交将产生突变，形成突变基因库。较目前报道的体外重组而言，RACHITT 是杂交次数最多的方法，可以减少重排片断的大小，并增加每个基因的重组机率。

体外 exon shuffling 是模拟自然界外显子洗牌的过程，在建立好的同源基因文库中，设计与各作为模板的同源基因的内含子有同源性的嵌合寡核苷酸，以此作为引物进行扩增，得到内含子-外显子嵌合的片段，此后再以扩增产物自身作为引物和模板进行 PCR 反应，获得全长突变基因库。该技术不局限于某单个基因的范畴，而是将每个外显子编码的折叠结构域作为单位，因此，体外 exon shuffling 可以将多个不同功能的蛋白作为亲本，产生不同特性的突变基因库，引入更多的理性设计。

（四）体外随机引发重组

体外随机引发重组以单链 DNA 为模板，配合一套随机序列引物，产生大量互补于模板不同位点的短 DNA 片段，由于碱基的错配和错误引发，这些短 DNA 片段中也会有少量的点突变，在随后的 PCR 中，他们互为引物进行合成，伴随组合再进一步组装成完整的基因长度。如果需要，可以反复进行以上过程，直到获得满意的酶为止。该方法的优势在于，首先可以利用单链 DNA 作为模板，因此可以降低亲本 DNA 的用量；其次，在 DNA 改组中，片段重新组装前必须彻底去除 DNase I，因此该方法更为简便；第三，合成的随机引物具有同样的长度，没有顺序倾向性；最后，随机引发的 DNA 合成不受 DNA 模板长度的限制。

StEP（Staggered extension process，交错延伸程序）是指在一个反应体系中以两个以上相关的 DNA 片段为模板，进行类似 PCR 反应，合成在目的基因两侧的引物，引物先在一个模板链上延伸，随之进行多轮变性和短暂的复性-延伸循环。每次循环被延伸的片段在复性时与不同的模板配对，并延伸一段非常短的距离。由于模板的改变，所合成的 DNA 片段中包含了不同模板 DNA 的信息。这种交错延伸过程继续进行，直到获得全长的基因。

StEP 在效果上与 DNA shuffling 技术是类似的，但与之相比省去了用 DNA 酶切割成片段的过程，因而更为简便。StEP 技术的关键在于找到一个可以使引物退火（$T_{退火} > T_m - 25℃$）但又降低聚合酶反应速率或降低延伸温度的反应条件，使得片段可以随机杂交到包含不同突变的模板上。

反转录病毒是人类基因治疗的一种载体，但用常规培养工艺需将浓度提高 100 倍，因此常用超速离心等物理方法。但反转录病毒在这些方法中极不稳定，易丧失活性，这可能与病毒外壳蛋白组分有关。小鼠 C 型反转录病毒外壳蛋白由两个亚基 SU（gP70）和 TM（PISE）组成，它们负责与细胞受体结合并与质膜融合。SU 和 TM 是由不稳定的二硫键结合在一起的，反转录病毒的不稳定性是因为 SU 结构域的丧失。用 DNA shuffling 的方法得到一批含复杂成分的重组外壳蛋白，并对超速离心具有抗性、稳定性高于亲本 30~100 倍的新病毒系。同样使用该方法得到了新的牛痘疫苗。

Cigan 等改造了从 Pentadethra 这种植物中获得的杀虫基因，获得了新的 penti*N*-l 杀虫基因，并申请了专利。Mepherson 等则用 DNA shuffling 等技术改善蛋白酶抑制剂的性质从而对广泛的线虫种群有很好的抗性。

(五) 杂合酶

杂合酶是人工酶的一种，一般认为其由两种或两种以上酶成分构成，将来自不同酶分子中的结构单元(单个功能基、二级结构、三级结构或功能域)或整个酶分子进行组合或交换，可产生具有所需性质的优化酶杂合体。随着蛋白质工程的发展，杂合酶已成为优化酶的结构和获得具有期望性质的新酶的一种重要手段。杂合酶是人工酶的一种，一般认为其由两种或两种以上酶成分构成，将来自不同酶分子中的结构单元(单个功能基、二级结构、三级结构或功能域)或整个酶分子进行组合或交换，可产生具有所需性质的优化酶杂合体。杂合酶可用于改变酶学或非酶学性质，是了解酶的结构-功能关系以及相关酶的结构特征的有力工具，不仅如此，它还可以扩大天然酶的潜在应用，甚至可以产生催化自然界不存在的反应的新酶分子(图 8-3)。

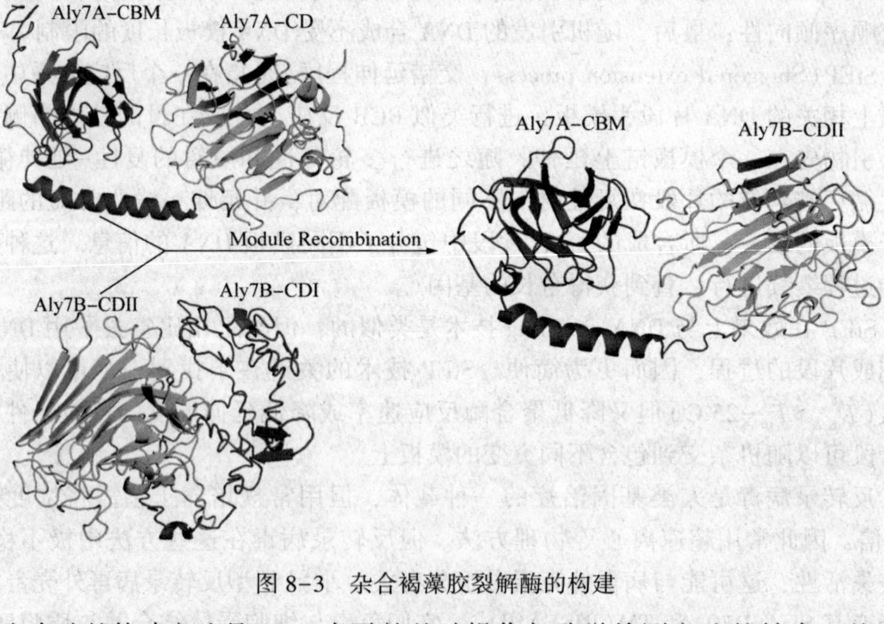

图 8-3 杂合褐藻胶裂解酶的构建

杂合酶的构建方法是 DNA 水平的基础操作与酶学检测方法的结合，其实质是组装和验证。在进化过程中，将来自不同酶分子的(亚)结构域组装成为一个新的单一结构域，或将来自不同酶的模块重组，同时在一个进化体系中筛选，即可能获得比亲本具有更高效率或衍生出新功能的子代重组体。

1. 改变非催化性质

具有高度同源性的酶之间杂交可将某一酶的催化特性(如耐热性)赋予另一个酶，这种杂交是通过相关酶同源区域间残基或结构的交换而实现的，获得的杂交酶的特性值通常介于双亲酶特性值之间。已构建并表达了由纤维素酶与β-葡萄糖苷酶杂合而成的融合蛋白，新酶不仅保留了β-葡萄糖苷酶的催化性质，而且提高了热稳定性，T_m 值由原来的 54. 5℃提高至 65. 4℃。

2. 调整或改变现有酶的特异性或催化特性

(1) 改变特定氨基酸这是构建杂合酶最简单的方式。单个氨基酸的改变也许会对酶的催化活性产生很大影响。如分别突变昆虫羧酸酯酶的 151 和 271 位氨基酸，不仅改变了酶的底物特异性，酶的催化活力也有很大变化。将胶原纤维中的甘氨酸分别突变为丙氨酸、天冬氨酸、半胱氨酸和丝氨酸，得到的 4 个突变体的分子结构和胶原纤维强度与原酶相差很大，证明了改变单一氨基酸可以改变蛋白质性质。

(2) 功能域的交换作为杂合酶的构成组件，可通过交换功能域获得具有催化特性的酶。功能域的交换有分子内交换和分子外交换。如 S1 家族的丝氨酸蛋白酶由两个同源β-桶亚结构域组成，其界面形成活性部位裂隙、疏水结构和催化三联体(Ser，Asp，His)是保守的，但围绕活性部位的表面环是可变的，其负责酶的各种底物专一性和调节性质，因此，S1 的丝氨酸蛋白水解酶是通过亚结构域交换而产生新酶的良好候选者。

3. 功能域与结构域的融合

将 A 酶的功能域与 B 酶的结构域重组可获得兼具这两种酶性质的重组酶。海栖热袍菌内切葡聚糖酶 Cel12B 是极耐热胞外酶，氨基酸序列分析表明，其不含有纤维素结合结构域，对结晶纤维素无活性。但海栖热袍菌内切葡聚糖酶与木聚糖酶 XynA 的结合结构域构成的杂合酶不仅对结晶纤维素有活性，还提高了热稳定性。将来自嗜热古细菌的两个不同的酰基肽水解酶 APE1547 与 ST0779 进行了分子杂交，虽然 APE1547 与 ST0779 的β-推进器结构域序列同源性差异较大，但其二级结构极为相近，均是由多个β片层缀连而成的桶状结构。从模建的 ST0779 的β-推进器结构域可以看出，其与 APE1547 的β-推进器结构域只是在一级序列上差异较大，而在二级结构上的差异出现在与催化结构域镶嵌部位。利用杂合酶技术将两种酶的推进器结构域进行互换，得到了热稳定性介于两个亲本酶之间的杂合酶，而其底物特异性与原酶均有不同。

4. 蛋白融合

将编码两个功能蛋白质的基因末端融合可产生融合蛋白。通过这种方法获得的融合蛋白既可以是双功能的，也可以是多功能的。构建融合蛋白的基本原则是将第 1 个蛋白的终止密码子删除，再接上带有终止密码子的第 2 个蛋白基因，以实现两个基因的共同表达。如生长因子受体结合蛋白的 Src 同源区 2 与表皮生长因子受体的融合蛋白不仅具有与受体结合蛋白同样的干扰信号传导、抑制肿瘤细胞生长的能力，而且具有更高的与表皮生长因子受体的结合能力，在肿瘤治疗方面具有重要的应用价值。目前已成功获得多种融合蛋白，如抗体与细胞因子融合蛋白、人白细胞介素与粒细胞巨噬细胞集落刺激因子融合蛋白和人白细胞介素与血清蛋白融合蛋白。除了工业上所需的融合蛋白，很多融合蛋白药物也相继被研究出来。抗体-药物偶联物的开发是当前抗肿瘤药物研发的一个重要方向，其成功的发展在某种程度上依赖于抗体部分的靶向运输能力和被运送药物的生物学活性。已构建的人白细胞介素-10 与免疫球蛋白 G Fc 片段的融合蛋白不仅提高了人白细胞介素-10 的生物学活性，而且克服了白细胞介素-10 半衰期短的缺点。

杂合酶不仅可用来确定相关酶之间的差异，表征给予酶特殊性质的那些残基或结构及与底物结合部位有关的特殊结构域，而且在医药、农业、工业化学和疾病治疗等方面同样具有不可替代的作用。近几年，融合蛋白的应用越来越受到重视，尤其是融合蛋白药物。融合蛋白药物一般通过细胞因子与免疫毒素、细胞因子、抗体、抗原等进行融合，得到具有双功能或多功能的目的蛋白。融合蛋白技术不仅应用于融合蛋白药物方面，而且在蛋白的表达上也有很多用途。融合表达具有如下优点：外源基因连接到融合蛋白的 C-末端，不必另外设计 SD 序列，同时 *N*-末端的存在使得外源基因的表达较容易；外源基因的表达产物常被宿主细胞的蛋白酶降解，当外源基因与宿主本身蛋白的部分序列构成融合基因，以融合蛋白的形式表达时，会减低宿主细胞对产物的降解。利用融合蛋白技术，可使目的产物根据研究的需要，以不同的形式表达。在大肠杆菌中，外源基因表达产物的形式有可溶表达和包涵体表达两种，以包涵体形式表达的外源目的产物不具有活性，必须溶解包涵体进行复性，才能得到具有生物活性的蛋白。但包涵体表达可避免产物被蛋白酶降解，以包涵体形式表达的目的蛋白常在大肠杆菌中高效表达，目的蛋白的纯化相对容易，能得到纯度较高的目的蛋白。已构建了以包涵体形式表达的个体基因型抗体片段与破伤风毒素片段 C 融合蛋白的工程菌，包涵体经变性、复性、纯化后，获得了具有生物活性的高纯度的融合蛋白。

杂合酶技术是将 DNA 水平上突变筛选与蛋白质水平上的酶学研究相结合的一门综合技术，其将传统酶学活性筛选方法与简便的 DNA 重组技术结合在一起。

同样，DNA 和蛋白质技术的突破也必将推动杂合酶技术的发展。杂合酶技术为加快构建新酶和改进生物工艺过程开辟了一条新的途径，其与合理性设计互补，将使蛋白质工程学显示出更广阔的应用前景。

第二节 定向进化的应用

定向进化技术已被广泛用于各种酶分子的改造，使其朝人们期望的性质进化，获得了许多满意的结果。对酶性质的改造主要有以下几个方面。

一、提高酶分子的催化活力

提高酶分子的活力是对酶分子进行改造最基本的愿望之一。大多数实验室都涉及对目的酶催化活力的提高，如对 L-天冬氨酸酶和大肠杆菌操纵子 otsBA 进行了定向进化研究，以提高酶的催化能力。

褐藻胶裂解酶是一种重要的工业用酶，可催化褐藻胶多糖降解为褐藻胶寡糖。褐藻胶寡糖在医药、食品、化工等领域具有广泛的应用。但目前所获得的酶活力较低，无法满足工业化生产的需求，为此采用定向进化的方法对酶基因进行改造，希望获得活力高的酶。李树等为提高褐藻胶裂解酶活力，采用易错聚合酶链式反应(polymerase chain reaction，PCR)技术对海洋细菌 Tamlana sp. S12 中具有代表性的酶组分 Alγ-2 进行体外定向进化。经过 2 轮易错 PCR 及 96 孔板发酵筛选，分别获得 2 株正突变和 2 株负突变菌株，其酶比活力分别是亲本(2675.2U/g)的 162%、241%、53%、11%。酶的动力学分析显示，正突变株 P2-81 的 K_m 值比亲本降低 50%，而负突变株 N2-47 的 K_m 值比亲本提高 106%，表明突变株对底物的亲和力有极大的上升和下降。基因测序及氨基酸序列分析结果表明，Glu、Thr、Ser、Asp 和 Tyr 对褐藻胶裂解酶活力提高起到正面的积极作用，而 Lys 的突变起到负面的消极作用，后续人工合成的定点突变则进一步证实 Asp 和 Lys 的正/负作用。

二、提高酶分子的稳定性

提高酶的稳定性特别是热稳定性是蛋白质研究的另一个最基本愿望。在工业生产中，高温可以提高底物的溶解度，降低介质黏度，减少微生物污染和增加酶活力。每种酶分子都有特异的最适温度范围，增加和降低温度都将导致酶活力不同程度的降低。不管在实验室还是在自然界，酶的催化能力和最适温度都会在进化过程中不断变化。

三、适应人工环境中提高酶活力或稳定性

利用有机溶剂可以提高底物的溶解度或提高专一反应的速率，而天然酶在有机溶剂中，即使有时保持天然构象也极易失活，因此在这种分子的应用环境中对酶分子的定向进化就十分必要。枯草芽孢杆菌中性蛋白酶(neutral protease)，是一类被广泛应用于工业生产的酶类，在洗涤剂、制革、丝绸、食品加工等多种行业上有着广泛的用途。侯化鹏通过体外定向分子进化技术，改造 nprE 基因，从而构建能够高效稳定生产中性蛋白酶的枯草芽孢杆菌菌株。分析表明，nprE 基因的碱基发生了改变。这种改变引起了其产物中性蛋白酶分子的氨基酸的改变，从而造成酶活力的改变。通过比较，发现应用表达载体在抗生素压力下提高了酶的产量。定向进化则改变了基因结构从而提高了酶活力，相比表达载体更为经济和稳定。

四、提高底物专一性和增加对新底物催化活力

提高酶的专一性可以使酶更加适用于工业化生产。一些定向进化实验表明，底物专一性可以通过进化提高，酶催化效率的提高可以通过降低 K_m 值实现。

马怡茗从海洋假别单胞菌 CY24 中克隆得到一个新颖的胞外琼胶酶 AgaB。降解琼脂糖的主要产物为新琼八糖和十糖，最小底物为十二糖，作用机制为倒位型，在家族划分上该酶不属于任何一个已知的糖苷水解酶家族，这些都不同于已发现的其他琼胶酶。AgaB 结构上的新颖性和功能上的特异性决定了它在工业和药用方面拥有潜在的应用价值。但是 AgaB 较低的温度稳定性(在高于 35℃的情况下容易失去酶的活性)限制了它在工业上的更大规模的应用。实验室前期工作建立了耐热性明显提高的突变株 M446，但其催化活性相比于野生型下降了 20%。定向进化的两个关键步骤是建立分子的多样性文库和高通量筛选体系。马怡茗采用易错 PCR 和化学诱变来建立分子的多样性，以组成型表达载体 pBS-ks(sv)作为载体建立突变体文库。易错 PCR 引起的碱基突变多发生在胸腺嘧啶和腺嘌呤位点，而化学诱变剂甲基磺酸乙酯主要引起鸟嘌呤位点的突变，在一定程度上弥补了易错 PCR 的不足。根据琼胶酶水解琼胶引起琼胶液化在平板上产生透明水解圈，而且相对酶活较高的突变株在平板上形成较大的水解圈的特性建立了高通量筛选体系。突变菌株在 37℃下过夜培养，筛选水解圈/菌落克隆直径大于野生型菌的克隆，作为研究对象进行发酵液上清和纯酶水平上的进一步鉴定。最终我们获得了一个热稳定性和产物性质没有改变而比活力为 M4463 倍的突变株，命名为 M117。测序结果表明，M117 发生了四处碱基替代，其中两处引起了氨基酸替代，分别是 Arg9→Lys、Ile111→Val，另两处为无义突变。其中第 9 位的氨基酸突变存在于信号肽区域，该区域在蛋白质跨膜转运的时候被切除，对成熟酶的

比活力没有影响，由此，可以推断引起突变株 M117 比活力提高的主要原因是第 111 位氨基酸的突变。为了推测突变株 M117 催化活性提高的机制，我们分别测定了 M117 与 M446 的动力学常数，结果表明，突变株 M117 的 K_m 值比 M446 降低了 14 倍，而其 K_{cat} 值变化不明显。由此可以推断，突变株 M117 催化活性提高的主要原因是酶与底物的结合能力增强。综上所述，应用定向进化方法，得到了一个既保持了耐热性和产物特性，又提高了催化活性的突变株 M117。其进一步提高的催化活性，将会使突变株 M117 在食品、化妆品和医药方面得到更大规模的应用。此外，由于序列和结构的新颖性，使得 AgaB 三维结构的确定非常困难，而突变株 M117 的获得对于确定 AgaB 的结构具有重要的指导意义。

五、对映体选择性的定向进化

Matcham 报道了通过定向进化提高 R-转氨酶对映体的选择性。转氨酶可应用于生产几种手性氨基酸，大多数转氨酶转化酮酸的效率都高于 99%，但是一种 S-型选择性的转氨酶转化 β-丁酮，仅有 65%的手性专一性。通过对 10000 个随机突变菌株的筛选，获得了 10 个手性专一性在 80%~90%之间的酶，有个别的突变体专一性达到了 85%~91%。

六、变换催化反应的专一性

通过设计调整酶的底物专一性是十分困难的，早期也有研究试图利用定点突变来改变酶的底物专一性，但是成效有限，但通过定向进化却可以实现这一目的。吴伟斌等在空间结构模拟分析与前人研究的基础上，利用定点突变技术，对棒状链霉菌扩环酶基因的 C155、V275、C281、Y184、C37、Q121、A61 进行了定点突变。定点突变后分别测试了这些突变体酶对青霉素 G 的转化活力，得到了对青霉素 G 有较强催化活性的优良突变体。突变点 C155Y、V275I、C281Y、Y184H、Q121M 对扩环酶底物专一性的改造有明显的促进作用，而 C37S、A61E 反而有所降低。

总之，酶分子的定向进化策略是非常有效的，是更接近自然进化过程的一种蛋白质工程研究新策略，是分子进化的一个重要分支，是组合化学的思想和方法在酶分子改造上的应用。应该强调的是，为了提高酶体外定向进化的成功率，需要注意以下几个关键问题：①明确目的酶在所需功能方面的进化程度和潜力。②选择一个最接近需要的酶分子作为起点，如果选择失误则可能中途夭折。③若用于理论研究，应控制较低的突变频率。只有选择最佳进化策略，保证库中所有克隆只含单一氨基酸取代，才能够将一代到另一代的功能变化与突变型一一对应起来。④建立有效且灵敏的筛选或选择方法，确保检测出由单一氨基酸取代而引起的功能变化。

思 考 题

1. 酶的定向进化的原理是什么？主要步骤包括哪些？
2. 酶的定向进化的方法包括哪些？
3. 酶的定向进化对酶性质的改造主要体现在哪些方面？

第九章　海洋蛋白酶和脂肪水解酶

海洋蛋白酶和脂肪酶是开展研究较早的两种水解酶类，主要来源于海洋细菌等微生物。蛋白酶是催化蛋白质水解的酶类，微生物能够产生许多类型的蛋白酶，包括胞内型和胞外型。胞内型蛋白酶对于各种细胞的新陈代谢过程非常重要，如孢子的形成与分化、蛋白的折叠、酶和激素的加工成熟及蛋白池的稳定；胞外型蛋白酶能够水解环境中的蛋白质并使细胞能够吸收利用其水解产物。此外，蛋白酶还主要作为去污剂的添加剂，在轻化和洗涤工业中有着广泛的应用。脂肪酶也是研究较早的酶类之一，广泛存在于动植物体内和微生物中，主要参与脂肪的降解、营养物质的吸收及脂蛋白的合成代谢等过程，微生物如细菌、真菌和酵母菌中的脂肪酶含量非常丰富，而且具有较高的催化活性，是工业用脂肪酶的重要来源。本章对来源于海洋的蛋白酶和脂肪酶的分类、性质、结构和功能以及工程化应用进行了总结。

第一节　蛋白酶

蛋白酶是催化蛋白质水解的酶类，微生物能够产生许多类型的蛋白酶，在工业中具有重要的应用潜力，目前，蛋白酶在不同工业市场中所占的份额约为40%，主要用于去污剂、食品、医疗诊断、皮革制备及废物处理等，预计蛋白酶在工业应用中的优势地位还会进一步加大，因此是海洋酶资源开发和研究的重点。

一、蛋白酶的来源与分类

蛋白酶对于地球上的所有生命形式来说都是必需的，包括原核生物、真菌、植物和动物。蛋白酶能够在相对比较短的时间内通过发酵的方法大量制备，并且能够按照人们的要求产生大量的产物。微生物产生的蛋白酶占所有商业化蛋白酶的三分之二。当今，碱性蛋白酶和金属蛋白酶是已开发利用的最重要的两种酶。碱性蛋白酶(alkaline protease)是一类适宜在碱性条件下水解蛋白质肽键的酶类，是一类非常重要的工业用酶，最早发现于猪胰脏中，1945 年瑞士的 Jaag 等发现了微生物碱性蛋白酶。随后的几十年，研究者对其做了大量的工作。碱性蛋白酶在食品、洗涤及制革行业中有着广泛的用途。目前蛋白酶的产酶微生物主要有假单胞菌属(Pseudomonas)、芽孢杆菌属(Bacillus)、黄杆菌属(Flavobacterium)、异单胞菌属(Alteromonas)、耶尔森氏菌属(Yersinia)、希瓦氏菌属(Shewanella)等。金属蛋白酶(metalloporteinase)是活性中心依赖金属离子的一类蛋白酶。大多数金属蛋白酶是 Zn^{2+} 金属蛋白酶，依据 Zn^{2+} 的结合位点可将金属蛋白酶分为五类。细菌中有不少属都有产金属蛋白酶的菌株，如假单胞菌属(Pseudomonas)、弧菌属(Vibrio)、变形杆菌属(Proteus)、欧文氏菌属(Erwinia)、交替单胞菌属(Alteromonas)和沙雷氏菌属(Serratia)等。真菌和放线菌所产金属蛋白酶也有报道。微生物蛋白酶根据其反应活性的酸碱性可以分为酸性蛋白酶、中性蛋白酶、碱型蛋白酶；而根据酶活性部位的特征又可以分为金属蛋白酶(EC. 3. 4. 24)、天冬氨酸蛋白(EC. 3. 4. 23)、半胱氨酸蛋白酶或巯基蛋白酶(EC. 3. 4. 22)和丝氨酸蛋白酶(EC. 3. 4. 21)。碱性蛋白酶就是在 pH 值从中性到碱性范围内有活性的蛋白酶。它们或者具有丝氨酸活性中心(丝氨酸蛋白酶)，或者属于金属蛋白酶。此外，还有部分酸性蛋白酶和中性蛋白酶。酸性蛋白酶主要包括胃蛋白酶、凝乳蛋白酶等，是指蛋白酶的最适 pH 值为酸性条件的一类酶，它的活性位点有两个天冬氨酸。酸性蛋白酶是将两个疏水氨基酸切断，通过内切和外切作用将蛋白质分解为小肽和氨基酸，是乳酪制造、食品工业、制革工业的脱毛处理和皮革软化、羊毛低温染色、医药工业、饲料工业等工业重要用酶。目前研究比较彻底的酸性蛋白酶是胃蛋白酶。虽然酸性蛋白酶存在于所有的脊椎动物胃液中，但是通过动物进行酸性蛋白酶的提取生产成本太高；而微生物具有诸多优点比如种类多、繁殖迅速、培养条件简单、诱变容易和不受外界环境影响等。因此，酸性蛋白酶的生产主要通过微生物发酵实现。目前，进行工业生产的酸性蛋白酶产生菌主要有：黑曲霉(Aspergillusnige)、宇佐美曲霉(A. usamii)、米曲霉(A. oryzae)、微小毛霉(Mucorpusillus)、A. awamori 等，以及它们的变异株、突变株。国外对采用真菌微生物双间柱顶孢(Scytalidium)、巢状曲霉、酵母菌等菌株进行酸性蛋白酶生产也有报道。中性蛋白酶也称为沙雷肽酶，是最早被发现并投入工业化生产的蛋白酶制剂，其最适作用 pH 值在中性条件下，能在中性 pH 值条件下催化蛋白质大分子肽键水解。作为一种生物酶制剂，该酶催化肽键水解速度快，无工业污染，对反应条件无严格要求，适应性宽而且耐热性相对较低，在食物蛋白水解物的生产过程中成为控制酶活力的关键。大多数微生物中性蛋白酶含有金属元素，部分酶蛋白含有一个 Zn^{2+}，起着酶与底物之间的桥梁作用，有些酶的分子中还含若干原子钙，钙离子能增加中性蛋白酶的稳定性。

二、蛋白酶的性质

酸性蛋白酶是一种具有蛋白质水解能力的复杂的大分子化合物(图 9-1)，虽然不同的酸性蛋白酶都具有分解蛋白质的能力，但是由于产生的微生物不同，使产生的蛋白酶在底物特异性方面存在一些差异，对酶抑制剂、激活剂的影响作用也会表现出不同。酸性蛋白酶的稳定 pH 值范围在 2.0~4.0，一般最适 pH 值 3.0，pH 低于 2.0 或高于 4.0 都将影响其水解速度。但不同来源的蛋白酶最适 pH 值存在差异，这可能与位于酸性蛋白酶活性中心的羧基有关。根霉属(Rhizopus spp.)及黑曲霉(Aspegillus niger)产生的 A 型和 B 型酸性蛋白酶最适 pH 值在 3.0 左右，曲霉属(Aspegillus spp.)最适 pH 值在 3.0 以下。根据研究结果显示，宇佐美曲霉(A. usamii)突变菌株 L336 产生的酸性蛋白酶最适 pH 介于 1.8~3.0。青霉属菌株产生的酸性蛋白酶最适 pH 一般在 3~4，如紫青霉菌株最适 pH 为 3，灰绿霉则为 pH3.5。酵母菌所产生的酸性蛋白酶与黑曲霉产生的酸性蛋白酶性质相似，最适 pH 为 3.0。曲霉与根霉所产生的酸性蛋白酶就 pH 稳定性而言，都是在 pH 为 2~6 最稳定。酸性蛋白酶的适宜温度范围在 30~50℃，一般最适作用温度为 50℃，低于 40℃酶活性稳定，超过 50℃则酶活性严重下降。蛋白酶的热稳定性及最适温度与产酶微生物的种类也有相关性，根据产酶菌株的不同，酶的热稳定性及最适温度也存在差异。酸性蛋白酶由根霉产生，则蛋白酶的热稳定性较差，在 30℃的条件下仅能保持酶活力 30min；酶若是由曲霉属的斋藤曲霉产生，则该酸性蛋白酶在 50℃时稳定，经过 55℃热处理 10min 后才会失去活性；若酸性蛋白酶是由黑曲霉属菌种产生的，则该酶经 80℃处理 2h 后仍可保持酶活力的 90%；若酸性蛋白酶是由酵母菌产生的，在加热至 60℃时会失去大部分酶活力，若加热至 70℃，则蛋白酶会完全失去活性。门冬氨酸蛋白酶也是酸性蛋白酶的一种，可通过青霉属菌株产生，在最适 pH 条件下，该酶的最适作用温度为 50℃。酸性蛋白酶活性可被 Mn^{2+}、Cu^{2+}、Mg^{2+} 离子激活，可被 Ca^{2+}、Hg^{2+}、Al^{3+} 离子抑制。0.02mol/L 浓度的 Cu^{2+}，对酶的活性有显著的激活作用；Cu^{2+}、Al^{3+} 和 Mn^{2+} 等离子同时作用于蛋白酶时，对酶的活性有协同作用，可使酶活力提高 1 倍；Ca^{2+} 对酸性蛋白酶的抑制作用不是直接的，而是作为辅助因子与其他物质一起对酶活性产生影响。Ag^{2+} 浓度为 5mmol/L 时，可使酸性蛋白酶的活性下降 15%，表现出轻微的抑制作用。目前用于工业化生产的酸性蛋白酶主要是霉菌酸性蛋白酶。

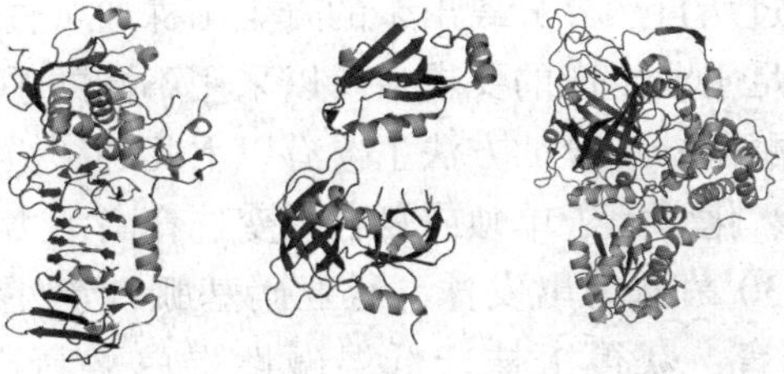

图 9-1　三种海洋来源的蛋白酶的晶体结构

中性蛋白酶 pH 值介于 6.0~7.5，大多数微生物中性蛋白酶是金属酶，部分酶蛋白含有一分子 Zn^{2+}，分子量 35~40kDa。酶的活性中心锌离子，起着酶与底物之间的桥梁作用，有些酶的分子中尚含若干钙原子，钙具有稳定构象的作用，还与酶的耐热性有关。等电点 pH8~9，是微生物蛋白酶中最不稳定的酶，很易自溶，即使在低温冰冻干燥，也会造成分子量的明显减少。代表性的中性蛋白酶是耐热解蛋白芽孢杆菌所产生的热解素与枯草杆菌的中性蛋白酶。这些酶在 pH6~7 稳定，超出此范围迅速失活。以酪蛋白为底物时，枯草杆菌蛋白酶最适 pH 为 7~8，热解素是 pH7~9，曲霉菌的蛋白酶是 pH6.5~7.5。一般中性蛋白酶的热稳定性较差，枯草杆菌中性蛋白酶在 pH7，60℃处理 15min，失活 90%。栖土曲霉 3942 中性蛋白酶 55℃处理 10min，失活 80%以上；而放线菌中性蛋白酶的热稳定性更差，只在 35℃以下稳定，45℃迅速失活。只有少数例外，如热解素在 80℃处理 1h，尚存酶活 50%。有的枯草杆菌中性蛋白酶在 pH7、65℃处理酶活几乎无损失。酶的最适温度取决于反应时间，在反应时间 10~30min 内，最适温度是 45~50℃。钙离子可以增加酶的稳定性，并减少自溶。碱性蛋白酶的温度适应范围较广，最适作用温度一般在 30~75℃，但有的低温酶在 20℃以下的环境仍能保持较高的活性，因此低温蛋白酶对热相对不稳定。也有些蛋白酶最适作用温度高于 50℃，对热具有较好的耐受性，被称为高温蛋白酶。碱性蛋白酶能适应的 pH 范围很大，最宽的 pH 范围宽至 3.0~12.0，最适 pH 则在 8.0~11.5。碱性蛋白酶一般为丝氨酸蛋白酶，可以受二异丙基氟磷酸（DFP）的影响而失活，对 EDTA 重金属离子等不敏感，但是由于酶的不同，其对重金属离子的敏感程度也不同，有报道显示 Pb^{2+}、Ag^{+}、Cu^{2+} 对蛋白酶有抑制作用。金属离子可以对碱性蛋白酶活性产生影响，金属离子 Mn^{2+}、Mg^{2+}、Zn^{2+}、Co^{2+}、Fe^{2+} 等对碱性蛋白酶的酶活力有激活作用。

三、蛋白酶的生产

工业微生物菌种选育的目的是能够提供质量优异的菌株，该菌株应具备形状优良且遗传性能稳定的特点，因此有必要不断发掘新菌种或改良现有菌种以满足工业生产的要求。不过从自然界分离出来的野生菌株通常性能和耐受性差，遗传不稳定，往往不能满足工业生产的要求，所以采用不同的手段进行菌种的选育是必不可少的。产蛋白酶菌株选育的方法主要有以下几种。

利用传统的物理、化学因子单独或复合诱变选育高活力菌株。张云波等以黄海黄杆菌 YS-9412-130 菌株为出发株，经亚硝基胍、紫外线、硫酸二乙酯与微波复合诱变和自然选育，获得 1 株产低温碱性蛋白酶高产稳定的突变株 YS-9412-130-SW1-104，其产酶为出发株的 16 倍。

原生质体由于失去了细胞壁的屏障作用，在外界化学、物理条件的影响下更容易发生突变，可以极大地提高突变率。而且原生质体融合可使双亲遗传物质在融合子中发生随机的多种整合，从而导致杂合子集双亲性状于一体，通过定向筛选，有可能得到带目的性状的整合体，新性状因具备传代的物质基础而得以稳定遗传。肖怀秋等利用原生质体复合诱变技术得到一株稳定高产的中性蛋白酶菌株 Bacillus subtilis Promax NTG14，相对于出发菌株，酶活力提高了近 15 倍。

基因工程技术不仅可使菌种产酶量有较大提高，而且能改变酶的性质。促进了研究工作将理论与实践紧密结合，缩短了从探索研究到开发应用的进程，克服了传统育种方法的盲目性。江盛梅等利用 PUC18 质粒作载体，将嗜麦芽假单胞菌的碱性蛋白酶基因克隆到 E. coli(TGI)中，获得克隆菌株 G3，其酶活是出发菌株的 3~4 倍。蛋白质工程是指通过对天然蛋白质或蛋白质衍生物的结构分析，确定其三级结构模型，然后通过分子设计合成突变基因，经筛选突变体 DNA，合成相应蛋白质的方法，主要集中在提高碱性蛋白酶的稳定性，抗氧化性及改变蛋白酶的专一性等方面。我国在蛋白质工程技术选育高产蛋白酶菌株取得了重大的成就。王贤舜用蛋白质工程的方法在计算机图像系统上对预定的分子改造方案进行了预测，成功地完成了构建 1 个分泌热稳定性比野生型枯草杆菌蛋白酶 E 高 4 倍的工程菌。在酶工业中各种技术的成功应用，其最关键的问题就是各种酶产品的大量生产和下游技术。研究者从工业生产要求的角度出发，采取了一些提高碱性蛋白酶产量的方法。最新的突破点主要包括了高产菌株的筛选、克隆并大量表达、补料、恒化发酵、分批培养以及通过统计学方法如表面反应方法对发酵条件进行最优化。发酵方法：通常在自然环境下微生物所产生的蛋白酶是结构型的或具有部分诱导性，在大多数的培养条件下，芽孢杆菌属的菌种在后指数生长期和稳定期能产生胞外型的蛋白酶。培养基的成分对微生物蛋白酶的产量也有很大的影响，如碳源和氮源的比、一些易于代谢的糖类如葡萄糖和金属离子等。蛋白酶的合成也能被培养基内所含的在代谢过程中能被快速利用的氮源所影响，如氨基酸。除了这些，其他的一些物理因子如通风性、接种密度、温度、pH 也能影响蛋白酶的产量。为了在工业生产水平上提高蛋白酶的产量，生化和工程技师使用了一些策略在发酵生产中来获得高产量的蛋白酶。调控分批培养和补料分批培养发酵对葡萄糖含量、铵离子含量、氧分压、pH 和盐的利用率进行实时监控，恒化培养已经成功地被用来提高大量菌体在长期培养下的蛋白酶产量。最近几年，为了从发酵培养基中获得高产量的碱性蛋白酶，在最优化处理的研究中采用不同的统计学软件包的统计学方法取得了非常大的进展。

四、蛋白酶的应用

碱性蛋白酶占据全世界酶市场最主要的份额。从细菌中分离出来的碱性蛋白酶已经大量应用于不同的工业生产部门，世界上许多公司已经成功地开发出基于碱性蛋白酶的不同产品。Alkazym 是清洁膜系统的一种重要酶类。用于膜清洁的酶还有 Tergα-zyme、Ultrasil 和 P3-pardigm。Pronod153L 是用来清洁被血液蛋白污染的手术器械的一种蛋白酶类的清洁剂。枯草杆菌肽酶 A 是一种酶类眼科清洁剂。Sakiyama 等报道了一种用来清洗染有凝胶和 β-乳球蛋白的不锈钢柱的蛋白酶溶液。除了这些主要的应用，碱性蛋白酶还具有其他一些较小范围的应用，比如镜头的清洗、分子生物学中核苷酸的分离、害虫的控制、丝绸的脱胶以及大麻的选择性去木质素作用，这些技术上的应用虽然很有趣，但是并没有转化为商业生产。微生物蛋白酶在食品工业上的应用已经有许多年了。碱性蛋白酶被用来制备具有高营养的蛋白水解产物。蛋白水解产物对血压的调节起着重要的作用，并且添加于婴儿的食物配方、特效治疗性饮食配方、果汁以及软饮料的配方。目前商业化的蛋白水解产物来源于干酪素、乳水和大豆蛋白。Matsui 等报道了用 B. licheniformis 碱性蛋白酶处理沙丁鱼肌肉得到的具有 I 型血管紧缩素转化酶抑制活性的蛋白酶水解产物。Fujimaki 等利用碱性蛋白酶来获取大豆蛋白水解产物。干酪乳水是奶制品工业生产中的一种丰富的副产品。Perea 等人利用碱性蛋白酶，将干酪乳水通过生物转化的工业处理得到水解产物。O′Meara 和 Munro 报道了利用商品化的碱性蛋白酶水解肉类废弃物来获取可食用产品的一种方法。

在皮毛和皮革的制备中，蛋白酶可用在浸透、脱毛和鞣制等工序中。酶制剂的处理能够去除不需要的色素，增加皮毛区域从而生产出清洁的皮革。鞣制是传统的一个酶处理过程，要用到胰蛋白酶。然而最近微生物碱性蛋白酶的应用变得越来越广泛。碱性蛋白酶能提高脱毛的速度，因为碱性条件下毛发根部吸水膨胀，蛋白酶对毛囊蛋白质进行降解，从而使得毛发的去除变得更加容易。Varela 等报道了利用 B. subtilis QDB32 产生的碱性蛋白酶进行羊皮的脱毛。George 等报道了利用 B. amyloliquefaciens 所产的碱性蛋白酶进行皮革和皮毛的脱毛。蛋白酶能够溶解蛋白质类的废物，降低水系中的生物耗氧量(BOD)。最近，将碱性蛋白酶应用于各种食品加工工业和家庭生活废物处理，开创了利用蛋白酶进行废物处理的新时代。Dalev 利用 B. subtilis 产生的碱性蛋白酶处理家禽屠宰场产生的羽毛类废物。羽毛废物占了家禽体重的大约 5%，只要彻底破坏其刚性角质蛋白结构，是一个为食品和饲料提供高蛋白的潜在资源。角质蛋白酶在食品和饲料工业上的应用已有报道，如降解家禽垃圾中的角质蛋白废物，以及作为去除排水沟中毛发的脱毛剂。目前有一种新型的生物制剂投入市场，其配方含有从 B. subtilis、

B. amyloliquefaciens 和 Streptomyces sp. 中分离到的多种蛋白质水解酶类以及一种二硫化物降解剂，能够促进毛发的降解，并且能够用来疏通被含有毛发的沉积物堵塞的管道。

第二节 脂肪酶

脂肪酶(EC3. 1. 1. 3)又称三酰基甘油水解酶，是一类能在油水界面上催化三酰基甘油水解为甘油和脂肪酸的酶类，广泛分布于动物、植物和微生物中。动物脂肪酶大部分存在胰腺和胃组织中，首次在胰腺中发现脂肪酶。微生物脂肪酶研究起步较晚，直到 20 世纪初，首次发现一些细菌可分泌脂肪酶。与动物脂肪酶相比，微生物脂肪酶相对稳定且能催化各种反应，在不同的工业应用上具有潜在的应用价值。近年来，微生物脂肪酶越来越受到世界各地研究学者的关注。

一、脂肪酶的来源与分类

脂肪酶广泛来源于植物、动物及微生物，兔胰脂肪酶是世界上最早(1834 年)发现的脂肪酶，胃脂肪酶于 1854 年被发现，植物种子中的脂肪酶于 1871 年被发现。随着生物技术的发展，微生物来源的脂肪酶越来越多地被关注，到 20 世纪 60 年代初期，日本研究者山田等分离出产脂肪酶的圆柱假丝酵母(Candida cylidrenea)，1967 年我国中科院微生物研究所发现了解脂假丝酵母(Candida lipolitica AS2. 1203)，它是一种产脂肪酶的菌株，并据此试制成脂肪酶制剂，随后投入到市场中。1988 年，丹麦诺维信公司通过基因工程技术，将毛霉(Mucor spp)的脂肪酶基因克隆到米曲霉(Spergillus oryzae)中获得表达，高活性的脂肪酶制剂成功面世。生物系统中存在着各种各样的产脂肪酶的微生物。目前，已报道的细菌(28 个属)、放线菌(4 个属)、酵母菌(10 个属)及其他真菌(23 个属)，都可以产生脂肪酶，但事实上，可以产脂肪酶的微生物要多很多。部分枯草芽孢杆菌(Bacillus subtilis)、金黄色葡萄球菌(Staphylococcus sp)、荧光假单胞菌(Pseudomonas sp)、酵母、黑曲霉(Aspergillums)等微生物，都有生产脂肪酶的相关报道。海洋环境相对复杂，生态系统多种多样，可产脂肪酶的海洋微生物具有种类众多、来源广泛等特点，从海洋生物、滩涂、泥沙、海底热液区、海洋沉积物、冷海水等环境中都筛选出了可以产生脂肪酶的微生物，Joseph 等分离出一株金黄色葡萄球菌(Staphylococcus epidermidis)，并分析了其所产脂肪酶的性质。Hardeman 和 Sjoling 等报道了来自深海沉积物的微生物脂肪酶的相关研究。海洋低温微生物本身生长在低温环境下，通过自身新陈代谢产生的低温产物，能适应较低温度的工业生产过程，使用这些在低温下具有活性的酶，可以降低能源成本，减少高温反应带来的不便，降低工业污染。迄今为止，已经有许多学者对海洋低温脂肪酶的分离纯化以及性质进行了深入研究，并且在基因克隆、序列表达等方面获得了一定的成果。

对脂肪酶的分类还没有形成一个完整的共识，目前主要有两种分类方法：①按最适酶活下的 pH 值可分为酸性脂肪酶和碱性脂肪酶，一般植物种子和动物胰脏所含的脂肪酶为酸性脂肪酶，而微生物所产生的脂肪酶大多为碱性脂肪酶。②按脂肪酶家族可将脂肪酶分为八个家族Ⅰ、Ⅱ(GDSL)、Ⅲ、Ⅳ(HSL)、Ⅴ、Ⅵ、Ⅶ、Ⅷ。而脂肪酶家族Ⅰ又细分为 6 个亚科。据报道，假单胞菌属(Pseudomonas)微生物产生的低温脂肪酶是一个显著的代表大多数假单胞菌属的脂肪酶，可划分到I. 1至I. 3亚科。I. 1亚科的脂肪酶分子量最小(约30kDa)，绿脓杆菌属(Pseudomonas aeruginosa)和草莓假单胞菌属(Pseudomonas fragi)是这一亚科的代表。I. 2亚科与I. 1亚科具有60%的脂肪酶氨基酸序列相似性，由320个氨基酸残基组成，分子量约为33kDa，包括荚壳伯克霍尔德菌(Burkholderia glumae)和洋葱伯克氏菌属(Burkholderia cepacia)的脂肪酶。这两个亚科的脂肪酶分子都有一个二硫键，而且需要有助蛋白的帮助才能完成蛋白质的正确折叠和分泌。I. 3亚科的脂肪酶分子量要比第一、第二亚科的分子量大得多，假单胞菌属[Pseudomnas fluorescens SIK W1(50 kDa)]和假单胞菌属[Pseudomonas sp. strain MIS38(65k Da)]以及沙雷氏菌属[Serratia marcescens(65 kDa)]的脂肪酶是这一亚科的主要代表。这一亚科的脂肪酶分子缺失了半胱氨酸残基，从而失去了形成分子内二硫键的能力，并且蛋白质的正确折叠不需要任何助蛋白就能完成。

二、脂肪酶的性质

酶的来源、作用的底物、缓冲液的离子浓度等，均会对微生物脂肪酶的最适 pH 产生作用。一般来说，由细菌产生的脂肪酶，其最适 pH 多为中性或碱性，真菌来源的脂肪酶，一般能适应较酸环境，如黑曲霉(Aspergillus niger)脂肪酶，它的最适作用 pH5. 6。脂肪酶的热稳定性不仅跟它的空间构象密切相关，环境因素如 pH 大小、金属离子等也会对其产生一定的影响。目前已报道的高温菌脂肪酶的最适温度一般介于 60～80℃，还有些能达到 90～100℃。Sidhu 等从芽孢杆菌(Bacillus sp)中分离出来的胞外脂肪酶比较稳定，其最适温度为50℃，75℃时的半衰期为15min。Zhu 等研究发现可以通过蛋白质工程对脂肪酶的“cap”位点突变，改变酶的热稳定性。金属离子与酶结合，可以构成该酶的最佳活力构象，使酶的稳定性增强，从而提高酶的催化活性。因此，选择合适的金属离子可以使酶得到充分利用。Hiol 等研究了不同金属离子对一株毛霉菌脂肪酶活性的影响，发现 Fe^{2+}、Fe^{3+}、Hg^{2+}和 Cu^{2+}对其活性有强烈抑制作用。徐岩等做了关于不同金属离子对解脂假丝酵母(Candida lipolitica)脂肪酶活性影响的研究，试验发现 Ca^{2+}、Mg^{2+}可以促进其活性，Fe^{2+}、Cu^{2+}则会抑制其活性，加入 EDTA 后酶失活。Sharon 发现铜绿假单胞菌(Pseudomonas aeruginosa)KKA-5 所产脂肪酶在 Ca^{2+} 存在时稳定性显著增强，而加入 EDTA 后失活。目前工业上应用的脂肪酶大多是中温和高温脂肪酶，它们大多由微生物产生，且基本上为胞外酶，产酶的最适温度多在 30℃以上，而酶的最适反应温度一般在 40℃左右或更高，在 0℃附近普遍丧失活性。目前研究的低温脂肪酶一般由低温微生物分泌产生，酶的最适反应温度一般均低于 40℃，而在 0℃仍具高酶活。由于它们普遍具有低温下酶活力高、抗有机溶剂等特点，因而成为近年来酶学研究的一个热点(图 9-2)。

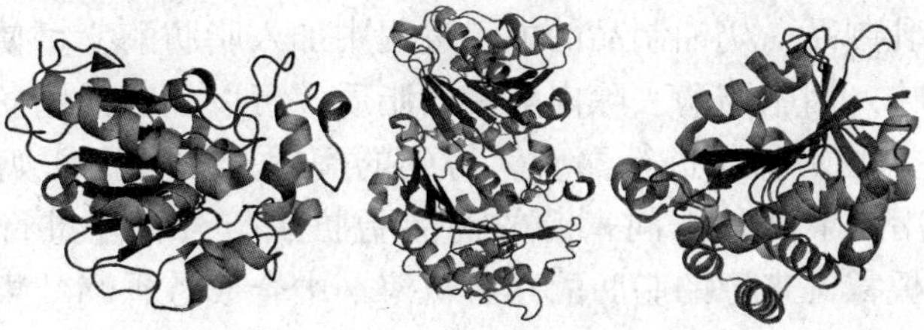

图 9-2 三种海洋来源的脂肪酶的晶体结构

三、脂肪酶的生产

目前，脂肪酶主要是通过异源表达的方式生产的。脂肪酶的异源表达，是通过基因工程技术将外源基因导入宿主细胞，使该酶蛋白在宿主细胞获得表达。近年来国内外学者报道了许多关于对脂肪酶的基因表达方面的研究成果。例如 GabiDemleitner 等克隆了金黄色葡萄球菌(Staphylococcus hyicus)的脂肪酶基因，并在大肠杆菌基因工程菌(E. coli)中进行了表达研究。国内研究者贝锦龙等做了关于褶皱假丝酵母(Candida rugosa)重组菌组菌株高效表达脂肪酶的研究。外源基因表达成功的关键，在于基因表达载体的选择，原核表达系统和真核表达系统是目前较常用的基因表达系统。目前，关于脂肪酶在大肠杆菌中顺利表达的报道有很多，刘胜浩等对南极极嗜冷菌低温脂肪酶的核酸序列进行复制后，将该基因序列连接到大肠杆菌中，实现了该酶的高效表达；张金伟等从南极深海沉积物中提取了宏基因组 DNA，通过基因工程技术，使其在大肠杆菌中获得高效表达。枯草芽孢杆菌表达系统是一种非致病性的表达系统，该菌被美国食品药品监督委员(FDA)会给予"GRAS"(Generally Regarded as Safe)的称号。胡艳华等构建了枯草芽孢杆菌(Bacillus subtilis)表达载体 pACC-pUB110，高效表达了地衣芽孢杆菌(Bacillus licheniformis)胞外脂肪酶。枯草芽孢杆菌表达系统能高效分泌外源蛋白，但菌株本身会分泌一些蛋白酶，对外源蛋白产生降解、破坏等作用，这在一定程度上制约了该表达系统的应用。巴斯德毕赤酵母（Pichia pastoris）是最常用的真核表达系统，具有培养简单、繁殖较快、基因操作方便等优点。王彩红等将克隆到的荧光假单胞菌（Pseudomonas sp. lip-35）低温脂肪酶基因 lipA 与表达载体 pPIC9K 连接，电转化 GS115 后获得成功表达；王永杰等将南极嗜冷菌的脂肪酶基因在毕赤酵母（Pichia pastoris）中顺利表达。

四、脂肪酶的应用

脂肪酶在食品工业中应用广泛，主要集中在乳制品、奶油制品、风味食品的开发，以及畜禽水产肉食等行业中动物性油脂的改良等方面。脂肪酶可用于改善食品风味，如在乳制品、奶油制品的加工过程中加入脂肪酶，可使原干酪加快成熟、产生水果香味。用脂肪酶去除肉类中的脂质，可以生产无脂肪肉。武彦文等用脂肪酶对不同类型奶制品进行酶解，得到的酶解产物可用作奶味香精调配香基。Langrand 等用了十余种不同来源的商品脂肪酶与芳香酯进行反应，发现毛霉、假丝酵母、根霉等来源的脂肪酶在有机溶剂中合成芳香酯效果较好。利用脂肪酶催化反应专一性，可以对天然油脂进行改性，使廉价的油脂通过转酯化反应转化成高价值的脂类。V. B. Yadwad 和 P. Ward 等做了关于雪白根霉（Rhizopus niveus）脂肪酶富集鱼油中多不饱和脂肪酸的研究，经反应后，鳕鱼中的 DHA 含量从初始的 9. 64%上升到 29. 17%。在合成手性化合物时，脂肪酶主要用作前手性底物的合成和外消旋化合物的拆分。脂肪酶的催化底物有内脂、胺、二胺、前手性或手性醇、羧酸酯等，可利用脂肪酶立体选择性制备一些有机物质。随着科学研究的深入，在制药工业中，利用脂肪酶合成手性药物、制备光学纯的药物已成为一种发展趋势。M. Kaieda 等通过基因改造构建了重组产脂肪酶米曲霉，将其细胞固定后制成细胞反应器，对其固定化细胞产生的脂肪酶在手性化合物中光学特异性催化性质等方面进行了研究。

思 考 题

1. 蛋白酶有哪些来源？包括哪些分类？
2. 哪些海洋来源的脂肪酶已被工业化应用？

第十章　红藻多糖水解酶

琼胶和卡拉胶是红藻门植物细胞壁的主要成分，它们都是 1，3-α-1，4-β 糖苷键连接的半乳聚糖。根据硫酸基数目、位置等结构特点，琼胶和卡拉胶可以分为琼脂、琼脂糖及三种不同结构的卡拉胶（κ-、ι-和 λ-型）。这两种红藻多糖在海洋碳汇循环中起着重要作用；海洋微生物分泌出特定的糖苷水解酶（琼胶酶、卡拉胶酶）去降解具有特定结构的多糖。目前，已经从很多海洋微生物中分离得到多种琼胶酶和卡拉胶酶。

第一节　卡拉胶酶

卡拉胶是由 D-半乳糖通过交替的 α-1，3 和 β-1，4 糖苷键连接组成的线形大分子的硫酸多糖，作为增稠剂和凝胶材料广泛应用于食品和化妆品行业。卡拉胶可被卡拉胶酶降解为一系列的偶数卡拉胶寡糖。卡拉胶寡糖具有多种生物活性，如抗炎、抗凝血、抗肿瘤、抗病毒及免疫调节等。数十种卡拉胶酶已经从海洋微生物中得以分离、纯化和鉴定。根据其降解底物的结构及氨基酸序列相似性，卡拉胶酶可以分为三类：κ-卡拉胶酶、ι-卡拉胶酶和 λ-卡拉胶酶。阐明卡拉胶酶的来源、性质及结构与功能，对于我们理解海洋碳汇循环的过程和糖苷酶的进化具有重要的理论意义。

一、卡拉胶酶的底物种类

卡拉胶酶的作用底物是卡拉胶；卡拉胶是一类从红藻门植物（江蓠、石花菜和角叉菜等）细胞壁中提取出来的硫酸化线形多糖的统称。卡拉胶结构中包含交替排列的 β-1，3-D-半乳糖和 α-1，4-D-半乳糖，根据单糖的连接方式和基团的位置，卡拉胶可分为 6 种不同结构，即 Kappa（κ-）、Iota（ι-）、Lambda（λ-）、Mu（μ-）、Nu（ν-）和 Theta（θ-）卡拉胶。目前，商业化生产的卡拉胶主要有 κ-型、ι-型和 λ-型三种。κ-卡拉胶由 3，6-内醚-α-D-半乳糖和 4-O-硫酸-β-D-半乳糖单位重复组成；ι-卡拉胶由 2-O-硫酸-3、6-内醚-α-D-半乳糖，4-O-硫酸-β-D-半乳糖单位重复组成；λ-卡拉胶由 2，6-O-硫酸-α-D-半乳糖和 2，6-O-硫酸-β-D-半乳糖单位重复组成（如图 10-1 所示）。

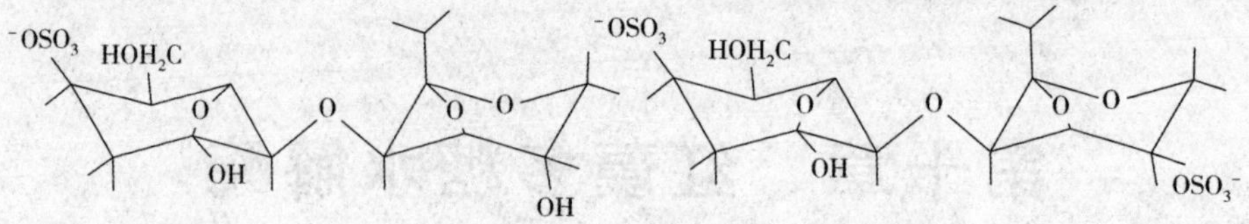

图 10-1　三种不同结构的卡拉胶(κ-，ι-和 λ-型)示意图

不同卡拉胶底物的结构是按照硫酸基取代的位置和数目以及 3，6-内醚键的位置来进行分类的。其中，κ-，ι-和 λ-型卡拉胶结构中的结构单元分别是 G4S-DA、G4S-DA2S 和 G2S-D2S6S。

二、卡拉胶酶的来源及分类

卡拉胶酶主要是从海洋微生物和海洋动物的消化道中分离得到的。文献中首次关于卡拉胶酶的报道是 Skea 等从新西兰食草鱼类的消化道中分离得到的一个具有降解卡拉胶活性的蛋白，随后 Mori 及其研究团队从海洋腹足动物的消化道中分离并表征了一个具有卡拉胶降解活性的酶。此外，绝大多数的卡拉酶分离自海洋微生物的发酵体系中；目前文献报道的能够产卡拉胶酶的海洋微生物主要包括：交替假单胞菌属(Pseudoalteromonas)、假单胞菌属(Pseudoalteromonas)、希瓦氏菌属(Shewanella)、弧菌属(Vibrio)、嗜纤维菌属(Cellulophaga)、嗜细胞菌属(Cytophaga)及其他菌属(Tamlana，Microbulbifer、Alteromonas、Pedobacter 及 Zobellia)。

根据底物对卡拉胶酶进行分类，可以分为 κ-型卡拉胶酶(EC3. 2. 1. 83)、ι-卡拉胶酶((EC3. 2. 1. 157))和 λ-型卡拉胶酶。其中，κ-型卡拉胶酶和 ι-卡拉胶酶分别属于糖苷水解酶家族的 16 家族和 82 家族，κ-型卡拉胶酶是分布最广的卡拉胶酶，很多菌株能够产生此种酶，例如变形菌纲的 Pseudoalteromonas sp. Q203、Pseudoalteromonas sp. Q202、Pseudomonas aeruginosa ZSL-2、Pseudoalteromonas strain CL19、Pseudoalteromonas carrageenovora HLX250、Pseudomonas elongata MTCC 5168、Pseudoalteromonas porphyrae LL-1、Pseudoalteromonas sp. WUUC10、Pseudoalteromonas carrageenovora NCMB no. 302、Pseudoalteromonas sp. AJ5-13 和 Pseudoalteromonas tetraodonis JAM-K142 都可以产生 κ-型卡拉胶酶。

此外，一些革兰氏阳性菌株，例如单胞菌属有报道称可以产生 κ-型卡拉胶酶。ι-型卡拉胶酶主要是分离于海洋细菌的培养体系中，例如 Alteromonas fortis、Cellulophaga、Microbulbifer、Flavobacterium 以及 Wenyingzhuangia 等。第一个报道的 ι-型卡拉胶酶分离自 Alteromonas fortis 中，而且它的三维晶体结构也得到了解析，催化机制也得以阐明。Hatada 从深海微生物 Microbulbifer thermotolerans 中分离得到了一个新型 ι-卡拉胶酶，并采用定点突变结合分子模拟的方式，确定了该酶中的催化位点。李尚勇等从一株海洋黄杆菌 Flavobacterium sp. YS-80-122 中得到了一个同时具有适冷性和热稳定性特点的 ι-卡拉胶酶。关于 λ-型卡拉胶酶的报道较少，目前只有来自 Bacillus sp. Lc50-1、Pseudoalteromonas carrageenovora 和 Pseudoalteromonas sp. strain CL19 这三种海洋细菌中有分离得到 λ-型卡拉胶酶的报道。而且，鉴于该类酶的序列信息不足，无法将其归属于糖苷水解酶家族。

随着微生物基因组学的发展，越来越多的海洋微生物的基因组得以测序和注释，与多糖降解相关的代谢途径及其关键酶的基因也得以阐明。

三、卡拉胶酶的序列分析与进化关系

截至目前，只有 10 条 κ-型卡拉胶酶的基因序列被 GeneBank 收录。此外，来源于 Pseudoalteromonas porphyrae LL-1、Pseudoalteromonas tetraodonis JAM-K142 及 Pseudoalteromonas carrageenovora 的三个酶的序列相似性很高(大于 98%)，因此这三个酶可以认定为一个酶。对已经报道的 κ-型卡拉胶酶的序列进行比对分析，发现序列中含有三个保守区：“GVC/SPS/AFW”、“YSEIDVVEL”和“TLSL/QGLR”。有关酶发挥其催化所必需的活性氨基酸位点都处于上述三个保守区中，例如 Glu171、Asp173、Glu176、Asp194、Leu197、Ser271 和 Leu274 等。其中，Glu171、Asp173 和 Glu176 这三个氨基酸位点与底物结合有关。经过序列比对，κ-型卡拉胶酶属于糖苷水解酶(Glycoside hydrolase)16 家族，该家族包含了多种糖类水解酶，例如琼胶酶、地衣水解酶、昆布多糖酶等。这些同家族的酶在进化上来源于一个共同的“祖先酶”，而 κ-型卡拉胶酶则是从 β-琼胶酶的分支上演化而来，由此可以推断，这两种酶具有相似的底物结合与催化机制。

第一个 ι-型卡拉胶酶的序列是从 Alteromonas fortis 中克隆出来，并由此定义了糖苷水解酶 82 家族。从序列比对结果中可以看出，催化关键位点 Glu364 和 His406 在序列中高度保守；此外，与底物结合相关的位点例如 Gly336、Tyr337、Gly338、Gln341 和 Arg362 也处于序列的保守区中。至于 λ-型卡拉胶酶，目前只有一条序列信息，无法对其进行比对和分析(图 10-2)。

为了进一步确定这三种卡拉胶酶的进化关系，将三者家族的酶序列进行比对及分析发现，这三种卡拉胶酶在系统发育树上各成一支，其中 κ-型卡拉胶酶和 ι-型卡拉胶酶同处于一条主干进化分支上，表明这两种酶的进化关系较近。但是，由于目前缺乏 λ-型卡拉胶酶的序列信息，这一结论只能是推测，有待于进一步的确证。尽管三种酶对应三种结构类似的底物，但是它们的序列相似性很低。据文献报道，卡拉胶酶识别底物的机制主要是根据底物分子上的硫酸基的位置和数目来进行底物结合。κ-型卡拉胶酶的底物-κ-型卡拉胶在结构上包括交替的中性的和带负电的糖残基，因此，一般认为 κ-型卡拉胶酶通过一些关键位点

(Glu171、Asp173、Glu176)与这些残基相互作用来识别底物。而 ι-型卡拉胶酶的底物-ι-型卡拉胶在结构上是由带负电的二糖单元组成，因此 ι-型卡拉胶酶中高度保守的 Arg 可与二糖单元相互作用并以此来识别底物。

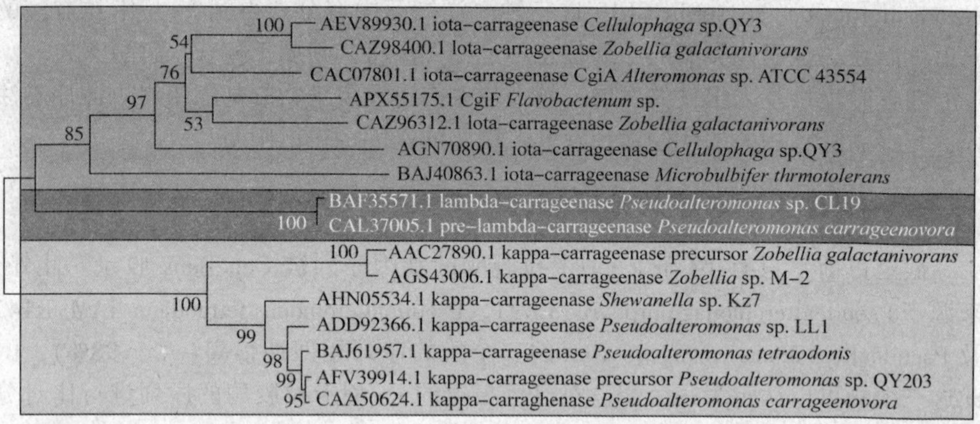

图 10-2 不同家族的卡拉胶酶的进化关系

四、卡拉胶酶的性质及作用模式

就目前的研究发现，所有的卡拉胶酶都来源于海洋环境。不同来源的卡拉胶酶具有不同的分子量，小到 30kDa，大至 128kDa。例如，来源于 Cytophaga sp. MCA-2 和 Pseudoalteromonas sp. ASY5 的卡拉胶酶具有相同的分子量(30kDa)；来源于 Pseudoalteromonas sp. QY203、Pseudoalteromonas sp. QY202 和 Vibrio sp. NJ-2 的卡拉胶酶具有相似的分子量，分别是 34kDa、33. 2kDa 和 33kDa。来源于 Vibrio sp. CA-1004、Pseudoalteromonas carrageenovora 和 Pseudoalteromonas sp. AJ5-13 的卡拉胶酶具有相同的分子量，都是 35kDa。大多数的卡拉胶酶具有中等大小的分子量，例如来源于 Pseudoalteromonas porphyrae LL-1、Pseudoalteromonas tetraodonis JAM-K142、Pseudoalteromonas sp. QY203、Shewanella sp. Kz7、Zobellia sp. ZM-2 和 Pseudoalteromonas sp. WUUC10 的卡拉胶酶的分子量都在 45kDa 左右。此外，来源于 Cellulophaga lytica strain N5-2、Zobellia galactanivorans、Tamlana sp. HC4 和 Pedobacter hainanensis 的卡拉胶酶具有较大的分子量。而来源于 Cytophaga sp. lκ-C783、Pseudomonas elongata 和 Pseudoalteromonas carrageenovora 的卡拉胶酶具有较大的分子量，都大于 100kDa。

在酶学性质方面，大多数的卡拉胶酶的最适温度介于 30~40℃，但是来源于 Pseudoalteromonas porphyrae LL1、Pseudoalteromonas sp. QY203、Pseudoalteromonas sp. AJ5-13 和 Pseudoalteromonas tetraodonis JAM-K142 的卡拉胶酶的最适温度在 55℃左右。此外，来源于 Pseudoalteromonas sp. ASY5 的卡拉胶酶在 60℃展示出最

大活力。有趣的是，来源于 Cytophaga sp. lκ－C783 的卡拉胶酶的最适温度是25℃，这也许跟该菌种分离的生长环境有一定的关系。而来源于一株分离自热泉的菌株 Bacillus sp. Lc50-1 的卡拉胶酶，其最适温度可达 75℃，具有良好的工业应用潜力。几乎所有的卡拉胶酶的最适 pH 都在 7.0～8.0，除了来源于 Pseudomonas elongata 的卡拉胶酶在 5.6～7.7 展示出最大的酶活力。

在酶动力学方面，不同来源的卡拉胶酶的米氏常数 K_m 值也不相同，其中来源于 Shewanella sp. Kz7 和 Zobellia sp. ZM-2 的卡拉胶酶具有较低的 K_m 值，表明这两个酶对于底物具有较高的亲和力。其他来源的卡拉胶酶，例如 Pseudoalteromonas porphyrae LL1（4.4mg/mL），Vibrio sp. CA－1004（3.3mg/mL），Tamlana sp. HC4（7.63mg/mL），Pseudoalteromonas sp. AJ5-913（9.8mg/mL）和 Pseudoalteromonas elongata（6.6mg/mL）与以上酶相比，对底物的亲和力就稍低一些。不同的金属离子对卡拉胶酶的活力影响也是不同的；在大多数情况下，像 Na^+、K^+、Mg^{2+} 和 Ca^{2+} 对于酶活力具有显著的促进作用。尤其是高浓度的 Na^+ 对于酶活力具有重要的激活和维持作用，这可能是由于卡拉胶酶都分离自海洋环境之中，而且对于促进酶与底物的相互作用也具有一定的积极作用。但是也不乏例外的情况，K^+ 对于来源于 Pseudomonas elongata 和 Tamlana sp. HC4 的卡拉胶酶的活力显示出抑制作用。

关于卡拉胶酶的作用模式，所有已经报道的卡拉胶酶都是以内切模式作用于底物，产生一系列不同聚合度的卡拉胶寡糖产物。其中，κ-型卡拉胶酶和 ι-型卡拉胶酶以持续性作用模式沿着卡拉胶底物的长链滑动，产生一系列偶数聚合度的卡拉胶寡糖，主要是二糖、四糖等地聚合度的寡糖。但是 λ-型卡拉胶酶则是以随机作用模式来水解底物，产生聚合度为 6 的卡拉胶寡糖。偶数聚合度产物的产生主要是由于底物分子中的二糖重复单元以及酶的作用机制。因此，所有的卡拉胶酶都是内切型水解酶，随机地从底物分子中释放出产物，而不是沿着还原端或者非还原端进行逐个的切割。

五、卡拉胶酶的结构及作用机制

目前，针对卡拉胶酶的结构研究较少，只有三个卡拉胶酶的结构得以解析，第一个得到结构解析的卡拉胶酶是来源于 Pseudoalteromonas carrageenovora 的卡拉胶酶 CgkA。此外，还有来源于 Zobellia galactanivorans DsiJT 的 ZgCgkA 和 Alteromonas fortis 的 CgiA 两个酶（图 10-3）。

前两者是 κ-型卡拉胶酶，第三个酶是 ι-型卡拉胶酶。CgkA 和 ZgCgkA 的结构非常类似，都是 β-夹心结构，其中包括两个反向平行的 β-折叠片和六个延伸带构成的活性裂隙。在二级结构层面，这个夹心结构包括三个小的反向平行的

β-折叠片和一个 α-螺旋结构。β-折叠片两两反向堆积形成催化腔，如隧道状镶嵌于三明治状结构中，在隧道状催化中心的裂缝处即为酶的底物结合处。而 ι-型卡拉胶酶的结构右手平行的 β-螺旋状结构：由 10 个完整的右旋性的平行 β-螺旋结构和表面 loop 组成；在核心区域，为三个平行的 β-折叠片，两个折叠片平面彼此垂直，形成一种凹槽结构，一个折叠片嵌于其中。在该酶的 N-末端区域有两亲性 α-螺旋结构，类似于其他大部分 β-螺旋蛋白，但其 X-末端区域高度复杂，是 α/β 折叠形式。这也是首次报道 82 家族糖苷水解酶晶体结构。

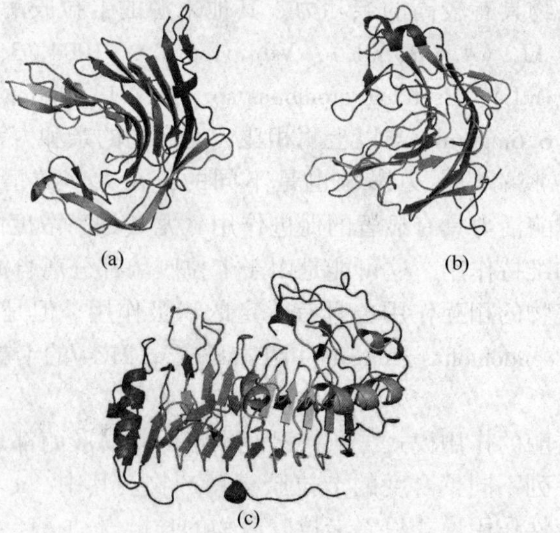

图 10-3　不同家族卡拉胶酶的三维结构示意图

由 κ-型卡拉胶酶的三维结构，结合定点突变等技术，推断出了该酶的反应机制如下，酶结构催化腔中主要参与催化作用的氨基酸分别是 Glu163、Glu168、Asp165，其中谷氨酸残基 Glu163 起到了亲核催化作用，Glu168 起到了酸碱催化的作用，天冬氨酸残基 Asp165 可以促进中间转换状态的解体，底物-1 处的精氨酸残基 Arg260 结合 κ-卡拉胶的硫酸酯基，用于识别底物。该酶的反应机理是双置换反应，具体反应过程如下：首先，Glu163 的羧基发生亲核取代反应，与底物的异头碳 C_1 生成共价键，同时，Glu163 与 Asp165 因为位阻较大暂无法形成氢键；其次，Asp165 作为质子供体与异头碳 C_1 竞争性结合，因为位阻减小，能够与 Glu163 进一步形成氢键，此时 Glu168 发生酸碱催化，导致水分子的电离；最后，Glu163 和 Asp165 之间低位阻的氢键得以恢复，Glu163 的亲核取代基保持负电的状态，开始准备参与新一轮的催化反应。

而 ι-型卡拉胶酶是通过一步亲核取代作用于 β-1，4 糖苷键，同时还发生了转糖基和转变异构构型的作用，其水解产物主要是硫酸 ι-新卡拉二糖。这种相互作用机制主要体现在糖链在β-螺旋凹槽上进行移动，形成一种酶-底物结合的开放式复合物；随着酶解过程的进行，该结构折叠闭合，保证糖链降解之后无法脱离酶作用位点，使得催化反应能够继续(图10-4)。

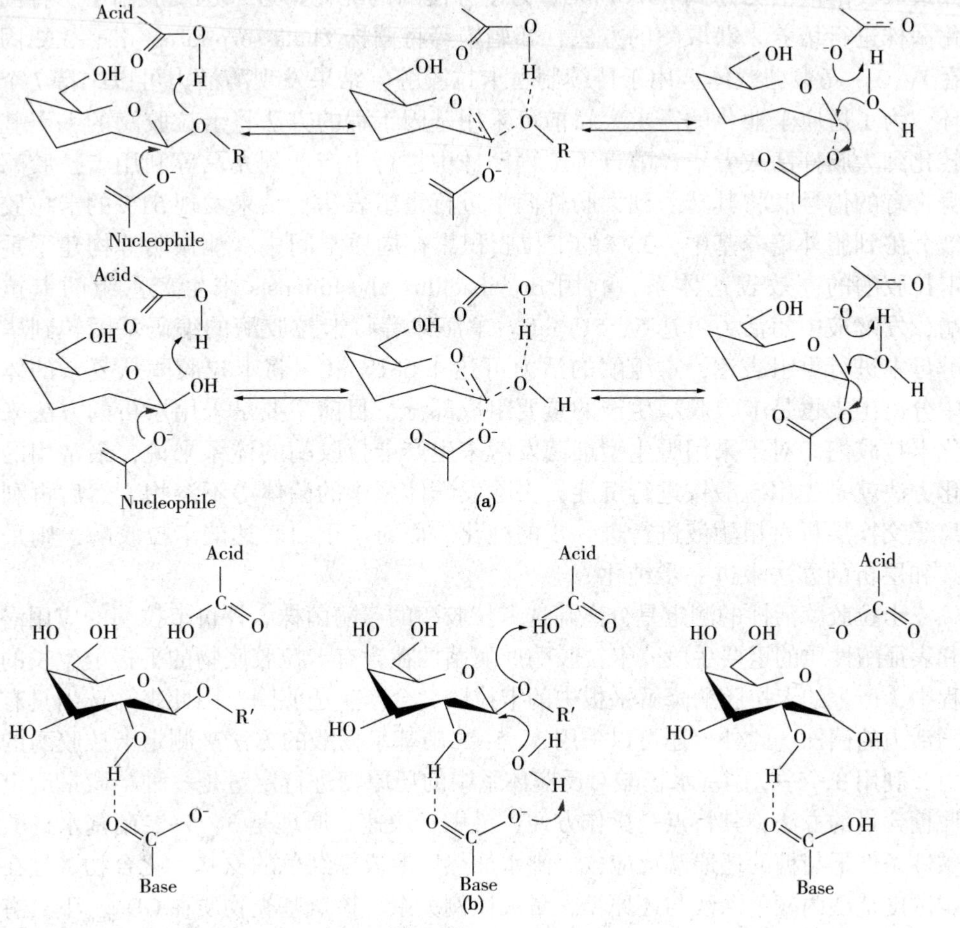

图10-4　不同类型卡拉胶酶的反应机制

六、卡拉胶酶的生产与活性测定

为了获取纯酶用于工业化应用或者研究，已经发展了很多方法来从发酵液体系中提取和纯化卡拉胶酶。对于采用野生菌或者工程菌发酵的方法来生产卡拉胶酶来说，规模化培养是最普遍的生产方式。Dyrset 等建立了卡拉胶酶的分批发酵体系用于卡拉胶酶的生产，酶活力可达到 84000U/L。Ziayoddin 等构建了卡拉胶酶的正交发酵体系用于生产菌株 Pseudomonas aeruginosa ZSL-2 的卡拉胶酶，其最大发酵活力可达到 257U/mL。此外，还可以通过培养基优化的方式来提高卡拉胶酶的产量，例如 Khambhaty 等对 Pseudoalteromonas elongata 产卡拉胶酶的培养基组成成分进行优化，可以显著提高发酵液中的酶活力(32 倍)；郭娟娟等采用响应面法对海洋细菌 Thalassospira sp. fifst-332 的产卡拉胶酶的发酵条件进行优化，其最大发酵液活力达到 267U/mL。为了方便酶的纯化，近来也发展出了一种固定化菌株进行培养来获取酶的方法，郭娟娟等将菌株 Thalassospira sp. fifst-332 固定在 Fe_3O_4-壳聚糖载体上用于持续制备卡拉胶酶，结果发现酶活力可以维持 7 个循环。为了适应工业化的需求，目前可采用基因工程的方法将卡拉胶酶的编码基因转化到大肠杆菌或者毕赤酵母等工程菌株中进行生产。刘光磊等利用卡拉胶酶本身带有的信号肽将其转入到大肠杆菌中进行重组表达，结果发现 51%的卡拉胶酶被分泌到胞外培养基中，33%的卡拉胶积累在周质空间中；池振明等构建了重组卡拉胶酶的高效表达体系，利用 Brevibacillus choshinensis 来生产重组的卡拉胶酶，发酵液中酶活力可达 51.5U/mL。牟海津等将卡拉胶酶的编码基因转到毕赤酵母中进行重组表达，重组酶的活力可达 4.68U/mL。将卡拉胶酶从复杂的体系中分离出来也是卡拉胶酶生产的重要组成部分，目前主要是采用层析的方法来纯化卡拉胶酶。对于采用野生型细菌发酵来生产卡拉胶酶的体系来说，最常用的纯化方法就是先用硫酸铵进行沉淀，去除发酵体系中的菌体等不溶物。然后再利用离子交换层析对粗酶液进行进一步的纯化。而对于重组表达的卡拉胶酶，则采用亲和层析的办法来进一步纯化。

卡拉胶酶活性的测定是分离筛选卡拉胶酶的产酶菌株、评价卡拉酶的应用潜力和表征酶性质的重要手段。卡拉胶酶产酶菌株在含有卡拉胶底物的平板上生长的过程中，产生的卡拉胶酶降解平板中的卡拉胶，会产生透明圈，因此来筛选出具有产酶活力的菌株。此外，还可以采用 3，5-二硝基水杨酸的方法来测定卡拉胶酶的活力，利用 3，5-二硝基水杨酸对反应体系中的还原糖进行定量是一种半微量测定还原糖含量的方法，其特点是操作方便、灵敏、快速。原理是 3，5-二硝基水杨酸在碱性条件下与糖的还原端反应，经沸水加热后形成棕红色的氨基类化合物，且在一定浓度范围内颜色深浅与还原糖含量成比例关系，该氨基类物质在 OD_{540nm} 下具有最大的吸光值，因而可以根据吸光值来测定底物中还原糖的含量，进而显示酶活力的高低，卡拉胶寡糖是一种还原糖，可以利用 DNS 法测定酶活力。

第二节　琼胶酶

琼胶酶是可以降解红藻中另外一种多糖——琼胶的水解酶类。根据切割模式，琼胶酶可以分为 α-琼胶酶和 β-琼胶酶。目前，已经有许多琼胶酶从海洋微生物中得到分离和表征。琼胶酶主要应用于食品工业、化妆品以及医药领域，主要用于制备具有多种生物活性的琼胶寡糖。

一、琼胶酶的底物种类

琼胶酶的底物是琼胶，一种从红藻门植物细胞壁中提取出来的凝胶多糖。在结构上，琼胶主要由两种多糖——琼脂糖和琼脂胶组成。琼脂糖由β-D-半乳糖和3，6-内醚-α-L-半乳糖的二糖单元重复构成。琼脂胶与琼脂糖类似，也是由二糖单元组成，不过在结构上有些细微的差别，主要是3，6-内醚-α-L-半乳糖上的一些基团被甲基或者丙酮基取代(图10-5)。

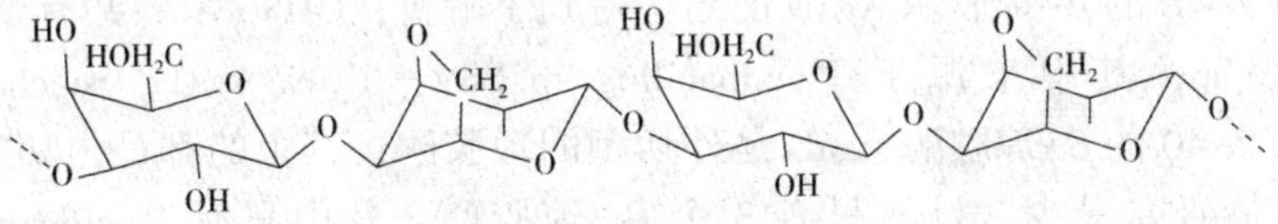

图10-5　琼胶的结构示意图

琼脂糖的分子量高达100kDa，硫酸化程度较低，只有15%；而琼脂胶的分子量稍微低一些，大约为20kDa，硫酸化程度则高达5%~8%。

二、琼胶酶的来源及分类

在自然环境中，琼胶酶的分布较广，很多微生物和一些海洋软体动物都能产生琼胶酶，但还没发现有植物产生琼胶酶的报道。现阶段，绝大多数分离研究的琼胶酶都是来自微生物，而海洋细菌又是产琼胶酶最多的一个类群，这类微生物分布较广，在海洋生态系统中，海洋植物、动物、海水及海洋沉积物中都存在产琼胶酶的细菌。1993年，Potin等从海洋环境中分离得到了第一株产α-琼胶酶的细菌，此后，数以百计的产酶海洋微生物被筛选出来并进行了酶的纯化与表征。2005年，汤海清等从红藻门植物Gelidium amansis中分离得到了多株产琼胶酶的菌株，从海洋无脊椎动物中分离了两株产琼胶酶的单胞菌；Jam等从海水中分离得到了一株海洋细菌Zobellia galactanivorans，该菌株包含了琼胶降解的酶系；Ohata等从海洋沉积物中分离得到了一株产琼胶酶的海洋细菌Thalassomonas JAMB-A33。除了从海洋环境中分离得到产琼胶酶的菌株之外，还从陆地生态系统中分离得到了一些具有产生琼胶酶的菌株。例如Suzuki等从日本岐阜地区的土壤中分离得到了一个产琼胶酶的芽孢杆菌；2003年，Hosoda等从菠菜根际土壤中分离得到了4株降解琼胶的细菌。除此之外，还有少数琼胶酶从海洋软体动物分离出来，如从锈凹螺、九孔鲍等动物的组织中分离得到。

琼胶酶根据其断裂底物的方式不同，可被分为α-琼胶酶和β-琼胶酶。β-琼胶酶能够识别二糖重复单元，切割β-1，4-糖苷键，释放出一系列以D-半乳糖为还原端的新琼寡糖；而α-琼胶酶可以水解二糖重复单元中的α-1，3糖苷键，产生以内醚半乳糖为还原端的琼胶寡糖。目前，研究较多的是β-琼胶酶，而α-琼胶酶的报道较少。β-琼胶酶根据其氨基酸序列相似性，可以分为四个糖苷水解酶家族：GH16、GH50、GH86 和 GH116 家族。目前，GH16 家族是成员最多的家族，也是研究最为透彻的家族，共有 24 个β-琼胶酶被表征，其中有 4 个β-琼胶酶的结构得到了解析和表征，即来源于 Microbulbifer thermotolerans JAMB-A94 的 AgaA 和来源于 Zobellia galactanivorans DsijT 的 3 个琼胶酶（AgaA、AgaB 和 AgaD）。GH50 家族共有 22 个β-琼胶酶，其中只有来源于 Saccharophagus degradans 2-40 的β-琼胶酶 AgaD 的结构得到了解析；GH86 家族共有 7 个β-琼胶酶被表征，其中来源于 Paenibacillus sp. SSγ-1 的 Aga1、Saccharophagus degradans 2-40 的β-琼胶酶 AgaD 是外切型的琼胶酶，其余的都是内切型酶。而 GH118 家族研究最少，目前只有 3 个β-琼胶酶，其中只有 Pseudoalteromonas sp. CY24 的 AgaB 的三维结构得到了解析。α-琼胶酶则研究的较少，主要分布在 GH96 和 GH117 家族，GH96 家族中只有 3 个成员，只有来源于 Alteromonas agarilytica GJ1B 的 AgaA、来源于 Thalassomonas sp. LD5 的 AgaD 和来源于 Thalassotalea agarivorans JAMB A33 的 AgaA33。

三、琼胶酶的性质及作用模式

目前，从海洋环境中分离得到了数十种琼胶酶，并对其酶学性质进行了详细的研究。首先，在琼胶酶研究的初期，主要是对菌株分泌的琼胶酶进行分离纯化，并研究其性质；1993 年，Potin 等从菌株 Alteromonas agarlyticus 的发酵液中分离得到了一个α-琼胶酶，通过 SDS-PAGE 分析得知，该酶的分子量为 180kDa，而通过亲和色谱法测定出的酶分子量约为 360kDa，由此推断该酶为二聚体。此外，该酶最适温度为 40℃，在温度高于 45℃，pH 低于 6.5 的时候变得不稳定，这是第一个关于α-琼胶酶的报道；1983 年，Morrice 等从 Pseudomonas atlantic 中分离得到了 2 个β-琼胶酶，它们协同作用降解琼胶底物，其中酶 A 的分子量约为 32kDa，最适 pH 为 7.0 左右，而酶 B 的最适 pH 范围在 6.5~7.5。Leon 等从 Alteromonas sp. C-1 中分离纯化了一个β-琼胶酶，其分子量约为 52kDa，pH6.5 的时候显示出最大活力，在低于 45℃时，活力保持稳定。Sugano 从海洋弧菌 Vibrio sp. JT1007 培养体系中分离得到了一个琼胶酶，分子量 107kDa，该酶的最适温度为 30℃，pH 为 8.0，是专一性的琼胶酶。

四、琼胶酶的结构及作用机制

目前，GH16 家族的琼胶酶是研究最为透彻的，该家族琼胶酶的催化结构域的功能等已经被研究得很清楚。在典型的 GH16 家族中，GH16 结构域中包含底物结合区域(Carbohydrate Binding Module，CBM)和催化区域，其中CBM区域位于GH16家族酶的C末端。CBM6区域可以识别第一个重复的二糖单元，并将牵引附加的催化区域到目标区域，从而实现酶催化过程的进行。在GH16家族中，有4个琼胶酶的结构得到解析，整体上呈现出折叠结构，还包含一个与酶催化活性有关的口袋，其中包含亲核残基及维持活性位点周围环境稳定的必须残基，大部分的GH16家族的琼胶酶水解琼脂的产物是大分子琼胶寡糖，而不是新琼二糖。GH50家族中有1个酶结构得到了解析，即来源于Saccharophagus degradans 2-40的β-琼胶酶AgaD，该酶结构中有(α/β)8桶状的折叠结构，形成了一个β-三明治结构和一个扩展的环，在活性中心，与底物结合的结构呈漏斗状，以持续性的方式对琼胶多糖进行外切型的降解，产生琼胶二糖。而GH80家族中尚未有琼胶酶的结构得到解析，仍有待于进一步的发掘研究。GH118家族中来源于Pseudoalteromonas sp. CY24的AgaB的结构得到了解析，该酶结构中有较大的底物框架可以容纳12个糖单元，其中8个糖位于还原端，占据+1到+8位，4个糖单元在非还原端，占据-4到-1位，而糖苷键的切割发生在-1到+1位，这与其他家族的琼胶酶的结构以及催化机制完全不同(图10-6)。

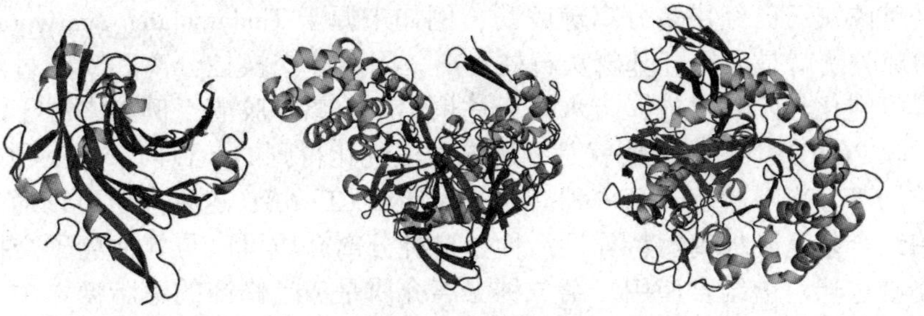

图10-6 不同家族琼胶酶的晶体结构

在琼胶降解体系中，还有一个关键酶，即可以把降解的终产物新琼二糖水解为单糖的新琼二糖水解酶，其中有一个来源于Zobellia galactanivorans的AhgA的结构得到了解析，该酶结构中采用1个β-螺旋折叠结构，催化机制需要锌离子的参与。AhgA代表了一个新糖苷水解酶家族GH117家族。AhgA能够作用于新琼四糖、新琼六糖及新琼八糖产生内醚半乳糖琼三糖，琼戊糖及琼七糖。胞外新琼二糖水解酶sdGH11克隆自Saccharophagus degradans 2-40，能够降解新琼二糖、四糖和六糖产生内醚半乳糖，三维结构显示其整体构象与AhgA的结构相似。

关于琼胶酶的作用机制，根据文献报道，主要有两种机制：第一种，大分子的琼胶底物被内切的β-琼胶酶水解成新琼四糖的中间产物，然后在外切型琼胶酶的作用下被进一步水解为新琼二糖，然后在新琼二糖水解酶的作用下被水解为3，6-内醚-L-半乳糖和半乳糖两种单糖。在糖苷酶水解底物过程中，反应机理十分类似，总的来说有两种类型：第一种是保持异头构型的两步置换反应和形成倒位异头的一步置换反应。其中，两步置换反应的过程如下，第一步是活性中心的 Glu 残基的羧基作为质子供体，将 H^+ 提供给 C_1 位的 O 原子，造成 C—O 键断裂，产生具有环内碳正离子的过渡产物；第二部产生的寡糖片段从活性部位移去；第三步碳正离子的形成使得还原糖的环状结构发生变形，并通过与离子化的 Glu/Asp 的羧基静电作用而稳定，第四步水分子从糖苷的氧侧进入，被第一步产生的离子化的 Glu 羧基解离，导致 OH^- 与碳正离子反应，同时 Glu 羧基重新质子化被还原。而倒位型的一步置换反应是由一个 Glu、一个 Glu^-/Asp^- 和亲核水分子的一次攻击完成的，在这个过程中酸催化剂 Glu 羧基提供 H^+ 给 O 原子，碱催化剂 Glu^-/Asp^- 作用于亲核试剂 H_2O，使得水分子中的 OH^- 与碳正离子作用，使得异头构型发生倒置。

五、琼胶酶的生产及活性测定

野生菌株中的琼胶酶的纯化分离一般是用硫酸铵沉淀之后再用阴离子交换柱对培养体系中的蛋白进行分离制备。凝胶过滤色谱用于进一步对获得的酶蛋白进行纯化。硫酸铵沉淀可以用丙酮沉淀进行代替。

羟基磷灰石已经用来分离琼胶酶，例如来源于 Thalassotalea agarivorans JAMB A33 的琼胶酶就是采用羟基磷灰石柱分离、阴离子交换柱分离和凝胶过滤分离的方法得以纯化，除此之外，疏水层析柱也用来分离琼胶酶，例如来源于海洋弧菌 Vibrio sp. PO303 中的琼胶酶就是利用该方法纯化得到的。目前，有三种亲和层析的介质用于分离琼胶酶，第一种介质是琼脂糖 CL-6B，这种介质可以通过特异性的与酶结合来达到提高酶特异性活性，这种分离介质可以与其他离子交换色谱柱或者凝胶过滤色谱结合使用。第二种分离介质是 Ni^{2+} 修饰的琼脂糖，主要用于分离带有组氨酸标签(His_6-tagged)的重组琼胶酶蛋白，在此基础上研发出来的亲和层析磁珠，可以一步就可以将琼胶酶蛋白纯化出来，很多重组的琼胶酶都是通过这种方式得到分离和纯化的；第三种分离介质是几丁质磁珠，该介质利用几丁质结合区域的结合能力对重组的琼胶酶实现一步分离和纯化。

关于琼胶酶的活力测定，可以采用碘液染色法来分离能够产生琼胶酶的菌株，主要原理是碘液可以将琼脂染成深褐色，而不能对琼胶寡糖进行染色，因此能够产生琼胶酶的菌株可以降解菌落周围培养基中的琼脂，从而显示出透明圈，这种方法通过用来筛选琼胶酶的生产菌株。此外，还可以采用非变性蛋白电泳来制作琼胶酶的酶谱以此来检测琼胶酶的活力；在制备非变性电泳蛋白胶的过程中，需要注意的是把胶中以及电泳缓冲液中的 SDS 都去掉，整个电泳过程在低温下进行，以免酶失去活性，然后将洗涤干净的凝胶采用碘液来进行染色，以此确定琼胶酶的分子量大小。由于琼胶酶断裂琼胶分子中的 α-1，3 或者 β-1，4 糖苷键，并产生含有还原端的寡糖产物，因此可以使用 DNS 法对琼胶酶的活性进行定量的测定，通常以半乳糖作为标准，酶活力单位的定义为每分钟产生 1μmol 的还原糖所需要的酶的量。

思 考 题

1. 卡拉胶酶的来源、分类及作用模式是什么？
2. 不同家族的琼胶酶的结构有什么特征？

第十一章　褐藻多糖水解酶

褐藻门植物包括很多大型藻类，例如海带(Laminaria japonica)、裙带菜(Undaria pinnitafida)、马尾藻(Sargassum)、巨藻(Macrocystis pyrifera)等，褐藻类多糖例如褐藻胶、昆布多糖和岩藻聚糖是这些褐藻的细胞壁、细胞间质的主要组成成分。

第一节　褐藻胶裂解酶

褐藻胶是由β-D-甘露糖醛酸(β-D-mannuronic acid)与α-L-古洛糖醛酸(α-L-guluronic acid)两种糖醛酸残基通过β-1，4糖苷键相互连接而成的线性高分子聚合物，包括水溶性的褐藻酸钠、钾等碱性金属盐类和水不溶性的褐藻胶及其与2价以上金属离子螯合而形成的褐藻酸盐类。褐藻胶寡糖具有广泛的生物学活性，例如抗氧化、抗肿瘤、抗病毒、降血脂和免疫调节等，广泛应用于食品、医药、农业与化工等领域。褐藻胶裂解酶可以水解褐藻胶来制备褐藻胶寡糖，本节从褐藻胶裂解酶的来源、分布、分类，酶学性质、结构与功能、以及酶的工程化应用方面对近年来的研究进行总结。

一、褐藻胶裂解酶的底物种类

褐藻胶是由β-D-甘露糖醛酸(β-D-mannuronic acid)与α-L-古洛糖醛酸(α-L-guluronic acid)两种糖醛酸残基通过β-1，4糖苷键相互连接而成的线性高分子聚合物。虽然褐藻胶中只有β-D-甘露糖醛酸和α-L-古洛糖醛酸两种组成成分，但不同分子量、单体构成、乙酰化程度以及糖链序列所呈现出的特性是多种多样的。β-D-甘露糖醛酸和α-L-古洛糖醛酸互为C5位差向异构体，其中在β-D-甘露糖醛酸中，C5位的羧基位于糖环平面的上方，而在α-L-古洛糖醛酸中，C5位的羧基则位于糖环的下方。研究发现，褐藻胶分子中存在三种序列模式：全部由β-D-甘露糖醛酸组成的聚甘露糖醛酸片段(poly β-D-mannuronic acid，polyM)；全部由α-L-古洛糖醛酸组成的聚古洛糖醛酸片段(poly α-L-guluronic acid，polyG)；由β-D-甘露糖醛酸和α-L-古洛糖醛酸交替排列组成的甘露糖醛酸-古洛糖醛酸杂合片段(polyMG)(图11-1)。某种褐藻胶可能以某种片段为主，但在同一种褐藻胶中，可能同时存在着三种片段。对于上述的 polyM 和 polyG 片段，虽然它们的链式结构非常相似，但是不同 M/G 排列方式在聚合成链后的空间结构则差别很大。除褐藻类植物细胞壁以及基质之外，一些海洋或陆地微生物和某些石灰质的红藻也可产生褐藻胶，例如假单胞菌属(Pseudomonas)和固氮菌属(Azotobacter)。假单胞菌合成的褐藻胶分子中缺少 polyG 片段，而固氮菌合成的褐藻胶分子具有与褐藻来源的褐藻胶分子具有相似的结构区。此外，细菌所产的褐藻酸盐中 M 单体的 O-2 和/或 O-3 位会被不同程度乙酰化。

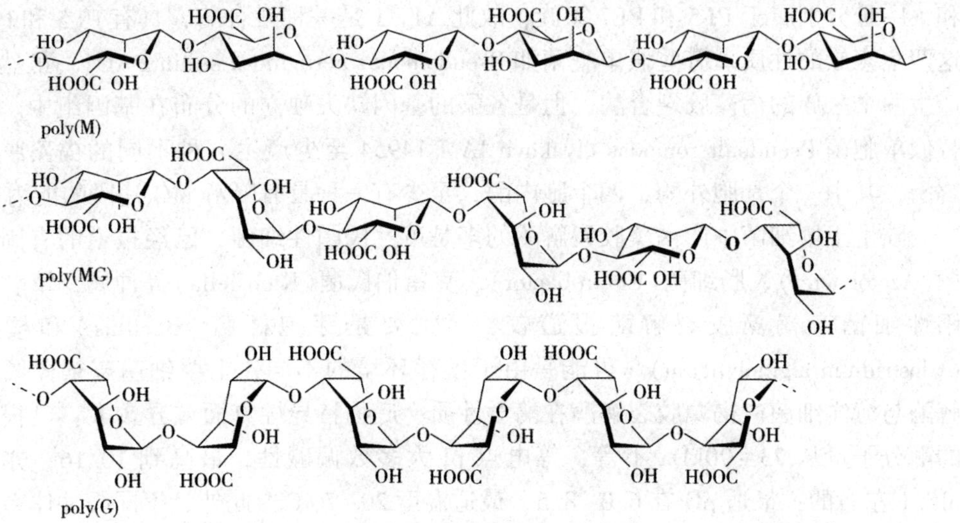

图 11-1　不同结构褐藻胶的组成及糖苷键连接方式

二、褐藻胶裂解酶的来源及分类

褐藻胶裂解酶在自然界中分布广泛，主要有以下三个来源。来源于微生物，包括海洋细菌、陆生细菌、真菌和病毒等。现已报道的具有产褐藻胶裂解酶的海洋细菌包括光合细菌(Photobacterium)、弧菌(Vibrio)、假单胞菌(Pseudomonas)、棒杆菌(Corynebacterium)、黄杆菌(Flavobacterium)、交替假单胞菌(Pseudoalteromonas)和交替单胞菌(Alterobacterium)等。此类海洋细菌多为褐藻类植物病害菌，以褐藻胶为唯一碳源或者为碳源和能源之一，褐藻胶的存在可以诱导细菌产酶。海洋细菌分泌的褐藻胶裂解酶一般在 pH6.0~10.0 较为稳定，最适 pH 在 7.5~8.5，最适温度 25~50℃，上述酶的性质与海洋细菌长期适应海洋环境有关。不同种类海洋细菌所产的褐藻胶裂解酶在酶分子量、底物特异性和阳离子激活因子等方面具有很大的差异。海洋细菌产的褐藻胶裂解酶分子量分布在 24~110kDa，跨度较大。在底物特异性方面，大多数都是 polyM 偏好性的内切型褐藻胶裂解酶，还有少部分的 polyG 偏好性的褐藻胶裂解酶，还有几种具有 polyM 和 polyG 偏好性的双功能褐藻胶裂合酶；具有外切作用模式的褐藻胶裂合酶目前发现较少，主要位于 PL15 和 PL17 家族。

此外，许多海洋细菌产不止一种的褐藻胶裂解酶。其中研究最为透彻的是日本京都大学 Murata 教授课题组发现的鞘氨醇单胞菌 Sphingomonas sp. A1，产生多达六种的褐藻胶裂解酶。其中，产自同一前体蛋白经过翻译后修饰自动加工得到的三个褐藻胶裂合酶 A1-Ⅰ(66kDa)，A1-Ⅱ(25kDa) 和 A1-Ⅲ(40kDa)，A1-Ⅱ和 A1-Ⅲ分别属于 PL5 和 PL7 家族，故此 A1-Ⅰ是一种融合酶，具有 PL5 和 PL7 这两个家族的性质。有些假单胞菌如 Pseudomonas aeruginosa strain PAO1，虽然也产生两个家族的褐藻胶裂合酶，但是各酶的基因缺失独立的分布在基因组中。交替假单胞菌 Pseudoalteromonas elyakovii IAM 14954 至少产生五种不同的褐藻胶裂解酶，其中一个是胞外酶，四个胞内酶，至少有一种具有降解 MG 片段的能力。

陆生土壤细菌中产褐藻胶裂解酶的多是革兰氏阴性细菌，已经报道的有固氮菌(Azotobacter)、肠细菌(Enterobacter)、克雷伯氏菌(Klebsiella)等种属，革兰氏阳性细菌产褐藻胶裂解酶报道较少，主要是芽孢杆菌(Bacillus)和梭菌(Clostridium alginolyticum)。可能是由于生存环境的不同，土壤细菌产褐藻胶裂解酶与海洋细菌产褐藻胶裂解酶在酶学性质、底物特异性方面差异较大：已报道的酶分子量从 23~90kDa 不等，等电点 pI 大多数偏碱性，最高到 10.16，亦有 pI5.1 左右的；最适 pH 在 6.0~8.5，最适温度 20~70℃。此外，不同缓冲体系对于酶活的影响也有着较为明显的影响；Enterobacter cloacae M-1 分泌的褐藻胶裂解酶在 Tris-HCl 缓冲液活力不高，却较为稳定；有些土壤细菌只在特定的时期内产酶，Kennedy 等发现在 Azotobacter Chroococcum 和 Azotobacter Vinelandii 生长期间能够检测到酶活，但在休眠期消失，等休眠体复苏之后，进入分裂期时又重新迅速合成褐藻胶裂解酶。

链霉菌 Streptomyces 产褐藻胶裂解酶研究较少，主要有 Streptomyces sp. A5、Streptomyces sp. ALγ-5、Streptomyces sp. M-3 等。

来源于病毒或者噬菌体的褐藻胶裂解酶研究较少，主要是 Azotobacter 和 Pseudomonas 两个属的噬菌体具有褐藻胶裂解酶活性，其进化机制为噬菌体对其宿主壁富含乙酰化的 poly 片段有较强的降解能力，以便于噬菌体穿透宿主细菌荚膜，该类酶分子量约在 30~40kDa，最适 pH7.5~8.5。来源于病毒的褐藻胶裂解酶被归属为 PL-14 家族，其中绝大多数是病毒基因组测序后解析注释的，未进行克隆研究，只有来源于小球藻病毒 Chlorella virus 的 polyG 专一性的褐藻胶裂解酶 Vaλ-1 得到研究；该酶分子量 39kDa，最适 pH10.5，需要 Ca^{2+} 激活。

已报道的产褐藻胶裂解酶的海洋真菌有 Corollospora intermedia、Asteromyces cruciatus 和 Dendryphiella 的两个种：Dendryphiella. salina 和 Dendryphiella. arenaria。其中，Asteromyces cruciatus 除了产生一种褐藻胶裂解酶之外，还可以分泌一种褐藻胶水解酶。Dendryphiella spp. 的酶 pI 较低，最适 pH 仅在 5.0~6.0。然后，有多种褐藻裂解酶来源于海洋软体动物和棘皮动物，例如海胆，鲍鱼和海兔，海蜗牛等都以海藻为食物，故此在海洋软体动物的内脏、肠道等消化器官的消化液中都可以检测到褐藻胶裂解酶的酶活尤其在褐藻胶裂解酶研究初期，很多酶是从消化液中分离得到的。例如，Ojima 等在 Aplysia kurodai. 中分离得到两种不同的褐藻胶裂解酶，该酶具有海洋酶学特性，即需要高浓度 Na^+激活，推测其原因可能是高离子强度有利于打破化学键或干扰褐藻胶表面水微环境。朱仁华等利用 Sephadex γ-25 凝胶过滤从朝鲜花冠小月螺的内脏提取液中分离得到三个褐藻酸裂合酶-Ⅰ, Ⅱ, Ⅲ；康平等采用$(NH_4)_2SO_4$ 分段盐析、透析、阴离子(DEAE-52)交换柱层析、Sephadexγ-200 凝胶柱层析等分离纯化技术，通过 SDS-PAGE 电泳分析了皱纹盘鲍内脏酶的组成，结果表明鲍内脏酶主要含有两种褐藻胶裂解酶Ⅰ和Ⅱ，两种褐藻胶裂解酶Ⅰ和Ⅱ的最适 pH 分别为 8.6 和 7.2，最适温度为 35℃，分子量分别为 35.2kDa、67kDa；两种褐藻胶裂解酶的热稳定性比较差，且易受金属离子影响。

按照对底物降解能力的不同，褐藻胶裂解酶可以分为三类：专一性降解 PM 的聚 β-D-1、4-甘露糖醛酸裂解酶(EC 4.2.2.3)和专一性降解 PG 的 α-L-1、4-古洛糖醛酸裂解酶(EC 4.2.2.11)以及对 polyM 和 polyG 杂合片段均可降解的双功能褐藻胶裂解酶。山东大学张玉忠课题组从交替假单胞菌 Pseudoalteromonas sp. SM0524 中分离得到 AlySJ-02；马延和课题组从 Isoptericola halotolerans 分离得到褐藻胶裂解酶以及从 Pseudoalteromonas atlantica 克隆得到褐藻胶裂解酶。根据氨基酸序列，褐藻胶裂解酶被归入了 7 个多糖裂解酶家族(polysaccharide lyase families)：PL5、PL6、PL7、PL14、PL15、PL17 及 PL18(Carbohydrate Active enZYmes database，http://www.cazy.org/)，其中只有 PL7、PL14、PL15、PL17 这 4 个家族被报道有外切型褐藻胶裂解酶。

三、褐藻胶裂解酶的性质及作用模式

PL-5 家族：PL-5 家族中共有褐藻胶裂解酶 106 种(均来自细菌)，其中已经被研究的有 12 种(大多数是通过基因组信息推测得到的)，多数来自假单胞菌属和固氮菌属；来自鞘氨醇单胞菌 Sphingomonas sp. A1 的 A1-III(PDB：1HV6)已经得到晶体结构解析；催化活性中心的氨基酸位点也已经确证，发现该酶结构中富含 α-helices，整体呈现一个由 α-helices 围成的桶装结构，并且有一个很深的类似于“通道”的裂隙作为催化活性中心。该家族裂解酶多为内切作用模式，偏好降解

polyM 片段。已经被研究的 PL-5 家族的褐藻胶裂合酶如下：来源于 Azotobacter Chroococcum ATCC4412 的褐藻胶裂解酶 AlgL(Accession Number：CAA11481)，来源于 Azotobacter Vinelandii 的褐藻胶裂解酶 AlgL(Accession Number：AAC04567)，来源于 Cobetia marina *N*-1 的褐藻胶裂解酶 Alg(Accession Number：BAA33966)，来源于 Pseudomonas aeruginosa 8830 的褐藻胶裂解酶(Accession Number：AAA71990)，来源于 Pseudomonas aeruginosa FRD1 的褐藻胶裂解酶 AlgL(Accession Number：AAA91127)，来源于 Pseudomonas aeruginosa PAO1 的褐藻胶裂解酶 PA3547(Accession Number：AAG06935)，来源于 Pseudomonas sp. KS-408 的褐藻胶裂合酶 Aly1(Accession Number：AEW23144)，来源于 Pseudomonas sp. QD03 的褐藻胶裂解酶 AlgL(Accession Number：AAR23929)，来源于 Pseudomonas sp. QDA 的褐藻胶裂解酶 AlgL(Accession Number：AAN63147)，来源于 Pseudomonas syringae pv. syringae FF5 的褐藻胶裂解酶 AlgL(Accession Number：AAF32371)。

PL-6 家族：PL-6 家族包含褐藻胶裂解酶和硫酸软骨素裂解酶，共有 86 种，其中绝大多数是基因组注释推测的，仅有两个已经被研究：来源于假单胞菌 Pseudomonas sp. OS-ALγ-9 的褐藻胶裂解酶 AlyP(BAA01182)，偏好降解 PM 片段；来源于麦芽寡养单胞菌 Stenotrophomonas maltophilia KJ-2 的双功能褐藻胶裂解酶 AlyMG(AFC88009)，其分子量大小约为 53kDa，最适温度和 pH 分别为 40℃ 和 pH8.0；该酶结构域中含有硫酸软骨素裂解酶结构域但是却没有相应的活性，产物分析发现该酶产物中位于还原端的是 M，从而表明该酶作用于 M-G 而不是 γ-M 键。该家族中没有已经解析结构的成员，其结构与功能的关系仍有待于进一步研究。

PL-7 家族：PL-7 家族褐藻胶裂解酶共有 260 种，其中 256 种来源于细菌，其余 4 种来源于真核生物。该家族褐藻胶裂解酶多为 polyM 偏好性裂解酶。对该家族褐藻胶裂解酶的研究较早并且较为透彻，其中有 24 种已经被研究，有 5 个褐藻胶裂解酶获得晶体结构解析，它们分别是：来源于 Corynebacterium sp. ALY-1 的聚古洛糖醛酸裂解酶 alyPG(BAA83339，PDB：1UAI)；来源于 Pseudomonas aeruginosa PAO1 的双功能褐藻胶裂解酶 PA1167(AAG04556，PDB：1VAV)；来源于 Sphingomonas sp. A1 的 A1-II′(BAD16656，PDB：2CWS)以及来源于 Zobellia galactanivorans DsiJT 的 AlyA1(CAZ95239，PDB：3ZPY)和 AlyA5(CAZ98266，PDB：4BE3)。

与 PL-5 家族褐藻胶裂解酶的桶形结构不同，PL-7 家族褐藻胶裂解酶均为果冻卷结构(jelly roll sandwich)，该家族中的 PA1167 和 alyPG 的结构中富含 β-片层结构；alyPG 结构是由两个 α-helix 和由 14 个 β-折叠组成的反向平行的 β-折叠片，整体呈球形，催化中心包含 Tyr195、His119、Gln117 和 Arg72；A1-II′

整体结构呈手套状的β-三明治折叠(glove-like-β-sandwich fold)，是由4个小螺旋和由多个β-strand构成的反向平行的大β-折叠片，催化中心含有Arg146、Gln189、His191和Tyr284。

PL-14家族：该家族中共有成员155个，其中大多数(106个)来源于病毒，有26种来源于细菌，23种来源于真核生物(主要是海洋软体动物)。仅有5个褐藻胶裂解酶被研究，其中4种是来源于海洋腹足动物，1种来源于小球藻病毒(Chlorella virus)，并已得到晶体结构解析(PDB：3A0N)。来源于黑斑海兔(Aplysia kurodai)的AKAly30(BAJ72675)是polyM偏好性的裂解酶，以外切模式作用于polyM，产物是二糖；来源于皱纹盘鲍(Haliotis discus hannai)的HdAly(BAC87758)和HdAlex(BAE81787)分别是PM偏好性裂解酶和PMG裂解酶，其中HdAlex以寡糖为底物，外切作用模式产生二糖；来源于滨螺(Littorina brevicula)的LbAly28(BAL22352)以内切模式作用于polyM，产物为二糖和三糖；并通过一级结构预测LbAly28的活性位点为95的Lys残基；来源于小球藻病毒的D-葡萄糖醛酸裂解酶Vaλ-1(BAB19127)，是一种特异性降解D-葡萄糖醛酸的褐藻胶裂解酶，也是第一个得到晶体结构解析的病毒来源的裂解酶，该酶对于底物的降解具有pH依赖性，晶体结构解析表明不同pH环境对于活性氨基酸残基荷电情况影响其与底物的结合以及糖苷键的断裂。

PL-15家族：PL-15家族共有25种褐藻胶裂解酶，均来源于细菌；其中有4种已经被研究，1种得到晶体结构解析。来源于鞘氨醇单胞菌Sphingomonas sp. A1的A1-IV(BAB03319)和A1-IV′(BAD90006)；寡糖裂合酶A1-IV(85kDa)，该酶在上述三种酶(A1-I-III)将褐藻胶降解为寡糖(DP2-3)片段的基础上，以外切酶形式将寡糖彻底降解为单糖醛酸，在褐藻胶完全降解中扮演了重要作用，阐明了酶系降解褐藻胶的机理。随后，又在鞘氨醇单胞菌基因组中发现了A1-IV的同源蛋白，A1-IV′(90kDa)，但是奇怪的是，该酶却是内切酶，产物为不饱和的dι-和trι-糖，该酶在野生型菌株中并没有表达，暗示该酶对于褐藻胶降解没有明显作用，但是可能是A1-IV在进化过程中的痕迹。根据氨基酸序列，将A1-IV和A1-IV′归为第15家族多糖裂合酶。得到晶体结构解析的是来源于Agrobacterium fabrum str. C58的外切模式裂解酶Atu3025(AAK90358，PDB：3A0O)，该酶以外切模式作用于褐藻胶及其寡糖，从底物末端释放不饱和的单糖醛酸；Atu3025的整体结构是由一个α/α barrel和反向平行β-折叠组成基本骨架，催化中心中含有His311和Tyr365，α/α barrel结构域中的一小段螺旋以及催化活性中心与C端结构域表面的构象，对于Atu3025的外切酶活性至关重要。

PL-17家族：该家族中共有96种褐藻胶裂解酶，全部来源于细菌；其中4种已经被研究，1种也已得到晶体结构解析。来源于假单胞菌Pseudomonas sp. OS-ALγ-9 的褐藻胶裂解酶 AlyII，分子量约为 45kDa，偏好降解 PM 片段；来源于 Sphingomonas sp. MJ-3 的褐藻胶裂解酶 AlgL，分子量约为 80kDa，最适温度 50℃，pH6.5，是一个能降解寡糖的裂解酶，以外切作用模式将底物降解为单糖醛酸；来源于 Stenotrophomonas maltophilia KJ-2 的外切型的寡糖裂解酶 OAL，结构域中含有肝素 II-III 型结构域，也可以将底物寡糖降解为单糖。本家族中得到晶体结构解析的是来源于 Saccharophagus degradans2-40 的 Alg17C，Alg17C 是从海洋细菌 Saccharophagus degradans 中克隆得到，是属于 PL17 家族的外切模式的褐藻胶裂合酶。研究解析了 Alg17C 的晶体结构，阐明了该酶的结构-功能关系，确证了活性氨基酸位点，进一步揭示了该酶的外切作用机制。该酶三维结构分为两个结构域：(α/α) barrel 结构域和 β-sheet 结构域，此外，在(α/α) barrel 结构顶端有一个 helix 结构，对于维持 barrel 结构的刚性具有重要作用。Alg17C 与其他 PL17 家族的褐藻胶裂合酶氨基酸序列比对结果显示，该家族所有成员都有(α/α) barrels 和 β-sheet 两个结构域，对于 Alg17C 三维结构的解析有助于探索该家族酶的催化作用机理以及结构与功能之间的关系。

尽管 Alg17C 与其他 PL-15 家族的褐藻胶裂合酶在氨基酸保守性上缺乏，但是在三维结构、作用机制等方面均有惊人的相似，该酶机制的阐明有利于揭示 PL-17 与 PL-15 家族(均为外切模式酶)的分子进化关系，同时也为基于结构的酶分类方法提供了佐证。

PL-18 家族：PL-8 家族是新成立的一个裂解酶家族，该家族成员较少，只有 7 种裂解酶，全部来源于交替假单胞菌属的细菌，其中的 4 种已经被研究，并且 1 种得到晶体结构解析。该家族全部为双功能褐藻胶裂解酶，其中来源于 Pseudoalteromonas atlantica AR06 的 AlyA，具有降解褐藻胶、polyM 和 polyG 的能力，产物为 DP2-4 糖，表明该酶为内切作用模式；来源于 Pseudoalteromonas sp. 272 的褐藻胶裂解酶晶体结构已经得到(PDB：1J1T)，但尚未发表；该酶以内切模式作用于 polyM 和 polyG，产物为 DP2-4 糖；来源于 Pseudoalteromonas sp. IAM14594 的褐藻胶裂解酶 AlyPEEC，该酶分子量大小约为 43.2kDa，pI5.29，具有降解 polyM 和 polyG 的能力，在该酶分子的 N 末端有约 13kDa 的片段与链霉菌几丁质结合域有 30%的相似性，但是却没有相应的活性；来源于 Pseudoalteromonas sp. SM0524 的褐藻胶裂解酶 aly-SJ02，来源于山东大学张玉忠实验室在腐烂的海带中分离得到的一株产褐藻胶裂解酶活性较高的菌株中，该酶分子量约为 32kDa，最适反应温度为 50%，最适反应 pH 为 8.5，具有广泛的底物特异性，对 polyG 的亲和力最强，该酶以内切作用模式作用于底物，终产物主要是三糖和四糖。

四、褐藻胶裂解酶的结构与催化机制

目前，褐藻胶裂解酶结构与功能的研究建立在对裂解酶晶体结构分析与活性位点的确证的基础上，到目前为止，获得晶体结构解析的褐藻胶裂解酶共有11种，下面将按照PL家族顺序以那些已经解析的裂解酶为例详细介绍褐藻胶裂解酶结构(图11-2)与功能的关系。

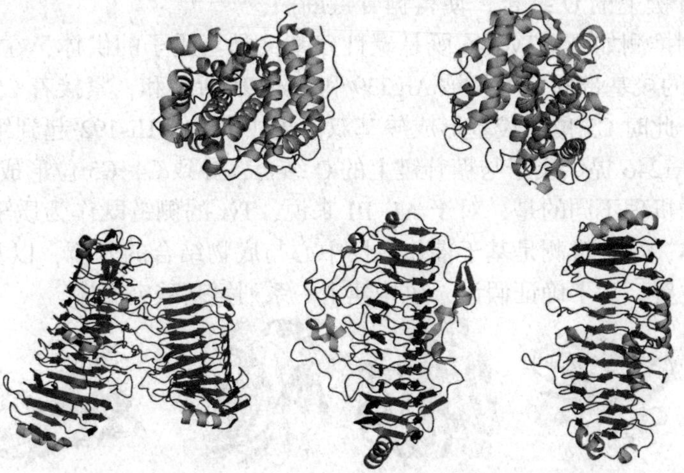

图11-2　PL5和PL6家族褐藻胶裂解酶的晶体结构

PL5家族：该家族中得到晶体结构解析的是来源于鞘氨醇单胞菌Sphingomonas sp. A1的褐藻胶裂解酶A1-III，A1-III为内切型褐藻胶裂合酶，对于PM和PMG杂合片段具有降解能力，最佳作用底物为三糖，产物主要是二糖和三糖。1999年，得到了A1-III的晶体结构，并对其晶体结构进行了分析，发现该酶结构中富含helices，整体呈现一个由helices围成的桶状结构，并且有一个很深的类似于“通道”的裂隙作为催化活性中心。A1-III的整体结构为12个helix(H1-11)组成，这个由helix结构围成的桶装的结构位于整个酶的中心位置，其中含有一个通道状裂隙，推测为该酶的催化活性中心。通过对helix结构的分析，发现12个helix包括两个短helix(H1：23-32；H2：37-42)和9个长helix结构(H3：80-104；H4：108-122；H5：134-151；H6：161-179；H7：191-206；H8：210-224；H9：243-262；H10：278-290；H11：316-325)以及C末端一个小helix结构(H12：347-351)；这12个螺旋结构在长度和组成方面差异很大，包含3个转角的helix有2个(H1，H11)，4个转角的有4个(H4，H7，H8，H10)，5个转角的有3个(H5，H6，H9)，7个转角的有1个(H13)，还有仅仅含有6个和5个残基的H2和H12。

褐藻胶裂解酶 A1-III 的催化机制也根据结构进行了相关的预测，A1-III 的催化活性位点位于底物结合亚位点 M-1 和 M+1 之间，其中 M+1 位的羧基与 Arg239 的侧链相互作用，也可能与 Asn191 作用，O5 位于 His192 残基的侧链，在这个催化模型中，His 不能作为碱去夺取 C5 位上的质子。作为碱来夺取 C5 位上的质子最有可能的是 Tyr246，该残基位于 M-1 亚位点的 O1 和 O2 之间，离子化后的 Tyr246 残基上带有的负电荷被 Arg239 上带的正电荷稳定后，可以作为氢的供体与糖苷键上的 O 结合，使得糖苷键断裂。

反应机制推测如下：Tyr246 既是碱性残基又是氢质子的供体，在这个反应中，首先 C5 位上的羧基带的负电荷被 Arg239 和 Asn191 所中和，紧接着 C5 位上质子被 Tyr246 夺去，此时 C5 位上羧基形成羧基双离子中间体，His192 起到维持中间体的稳定，然后 Tyr246 提供质子与糖苷键上的 O 结合，导致 C4-C5 位形成 C ═C 双键；与上述推测的机理不同的是，对于 A1-III 来说，Tyr 的侧链既作为质子的供体又作为质子的受体，这种推测是基于催化活性中心与底物结合的分析，以及 Tyr 在催化中心所在的位置，为了确证假设，也构建了一系列氨基酸突变体。

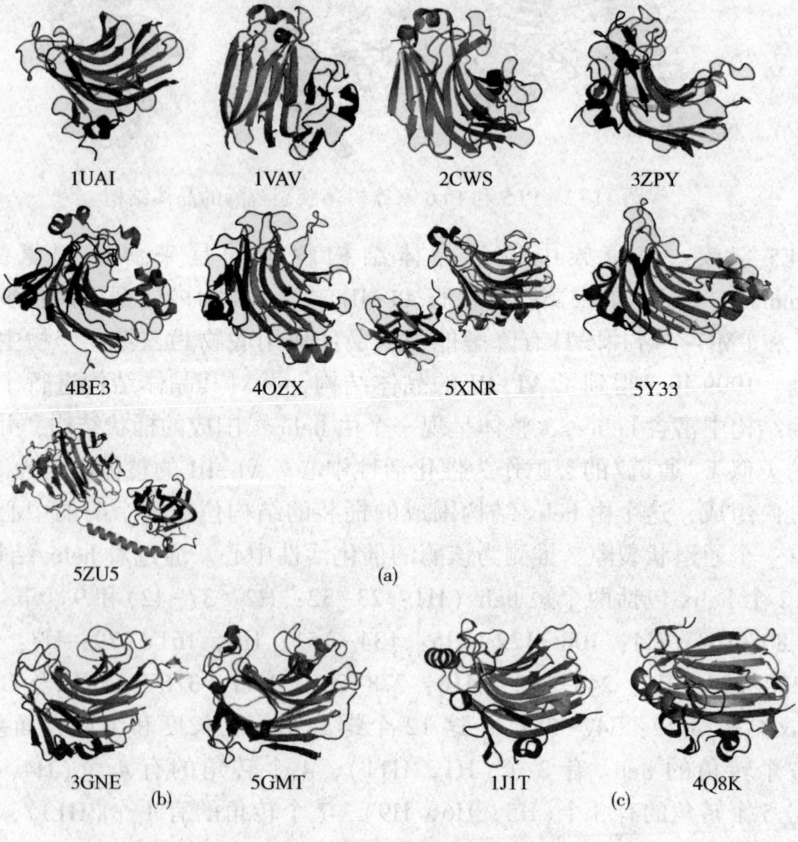

图 11-3　PL7、PL14 和 PL18 家族褐藻胶裂解酶的结构

PL7 家族：该家族是褐藻胶裂解酶所在家族中研究最为透彻的，其中已经有 5 个褐藻胶裂解酶得到晶体结构解析。

首先是来源于 Corynebacterium sp. ALY-1 的聚古洛糖醛酸裂解酶 alyPG 的结构。Kakuta 等在 2005 年对 alyPG 的结构进行了解析，该结构中富含 β-strands，并且含有一个很深的裂隙，与在 1，3-1，4-葡聚糖酶的果冻卷 b 三明治(jellyrol λ-β-sandwich)结构类似，这种结构表面褐藻胶分子有可能进入到裂隙中与酶的活性位点发生作用，尽管与 PL-5 家族的 A1-III 的结构大相径庭，但是两种酶的活性位点几乎是一致的。

alyPG 的整体结构富含 β-折叠片结构，其中包括 2 个 helix 结构和 14 个 β-sheet 结构形成的 2 个反向平行的 β-片层结构-βI(β2，1，5，14，7，8，9，10)和 βII(b4，15，6，11，12，3)，这种结构被称为果冻卷 β 三明治结构(jellyrol λ-β-sandwich)，在该结构中，存在 2 个二硫键(Cys4-Cys51；Cys200-Cys206)。

尽管 alyPG 与属于 PL5 家族的 A1-III 结构迥异，但是两者的氨基酸活性位点却很相似；位于催化活性中心的氨基酸残基有 His119、Asn191、Arg239 和 Tyr195，这四个氨基酸残基所构成的催化腔的三维结构与 A1-III 中活性残基围成的催化腔的三维结构是基本一致的。

通过与其他褐藻胶裂解酶的氨基酸序列比对，推测出可能的催化活性位点有 Arg72、Gln117、His119、Tyr189、Phe190、Lys191、Gly193、Tyr195 和 Gln197，这些氨基酸残基对于 alyPG 的催化活性以及三级结构的折叠具有重要影响；结合 alyPG 的三维结构进行分析，上述活性位点均位于由 βI 中的 β5/14/7 所围成的裂隙中；对于来源于海洋细菌 Pseudoalteromonas sp. 272 的褐藻胶裂解酶进行化学修饰，结果表明 Tyr 残基与 Lys 残基对于维持酶的活性具有重要作用，根据上述分析的结果，包含有活性残基的裂隙有可能是酶与底物结合域以及催化域。

PL-7 家族中来源于 Pseudomonas areuginosa 的褐藻胶裂解酶 PA1167，该酶分子量约为 38kDa，对于 PMG 的活性是 PM 的 6 倍，对于 PG 基本没有降解活性，作用模式为内切，产物主要是 DP2-4 糖；最适反应 pH 为 8.0，最适反应温度为 40℃，在温度低于 40℃条件下，能保持 80%以上的活性。

为寻找 PA1167 中的催化活性位点，将 PA1167 的氨基酸序列与其他 PL7 家族的褐藻胶裂解酶氨基酸序列进行比对，寻找高度保守的氨基酸位点，并结合 PA1167 的结构进行分析，结果表明：多数的催化活性位点均位于 sheet A 结构的 strand A3、A4 和 A5 上。

来源于鞘氨醇单胞菌 Sphingomonas sp. A1 的褐藻胶裂解酶 A1-II′是第三个获得晶体结构解析的 PL7 家族成员，该酶为内切酶，分子量约为 25kDa，最是反应温度为 40℃，最适反应 pH 值为 8.0；该酶底物特异性较为广泛，对于 polyM、 polyG 和 polyMG 降解活力基本相同，产物为 DP2-4 糖。

A1-II′的活性裂隙排列得非常整齐，丝毫没有杂乱无章的结构，PL7 家族高度保守的氨基酸残基一般都分布在 Strand A3、A4 和 A5 上，其中有一些残基位于酶蛋白表面，例如 Arg146、Glu148 和 Arg150 位于 A3 上，Tyr278、Lys280、Gly282、Tyr284 和 Gln286 位于 A4 上，Gln189、His191 位于 A5 上。A1-II′也如 A1-III 一样，具有多种底物特异性，结合 A1-II′的结构，His191 的位置显得尤为重要，关于 His191 的作用，我们作出以下三点假设：（a）His191 维持底物处于与其他残基（Asn199、Arg146、Gln189）作用的最佳位置，亚位点+1 与-1 和-2 相比，原子间的相互作用更加复杂；（b）假定 Tyr284 在反应中作为质子的受体，His191 与 Arg146 和 Gln189 用以中和 C5 位上羧基所带负电荷；（c）在 Tyr284 吸引质子使得 C5 位上的羧基形成羧基双离子中间体，His191 用以稳定羧基双离子中间体，促进反应的进行。

来源于海洋黄杆菌 Zobellia galactanivorans DsiJT 的褐藻胶裂解酶 AlyA1 和 AlyA5 是最新获得晶体结构解析的 PL-7 家族的褐藻胶裂解酶，其中 AlyA1 是 PG 特异性的裂解酶，AlyA5 是外切作用模式的褐藻胶裂解酶。AlyA1 和 AlyA5 都属于 PL7 家族，但是在结构上有所差异。AlyA1 的结构是是典型的 PL7 家族褐藻胶裂解酶的 β-三明治果冻卷结构（β-sandwich-jellyroll），该结构由 2 个反向平行的 β-片层结构构成，外侧的凸面结构由 5 个 β-strand 组成，内侧的凹面结构由 7 个 β-strand 组成，形成一个包含催化活性位点的裂沟状结构，因为 AlyA1 属于 PL-7 家族 SF3 亚家族的成员，其结构与来源于 Corynebacterium sp. 的 Aly-1 和来源于 Sphingomonas sp. A1 的 A1-Ⅱ′结构非常类似，主要的区别在于 AlyA1 的结构中含有的围绕在催化活性周围的 loop 环结构；与 A1-II′相比，AlyA1 含有 2 个 loop 环结构形成的 2 个小螺旋结构（Gly265-Asn269；Gly359-Gln365）；第 3 个 loop 环位于 strand b8 和 b9（Gly324-Asp335）之间，这个结构与 A1-II′相应的 loop 环在构象上差异很大。据此可以推断，AlyA1 结构中的 3 个 loop 环结构位于 1 个开放构象之中，进一步形成一个底物结合的通道，3 个高度保守的氨基酸残基 Gln321、His233 和 Tyr420 在 A1-II′结构中与裂解活性相关。

AlyA5 是第一个晶体结构解析的具有外切酶活性的褐藻胶裂解酶，属于 PL7 家族 SF5 亚家族；AlyA5 的结构与 AlyA1 非常相似，但是更接近于 Aly-1 和 A1-II 的结构。决定其具有外切酶活性的结构是 3 个额外的 loop 环结构，即 Trp197-Asp217、Ser257-Glu284 和 Gly304-Asp318，这 3 个环结构靠近催化活性中心-裂沟状结构，特别是 Trp313 在位置上与 3 个保守的催化活性位点（Gln147、His149 和 Tyr299）邻近，组成了一个疏水性的区域去阻碍裂沟的进一步扩展；AlyA5 的催化活性位点均位于口袋的底部，与 AlyA1 结构中的开放型的裂隙形成鲜明对比，有趣的是，尽管结构中没有任何的配体存在，$\beta4$ 与 $\beta5$ 之间的 loop 环与 A1-II′与底物对接的结构中的构象却极为相似。

PL-14 家族：该家族中只有一个褐藻胶裂解酶获得了晶体结构解析，就是来源于小球藻病毒 Chlorella virus 的 vAL-1，同时也是第一个获得晶体结构解析的来源于病毒的褐藻胶裂解酶，该酶具有 pH 依赖性的底物选择性和作用模式，该酶分子量为 38kDa，结构中包含一个 N 末端细胞壁结合域(11kDa)和 C 末端的催化域(27kDa)，该酶能降解葡萄糖醛酸，也能在碱性 pH 条件下降解褐藻胶，敲掉 N 端的结合域后，在 pH7.0 条件下对于褐藻胶的降解能力提高了 50 倍，产物为 DP2-6 糖，在 pH10.0 条件下，更倾向于产生二糖产物，结果表明该酶具有 pH 依赖型的作用模式-内切和外切模式；该酶结构包含 2 个反向平行的 β-sheet 和一个催化裂隙，整体呈现一个 β-果冻卷结构。

PL15 家族：该家族中得到晶体结构解析的是来源于 Agrobacterium tumefaciens 的外切型褐藻胶裂解酶 Atu3025，该酶以外切模式作用运底物，从底物末端释放当单糖醛酸作为产物；通过对 Atu3025 的结构分析，发现该酶包含一个 α/α-barrel 和一个反向平行的 β-sheets 结构作为支架，这种结构至今还没在其他褐藻胶裂解酶中发现。

PL17 家族：PL17 家族是新近成立的一个家族，其中只有 Alg17C 晶体结构得到解析。Alg17C 是从海洋细菌 Saccharophagus degradans 中克隆得到，是属于 PL17 家族的外切模式的褐藻胶裂合酶。研究解析了 Alg17C 的晶体结构，阐明了该酶的结构-功能关系，确证了活性氨基酸位点，进一步揭示了该酶的外切作用机制。尽管 Alg17C 与其他 PL15 家族的褐藻胶裂合酶在氨基酸保守性上缺乏，但是在三维结构、作用机制等方面均有惊人的相似，该酶机制的阐明有利于揭示 PL17 与 PL15 家族(均为外切模式酶)的分子进化关系，同时也为基于结构的酶分类方法提供了佐证。

PL18 家族：该家族是新近建立的一个家族，共有 4 个被研究的褐藻胶裂解酶，它们有一个共同的特点就是都来源于交替假单胞菌属 Pseudoalteromonas sp. 并且具有广泛的底物特异性，属于双功能褐藻胶裂解酶。该家族中有两个成员的晶体结构获得了解析，其中来源于 Pseudoalteromonas sp. SM0524 的褐藻胶裂解酶 aly-SJ02 的催化结构获得了解析。

五、褐藻胶裂解酶的生产与活性测定

天然的褐藻胶裂解酶可通过常规的蛋白质分离纯化技术从产酶的微生物或海洋软体动物中获得。与其他蛋白质的分离纯化步骤类似，硫酸铵分级法常作为从蛋白复杂混合物中分离目标蛋白的起始步骤，硫酸铵沉淀后的下一步纯化通常是离子交换色谱或凝胶过滤色谱。此外，也有报道采用羟磷灰石、疏水作用色谱以及亲和色谱来纯化褐藻胶裂解酶。

基因工程技术的发展，为褐藻胶裂解酶的高效生产提供了新途径。通过在酶基因一端融合六组氨酸标签，然后经 Ni 填料层析柱实现一步纯化是最常用的方法。目前，研究人员利用基因工程技术已成功将交替假单胞菌(Pseudoalteromonas sp.)、弧菌(Vibrio sp.)、克雷伯氏菌(Klebsiella sp.)、固氮菌(Azotobacter sp.)、鞘氨醇单胞菌(Sphingomonas sp.)等微生物的褐藻胶裂解酶基因克隆到大肠杆菌中，实现了目标酶蛋白的生产。

在褐藻胶裂解酶研究过程中，检验研究对象是否具有酶活是重要的环节。对于酶活的定性检测，目前一般采用含有褐藻酸钠的固体培养基，配合特定显现剂，然后观察平板上是否产生透明水解圈。此法不仅可以检测表达内源或外源酶基因的菌落所产生的褐藻胶裂解酶，而且也能检测可溶性褐藻胶裂解酶提取物的活性。常用的显现剂有氯化十六烷基氨基吡啶、钌红、乙醇、$CaCl_2$，其中 $CaCl_2$ 还能同时确定酶的底物特异性。Tomohiro 等推测聚甘露糖醛酸片段裂解酶(EC4. 2. 2. 3)降解 polyM，留下的 polyG 均一地堆积与 Ca^{2+} 结合形成白色晕圈，而聚古洛糖醛酸片段裂解酶(EC4. 2. 2. 11)将 polyG 降解，造成只有透明圈外围有 poly(G)与 Ca^{2+} 结合，故形成白色光环。因此，添加显现剂 $CaCl_2$ 后，可通过平板上出现白色晕圈或者白色光环来判断酶的底物特异性。

在确定有酶活的基础上往往还需要定量评价酶活的高低，酶活定量检测法主要为比色法，而一些研究中也见报道采用黏度法(Viscometry assay)。黏度法通过黏度计测定底物流体的运动性能的变化来判断酶解程度，虽然这种方法灵敏，但可重复性差，操作烦琐，因此未被广泛使用。苔黑酚法(地衣二酚法，Orcinol assay)是早年使用的比色测定法，此法是基于未降解的褐藻酸盐在碱液中短暂加热时表现出的稳定性，而中间产物寡糖以及终产物单糖的苔黑酚反应都可忽略不计。目前较常使用的比色法是硫代巴比妥酸法(Thiobarbituric acid assay，TBA)、还原糖法(Reducing sugar assay)和紫外吸收法(Ultroviolet absorption assay)。

六、褐藻胶裂解酶的应用

褐藻胶裂解酶从发现伊始一直到 20 世纪 90 年代，其在分子生物学研究领域的应用较为单一，主要是用于褐藻胶细微结构的分析，来确定褐藻胶的化学结构与其理化性质之间的关系。用不同的褐藻胶裂解酶作用于褐藻胶的不同位点，形成不同的糖片段或者寡糖，经过分离纯化，应用电泳、色谱、质谱和核磁共振等方法确定糖链的结构、组成以及取代基位置。在藻类遗传工程领域，褐藻遗传工程起步较晚，发展也较为缓慢，其主要原因是难以获取有活性的单细胞和原生质体；由于褐藻胶黏度很大，使得 DNA 提取非常困难，虽然工业中从褐藻中提取褐藻胶的各种工艺已经成熟，但是无法转接到原生质体制取中，而用于高等植物的细胞解壁酶，对于红藻和褐藻难以奏效。20 世纪 80 年代末，Kloareg 等首次提出应用褐藻胶裂解酶建立大规模制备褐藻和红藻原生质体的技术，用于下游的藻类细胞融合杂交育种、藻类基因工程和食品领域的研究，极大地推动了海藻基因工程的发展。此外，褐藻胶裂解酶还应用于固氮菌和绿脓杆菌的褐藻胶代谢、墨角藻细胞壁的延伸以及固氮菌噬菌体吸附动力学的研究。

底物特异性强的褐藻胶裂解酶对于分析褐藻胶的结构来说，是具有非常高价值的工具，例如利用来源于 Beneckia pelagia 与 K. pneumoniae 的 PG 裂解酶来检测褐藻胶样品中是否含有 polyG 片段，还可以来判断 A. vinelandii 和 P. aeruginosa 的甘露糖醛酸 C5 差向异构酶的活性。

近年来随着越来越多的具有高度底物特异性的褐藻胶裂解酶的发现，利用多种不同底物特异性的褐藻胶裂解酶对褐藻胶的精细结构进行解析，确定褐藻胶糖链序列是当今该领域研究的热点。2011 年挪威科技大学的 Olav 等利用 4 种具有高度底物特异性的褐藻胶裂解酶 MM-lyase、Gγ-lyase、γ-lyase 和 M-lyase 提出了用以测定褐藻胶糖链序列的构想，即同一种底物利用多种不同底物特异性的裂解酶分别进行降解，将降解的产物进行分离纯化后，利用 NMR、MS 等确定降解产物的精确结构，再根据所用的裂解酶的特异性，综合各个分析结果，从而推断出褐藻胶的结构。但是也存在一定问题，由于褐藻胶整体结构是由两种互为差向异构体的单糖醛酸构成的二元体系，因此在褐藻胶长链中，酶切位点是多处存在的，使用单一的酶去作用，降解产物中将包含多个降解的片段，这就给序列的分析和推断带来了麻烦，使得推测的结果将会有多个序列，这也是褐藻胶以至于几丁寡糖、卡拉胶寡糖等其他二元体系糖链序列测定的限制性因素。

此外，利用底物特异性强的褐藻胶裂解酶制备结构特异性的褐藻胶寡糖，这对研究褐藻胶寡糖结构与生理活性的关系至关重要。例如 1998 年，Alain Heyraud 等利用甘露糖醛酸裂解酶 AlxMB 以来源于 Pseudomonas aeruginosa 的 50% 乙酰化的褐藻胶为原料制备 polyM（DP30）和 polyG 严格交替排列的 polyMG；Yasuko 等利用来源于 Flavobacterium multivolum 的具有降解 polyMG 和 polyG 能力的裂解酶以褐藻胶为原料来制备 polyM。

褐藻胶是绿脓杆菌等病原菌生物膜的主要成分，是导致细菌耐药性和难以被宿主免疫系统清除的重要因素，而有些褐藻胶裂解酶具有降解细菌褐藻胶的能力，例如在 Pseudomonas sp. QD03 中克隆得到的褐藻胶裂解酶 AlgL 具有降解乙酰化褐藻胶的能力，可用于治疗绿脓杆菌等病原菌感染导致的疾病；Mrsny 等向病人的痰液中添加来源于 Pseudomonas areuginosa 的褐藻胶裂解酶，发现能够降低部分病人痰液的黏度，但其他病人痰液中过高的 Ca^{2+} 和 Zn^{2+} 会抑制酶的活性。Bayer 等发现，Pseudomonas areuginosa 黏性菌株难以被抗生素和多形核白细胞杀灭，但经来自环状芽孢杆菌(Bacillus circulans)的褐藻胶裂解酶处理之后，黏性菌株的抵抗能力大大降低，达到与非黏性菌株相当的水平。

褐藻资源是海洋多糖资源中最为丰富的，褐藻主要有三种组成成分：葡萄糖、甘露醇和褐藻胶，大肠杆菌自身可以利用葡萄糖和甘露醇，却无法利用褐藻胶。如何将褐藻胶代谢纳入大肠杆菌等工程菌中，是解决褐藻胶生产生物乙醇等燃料的关键。2011 年，京都大学的 Murata 教授课题组首先尝试在可以利用褐藻胶的鞘氨醇单胞菌 Sphingomonas sp. A1 代谢体系中引入丙酮酸产乙醇途径，同时阻断了丙酮酸到乳酸的代谢途径，实现了从褐藻胶到乙醇的产生，在褐藻胶的生物能源利用方面迈出了第一步，但由于该菌株为好氧性细菌，而丙酮酸转化乙醇是厌氧代谢，无法平衡细菌生长与产乙醇之间的关系，故此只能停留在实验室研究的阶段，但意义重大。紧接着，Wargacki 等于 2012 年在大肠杆菌中插入褐藻胶裂解酶基因及乙醇发酵途径，将褐藻胶代谢的关键酶以及转运体等转入大肠杆菌，构建了可以直接利用褐藻发酵产生乙醇的工程菌，其乙醇产量可到达理论值的 80%。以大肠杆菌作为途径改造对象与以鞘氨醇单胞菌 Sphingomonas sp. A1 作为改造对象的优势主要是大肠杆菌作为工业化应用的工程菌株，基因组学和蛋白组学等遗传背景非常清晰，代谢途径也都已经明确，有利于代谢途径的设计与改造。另外大肠杆菌对于乙醇的耐受有一定的限度，使得该项研究虽然与京都大学的工作相比有了较大进步，但也只是停留在实验室研究水平，仍有待进一步深入。2014 年，密执安州立大学的 Maria 等在前面工作的基础上，进一步将褐藻胶代谢产 DEHU 的下游代谢途径与甘露醇代谢途径进行偶联引入酿酒酵母系统中，使得宿主既可以利用褐藻胶又可以利用甘露醇，同时利用酿酒酵母是产乙醇的优良菌种，其乙醇耐受性好，并且基因组已经测序，遗传背景清晰，有利于代谢途径的改造。

第二节　岩藻聚糖酶

岩藻多糖主要来源于褐藻类植物及一些海洋无脊椎动物，主要由 L-岩藻糖和硫酸基组成，此外还包括少量的甘露糖、半乳糖、木糖及糖醛酸等。岩藻多糖具有抗凝血、抗血酸、抗氧化、抗肿瘤、抗炎和免疫调节等多种生物活性，而通过降解得到的岩藻寡糖不仅可以保持原有的活性，而且由于其水溶性好、生物利用度高，因此广泛应用于医药、食品等领域。而岩藻聚糖酶就是制备岩藻寡糖的工具酶。

一、岩藻聚糖酶的来源及分类

岩藻聚糖酶主要来源于海洋生物，如海洋软体动物和海洋微生物。其中，大部分来源于海洋细菌，如弧菌(Vibrio sp.)、交替单胞菌(Alteromonas sp.)、交替假单胞菌(Pseudoalteromonas sp.)和黄杆菌(Flavobacteriaceae)等。此外，还有报道一些海洋软体动物和真菌也可以产生岩藻聚糖酶。早在1959年，Yaphe等就发现了两株可以产生岩藻聚糖酶的海洋细菌Pseudoalteromonas atlantic和Pseudoalteromonas carrageenovora。由于海洋环境的特殊性，及海洋微生物培养技术的限制等因素，之后的几十年中此类研究没有得到继续开展。直到90年代后，Bakunia等从海藻样品中分离得到了25株附生的海洋细菌，并从海参的肠道中筛选得到了53株具有降解岩藻多糖活性的菌株。目前，对于岩藻聚糖酶的研究较少，远不如其他多糖水解酶(淀粉酶、纤维素酶和昆布多糖酶)研究得深入。有关于该酶的底物特异性，例如识别糖苷键的类型、催化活性及底物硫酸化程度等研究也非常少。目前，只有2个岩藻聚糖酶的基因被克隆和重组表达，即来源于Mariniflexile fucanivorans SW5和Alteromonas sp. SN-1009的两个岩藻聚糖酶。

岩藻聚糖酶因为可以断裂岩藻多糖分子中的硫酸化的岩藻糖之间的糖苷键，因此被命名为岩藻聚糖酶。但是由于岩藻聚糖的分子组成极其复杂，因此很难将岩藻聚糖酶进行分类。不同来源的岩藻多糖在结构上相差很大，例如来源于水云(Ectocarpales)和海带(Laminariales)的褐藻中的岩藻多糖主要是通过α-L-岩藻糖通过1，3糖苷键连接成的，而来源于墨角藻(Fucales)中的岩藻多糖的主链主要是通过1，3和1，4糖苷键连接的。因此，无法根据酶的底物特异性和识别的糖苷键位点对酶进行分类。根据岩藻聚糖酶的氨基酸序列相似性，可以把岩藻聚糖酶归属为GH107家族，该家族的第一个成员是来源于Mariniflexile fucanivorans SW5的岩藻聚糖酶FcnA，该酶的一级结构于2006年被注释，随后该家族的成员得以进一步的扩充，目前该家族共有4条岩藻聚糖酶的序列信息。

二、岩藻聚糖酶的性质及作用模式

岩藻多糖的结构与组成比较复杂，根据作用方式，岩藻多糖降解酶主要分为：岩藻多糖酶(Fucoidanase，EC3.2.1.44)、α-L-岩藻糖苷酶(Fucosidase，EC3.2.1.51)和硫酸酯酶(Sulfatase，EC3.1.6)，在它们的协同作用下，共同完成岩藻多糖的降解。岩藻多糖酶属于内切酶，从糖链的内部或边缘水解硫酸化或未硫酸化的岩藻糖苷键，产生不同聚合度的寡糖。为了确定岩藻多糖降解酶的底物特异性，通常使用具有已知结构的各种底物。Colin等使用鹿角藻(Pelvetia canaliculata)的岩藻多糖作为底物，该底物是由重复的二糖单位构建而成的，即通过

交替的 α-1→3 和 α-1→4 糖苷键连接的硫酸化岩藻糖残基构成：[3)-α-L-Fucp-(2OSO_3^-)-1→4-α-L-Fucp-(2，3OSO_3^-)-(1→]$_n$。通过核磁共振谱比较天然岩藻多糖和酶解产物，结果显示来自 Mariniflexile fucanivorans SW5T 的岩藻多糖降解酶主要作用于[3)-α-L-Fucp-(2OSO_3^-)-1→4-α-L-Fucp-(2，3OSO_3^-)-(1→]的 α-1→4 糖苷键。

岩藻糖苷酶属于外切酶，从多糖的非还原末端水解 α-L-岩藻糖苷键，释放岩藻糖。来自海洋弧菌 Vibrio sp. *N*-5 的 3 个酶 E1、E2、E3 可以迅速降解来自厚叶解曼藻(Kjellmaniella crassifolia)的岩藻多糖，通过凝胶过滤和薄层层析分析，主要产物是硫酸化岩藻糖，由此说明这 3 种岩藻多糖降解酶均是外切酶。

硫酸酯酶主要负责岩藻多糖中硫酸基团的水解作用。硫酸酯酶的脱硫作用能极大地简化和促进像岩藻多糖这样复杂分子的结构研究。然而，关于岩藻多糖硫酸酯酶的报道较少。Furukawa 等报道了来源于海洋细菌 Vibrio sp. *N*-5 的硫酸酯酶，通过形成 $BaSO_4$ 的浊度测定法进行酶活检测，该酶具有广泛的底物选择性，可以降解 Gagome(海带)-、Mozuku(海发菜)-和 Futomozuku(海藻)-岩藻多糖释放硫酸基团。到目前为止，虽然有数个关于岩藻多糖降解酶的报道，但编码岩藻多糖降解酶的基因知之甚少，而且均未见相关酶的催化机制及三维结构的报道。岩藻多糖酶是岩藻多糖降解中的关键酶，也是当前岩藻多糖酶研究中的热点和难点。已报道的岩藻多糖酶的基因序列包括 FcnA(GenBank 登录号 CAI47003.1)、Fda1(GenBank 登录号 AAO00508.1)、Fda2(GenBank 登录号 AAO00509.1)、SVI_ 0379(GenBank 登录号 BAJ00350.1)和 ffa1(GenBank 登录号 WP_ 057784217.1)，其中基因 FcnA 和 ffa1 已经实现了体外重组表达。2006 年，Colin 等描述了来自海洋细菌 M. fucanivorans SW5T 的岩藻多糖降解酶 FcnA 的基因。通过硫酸铵沉淀、离子交换、凝胶过滤和 SDS-PAGE 获得该蛋白，并通过 Edman 降解法获得其氨基酸序列，然后克隆 FcnA 的基因并测序，通过大肠杆菌原核表达获得具有较高活性的重组蛋白，该酶显示为内切型 α-L-岩藻多糖降解酶，是新的 GH 家族 GH107 的第一种酶。对海洋细菌 F. algae KMM 3553T(GeneBank 登录号 PRJNA 299442)基因组的分析，已发现岩藻多糖降解酶基因序列的存在。通过 RAST 服务器使用 BLAST 对 F. algae 蛋白数据库进行岩藻多糖降解酶基因的预测，与 FcnA(GenBank 登录号 CAI47003.1)、Fda1(GenBank 登录号 AAO00508.1)、Fda2(GenBank 登录号 AAO00509.1)和 SVI_ 0379(GenBank 登录号 BAJ00350.1)的基因序列比对，在海洋细菌 F. algae KMM 3553^T 的基因组中鉴定了岩藻多糖降解酶的基因 ffa1(GenBank 登录号 WP_ 057784217.1)，序列分析显示岩藻多糖降解酶 FFA1 属于 GH107 家族。此外，该研究团队于 2018 年 1 月分析了具有岩藻多糖降解酶活性的海洋细菌 F. algae KMM 8021^T(GeneBank 登录号 PRJNA224116）的基因组。近几年，组学技术得到了快速发展，并已成功地应用于其他海洋多糖降解酶的发掘。

三、岩藻聚糖酶的生产及活性测定

由于岩藻多糖结构较为复杂，单一的检测手段往往不能有效反应酶解情况。因此，在以往的研究中，根据总糖量或还原糖含量的变化、酶解产物分子量和电荷差异等，建立了多种岩藻多糖降解酶活性检测的方法。以下介绍几种常用的酶活性检测方法。

苯酚硫酸比色定糖法。在以岩藻多糖为唯一碳源的液体培养基中培养微生物，若反应体系中总糖含量下降，说明岩藻多糖被降解成低分子量的糖供微生物利用，则微生物具有降解岩藻多糖的能力，进而实现岩藻多糖降解酶的筛选。在待测样品中加入苯酚和浓硫酸后与糖反应产生橘黄色化合物，再以比色法检测490nm 处的吸光值，进而反映体系中的总糖含量。该方法简便易行、快速有效、适用于各种糖的测定。

还原糖含量测定法。多糖水解酶的活性通常是通过测量水解过程中产生的单糖和寡糖的还原糖量来确定。Kim 等通过 Somogyι-Nelson 比色法筛选到产岩藻多糖降解酶的微生物，但该方法在一些研究中是不成功的，即通过电泳法检测到岩藻多糖被有效降解，但 Somogyι-Nelson 比色法测量的溶液还原能力接近于零，这一结果可能与水解后得到的寡糖产物的化学结构有关。

琼脂糖凝胶电泳法。Bilan 等用 Littorina kurila 的岩藻多糖降解酶处理来自 Fucus distichus 的岩藻多糖，然后将酶解产物进行琼脂糖凝胶电泳。琼脂糖浓度为 0.6%，电极缓冲液为 50mmol/L1，3-丙二胺乙酸，pH9.0，110V 电泳 1h。根据电泳结果检测到不同分子量和不同电荷的寡糖，该方法操作快速、简单，可用于分离多糖复合物。

白蛋白浊度法。Colin 等通过比浊法分析菌株的岩藻多糖降解酶活性，将菌株置于液体培养基中生长 1~7d。加入酸性牛血清白蛋白（BSA）溶液，BSA 和高分子量岩藻多糖形成不溶性复合物，但与寡糖不能形成复合物，通过检测培养混合物的浊度变化来评估菌株的岩藻多糖降解酶活性。白蛋白浊度法对岩藻多糖降解酶的降解效率要求较高，在多数情况下可能并不适用。Silchenko 等开发了一种用岩藻多糖琼脂糖平板和十六烷基三甲基溴化铵（CTAB）染色来筛选和检测岩藻多糖降解酶活性的方法。CTAB 是一种阳离子去污剂，可以与岩藻多糖形成白色水不溶性盐，酶促降解的岩藻低聚糖具有低电荷密度而不会被 CTAB 沉淀，因此通过观察菌落下出现的透明圈可以分析岩藻多糖降解酶的活性，该方法对岩藻多糖降解酶的降解效率的要求也较高。

聚丙烯酰胺凝胶电泳法(PAGE)。碳水化合物的电泳通常称为碳水化合物聚丙烯酰胺凝胶电泳(C-PAGE)。在电泳之前通过冷冻或者加热终止酶促反应，上样缓冲液为甘油10%、酚红0.02%，浓缩胶为5%(质量体积比)丙烯酰胺，其缓冲液为50mmol/L Tris-HCl pH6.8，分离胶为27%(质量体积比)丙烯酰胺，其缓冲液为150mmol/L Tris-HCl pH8.8。染色液为邻甲苯胺蓝0.01%(质量体积比)，无水乙醇：醋酸：水=2：1：1(体积比)；或者阿利新蓝结合银染进行染色，电泳图上的多条带对应于带负电的寡糖。该方法是鉴定岩藻多糖酶解产物最常用的方法，缺点是耗时。荧光辅助糖电泳法(FACE)是对C-PAGE的调整，通过还原胺化反应，引入单一荧光团或发色团来获得还原末端衍生物，可定量估计反应混合物中的碳水化合物。各种芳香伯胺已被用于标记酶解产物，聚磺酸衍生物如8-氨基-1，3，6-萘三磺酸(ANTS)和8-氨基-1，3，6-芘三磺酸(APTS)的多重负电荷决定了它们的电泳迁移率，常被用于标记岩藻寡糖进行电泳分析。该方法的优点是极高的灵敏度和良好的分辨率，允许定量分析低分子量产物(LMWP)的含量，缺点是昂贵且耗时。

四、岩藻聚糖酶的应用

岩藻多糖具有多种生物学活性，正成为新一代天然功能保健食品、药物和化妆品开发的新宠。在医药保健品方面，国内外以岩藻多糖为原料开发上市的商品中，日本“Power Fucoidan Gold”产品对抗肿瘤效果较佳；Doctor Best公司生产的“Best Fucoidan”具有强抗氧化/增强免疫的功能。在化妆品领域，北京雷力联合海洋生物公司开发的海洋传奇系列保湿面膜、保湿水等化妆品，主要成分就是岩藻多糖功能活性因子。研究表明，岩藻多糖的生物学活性与其结构、硫酸根含量及其位置有关，而岩藻多糖的结构差异、高分子量和黏性等限制了其应用，尤其是作为治疗剂的应用，具有较低分子量的生物活性低聚糖将有助于克服这些问题。而岩藻多糖降解酶可以特异地降解岩藻多糖，并且酶解反应可控、反应条件温和、获得的产物均一、不会发生副反应等，因此岩藻多糖降解酶是制备特定岩藻寡糖的最理想的工具。

思考题

1. 褐藻胶裂解酶的来源、分类及作用模式是什么？
2. 岩藻聚糖酶的有哪些用途？

第十二章　几丁质多糖水解酶

几丁质(chitin)，也称为甲壳素、甲壳质，是海洋动物如虾、螃蟹等甲壳类动物外骨骼中的主要成分，是海洋环境中含量最丰富的多糖类生物质资源。壳聚糖(chitosan)又称脱乙酰甲壳素，是由自然界广泛存在的几丁质(chitin)经过脱乙酰作用得到的，化学名称为聚葡萄糖胺(1-4)-2-氨基-β-D 葡萄糖。几丁质和壳聚糖被相应的水解酶水解得到低聚糖-几丁寡糖和壳寡糖，具有多种生物活性，如抗氧化、抗肿瘤、抗炎等活性。本章对几丁质多糖水解酶的来源、分类、性质、结构与催化机制等进行总结。

第一节　几丁质酶

几丁质酶(chitinase)是一类可催化几丁质水解为 N-乙酰氨基葡萄糖寡聚体或单体的糖苷水解酶，广泛存在于微生物(真菌、细菌、放线菌与病毒)及动植物中，因其特殊的生理功能而被广泛应用于生物防治、医学应用、废弃物处理及环境保护等领域。

一、几丁质酶的底物种类

几丁质结构上是由 N-乙酰氨基-2-脱氧-β-D 葡萄糖单体以 β-1，4 糖苷键连接起来的直链多糖。1811 年，Henri 等从蘑菇中首次发现几丁质；1823 年，Odier 等从昆虫的外骨骼中发现了与几丁质完全相同的物质，命名为 chitin，一直沿用至今。几丁质是海洋中含量最为丰富的多糖类物质，是自然界中仅次于纤维素的第二大可再生资源。据估计，海洋环境中每年合成的几丁质约为 10^{10} ~ 10^{11} t。

从结构上看，几丁质的化学结构与天然纤维素相似，不同之处是纤维素在 2 位上是羟基，几丁质在 2 位上是乙酰胺基，而壳聚糖则 2 位上是氨基。几丁质脱去 55%以上的 N-乙酰基就可以称之为壳聚糖。几丁质的结构(图 12-1)因氢键类型的不同，有三种结晶体，第一种是 α-几丁质，由两条反向平行的糖链组成；第二种是 β-几丁质，由两条同向平行的糖链组成；第三种是 γ-几丁质，由三条糖链组成，其中两条同向，一条反向。α-几丁质在自然界分布广泛，目前主要从虾蟹壳中提取。α 和 β 型的几丁质和壳聚糖目前均有商业产品销售。反向平行的排列方式增强了氢键的作用，因此这种构型的几丁质或壳聚糖具有更好的稳定性。β 型的几丁质主要来自诸如乌贼等软体动物。

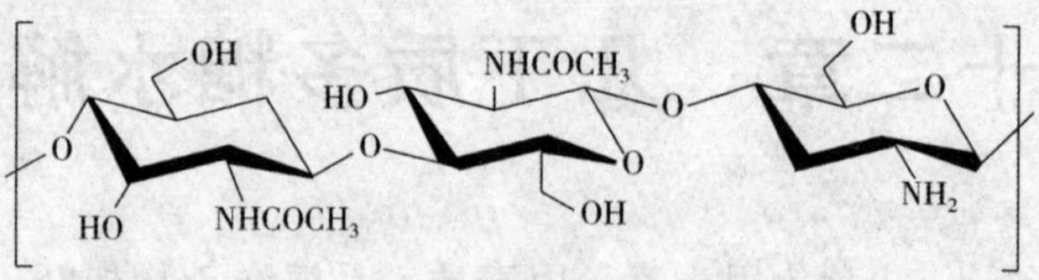

图 12-1　几丁质的结构特征

二、几丁质酶的来源与分类

几丁质酶(EC3.2.2.14)属于糖苷水解酶，是专一降解几丁质为几丁寡糖或者单糖的一组酶的总称。目前，几丁质酶主要来源于细菌、古生菌、植物、昆虫及动物。不同生物中的几丁质酶具有不同的生理功能和生态作用。根据其作用模式，几丁质酶可以分为外切几丁质酶和内切几丁质酶，外切几丁质酶又可以细分为几丁二糖酶和 β-*N*-乙酰己糖胺酶。

内切几丁质酶随机水解几丁质长链生成几丁寡糖；几丁二糖酶水解几丁质长链的一端生成 *N*-乙酰氨基葡萄糖二聚体，β-*N*-乙酰己糖胺酶则可水解几丁质长链的一端或 *N*-乙酰葡萄糖胺二聚体生成 *N*-乙酰氨基葡萄糖。基于氨基酸序列保守性，将几丁质酶归为糖苷水解酶 GH 第 18、19、23 和 48 家族。

18 家族糖苷水解酶除了几丁质酶外还包括溶菌酶(EC3.2.1.17)，内切 β-*N*-乙酰葡糖胺糖苷酶(EC3.2.1.96)，具有 β-*N*-乙酰葡糖胺糖苷酶特异性的肽聚糖水解酶(EC3.2.1.-)等，该家族的几丁质酶主要来源于古生菌、细菌、真菌、昆虫、病毒和哺乳动物中。截至目前该家族有 42 个几丁质酶的三维结构已被确定。大部分细菌几丁质酶属于 18 家族。1968 年，Jaimem onreal 和 Elwyn T. Reese 检测到菌株 Serratia marcescens 发酵上清液具有几丁质酶活性。1982 年，Rowena L. Roberts 等通过几丁质吸附原理从 Serratia marcescens 粗酶液中纯化得到高活性几丁质酶。1989 年，HaraS. 等从 Serratia erythraeus 中纯化鉴定几丁质酶并研究其生理活性。1992 年，Hiroshtis Ujibo 等从海洋细菌 Alteromonas sp. strain 0-7 中纯化几丁质酶，1993 年，克隆表达了该基因。1994 年，Perrakis，A. 等首次解析来源 Serratia marcescens 菌株几丁质酶的晶体结构，这是第一个被解析的来源微生物的 18 家族几丁质酶。真菌几丁质酶都属于该家族，根据生理特征及序列相似性，真菌几丁质酶进一步分为 A、B 和 C 三个亚类群。昆虫几丁质酶中除了来源于蓼蓝齿胫叶甲(Gastrophysa atrocyanea)的几丁质酶属于糖苷水解酶 48 家族，其他都属于 18 家族。

植物几丁质酶根据序列相似性分为 I ~ VII 共 7 个纲，其中纲 III 和 V 属于糖苷水解酶18家族。所有哺乳动物几丁质酶都属于18家族；1995年，Boot等在高雪氏症患者的巨噬细胞中发现第一个人类几丁质酶，鉴定为壳三糖酶。2001年，Boot等在人类和鼠的肺和胃肠部位发现第二个人类几丁质酶，命名为酸性哺乳动物几丁质酶(AMCase)。

19家族几丁质酶除了几丁质酶外还包含溶菌酶(EC3.2.1.17)，该家族几丁质酶主要来源于细菌、真菌、植物和病毒等。截至目前该家族有13个几丁质酶的三维结构被确定。早期研究认为19家族几丁质酶全部来自于植物，后期证实仅包含植物几丁质酶的纲I、II和IV。1996年，Tsuyoshi ohno等分离到第一个来自微生物Streptomyces griseus HUT 6037的19家族几丁质酶C。该基因仅含有几丁质结合(chitiN-binding domain，ChBD)和催化域两个结构域。2006年，Akagi等通过核磁共振方法鉴定几丁质结合区域上的两个芳香族氨基酸与底物互相作用实现几丁质降解。

23家族几丁质酶除了几丁质酶外主要包含类型G溶菌酶(EC3.2.1.17)、肽聚糖裂合酶或肽聚糖溶菌转糖苷酶(EC4.2.2.n1)。截至目前该家族仅发现1个几丁质酶，其三维结构被确定。2009年，Mitsuhiro Ueda等在嗜热菌Ralstonia sp. A-471中克隆、测序并表达了一个新的G型溶菌酶，该酶具有几丁质酶活性，降解(GlcNAc)6产生(GlcNAc)3和(GlcNAc)3或(GlcNAc)2和(GlcNAc)4，为内切几丁质酶。2013年，Arimori T. 等解析该酶晶体结构深入研究其催化机制。

第48家族几丁质酶，该家族除了几丁质酶外主要包含纤维二糖水解酶(EC3.2.1.176)和内切β-1，4-葡聚糖酶(EC3.2.1.3)。2006年，Fujita K等在蓼蓝齿胫叶甲(Gastrophysa atrocyanea)中发现两个糖苷水解酶48家族蛋白(APAPI和II)，详细研究APAPI功能，该蛋白具有几丁质酶活性并无壳聚糖酶和纤维二糖水解酶活性。这是目前发现的唯一的一个糖苷水解酶48家族几丁质酶。

三、几丁质酶的性质与作用模式

几丁质酶的分子量分布范围较为宽泛，一般在20~90kDa，多数微生物几丁质酶的等电点在4.5~6.5。不同种类和不同来源的几丁质酶对酸碱适应性差异并不大，通常最佳pH范围在3.0~10.0。和酸碱稳定性不同的是，几丁质酶对反应温度具有较大的差异。大部分几丁质酶在温度40~50℃保持稳定，但是温度一旦升高至一定程度其便会完全失去酶活。几丁质酶的不同对不同金属离子表现出的耐受性差异非常大，并没有一个相对的规律，且至今尚未完全明确其反应机制和原理。但是多数文献报道显示，Co^{2+}、Fe^{3+}、Fe^{2+}及Hg^{2+}对许多几丁质酶都有一定的抑制作用。相反，Mg^{2+}、Ca^{2+}及Mn^{2+}则具有增强几丁质酶酶活的作用。因此，不能一概而论金属离子对几丁质酶具有抑制作用还是激活作用。几丁质酶可以分为内切酶和外切酶，内切酶的水解产物为几丁寡糖和几丁二糖，其作用底物大多数为四糖以上的糖，而且酶与底物亲和性也随着底物聚合度提高而增大，超过六糖的底物作用基本稳定，但不能作用于几丁二糖，大多数几丁质酶都是这类酶。外切酶是从非还原端依次酶切下单糖。一般几丁质酶的内切作用和外切作用同时进行，许多几丁质酶具有溶菌酶的特性。几丁质酶除了作用于几丁质外，还可以作用于部分乙酰化的壳聚糖。Sutiomi 等研究了几丁质酶对部分 *N*-乙酰化壳聚糖的作用，他们采用不同 *N*-乙酰化度壳聚糖为底物，研究几丁质酶对其降解作用，从分离纯化到的降解产物中可以发现，壳聚糖的 *N*-乙酰化度不同，产物的分子大小不同，*N*-乙酰化度影响到几丁质酶的作用位点，但产物的降解端都有 GlcNAC 残基。这说明几丁质酶除了水解几丁质外，还可以水解部分乙酰化的壳聚糖，几丁质酶催化水解至少含有一个 GlcNAC 基团的糖苷键。1990 年，Takeshi 等研究菌株 Bacillus circulans WL-12 中的六种几丁质酶发现，酶 A1 和酶 A2 具有最高的水解胶体几丁质的能力，但是 A1 具有几丁质亲和能力，而 A2 则不具有几丁质的亲和能力，后来的研究发现，这是由于两个酶具有不同结构域造成的。

四、几丁质酶的结构及催化机制

截止到目前，PDB 数据库上已有 267 个几丁质酶相关 3D 结构数据，其中 Electron Microscopy 数据 1 个(昆虫病原体 Yersinia entomophaga 的几丁质酶)；NMR 数据 6 个(S. coelicolor 几丁质酶 C 的 ChtBD、Pyrococcus furiosus 极端嗜热几丁质酶 ChBD1 和 ChBD2、S. griseus 几丁质酶 C 的 ChBD、Bacillus circulans WL-12 几丁质酶 A1 的 FN3 区和 ChBD 区)；X-ray 数据 260 个，分别来源于昆虫、植物、细菌以及真核微生物等。不同糖苷水解酶中几丁质酶的结构和催化机制有一定差别。

在结构域组成上，多数细菌几丁质酶从 N 端至 C 端分别为信号肽、催化区、几丁质结合域和 C 端区域。不同类型几丁质酶这几个结构的位置安排也不尽相同。细菌几丁质酶多为胞外酶，因而信号肽是必不可少的。通常情况下，其剪切位点位于两个丙氨酸之间。几丁质结合域根据晶体三维结构(图 12-2)可以将其分为 I 型、II 型和 III 型 3 类。其中，真菌和植物几丁质酶中的结合域归为 I 型，病毒和昆虫为 II 型，细菌的几丁质酶结合域为 III 型。多数几丁质酶的催化域中谷氨酸和天冬氨酸等残基高度保守，其同源性较高。催化域中氨基酸的同源性和保守情况决定了该几丁质酶是属于 18 家族还是 19 家族。几丁质酶 C 端区域的作用及其机制尚未清楚，而且并不是所有几丁质酶均有 C 端区域。

18 家族几丁质酶存在于多种微生物中，其三维结构及催化机制等阐述较为清楚。该家族几丁质酶拥有相似的$(\alpha/\beta)_8$ 催化域，即“TIM”桶结构。中心部分是平

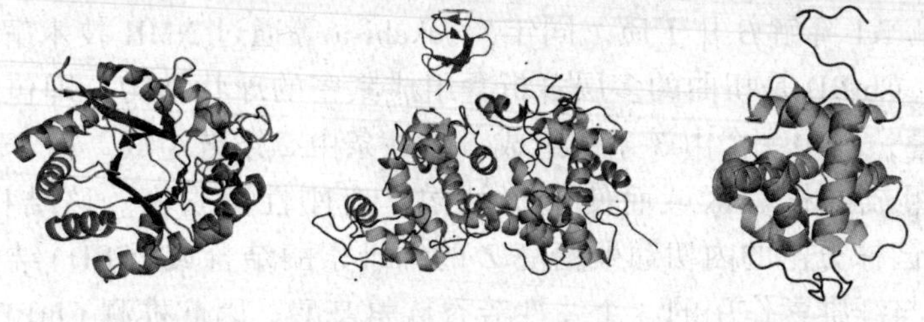

图 12-2　不同家族几丁质酶的晶体结构

行的 b 折叠组成的内桶，依次为 b1~b8，由 a 螺旋将它们逐个连接起来，外桶由 a1~a8 组成，与内桶紧密结合，a 螺旋和 b 折叠之间由一段无规则卷曲连接。18 家族中 b3 和 b4 链是结构相似的保守序列。底物结合的部位就在保守序列 b3 和 b4 链形成的环状缝中。细菌几丁质酶根据结构域氨基酸序列相似性进一步分为 A、B 和 C 三个亚类。以 S. marcescens 为例，其几丁质酶 A 和 B 归为亚类 A，几丁质酶 C 归为亚类 B。亚类 A 几丁质酶具有一个由大约 75 个氨基酸构成的 a+b 结构域，该结构域插入(α/β)8 桶的第 7 个和第 8 个 β 折叠之间，为底物结合裂缝提供"墙"。亚类 A 更倾向于以持续的、外切作用模式降解底物，以长的"隧道"或深的"裂缝"结合几丁质糖链，相反，不具有 $\alpha+\beta$ 结构域的亚类 B 几丁质酶属于内切酶，以非持续、随机降解糖链的不稳定区域，以浅的"裂缝"结合几丁质糖链并随机降解多糖链的不规则区域。目前，S. marcescens 中 3 种几丁质酶即内切几丁质酶 C 的催化域、外切几丁质酶 A 和 B 与底物的复合物结构都已经被解析。

19 家族几丁质酶第一个结构来自大麦。第一个微生物 19 家族几丁质酶来源细菌 S. griseus HUT6037，该菌株分泌的几丁质酶 C 仅具有 N 末端几丁质结合结构域(ChBD)和 C 末端的催化域，该酶的催化域有 α 螺旋丰富的折叠和包含催化位点的一个深"裂缝"，与该家族其他几丁质酶相比在催化域表面缺少三个环(loops)，其 ChBD 结构域由 β 折叠组成，1 个含有 2 个反向 β 折叠，另 1 个有 3 个 β 折叠，这与 Erwinia chrysanthemi 内切葡聚糖酶 Z 的纤维素结合区以及 Bacillus circulans WL-12 几丁质酶 A1 的 CBD 区构象相似，ChiC 的 CBD 通过表面暴露的 2 个芳香环(Trp59 和 Trp60)与底物作用。19 家族几丁质酶的催化域为类似溶菌酶的"$\alpha+\beta$"三维结构，具有浅的底物结合凹槽，芳香族氨基酸含量不是很丰富。该结构域与 46 家族脱乙酰几丁质酶、糖苷水解酶 22、23 和 24 家族的溶菌酶具有相似结构。

Bacillus circulans WL-12 几丁质酶 A1 是研究较透彻的多结构域几丁质酶。1994 年，Takeshi watanabe 等报道几丁质酶 A1 的 C 末端为几丁质结合域，利于脱乙酰几丁质的有效降解，类型 III 模块不直接参与几丁质的结合，但在酶的水解中发挥重要功能。2000 年，Masayuki 等验证该菌株的几丁质结合域(ChtBD)有效促进几丁质酶 A1 降解β几丁质。同年，Takahisa 等通过 NMR 技术解析了 ChtBD 的三维结构，ChtBD 是扭曲的多层β折叠组成紧密的球状结构，即包含两个反向平行的β折叠，其中一个由 3 条链组成，另一条由 2 条链组成。由于疏水残基和芳香族残基组成的核心区域而使整个结构具有刚性而紧密。该结构与 Erwinia chrysanthemi 菌株分泌的内切葡聚糖酶 Z 的纤维素酶结合域(CBD)结构相似，但缺乏 CBD 上与纤维素作用的 3 个线性芳香族氨基酸，因此推测 ChtBD 和 CBD 的结合机制存在一定差异。2002 年，Jee 等解析几丁质酶 A1 的 FnIIID 结构域，其表面暴露的芳香族氨基酸的缺乏暗示 FnIIID 的功能主要作为 CBM 结构域，是不同于其他细菌的β夹片结构域。2006 年，Toratani 等报道 ChiA1 酶蛋白结构域有 1 个 N 端催化域、2 个 FN3 和 1 个 ChtBD 结构域。2013 年，Hara M 等报道几丁质酶 A1 的 ChBD 属于 CBM_ 12 家族，可特异结合不溶晶体几丁质。到目前为止几丁质结合域的结合机制仍未阐述清楚。

目前，研究的所有 18 家族几丁质酶水解产物都是β异构体，而 19 家族几丁质酶产生α异构体，由于几丁质是 *N*-乙酰氨基葡萄糖由β-1，4-糖苷键连接起来的多糖，故前者产物保持了构型，后者产物的构型发生了倒位。18 家族几丁质酶研究的突破性进展是 1994 年解析 S. marcescens 几丁质酶 A 和植物几丁质酶 hevamine 的晶体结构，提出 18 家族几丁质酶采用“底物辅助保留机理(Substrate-assisted retaining mechanism)”催化反应。1998 年，Brameld 等证实了 18 家族的双替换构型保持机制，即“底物辅助保留机理”，而 19 家族为单替换构型倒位机制。18 家族几丁质酶催化域中具有许多保守氨基酸模块，包括底物结合模块 SxGG 和催化模块 DxxDxDxE，其中谷氨酸(Glu，E)活性位点为催化残基，不仅起着稳定 1，3-氧氮杂环戊烯离子中间体的作用，还起着广义酸碱催化作用。1，3-氧氮杂环戊烯离子 18 族抑制剂阿洛菌素结构相似，因此推断 18 族几丁质酶催化机制是双替换构型保持机制的理论是正确的。

五、几丁质酶的生产及活性测定方法

几丁质酶研究过程中酶活的检测是关键环节。目前已报道很多测定几丁质酶活力的方法，主要包括：①3，5-二硝基水杨酸(DNS)法测还原糖含量；②铁氰化钾(Schales)法检测释放的氨基糖含量，有文献报道该方法灵敏度高于 DNS 法。这两种方法测定几丁质酶活性需要配置胶体几丁质底物，操作烦琐；③用对硝基苯-*N*-乙酰氨基葡萄糖[4-nitrophenyλ-*N*-acetyλ-β-D-glucosaminide，PNP-(GlcNAc)$_n$]为底物来检测释放的对硝基苯的含量；④用荧光底物 4-甲基伞形酮-*N*-乙酰氨基葡萄糖[4-methylumbellifery-*N*-acetyλ-β-D-glucosaminide，4MU-

(GlcNAc)$_n$]检测释放的4-甲基伞形酮的量。方法③和④根据底物偶联糖的差异可间接推测几丁质酶的类型，即推测为内切几丁质酶、外切几丁质酶或β-N-乙酰己糖胺酶；⑤用3H做标记的几丁质为底物检测释放的放射活性；⑥酶谱法(zymography)：将乙二醇几丁质或荧光底物等加入非变性或变性凝胶中，利用几丁质酶水解底物后胶条的颜色变化显示几丁质酶活性。其中变性凝胶电泳后的复性会降低酶活性，有些酶会检测不到活性，导致酶谱法的应用有一定局限性；⑦几丁寡糖氧化酶法(chito-oligosaccharide oxidase，ChitO)。2014年，Alessandro等报道该方法检测几丁质酶水解底物释放产物的氧化作用，灵敏度显著高于铁氰化钾法(Schales)，可检测到10μU几丁质酶活力，且省去了煮沸、冷却等环节，整个操作步骤仅需要15min，也适用于纤维素酶等其他酶活的测定。因酶活测定方法、酶活单位的定义及表示方式等差别，同一种几丁质酶用不同的方法所得到酶活力相差可达上千倍。所以，无法对不同菌株的酶活力进行比较。

第二节　壳聚糖酶

壳聚糖是甲壳素部分或完全脱乙酰基的衍生物，主要由D-氨基葡萄糖通过β-1，4-糖苷键连接形成。壳聚糖酶(chitosanase，EC3.2.1.132)是一类催化氨基葡萄糖间的β-1，4-糖苷键断裂，从而专一性降解壳聚糖的糖苷水解酶。工业上，壳聚糖酶可以用于制备具有独特生理活性和功能性质的壳寡糖，在医药、食品、化妆品等领域有广泛的应用；农业上，该酶可以作为生物防治剂，能提高植物的抗病能力；在生物技术中，其可用于原生质分离、细胞化学定位和单细胞蛋白的生产；在基础研究方面，生物体的自溶、土壤微生物的营养代谢等都与之相关。因此，壳聚糖酶的基础与应用研究已成为目前的研究热点之一，引起越来越多科研工作者的关注。

一、壳聚糖酶的底物分类

壳聚糖(chitosan)(图12-3)又称脱乙酰甲壳素，是由自然界广泛存在的几丁质(chitin)经过脱乙酰作用得到的。在自然界中，只有接合菌纲的真菌细胞壁中存在壳聚糖，其他的一般由几丁质脱乙酰化制备而成，一般来说，N-乙酰基脱去55%以上的就可以称为壳聚糖。一系列研究表明，壳聚糖在食品、材料、医药、农业和纺织等行业有着广泛的应用前景，但是由于其相对分子质量较大，水溶性差以及黏度高等缺点，限制了壳聚糖的进一步应用。壳聚糖经过壳聚糖酶降解之后得到的壳寡糖由于分子链长较壳聚糖高分子大大降低，分子之间不易形成较强的氢键，水溶性大为改善，其中分子量低于10kDa的壳寡糖可以直接溶于水中，能在人体内被消化吸收，克服了壳聚糖水溶性差的缺点；同时，由壳聚糖高分子降解为较短的甲壳低聚糖分子，导致其溶液黏度也大大降低，这些特点极大地扩展了壳聚糖这一天然资源的应用领域。壳寡糖不仅保持了壳聚糖大分子所具有的某些功能性质，而且还具有许多壳聚糖所不具备的独特的生理活性和功能性质，在食品、医药、化妆品和农业等领域有着极其广泛的应用，已成为国际上新兴的一种功能性低聚糖。

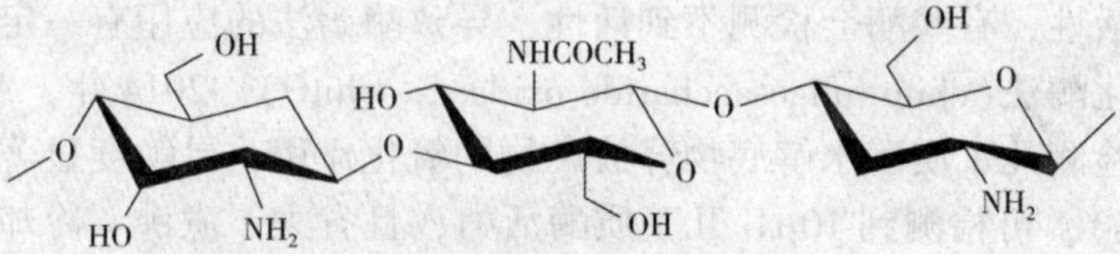

图 12-3　壳聚糖的结构特征

二、壳聚糖酶的来源及分类

自 20 世纪 70 年代初，Shimosaka 等首先提出壳聚糖酶以来，科研人员相继从多种微生物(包括细菌、放线菌、真菌及病毒等)中分离纯化得到多种壳聚糖酶。细菌壳聚糖酶一般由底物壳聚糖诱导产生，并降解外源壳聚糖；而大部分真菌壳聚糖酶可在没有底物诱导的条件下产生。比较这两类不同微生物所产壳聚糖酶的氨基酸序列，发现它们并不存在相似性，表明两者的进化起源可能不同。此外，在单子叶和双子叶植物的不同组织中也发现有壳聚糖酶活性。糖苷水解酶(EC3. 2. 1)是一类广泛催化两个或多个糖分子，或一个糖分子与另一个非糖分子之间糖苷键水解的酶。根据氨基酸序列的相似性，糖苷水解酶可以分为 90 多个家族。基于这种分类，内切壳聚糖酶分别属于糖苷水解酶第 5、7、8、46、75、80 家族，外切-β-D-氨基葡萄糖苷酶则分别属于第 2 和第 35 家族。按照对水解物作用方式不同，壳聚糖酶可分为内切壳聚糖酶和外切壳聚酶。内切壳聚糖酶产生的分子较小，适合制备低聚壳聚糖。多数壳聚糖酶属于内切酶。根据壳聚糖酶对糖苷键的水解方式的不同，可分为只能降解壳聚糖，及可以降解壳聚糖和羧甲基纤维素两种。随着对壳聚糖酶的深入研究发现，壳聚糖酶还能降解部分脱乙酰化的壳聚糖，能够水解壳聚糖，但不水解 GlcNAc-GlcNAc 键。除此之外，根据壳聚糖对底物专一性，可分为三类：第一类只能水解 GlcN - GlcN 键，如 Streptomyce sp. N174；第二类只能水解 GlcN-GlcNAc 键如 Bacillus sp. No. 7-M；第三类既能 GlcN-GlcN 键又可以水解 GlcN-Glc 键，如 B. circulans MH-K。低聚壳聚糖的性质与功能与高分子壳聚糖不同，高分子壳聚糖的分子量在几十万到上百万道尔顿，可溶于酸溶液中，但不溶于水中。高分子壳聚糖被降解后形成相对较小的低分子壳聚糖，理化性质和部分的生理功能发生变化。由于低聚壳聚糖的分子链较长，因此各分子之间不易形成稳定牢固的氢键，则水溶性大大提高。各家族壳聚糖酶都有 β-1，4-葡聚糖酶的活性，大多数壳聚糖酶属于 GH46 家族。

2003 年 Tanabe 等人从 Streptomyces griseus HuT6037 分离得到两种酶，分析研究表明，这两种酶不仅能水解壳聚糖，同时也水解羧甲基纤维素，且都有转糖基化的催化活性，此类酶属于 GH5 家族。GH8 家族的酶具有多种底物专一性，Bacillus sp. No. 7-M 只能水解 GlcN-GlcN 键，而 GH46 家族被研究得较为清楚和广泛，大多数的壳聚糖酶属于 GH46。而 GH75 主要存在于真菌中，如 Aspergillus oryzae；Matsuebacter Chitosanotabidus 属于 GH80 家族。

三、壳聚糖酶的性质及作用模式

微生物壳聚糖酶的分子量一般为 10~50kDa。同时也存在少数分子量较高的壳聚糖酶，如曲霉 Aspergillus sp. CJ-22-326 合成两种壳聚糖酶，其中外切酶的分子量高达 109kDa，另一种由 Trichoderma reesei PC-3-7 合成的外切壳聚糖酶的分子量也有 93kDa。环境 pH 值直接影响酶活性中心必需基团的解离状态；而过酸或过碱会破坏酶的空间结构，引起酶构象的改变。这些都能导致酶活性的降低或丧失，因而只有在适宜的 pH 值范围内，酶才能显示其催化活性。来源于各类微生物的壳聚糖酶，其最适 pH 值一般为 4.0~8.0，在偏酸或偏碱较宽的 pH 值范围内仍能保持较好的稳定性，有利于酶催化功能的发挥。每一种酶的催化反应都有其适宜的温度范围和最适温度。在适宜的温度范围内，酶才能够进行催化反应；在最适温度条件下，酶的催化反应速度达到最大。大多数微生物壳聚糖酶的最适反应温度为 30~70℃，并具有较好的热稳定性，如 Thermococcus kodakaraensis KOD1 所产壳聚糖酶的耐热性很好，其最适反应温度高达 80℃。金属离子对壳聚糖酶活性的影响因酶的来源不同而有所不同。一般而言，重金属离子(如 Hg^{2+}、Cu^{2+}、Co^{2+}等)强烈抑制壳聚糖酶的活性或使酶完全失活；而其他无机离子(如 Ca^{2+}、Mg^{2+}、Mn^{2+}等)则可以提高酶的活性。但某些金属离子对酶活性的影响也可能与此相反，如 Mn^{2+} 可以抑制 Pseudomonas sp. TKU015 与 Serratia marcescens TKU011 所产壳聚糖酶的活性，而 Co^{2+} 却可提高 Bacillus sp. LS 壳聚糖酶的活性。不同微生物的壳聚糖酶对不同脱乙酰度的壳聚糖及壳聚糖衍生物(如乙二醇壳聚糖)有不同的特异性，一般只能催化线形壳聚糖链的 β-1，4-糖苷键断裂，而不能催化几丁质和纤维素中的相同糖苷键水解。这可能是因为壳聚糖酶活性中心的重要氨基酸只与氨基葡萄糖的氨基形成数量较多的氢键，从而使该酶只对壳聚糖具有很高的亲和力，而对其他多聚物的亲和力则较低，导致它们不能有效地结合到酶的活性位点上。

大多数壳聚糖酶的主要你产物是二糖、三糖和四糖，然而它们的降解模式是不同的。Bacillus sp. Pλ-7S 产生的壳聚糖酶可以降解壳四糖生成壳三糖和单糖，进一步将壳三糖降解为壳二糖和单糖；但是一些壳聚糖酶不能降解壳三糖，但是可以把壳四糖降解为壳二糖。

四、壳聚糖酶的结构及催化机制

从已有文献看，国内外对第 2 家族壳聚糖酶的研究相对较少。目前已知丝状真菌 Trichoderma reesei 与放线菌 Amycotatopsis orientalis，Streptomyces auermitilis MA-4680 等少数微生物所产壳聚糖酶属于该家族，其中 A. orientalis 外切β-D-氨基葡萄糖苷酶的晶体结构已测定。T. reesei 所产外切β-D-氨基葡萄糖苷酶的一级结构包含 3 个组件：第 2 家族糖苷酶的糖结合域，类免疫球蛋白β-夹心域和 TIM 桶状催化域。而在 A. orientalis 外切酶的一级结构中，C 端组件由 126 个氨基酸残基组成，且与第 35 家族糖苷酶的糖结合域相似；N 端组件由 860 个氨基酸残基组成，且与第 2 家族糖苷酶的氨基酸序列相似；两者由一个约 6 个氨基酸残基组成的接头连接。其晶体结构则由 5 个结构域共同组成：四个具有类免疫球蛋白拓扑结构的β-夹心域构成一个鸟巢形结构，另一个位于鸟巢结构中的结构域折叠成一个不完全的$(\alpha/\beta)_8$桶状结构。这种结构域的空间排列与第 2 家族糖苷酶的 Bacteroids thetaiotaomicron β-甘露糖苷酶的结构特征非常相似。定点突变研究表明，在 T. reesei 所产外切酶分子中，位于第 4 个β-折叠 C 端附近的酸性残基 Asp464 是催化酸/碱，而位于第 7 个β-折叠 C 端附近的酸性残基 Glu539 是亲核基团，两者直接参与酶的催化反应；保守残基 Glu409 和 Asp513 可能参与底物的识别和/或结合，而位于环上的 Glu415 则可能与催化残基相互作用，在酶的催化反应中发挥一定的作用。与之相似，在 A. orientalis 所产外切酶分子中，酸性残基 Asp469 是催化酸/碱，作为质子供体提供一个质子给糖苷键的氧原子；另一个酸性残基 Glu541 是亲核基团，作为质子受体进攻已糖环的 C1 原子；加上活性位点的 Glu394 残基，三者的侧链羧基分别与氨基葡萄糖的氨基形成氢键，构建了一个四面体形的氢键网络，如口袋般包围着糖残基的氨基。两个不同微生物的壳聚糖酶具有相似的催化残基，表明两者可能共同属于糖苷水解酶第 2 家族的β-氨基葡萄糖苷酶亚族(图 12-4)。

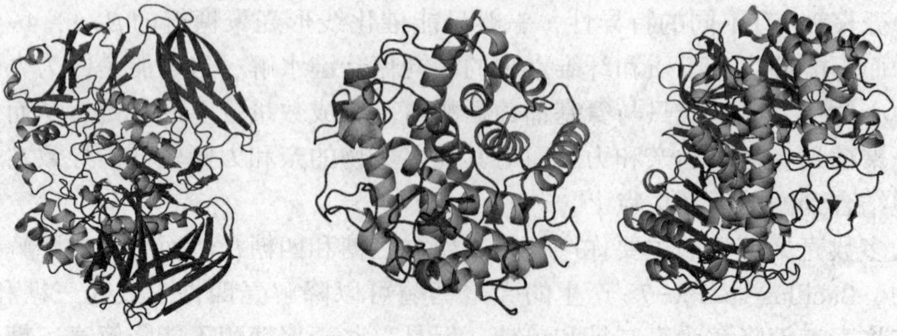

图 12-4　不同家族壳聚糖酶的晶体结构

在属于第8家族的壳聚糖酶中，研究得最为透彻的是Bacillus sp. K17所产的壳聚糖酶，其高分辨率晶体结构已经测定。该酶分子由两个独立的亚基组成，且两者的结构彼此相似。在一个亚基中，6个α-螺旋形成内层桶状结构，被另外6个α-螺旋所形成的外层桶状结构紧紧包围，构建了一个由6个重复的螺旋-环-螺旋基序形成的α6/α6双桶结构。在双桶结构的顶部，含有短β-折叠和310螺旋的长环从外层螺旋的末端突出，折向内层螺旋，形成一个长的裂隙，标示了结合底物的疏水性口袋的位置；而在双桶结构的底部，螺旋上连接的是短环。结构分析表明，位于催化中心、裂隙底部的Glu122残基相当保守，在催化反应中可能发挥质子供体的作用；而双桶结构顶部长环中的Glu309残基靠近催化中心，其羧基分别与一个水分子和-2位的氨基葡萄糖残基的氨基形成一个氢键，在催化反应中可能作为质子受体。同时，另有Asp179、Asp183、Glu107分别与-3、-1、+1位氨基葡萄糖残基的氨基相互作用，与Glu309共同参与底物识别；在催化位点，疏水性氨基酸残基Trp235、Trp166、Phe413、Tyr318高度保守，以便分别与-3、-2、+1、+2位的己糖环结合。与第2家族壳聚糖酶不同，国外对46家族壳聚糖酶的研究较多，其中Streptomyces sp. N174所产壳聚糖酶的结构与功能的研究最为深入。该酶分子由两个球形结构域组成；有一个由两个α-螺旋和一个β-折叠构成的结构保守核心，形成底物结合和催化的裂隙，并呈电负性，表明与壳聚糖链所带正电荷的静电作用在底物结合过程中可能是主导作用。通过定点突变研究，Katsumi等认为在底物结合过程中，除了Asp57是必需的，位于晶体结构中的第9个α-螺旋与第10个α-螺旋之间转角区域中的Glu197和Asp201残基也具有一定作用：Glu197残基的羧基与-1亚位点上的寡糖相互作用，负责该酶高亲和位点与寡糖的结合；Asp201残基的羧基与+2亚位点上的寡糖相互作用，负责该酶低亲和位点与寡糖的结合。而对于Bacillus circulans MHK1所产壳聚糖酶，通过比较突变型酶与野生型酶的活性和底物结合能力，Fukamizol等推断，含有Lys218的柔性环在该酶的底物结合过程中起主要作用，Tyr148残基也具有一定作用。

与其他家族的壳聚糖酶不同，75家族的壳聚糖酶大多数由真菌（如Fusarium solani，Aspergillus fumigatus等）在没有底物壳聚糖诱导的条件下产生。通过比较真菌壳聚糖酶的氨基酸序列，发现它们彼此有40%~60%的相似性。Shimosaka等选择F. solani壳聚糖酶基因中该区域的三个保守酸性氨基酸残基Asp175、Glu188、Asp212进行定点突变，并将突变基因在酿酒酵母中表达，分析酶活性变化。结果显示Asp175→Asn与Glu188→Gln突变型壳聚糖酶几乎完全失活，Asp175→Glu与Glu188→Asp突变型酶则保留了野生型酶比活的

25%~50%，表明 Asp175 和 Glu188 是此壳聚糖酶发挥催化功能的必需氨基酸残基，其中一个残基可能作为质子供体而启动底物中糖苷键的水解反应；另一个 Asp212→Asn 突变型壳聚糖酶保留了野生型酶比活的 38%，表明这个氨基酸残基并不是酶发挥催化功能所必需的。Cheng 等则对 A. fumigatus 所产壳聚糖酶中的 10 保守酸性氨基酸进行了相似的研究，发现 Asp160→Asn 和 Glu169→Gln 两个突变型酶几乎完全丧失活性，且并非由酶蛋白结构的改变所引起，从而推断 Asp160 和 Glu169 可能是该酶具有催化功能所必需的氨基酸残基(图 12-5)。

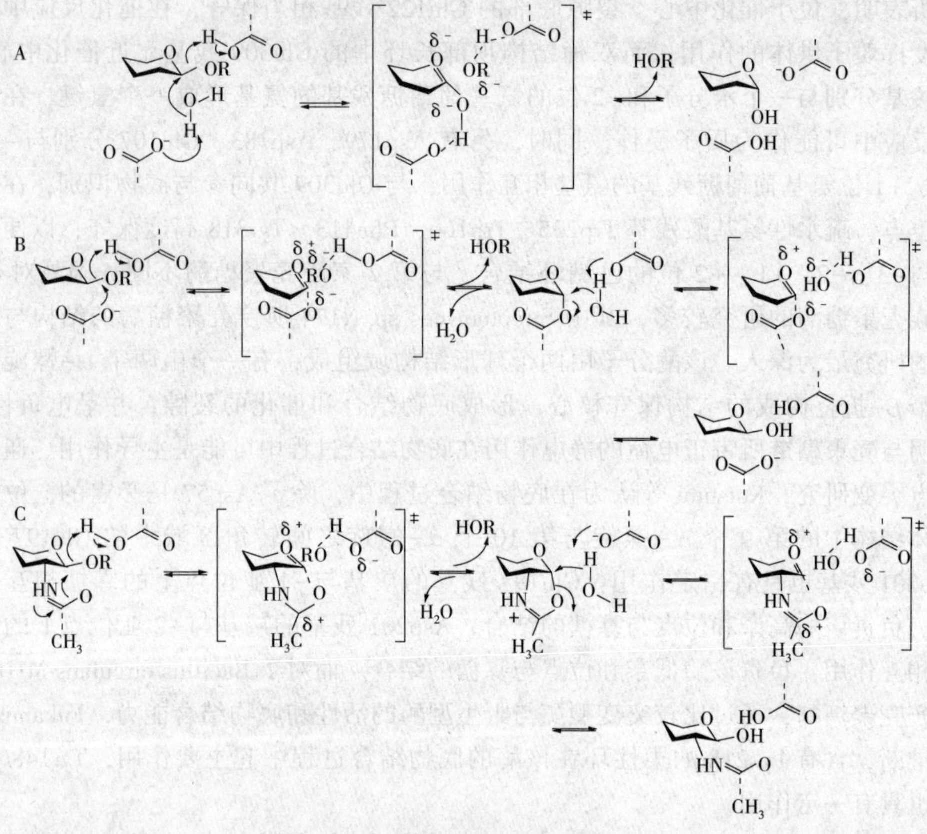

图 12-5　不同壳聚糖酶的作用机制

五、壳聚糖酶的生产及活性测定

目前研究公认大多数微生物来源的壳聚糖酶属于诱导酶，因此当以壳聚糖作为唯一碳源时，微生物的产壳聚糖酶的能力就能被诱导出来。一般的液体发酵步骤是通过平板分离初筛和摇瓶培养复筛，从土壤中筛选出产壳聚糖酶菌株，然后经酶活力检测比较，挑选出产酶能力最强的菌株作为产酶试验菌。当然也可通过人工诱变处理来获得高产突变株，最常用的方法是化学法和物理法诱变，可采用单因子诱变处理和复合因子处理。目前对于壳聚糖酶的分离纯化方法主要有$(NH_4)_2SO_4$分级盐析、Q-Sepharose Fast Flow 阴离子交换、Sephacry S-100 凝胶过滤分离等方法。酶活单位定义为每分钟催化生成相当于1μmol 氨基葡萄糖的还原糖所需的酶量。测定壳聚糖酶最常用的方法是 DNS 法，此外还有黏度法快速测定法和铁氰化钾显色法。对已筛选出的产壳聚糖酶菌种的鉴定一般包括：①形态学特征鉴定；②生理生化特性鉴定；③16SrDNA 序列分析。由于壳聚糖酶的稳定性不高、寿命短，且无法循环使用，在生产中的应用受到了极大限制，但是通过固定化后上述缺点都可以解决。工业上固态发酵是生产酶制剂的主要方式，对于菌丝体有利于保持其自然生理状态和生长，所用培养基和发酵条件更加低廉和简单，而且投资较少，纯化步骤少，产品纯度高，是丝状真菌的一种理想培养方法，糖化工业中以常见的根霉菌丝体替代纯壳聚糖为诱导原料。除了在自然界中继续筛选产酶活性较高的微生物菌种外，现在越来越多的研究人员利用基因工程通过对产壳聚糖酶菌株的基因分析，运用分子方法克隆并高效表达所选菌种的壳聚糖酶基因，以实现重组菌的壳聚糖酶高效表达，具体技术路线如下：根据所选菌株壳聚糖酶基因序列或参照其他菌株的壳聚糖酶基因序列→PCR 引物设计，引物合成→提取所选菌株总 DNA→PCR 扩增获得目的基因→构建原核表达载体→重组菌高效表达条件研究→壳聚糖酶高效表达。

思 考 题

1. 几丁质酶的内切与外切作用模式的结构基础是什么？
2. 壳聚糖酶的成熟固定化方法有哪些？

第十三章　脱卤酶

微生物作为自然界中的主要分解者，将复杂的有机物转化为简单的化合物，从而保持生命元素的循环往复。生长在被有机卤代物污染的环境中的微生物具有潜在的转化这些化合物的能力，即其细胞内应存在催化脱卤作用的酶，这类酶被称为脱卤酶。已发现许多脱卤酶分离于生长在含卤代物环境的微生物中，而海洋是一个庞大的微生物资源库，由于其中的卤代物非常丰富，使得其中的微生物具有降解卤代物的潜在能力，因此海洋微生物是发现新型脱卤酶的重要来源。近十年，有关海洋环境来源的脱卤酶的研究越来越多，主要包括卤代烷脱卤酶(Haloalkane dehalogenase，EC3. 8. 1. 5)、卤代醇脱卤酶(Halohydrin dehalogenase，EC4. 5. 1. X)和卤代酸脱卤酶(Haloacid dehalogenase，EC3. 8. 1. X)。这些脱卤酶主要分离自海洋细菌，除了降解环境中的有机卤代污染物用于环境修复外，还具有较高的立体选择性。

第一节　卤代烷脱卤酶

卤代烷脱卤酶是催化卤代脂肪族化合物中碳-卤键断裂的一类酶，根据脱卤机制可分为水解型与还原型，目前已报道的卤代烷烃脱卤酶以水解型居多，由于其催化机制独特、底物谱广、稳定性高及手性拆分特性而被广泛应用，如用于有机合成中光学纯手性砌块的生产、污染环境的修复、回收化学合成中的副产物、细胞成像中蛋白质标签及制备生物传感器用于环境污染物检测。随着生态环境的逐渐恶化，以及医药、化工等领域对高度光学纯手性化合物需求量的与日俱增，开发高活性和高手性选择性生物催化剂尤为迫切。而富卤的海洋环境是挖掘和开发新型卤代烷脱卤酶重要资源库。

一、卤代烷脱卤酶的来源与分类

水解型卤代烷脱卤酶属于 α/β-水解酶折叠超家族，可催化卤代烷烃脱卤、水解，生成相应的醇、卤素离子和一个质子(图 13-1)。该类酶广泛存在于自然界中很多种属的微生物中，包括绿弯菌门(Chloroflexi)、拟杆菌门(Bacteroidertes)、疣微菌门(Verrucomicrobia)、螺旋菌门(Spirochaetae)、黏胶球形菌门(Lentisphaerae)、厚壁菌门(Firmicutes)和古菌的盐杆菌纲(Halobacteria)等原核生物及在真菌和一些低等动物中。该类酶的产生远早于人为地大规模的卤代物的生产制造，这主要是由于除了人类生产活动可以产生大量的有机卤代物之外，还存在许多天然的有机卤代物，如海洋生物包括海藻、海绵、珊瑚、被囊类动物和一些细菌是有机卤代物的主要生产者，陆地上的植物，真菌、苔藓、细菌、昆虫及一些高等动物也会产生各种各样的有机卤代物。其中海洋中产生的天然卤代有机物产量可能超过人类工业生产的卤代有机物量，所以在富卤的海洋环境中，很有可能发现新型的脱卤酶。自从 Keuning 等于 1985 年从土壤中分离出第一个产生卤代烷脱卤酶的菌株 Xanthobacter autotrophicus GJ10，至今已经分离表征了 30 多种酶，其中 40%的新酶是近 10 年在海洋微生物中分离获得，主要来自红杆菌属(Rhodobacteraceae)、河氏菌属(Hahella)、红小梨形菌属(Rhodopirellula baltica)、侏囊菌属(Plesiocystis)、海杆菌属(Marinobacter)、球海胆属(Strongylocentrotus)及食烷菌属(Alcanivorax)等。这进一步说明了海洋环境的遗传多样性。根据系统发育分析，HLD 家族被划分为三个进化亚家族 group-Ⅰ，group-Ⅱ和 group-Ⅲ，其中 group-Ⅰ与 group-Ⅲ是姐妹组，在亲缘关系上更相近。这三个亚家族在海洋微生物中均有报道，如来源于 Plesiocystis pacifica SIR-1 的 DppA、来源于 Marinobacter santoriniensis NKSG1 的 DmsaA、来源于 γ-Proteobacterium NOR5-3 的 DgpA、来源于 Paraglaciecola agarilytica NO_2 的 DpaA 和 DpaB 均属于 group-Ⅰ家族；从 Alcanivorax dieselolei B-5 菌株中分离出的 DadB，Rhodobacteraceae sp. 菌株中分离出的 HanR，Strongylocentrotus purpuratus 菌株中分离出的 DspA 与 Marinobacter sp. ELB17 菌株中分离出的 DmxA 均属于 group-Ⅱ家族。Rhodobacteraceae sp. 菌株产生的 HanR 与 Hahella chejuensis KCTC 2396 菌株产生的 DhcA 属于 group-Ⅲ亚家族。下面主要对卤代烷脱卤酶结构特征及酶催化特性进行详述。

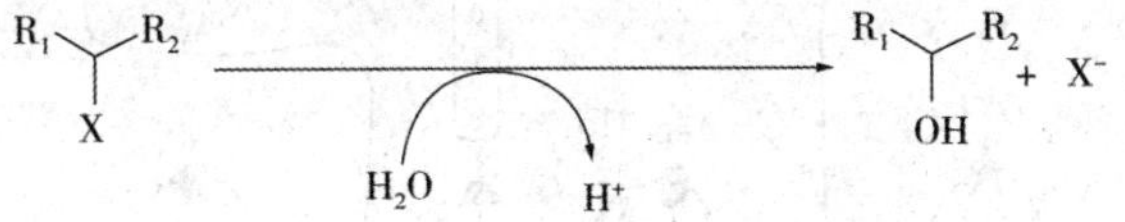

图 13-1　卤代烷脱卤酶催化反应式

二、卤代烷脱卤酶结构特征和催化特性

(一) 结构特征与催化机制

目前对于 group-Ⅰ与 group-Ⅱ亚家族酶的结构研究得比较深入，具有较多的结构信息可以参考，而对 group-Ⅲ亚家族酶的结构研究较少，并没有相关晶体结构的报道，仅是运用同源建模的方法对该组酶的结构信息展开研究。这三类亚家族酶结构相似，三维结构是由 α/β-水解酶核心结构域和覆盖于其上的帽子结构

域构成。其核心域与α/β-水解酶折叠超家族中的其他成员类似，都遵循典型的*α/β*折叠结构特征(图 13-2)：八股β链以 12435678 的顺序排列，且β2 链反平行于其他链，从第 3 股链开始，两条链之间由 helix 连接，形成β/α/β 单元，第一个*α*-helix 和最后一个*α*-helix 位于*β*-sheet 的一侧，其余 helix 位于另一侧。这三个亚家族之间核心结构域较为保守，帽子域是可变的，进而影响了酶的底物选择性(图 13-2)。酶活性位点位于核心结构域和帽子结构域之间，group-I、group-II 与 group-III 亚家族具有不同的催化五联体，分别是 Asp-His-Asp+Trp-Trp、Asp-His-Glu + Trp-Asn 与 Asp-His-Asp + Trp-Asn。其中三联体中的第一个 Asp 和 His 与二联体中的 Trp 在三个亚家族中是严格保守的，功能也完全相同。如图 13-4 所示，Asp 为亲核残基，SN_2亲核取代卤素原子形成酶-烷基中间体，而其他*α/β*-水解酶多以 Ser 或 Cys 作为亲核残基；His 作为碱性残基稳定酸性残基与底物的烷基-酶酯中间体；Trp 则是负责稳定卤素基团。不同亚家族间的催化五联体具有一致的拓扑结构，位于疏水的空腔内，通过通道与外面相连接，构成活性位点口袋和底物进出通道。但是，在酶活特征上，各亚家族之间并没有表现出多样性，这主要归因于酶活性位点空腔的空间构象、底物进出通道的大小和结构、蛋白质表面电荷分布、蛋白质在水相溶液中的稳定性和蛋白质动力学等因素。

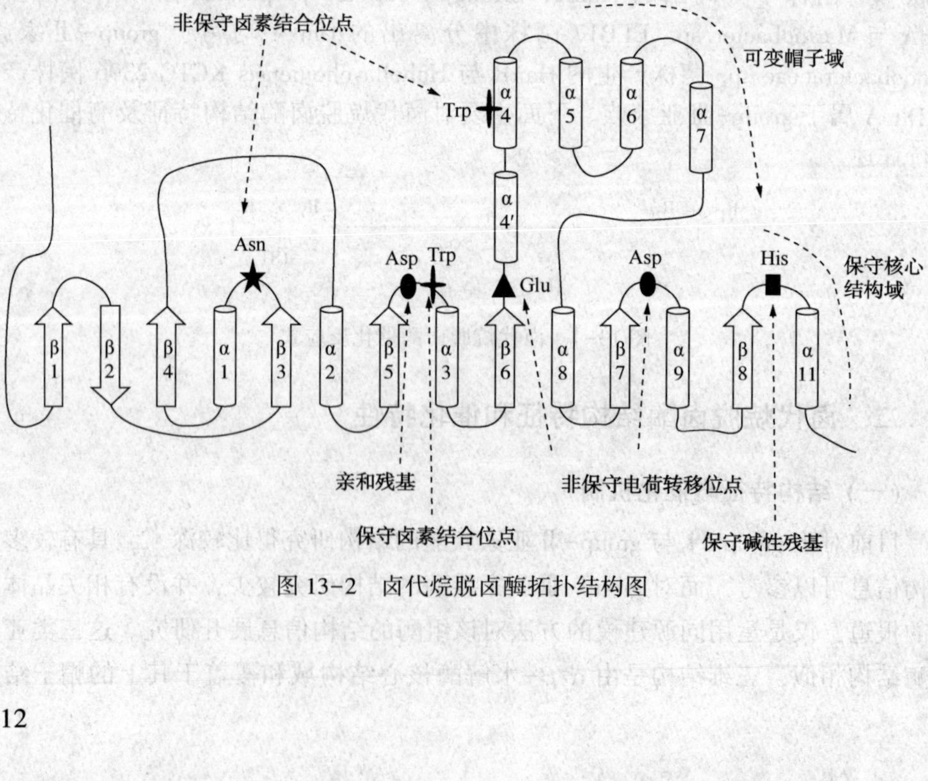

图 13-2　卤代烷脱卤酶拓扑结构图

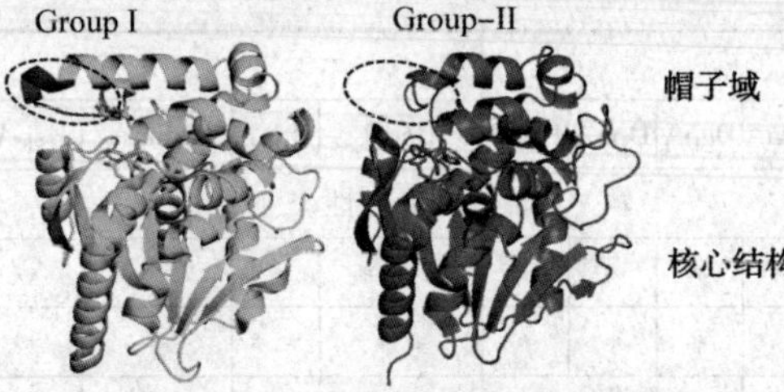

图 13-3 卤代烷脱卤酶三维结构

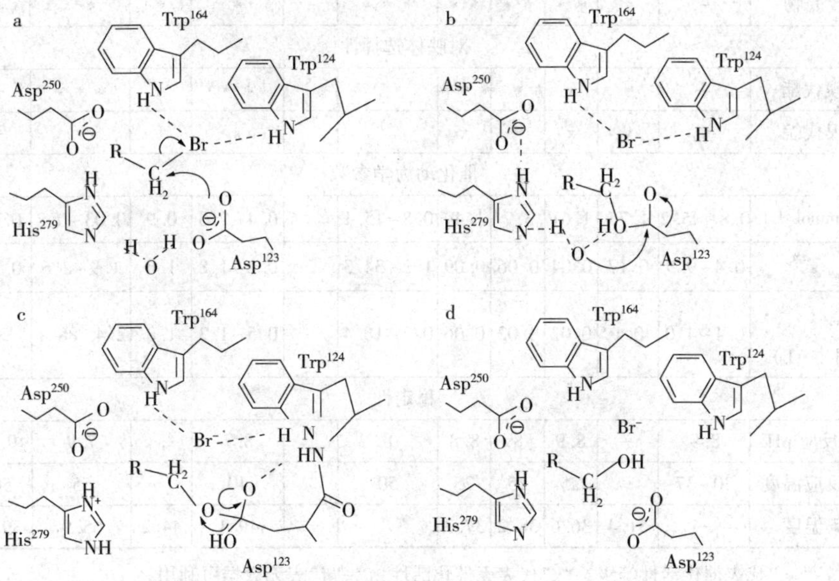
图 13-4 卤代烷脱卤酶催化机理

（二）底物选择性

不同来源的酶在底物范围、底物特异性和酶催化活性差别较大。通过对多种来源于海洋环境的卤代烷脱卤酶进行生物化学和生物物理方面的表征，发现海洋来源的卤代烷脱卤酶表现出宽广的底物谱，包括氯代、溴代和碘代的不同链长的烷烃、环烷烃、烯烃、羧酸、醇、醚、腈、酮、酯、环二烯、环氧化物和卤代氨基化合物等，碳原子数从 $C_2 \sim C_{14}$，除单卤素取代的烷烃外，还可作用于二卤素及三卤素取代烷烃，对不同底物的催化活性也各有差异，活性口袋大的酶一般表现出非常广泛的底物选择性，偏好于较长碳链的底物。如表 13-1 所示，相比于氯代底物，三类亚家族酶对溴代底物和碘代底物表现出偏好性；无论对于哪种卤代底物，group-II 中来源于 A. dieselolei B-5 菌株中 DadB 表现出相对较高的催化活性，此外该酶的底物谱也最为广泛，可以降解 30 种代表性卤代物。

表 13-1　来源于海洋的卤代烷脱卤酶的生化特征

Group	I							II			III	
Enzyme	DppA	DmsaA	DgpA	DpaA	DpaB	DadB	HanR	DmmA	DspA	DmxA	DrbA	DhcA
活性和专一性												
整体活性	*	* *	*	*	* *	* * *	*	*	*	*	*	*
氯代底物	x	*	*	*	*	* *	* *	*	*	* *	*	x
溴代底物	* * *	* *	* *	* *	* *	* * *	* *	*	*	* *	*	* * *
碘代底物	–	*	* *	* *	* *	* * *	–	*	*	* *	*	* * *
对映体选择性												
α-溴代酯		*	x	* * *	* * *			* *	x	* * *	–	–
β-溴代烷		x	x	*	x			x	*	*	–	–
催化动力学参数												
K_m/(mmol/L)	0.8~45.2	1.75	1.61	3.7	1.49	0.8~15.1		0.4~2.3	0.9	0.03~0.8	0.06	
k_{cat}/s^{-1}	0.4~9.9	0.17	0.04	0.06	0.09	1.2~34.3		0.2~1.8	1.6	1.9~2.6	0.13	
k_{cat}/K_m/(s^{-1}·$mmol^{-1}$·L)	0.1~4.0	0.1	0.02	0.02	0.06	0.2~16.4		0.5~1.3	1.8	2.4~88.1	2	
稳定性												
最适反应 pH	8.9	–	8.9	8	8.8	8		8.7		7.9	9.2	
最适反应温度	30~37	–	25	25	25	50		40		55	50	
溶解温度	–	51.4	36.6	38.2	37.3			49.1	44.2	65.9	39.4	54.6

注：“＊”代表催化活性等级；“x”代表无催化活性；“-”代表无数据可利用。

（三）立体选择性

卤代烷脱卤酶具有高的立体选择性，因此可以用于光学纯手性化合物的合成。目前已报道的卤代烷脱卤酶多数对α-溴代酯与β-溴代烷烃呈现出高的R-型对映体底物选择性。如陆生来源的卤代烷烃脱卤酶DhaA，LinB，Dbja，DatA，DpcA与DbeA对α-溴代酯具有较高的对映体选择性（E值>200）；同时，DbeA、DatA与DbjA还可以选择性低催化β-溴代烷烃的脱卤反应。海洋来源的DmxA、DpaA与DpaB对消旋乙基-2-溴代丙酸酯展现出优良的对映体拆分能力（E值>200）；同时DpaA与DmxA对2-溴戊烷也呈现出较高的对映体选择性，E值分别为85和100。卤代烷脱卤酶的立体选择性调控机制表明催化位点并不影响酶的立体选择性，立体选择性的差异源于非催化位点，包括底物通道的入口大小与结合口袋大小两个因素。如Prokop等对来自Bradyrhizobium japonicum USDA110的卤代烷脱卤酶DbjA研究表明酶对两个对映体底物的卤素结合位点相同，烷基链以镜像的方式结合在口袋疏水壁上，核心结构域与帽子结构域间表面loop元件决定了酶的立体选择性。该loop由140-His-Thr-Glu-Val-Ala-Glu-Glu-146构成(简称EB片段)，位于蛋白表面。EB片段不直接影响活性口袋的大小，然而它的删除却降低了酶对R-2-溴戊烷的活性，增大了对S-型底物的活性。这主要是由于野生型酶中R-型底物以一种有反应活性的模式结合在活性口袋，而S-型底物则采取了有反应活性和无反应活性两种构象进入活性口袋，His39可以调节酶的这两种结合模式的构象分布，EB片段的删除导致紧邻的His139构象的变化，进而使得酶的活性口袋构象对R-型底物有反应活性的结合模式分布减少，对S-型底物有反应活性的结合模式分布增加。

(四) 催化动力学特征

海洋卤代烷脱卤酶的催化效率与其他生境来源的酶类似，这些酶的K_m值在0.03~45mmol/L，与group-Ⅰ相比，group-Ⅱ与group-III亚家族酶催化脱卤时，与底物的亲和力较高。k_{cat}范围是0.04~34.3s^{-1}，三个亚家族中，group-Ⅱ成员的催化转换数相对较高。天然的卤代烷脱卤酶对于最佳底物的催化效率通常为10~100$s^{-1}\cdot M^{-1}$，在目前以鉴定的海洋卤代烷脱卤酶中，来源于嗜卤细菌Marinobacter sp. ELB17的DmxA呈现高效催化特性，如催化1，3-二溴丙烷脱卤的k_{cat}/K_m值高达88.1$s^{-1}\cdot mM^{-1}$。

(五) 稳定性

不同来源的卤代烷脱卤酶在稳定性上也各有差异。卤代烷脱卤酶的最适反应pH偏碱性，通常在7.9~9.2；然而，同是海洋来源的卤代烷脱卤酶，最适反应温度却相差很大，为25~55℃，如表13-1，group-I亚家族成员具有较低的最是反应温度，如DgpA、DpaA与DpaB在25℃时表现出最高催化活性；group-II亚家族成员呈现出嗜中温酶的特性，如DadB与DmxA最适反应温度分别时50℃与55℃，group-III中DrbA也具有嗜中温酶特性，其在50℃时催化能力最佳。

三、卤代烷脱卤酶的应用

卤代烷脱卤酶不仅可以通过一种低能耗的途径降解环境中的有毒污染物，还可以作用于多种卤代底物，而且具有手性拆分特性，因而在生态环境修复和工农业生产领域具有重要应用价值。①用于环境修复。1，2-二氯乙烷是有毒的污染物，常作为有机溶剂或杀虫剂被引入到生态环境中，严重威胁人类健康。德国北部Lübeck早在20世纪90年代就已实现运用卤代烷脱卤酶产生菌Xanthobacter autotrophicus GJ10大规模进行地下水处理，可在8~12℃条件下每小时处理5~20m^3水量，将1，2-二氯乙烷的含量从1000~15000μg/L降低至10μg/L以下。②合成光学纯度的(S)-β-溴代烷烃、(S)-β-醇、(S)-α-溴代酯、(S)-α-羟基酯、(S)-α-溴代酰胺与(S)-α-羟胺，作为有用的手性砌块，用于医药中间体的绿色合成。例如，(S)-2-戊醇是合成潜在的抗阿尔茨海默病药物的中间体；乙基-(S)-2-羟基丙酸酯用于合成缓解海洛因和其他阿片类戒断而引起的躯体症状的氯苯氧唑啉；光学纯的酰胺类化合物可以作为非天然肽、维生素及抗生素的合成前体。③用于副产物的回收。1，2，3-三氯丙烷、1，2-二氯丙烷与1，2-二氯丁烷分别是化学合成表氯醇、丙烯氧与丁烯氧过程中的副产物，卤代烷脱卤酶可将这些副产物转化为卤代醇进而节约生产成本。美国陶氏化学公司曾将来自于 Rhodococcus sp. TDTM003 的 DhaA 用于副产物的脱卤，促进卤代醇的形成。④构建生物感应器，用于原位检测环境中的卤代污染物。如市售的 OptiEnz 传感器是通过直接将细胞固定到离子选择性电极的传感膜上，用于1，2 二溴乙烷、二氯甲烷以及其他的卤代脂肪烃类化合物。Enantis 公司开发的 EnviroPen 传感器则是利用纯化的卤代烷脱卤酶。可用于检测1，2 二溴乙烷、3-氯-2-(氯甲基)-1-丙烯与1，2，3-三氯丙烯。⑤细胞成像与蛋白质分析。如 Promega 公司开发的新的细胞成像技术是将携带或融合了荧光材料的 DhaA 突变体酶特异性结合在某些细胞器上的底物基团，从而进行细胞成像；工程化的卤代烷脱卤酶标签 HaloTag 可通过共价键与配体稳定结合，进而通过与磁珠或其他介质亲和吸附，用于纯化大肠杆菌或哺乳动物细胞的蛋白，以提高外源蛋白在大肠杆菌中的可溶性表达；此外，还可将融合了癌细胞识别肽的卤代烷脱卤突变体酶特异性地结合在连接底物分子的纳米材料上用于肿瘤诊断和治疗技术的开发。

第二节　卤代醇脱卤酶

卤代醇脱卤酶又称卤代醇环氧化物酶或卤化氢裂解酶(EC4. 5. 1. X)，可催化β-卤代醇脱卤，释放卤素离子，产生相应的环氧化物。卤代醇脱卤酶除了用于自然界中许多环境污染物的生物降解之外，还可以在亲核试剂如氰化物、叠氮化合物或亚硝酸盐存在条件下催化环氧化物的开环反应，用于生产对映体纯度的卤代醇与环氧化物及合成含新 C—C 键、C—N 键或者 C—O 键的化合物(如图 13-5)。

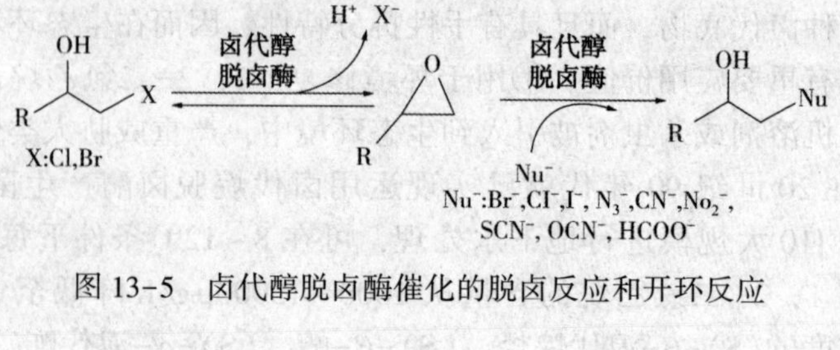

图 13-5　卤代醇脱卤酶催化的脱卤反应和开环反应

一、卤代醇脱卤酶的来源与分类

卤代醇脱卤酶广泛存在于自然界的各种环境中，早在50年前，卤代醇脱卤酶就已经被发现报道，至今越来越多的酶被已经发掘，这些酶主要来自于棒状杆菌属(Corynebacterium)、节细菌属(Arthrobacter)、洪菌科的Parvibaculum、替斯崔纳菌属(Tistrella)、分支杆菌属(Mycobacterium)、土壤杆菌属(Agrobacterium)、红环菌目的Dechloromonas、伯克氏菌目的Methylibium、酸微菌科的Ilumatobacter、索氏菌属(Thauera)、α-变形菌门的Sneathiella glossodoripedi、丛毛单胞菌科的Limnohabitans、丝硫细菌属(Thiothrix)、假单胞菌属(Pseudomonas)、棒状杆菌属(Corynebacterium)、根瘤菌属(Rhizobium)海杆菌属(Sneathiella glossodoripedi)、及通过海洋宏基因组分析鉴定的罗尔斯通菌属(Ralstonia)、希瓦氏菌属(Shewanella)、伯克霍尔德菌(Burkholderia)、堆囊菌属(Sorangium)、慢生根瘤菌(Bradyrhizobium)、侏囊菌亚目的Haliangium、蓝细菌门的Acaryochloris、放线菌目的Catenulispora。然而，目前进行外源重组表达与生化表征的卤代醇脱卤酶，分别是来自Corynebacterium sp. strainN-1074的HheA，来自Arthrobacter sp. strainAD2的HheA2，来自Corynebacterium sp. strainN-1074HheB，来自Mycobacterium sp. strain GP1的HheB2、来自Agrobacterium radiobacter AD1的HheC，与来自Agrobacterium tumefaciens的HalB。

卤代醇脱卤酶根据其氨基酸序列同源性和催化底物谱分为A、B和C三类。其中，HheA与HheA2具有较高的序列同源性，被归为A类酶；HheB2与HheB序列高度相似，被归为B类酶；HheC与HalB则被归为C类酶。每类酶间两种酶的序列同源性高于97%，而不同类型酶序列间同源性在15%~33%之间。由于这些酶之间高度的相似性，目前也只有三种酶用于生物技术的开发应用。

二、卤代醇脱卤酶结构特征和催化特性

(一) 结构特征与催化机制

通过对卤代醇脱卤酶序列与三级结构比对分析，发现卤代醇脱卤酶与短链脱氢酶/还原酶(SDR)家族蛋白质具有一定相似性和进化同源性，所以将这类酶归为SDR超家族。三类卤代醇脱卤酶间氨基酸序列同源性低，但在结构上除了在参与构成活性中心的loop元件及卤素结合位点上存在不同之外，整体空间结构具有极高的相似性。如图13-6，每个单体是由两侧环绕α-螺旋的7条平行的β-折叠构成，该结构类似于卤代烷脱卤酶中的Rossman折叠结构。这三类酶的催化活性中心均由loop参与组成，这些loop上集中了影响底物进入、卤素结合及非卤

基团结合的残基，决定了酶的催化活性和底物选择性。卤代醇脱卤酶采用了与SDR家族相似的保守的Tyr-Ser-Lys催化三联体结构，但不同的是，SDR家族中的Lys被卤代醇脱卤酶中的Arg所取代，即其脱卤反应是由保守的催化三联体Tyr-Ser-Arg负责完成。如图13-6所示，Ser主要通过与底物羟基间形成氢键而稳定底物分子的结合，碱性残基Arg通过降低Tyr的pk_a值后，使得Tyr通过夺去底物羟基基团的一个质子而活化底物分子，从而引发底物上氧原子作为亲核试剂对邻位碳原子进行SN_2型进攻，通过闭环反应生成相应的环氧化物，释放卤离子。与卤代烷脱卤酶SN_2型水解机制不同，该反应分子内亲核取代反应，其中卤离子的释放是脱卤反应的限速步骤。此外，卤代醇脱卤酶还可以介导环氧化物开环反应，在开环反应的过程中它不但可以接受卤素离子还可以接受一系列阴离子作为亲核试剂，亲核试剂进攻环氧化物上的碳原子，Tyr则提供一个质子到环氧化物的氧原子上，生成相应的光学纯β-取代醇(如图13-7)。

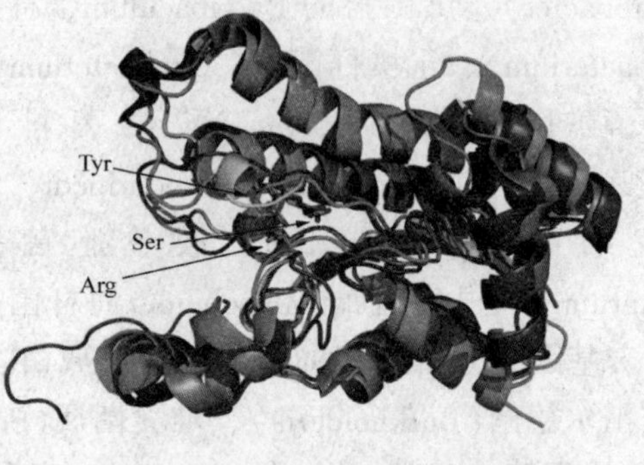

图13-6　卤代醇脱卤酶的三维结构飘带示意图，HheA(橙色)，HheB(绿色)，HheC(紫色)

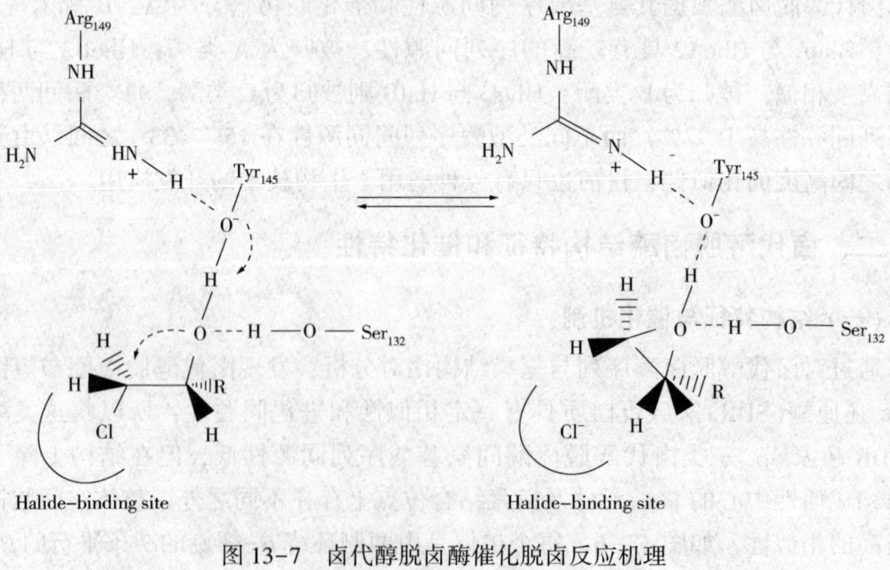

图13-7　卤代醇脱卤酶催化脱卤反应机理

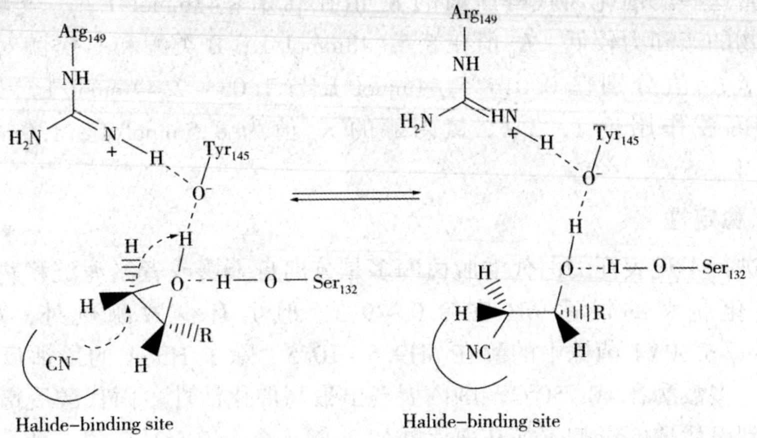

图 13-8　卤代醇脱卤酶催化开环反应机理

(二) 底物选择性

不同种类卤代醇脱卤酶在底物选择性上差异较大，对于不同碳链长的卤代醇，三类酶之间具有不同的偏好性，但均对氯代和溴代醇表现出偏好性，其中对溴代底物的催化活性高于氯代底物。A 和 B 类卤代醇脱卤酶偏好于催化较长链的 β-卤代醇(C5，C6)的脱卤反应，而 C 类酶由于结合口袋较小，对短链 β-卤代醇(C2，C3)呈现出高催化活性。此外，C 类卤代醇脱卤酶可以催化芳香族或脂肪族卤醇的转换。

(三) 立体选择性

三类卤代醇脱卤酶的立体选择性也各有差异。A 类酶 L-型底物具有较高的立体选择性；B 类酶多偏好于 D-型底物；C 类酶的对映选择性相比于 A 类和 B 类酶较高，偏好 D-型底物。研究表明卤代醇脱卤酶的立体选择性主要是由卤素结合位点和参与构成活性中心的 loop 元件决定，因此常是该类酶改造的“热点”区域。如 Tang 等对 HheA 的研究发现酶活性口袋内壁 Loop2 中的 V136 与 L141 及参与卤素结合的 Loop3 中的 N178 对酶的立体选择性有关键调控作用，并获得偏好 D-型的突变体 V136Y/L141G 与高 L-型选择性突变体 N178A。HheC 中，2-氯-1-苯乙醇两个对映体的羟基基团，氯原子与苯环结合位点既享有共同的氨基酸残基，又由不同的残基参与组成。HheC 以“non-productive binding mode”结合 L-型底物，而以“productive binding mode”结合 D-型底物，因此野生型 HheC 有高的 D-型底物选择性。

(四) 催化动力学特征

不同微生物来源的卤代醇脱卤酶在催化底物脱卤时，与底物的亲和力也各有差异，通常这些酶催化卤代醇脱卤的 K_m 值在 0.01~48mmol/L。三类酶之间，A 类酶对底物的亲和力较低，K_m 值在 8.5~48mmol/L；B 类酶和 C 类酶对底物的亲和力较高，K_m 值分别在 0.01~5.64mmol/L 与 1.03~2.44mmol/L。如 HheA2，HheB 与 HheC 作用于 1，3-二氯丙醇的 K_m 值为 8.5mmol/L、1.03mmol/L 与 5.64mmol/L。

（五）稳定性

目前进行生化表征的卤代醇脱卤酶多是分离自土壤或者淤泥沉积物中，其中多数酶催化脱卤的最适 pH 在 8.0~9.5，但也有少数酶例外，如来自于 Arthrobacter sp. PY1 菌株中的酶在 pH9.5~10.5。除了 HheA 的最适反应温度是 55℃之外，多数酶在 40~50℃范围内展现出最高催化活性。卤代醇脱卤酶的催化活性会受到卤代酸的影响，如在卤代酸如 2-氯乙酸与 2，2-二氯乙酸存在时，多数卤代醇脱卤酶的催化活性会受到抑制，如上述两种卤代酸是 DehA 的非竞争性抑制剂，而 2-氯乙酸是 HheA2 的竞争性抑制剂。此外，卤代醇脱卤酶的催化活性也会被重金属离子如 Ag^+、Hg^{2+} 与 Cu^{2+} 所抑制。

三、卤代醇脱卤酶的应用

卤代醇脱卤酶介导的脱卤反应具有反应条件温和、高催化效率、高立体选择性及高区域选择性等特点，不仅可用于有毒卤代有机物污染环境的脱毒，还可以用于合成手性卤代醇与手性环氧化物等，因而在污染环境的生物修复、造纸及聚合物等工业领域中具有重要应用价值。①有毒污染物的脱毒。1，3-二氯丙醇是精细化学品制造过程中常用的起始化合物，其大量应用不可避免给环境和食品带来污染。菌株 Agrobacterium sp. A1、Arthrobacter sp. strain PY1 与 Pseudomonas putida DSM347 曾用于 1，3-二氯丙醇的降解，降解速度分别是 3.1 mg/L/h、23.8mg/L/h 与 8.9 mg/L/h。另外，3-氯-1，2-丙二醇是食品生产过程中常见的污染物，该化合物可以与脂肪酸反应以脂肪酸酯的形式存在于食用油中，严重威胁着人类健康，而通过卤醇脱卤酶与环氧化物水解酶的作用，可以把有毒的 3-氯-1，2-丙二醇转化为无毒且可食用的甘油，解决在生产过程中所遇到的二次污染问题。②动力学拆分。卤代醇可通过拆分消旋的卤代醇合成光学纯的对映体，如利用固定化的 Pseudomonas sp. OS-K-29 细胞对消旋的 2，3-二氯丙醇进行拆分，可以获得对映体纯度为 100%的 L-型对映体，该固定化细胞还可用于化学合成中常用的手性中间体乙基-4-氯-3-羟基丁酸酯。Alcaligenes sp. DS-S-75 与 P. sp. DS-K-2D1 菌株可用于拆分消旋的 3-氯-1，2-丙二醇获得光学纯的对映体。将卤醇脱卤酶 HheC 用于拆分脂肪族和芳香族的卤醇化合物，可获得对映体纯度为 92%~96%的卤醇化合物。③手性环氧化物的合成。手性环氧化物是医药和农用化学品合成过程中重要的手性砌块，目前已建立多种包括化学的以及生物的合成策略，而卤代醇脱卤酶催化闭环脱卤反应，是一种有潜力的用于生产手性环氧化物的途径。光学纯的表氯醇是一种重要的环氧化合物，可广泛应用于化工、轻工、医药等众多领域，如用于合成右旋肉碱与利奈唑胺等药物。Assis 等曾将分离自 Arthrobacter erithii H10a 菌株的卤代醇脱卤酶用于催化 1，2-二氯丙醇脱卤合成光学活性的右旋表氯醇，其中对映体纯度高于>95%。HheC 也曾用于表氯醇的拆分，对映体纯度高达 99%。④合成对映体纯度的 β-取代醇。如图 13-9所示，当反应体系中存在 Br^-、Cl^-、I^-、CN^-、NO_2^-、N_3^-、OCN^-、SCN^- 或 $HCOO^-$ 等亲核试剂时，卤醇脱卤酶在催化脱卤反应之后可进一步催化环氧化物的开环反应生成相应的 β-取代醇，如 β-叠氮醇、β-硝基醇及 β-羟基腈等化合物，并且具有立体选择性，因而被广泛应用于对手性 β-取代醇的不对称合成，进而用于合成医药与生物活性化合物的手性砌块。如在亲核试剂 CN^- 的存在下，HheC 催化氰化钠拆分 4-氯-3-羟基丁酸甲酯，可以获得对映体纯度分别为 95.2%和 96.8%的(S)-4-氯-3-羟基丁酸甲酯与(S)-4-氰基-3-羟基丁酸乙酯。

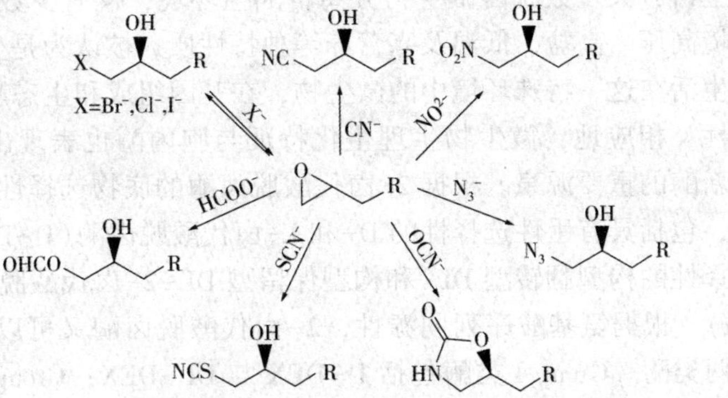

图 13-9 通过卤醇脱卤酶的催化反应合成手性 β-取代醇

第三节 卤代酸脱卤酶

卤代酸脱卤酶包括卤代乙酸脱卤酶、2-卤代酸脱卤酶与 3-卤代酸脱卤酶，其中 2-卤代酸脱卤酶是目前发现的最多的一类，由于其具有较高的立体选择性，因此在生物催化与转化方面具有较大使用价值，本节就 2-卤代酸脱卤酶的研究及应用进展进行详述。

一、卤代酸脱卤酶来源与分类

2-卤代酸脱卤酶(2-haloacid dehalogenases)是一类催化 2-卤代酸脱卤水解产

生相应的2-羟基酸的水解型脱卤酶(如图13-10)。

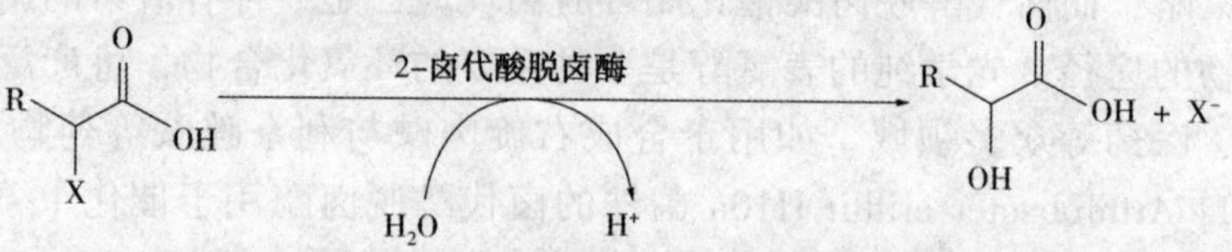

图13-10 卤代酸脱卤酶催化反应式

20世纪80年代后期人们开始从环境中分离得到大量的2-卤代酸脱卤微生物。至今分离获得的微生物已遍布于多个菌属，包括假单胞菌属(Pseudomonas)，土壤杆菌属(Agrobacterium)，固氮菌属(Azotobacter)，根瘤菌属(Rhizobium)，莫拉克斯氏菌属(Moraxella)，硫化叶菌属(Sulfolobus)，黄杆菌属(Xanthobacter)，副球菌属(Paracoccus)，产碱杆菌属(Alcaligenes)，伯克霍尔德菌属(Burkholderia)，火球菌属(Pyrococcus)，冷单胞菌属(Psychromonas)，杆菌属(Ancylobacter)与甲基杆菌属(Methylobacterium)。其中假单胞菌属所占比例最高。从分离环境上讲，大多数脱卤微生物分离自陆生环境，仅有少数来自海洋环境。由于海洋环境高压、高盐、低温及寡营养等独特性质，被认为是生命活动的极端环境，因此生活在这一特殊环境中的微生物，在基因组成和生态功能上表现出多样性和特异性。相应地，微生物生理生化特征与胞内酶也表现出多样性和特异性，是发现新酶的重要源泉。根据2-卤代酸脱卤酶的底物选择性和产物的构型，可分为四种，包括具有手性选择性的D-和L-卤代酸脱卤酶(D-DEX和L-DEX)及无手性选择性的构型翻转型DL-和构型保留型DL-2-卤代酸脱卤酶(DL-DEXi和DL-DEXr)。根据氨基酸序列同源性，2-卤代酸脱卤酶又可以被分为Group I与Group II两类酶。Group I类酶包括D-DEX与DL-DEX；Group II类酶仅包括L-DEX。

二、卤代酸脱卤酶结构特征和催化特性

卤代烷脱卤酶和卤代醇脱卤酶各亚族成员间结构上高度相似，并且享有相同的催化机制，然而，对于2-卤代酸脱卤酶，却大为不同，其结构的多样性决定了其功能多样性，不同类型的2-卤代酸脱卤酶在结构和催化机理也有所不同。

(一) L-DEX结构特征和催化机理

L-DEX(EC3.8.1.2)酶类专一性地作用于L-2-卤代酸产生D-2-羟基酸，在自然界中普遍存在，是目前研究最为透彻的一类2-卤代酸脱卤酶。至今已解析多种来源的L-DEX及其与底物复合物的三维结构，如来自Pseudomonas sp. strainYL的L-DEX YL，来自X. autotrophicus GJ10的DhlB，来自Pyrococcus horikoshii OT3 的 PH0459，来自 Burkholderia cepacia MBA4 的 DehIVa，来自 Sulfolobus tokodaii 的 DehSft，来自 Rhodobacteraceae 的 DehRhb。L-DEX 是 α/β 类型水解酶，但并不属于 α/β 水解酶折叠家族。其含有典型的 HAD-like fold 核心域：6 股 β 链以 321456 的顺序平行排列，由 α-helices 连接 β-strands 形成的三层 α/β 折叠单元构成三明治结构域。不同于 α/β 水解酶折叠家族典型的结构域，即八股 β-strands 以 12435678 的顺序排列，且 β2-strands 反平行于其他链，从第 3 股链开始，两条链之间由 α-helix 连接，形成 β/α/β 单元，第一个 α-helix 和最后一个 α-helix 位于 β-sheet 的一侧，其余 α-helix 位于另一侧。其中除了 PH0459 晶体结构为单体，其他 L-DEX 晶体结构均为二聚体。除 DhlB 由一个核心结构域，两个亚结构域组成外，其他 L-DEX 都是有一个核心结构域与一个亚结构域构成，活性位点位于两个结构域间(图 13-11)。L-DEX 的脱卤反应属于 S_N2 亲核取代反应，是以其活性中心的天冬氨酸残基的羧酸基团作为亲核试剂，攻击 L-2-卤代酸的 C2 原子，形成一个酯中间体，中间产物在由 His/Glu(DehRhb 中)或 Asn/Ser(DehIVa 中)或 Lys(L-DEX YL 中)活化的水分子的进攻下水解，离去的卤素离子主要由 Arg 或 Asn 或 Phe 的辅助下稳定(图 13-12)。

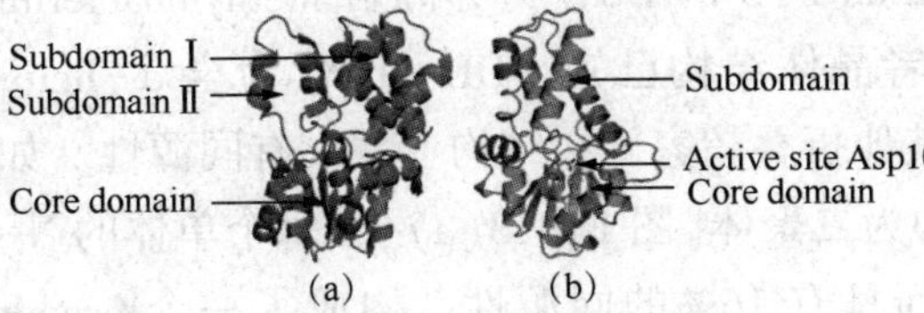

图 13-11 L-DEX 晶体结构

(a)来自 X. autotrophicus GJ10 的 DhlB；(b)来自 Pseudomonas sp. strain YL 的 L-DEX YL

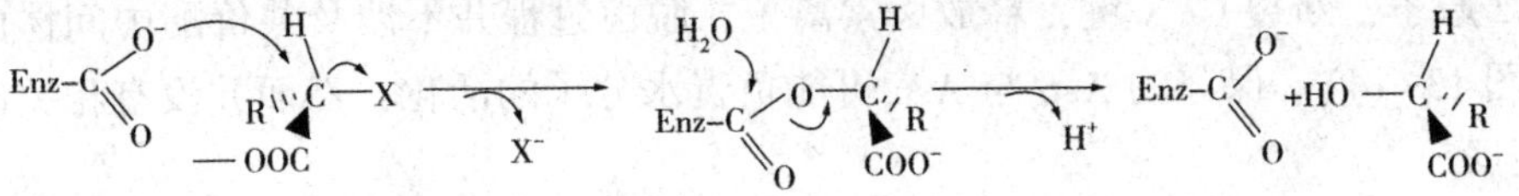

图 13-12 L-DEXs 催化机制

(二) L-DEX 催化特性

L-DEX 的来源比较广泛，如陆生和海洋环境，不同来源的 L-DEX 在酶学特性上既有相同点又表现出差异。如 L-DEX 对氯代与溴代底物表现出高的催化活性，对 D-2-卤代酸无降解能力，不能催化氟代与 C3 位置取代的卤代酸脱卤反应；除了具有催化长链卤代酸脱卤特性之外，多数 L-DEX 仅对于碳链长度为 2 和 3 的卤代酸表现出高的催化活性，而对于碳链更长的底物催化活性很低。但在底物特异性上不尽相同，如 L-DEX YL 对 L-2-氯丙酸的催化转化比氯乙酸好，而来源于 Pseudomonas putida No. 109 菌株的 L-DEX 则更偏好于氯乙酸。L-DEX 的最适反应 pH 偏碱性范围，在 pH9～11 之间，脱卤酶亚基分子量为 25000～28000Da。但这类脱卤酶在天然状态下，其分子量不尽相同，分别有单聚体、二聚体和四聚体。对来源于不同细菌的脱卤酶，其对温度耐受性也不一致。如陆生来源的 Pseudomonas putida 产生的 L-DEX 最适反应温度为 30～45℃，55℃孵育 15min 后，酶活性为原来的 50%，热稳定性差；海洋来源的 Rhodobacteraceae 产生的 DehRhb 最适反应温度为 55℃，60℃条件下孵育 1h 后，活性仍保留在 45% 左右，表现出适度热稳定性。

（三）DL-DEX 结构特征和催化机理

DL-DEX 酶类可同时催化 2-卤代酸的两个对映体脱卤反应，水解，产生相应的 2-羟基酸。根据产物的构型分为构型翻转型（DL-DEXi，EC3. 8. 1. 10）与构型保留型（DL-DEXr，EC3. 8. 1. 11）。

DL-DEXi 酶类催化底物脱卤时，C2 原子构型翻转，产物构型与底物构型相反。目前已报道的 DL-DEXi 包括分离自 Pseudomonas sp. 113 的 DL-DEX113，分离自 Pseudomonas putida PP3 的 DehI 与分离自 Methylobacterium sp. CPA1 的 DL-DEX Mb。其中后两者晶体结构已知，DL-DEXi 为全 α-helix 类型蛋白，与 L-DEX 及水解酶中的其他折叠超家族在结构上并没有同源性。如图 13-13，为 DehI 结构图，其晶体结构为二聚体［图 13-13（a）］，每个单体的 N-端（残基 1-130）与 C-端（166-296）序列具有 16% 的同源性，构成了一个 pseudo-dimer［图 13-13（b）］。活性中心位于每个单体的 pseudo-dimer 交界面处，可结合 D-型与 L-型底物。DL-DEXi 催化机制也不同于 L-DEX，其通过活化水分子直接攻击 2-卤代酸的 C2 原子，断裂 C-X 键，释放卤素离子，脱卤过程并不涉及共价酯中间体的形成（图 13-14）。保守的 Asp 与 Asn 可能负责水分子的活化，然而并没有相关的实验证据。

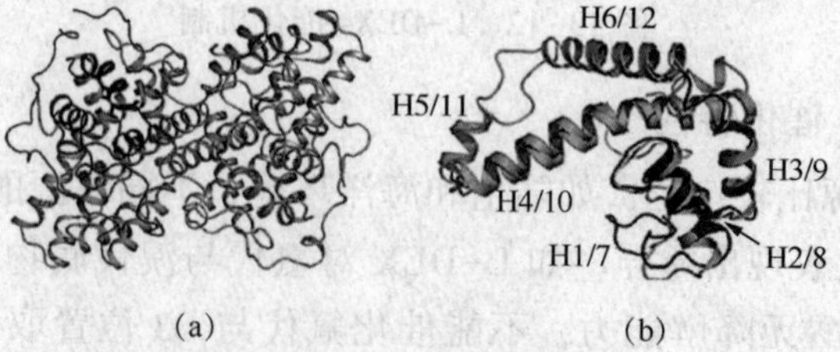

图 13-13　来自 P. putida PP3 的 DehI 晶体结构。

（a）DehI 二聚体结构；

（b）DehI 单体 N-端与 C-端重复结构叠合，α-helix 在图中标出

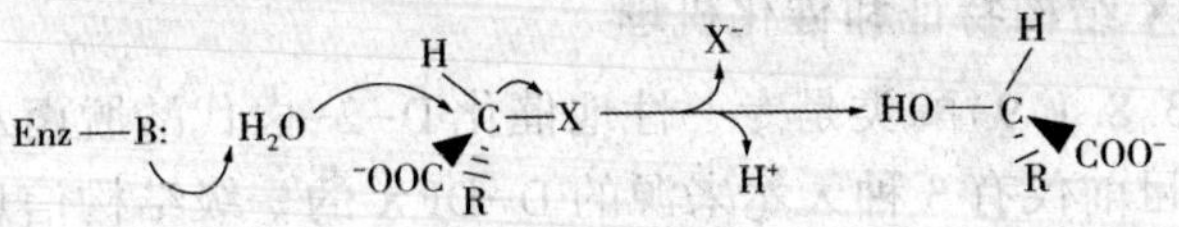

图 13-14 DL-DEXis 脱卤反应机理

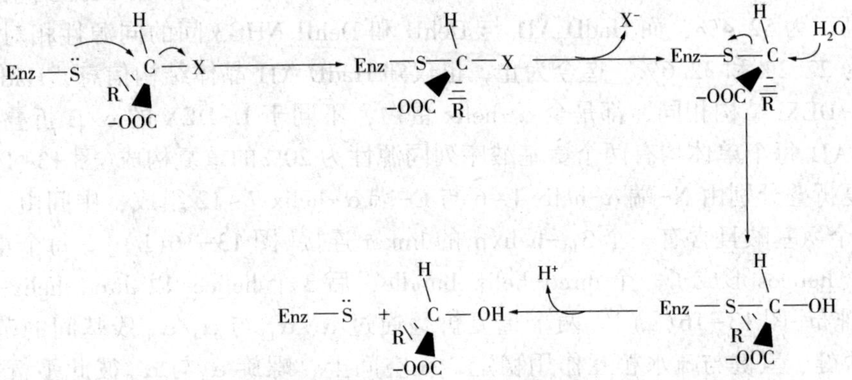

图 13-15 DL-DEXr 可能的催化机理

DL-DEXr 酶类与 DL-DEXi 催化产物相反，其催化底物脱卤后，生成的产物构型与底物构型相同。目前可供参考的 DL-DEXr 是来自 P. putida PP3 菌株，然而该类酶的一级结构与三维结构信息及反应机理仍未解析。由于 DL-DEXr 对 *N*-乙马来酰亚胺与 p-对氯汞苯甲酸等巯基破坏试剂高度敏感，因此推测 DL-DEXr 的巯基基团参与催化反应，在脱卤时可能涉及硫酯中间体的形成。如图 13-15 所示，酶与底物作用，底物 C2 构型翻转，释放卤素离子，形成酶-底物硫酯中间体，中间体在 H_2O 的进攻下水解，同时 C2 原子构型发生第二次翻转，生成与底物相同构型的产物，但目前还没有直接的实验证据来支持。

（四）DL-DEX 催化特性

目前已分离鉴定的 DL-DEX 较少，在酶学特性表征方面的研究也较少，目前已报道的 DL-DEXi 多偏好于 L-型底物，如分离自 P. putida PP3 的 DehI，分离自 Rhizobium sp. RC1 的 DehE，分离自 P. sp. 113 的 DL-DEX 113 与来自 Alcaligenes xylosoxidans ssp. Denitrificants DhIIV 的 DL-DEX ABIV。作用于 L-型底物的比活性分别是作用 D-型底物比活性的 1.2 倍、1.6 倍、1.4 倍与 1.1 倍。DL-DEXi 对碳链长度在 2~5 的卤代酸有降解能力，而且能够降解 3-氯乙酸。其最适反应 pH 在 9.5 左右。酶的分子量大约在 68kDa，由两个同源的亚基构成。催化转化底物和产物构型保持一致的 DLDEXr，对巯基抑制剂比较敏感，对碳链长度在 2~4 的卤代酸有降解能力。

(五) D-DEX 结构特征和催化机理

D-DEX(EC3. 8. 1. 9)酶类是专一性地催化 D-2-卤代酸脱卤水解产生 L-2-羟基酸的一类酶。目前仅有 3 种天然来源的 D-DEX 的一级结构信息可供参考利用，包括来自 Rhizobium sp. RC1 的 DehD，来自 Agrobacterium sp. strain NHG3 的 DehII 及来自 Pseudomonas putida AJ1 的 HadD AJ1。其中 DehD 与 DehII NHG3 间的同源性最高，为 52.4%，而 HadD AJ1 与 DehD 和 DehII NHG3 间的同源性相对较低，分别为 22.2%和 32.6%。迄今为止，也仅知 HadD AJ1 晶体结构信息，HadD AJ1 与 DL-DEXi 结构相同，都是全 α-helix 蛋白，不同于 L-DEX 的 α/β 折叠结构。HadD AJ1 每个单体均有两个氨基酸序列同源性为 20%的重复构成(图 13-16)，2 个重复折叠分别由 N-端 α-helix 1~6 与 C-端 α-helix 7~12 组成，中间由一个包含 33 个氨基酸且含有一个 3_{10}-helixη_1的 linker 连接[图 13-16(b)]。每个重复的前 3 个 helices 形成了一个 three-helix-bundle，后 3 个 helices 以 three-helix-triangular 排布[图 13-16(a)]。两个重复折叠通过 α_6/α_{12}与 α_4/α_{10}残基间的范德华力、盐键、氢键与疏水相互作用稳定。在空间上，螺旋 α_4与 α_{10}彼此平行排列，α_6与 α_{12}相互交叉在它们中间的凸起处。这种结构上内在的重复对称折叠在很多蛋白中发现，可能是由蛋白质进化中一些遗传过程如域的融合与裂变及基因复制等改变引起。

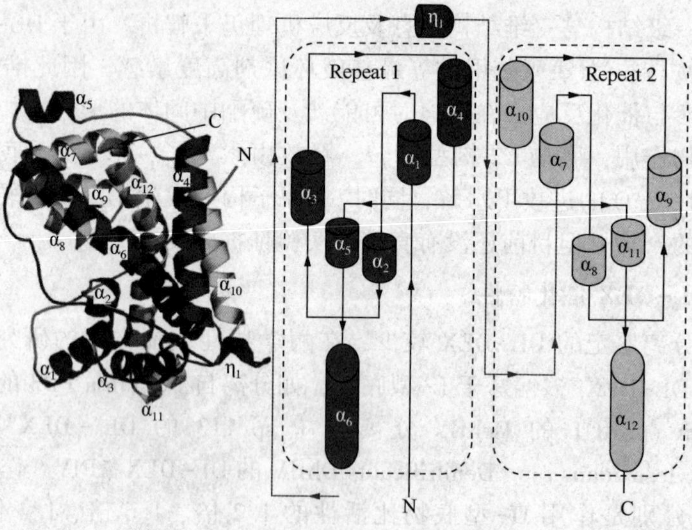

(a) (b)

图 13-16 HadD AJ1 单体结构

(a) HadD AJ1 单体飘带结构图，两个重复基序 repeat1 和 repeat2 由 linker 连接；

(b) HadD AJ1 单体折叠的拓扑结构，repeat1 与 repeat2 以矩形标注

对 HadDAJ1 催化机理研究表明，D-DEX 酶类的脱卤反应是由水分子直接介导，反应过程中没有酯中间体的形成。其中，D205 为关键催化残基，D205 在 N131 的辅助下共同参与水分子的活化，活化的水分子从正后方进攻底物 C2 原子，断裂 C—X 键，卤素离子离去，同时活化的水分子羟基与底物 C2 原子键合，形成 L-型乳酸(图 13-17)。

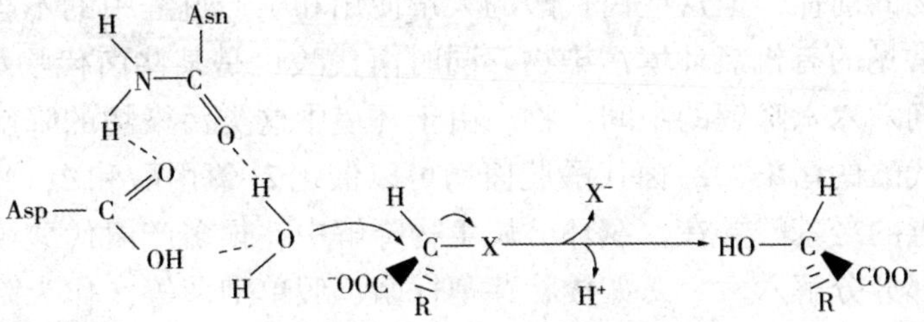

图 13-17 D-DEX 催化机理

2-卤代酸脱卤酶中，D-DEX 与 DL-DEXi 氨基酸序列间具有较高同源性，结构上亦是如此，并且两者催化脱卤都是由水分子直接介导，不同于 L-DEX 由酶-底物酯中间体介导的脱卤反应，进一步揭示了 D-DEX 与 DL-DEXi 在进化上有着密切联系。

(六) D-DEX 催化特性

目前对 D-DEX 酶类的研究相对较少，这可能与发现的产 D-DEX 的细菌种类较少有关。通过对 DehD 与 HadD AJ1 生化酶学特性的表征，发现 D-DEX 酶类偏好于催化碳链长度在 2~4 个碳原子的 D-氯代及溴代酸脱卤，对溴代底物的催化活性高于对氯代底物的催化活性。不同来源的酶作用于相同底物的 K_m 值相差较大，如 DehD 与 HadD AJ1 催化 D-2-CPA 脱卤的 K_m 值分别为 0.06mmol/L 与 2.2mmol/L，相比与 HadD AJ1，DehD 对卤代底物表现出更高的亲和力，如作用于单溴乙酸、2-溴丙酸与单氯乙酸的 K_m 值也非常低，在 0.25~0.67mmol/L。两种酶在溶液中的存在状态也有所不同，DehD 以同源二聚体形式存在，而 HadD AJ1 以同源四聚体形式存在。HadD AJ1 在 pH9.5 有最大酶活性，当 pH 在 8~10 范围之外时，酶仅表现出少于 50%的催化活性。HadD AJ1 的最适反应温度为 50℃，然而该酶的热稳定性较差，酶分子在 30~35℃比较稳定，高于 40℃时，随着温度的升高，酶活性迅速丢失。

三、卤代酸脱卤酶的应用

卤代酸脱卤酶可以通过水解脱卤机制脱去有机卤代羧酸中的卤素，在脱卤过程中可以不需另加还原剂即可以一条简单的途径进行生物减毒，在有机卤化物污染的环境中起到生物修复的作用；同时，卤代酸脱卤酶还可以高度立体选择性地催化脱卤反应，用于获得小分子的手性羟基酸与卤代酸，这些小分子有机酸通常是农药、医药及化工合成的中间体，因而，该类酶在环境修复及化工合成等领域有着广泛的用途和巨大的经济价值。①环境治理。卤代羧酸如2-氯丙酸和2，2-二氯丙酸被广泛用作合成农药和医药的中间体，尤其是手性纯2-氯丙酸是合成很多手性药物的前体。但这些卤代酸的大量使用和生产过程中的不当处置使得它们同时成为常见的有机氯环境污染物。同时卤代酸也是某些卤代物如1，2-二氯乙烷和杀虫剂六六六降解的中间产物，由于环境中这类污染物的降解而导致了环境中对应卤代酸的污染。2-卤代酸脱卤酶可以催化2-氯丙酸和2，2-二氯丙酸脱卤降解为无毒的羟基酸。在六氯环己烷生物降解中，很多产卤代酸脱卤酶的微生物可分解或部分分解六六六，如梭状芽孢杆菌、假单孢菌等，作为降解六六六途径过程中最终步骤的执行者，这些微生物的参与使六六六有可能被完全降解，在环境治理方面具有重要应用价值。②化工合成领域。脱卤酶的手性选择性使其在化工合成领域备受青睐，化学法合成光学纯化合物常常会涉及刺激性有毒试剂，得到的产物光学纯度低且产率不高，而利用酶作为生物催化剂不仅反应条件温和，对环境友好且产率高，可获得高度光学纯的手性化合物。具有较高立体选择性的脱卤酶，可通过对酶不对称催化选择性的定向调控，控制反应进行的方向与程度，获得高光学纯度的、具有特殊结构的目标产物。如L-2-氯丙酸是合成除草剂和杀虫剂的重要前体，D-DEX可以将外消旋的2-氯丙酸选择性水解，即将D-2-氯丙酸水解而L-2-氯丙酸不发生水解，分离就可以得到高对映体纯度的L-2-氯丙酸。帝国化学工业也早已在工业中应用HadD AJ1拆分消旋2-氯丙酸获得具有光学活性的L-2-氯丙酸，作为农药和消炎药的合成前体，现已成为手性氯丙酸的主要生产方法。此外，D-2-氯丙酸也是一种重要的化工原料，可以直接用来合成多种医药中间体，尤其可以用于合成营养药L-丙氨酰-L-谷酰胺、抗结核病药物硫乳霉素，利用L-DEX拆分消旋2-氯丙酸即可获得对映体纯度的D-2-氯丙酸。D-乳酸是农药化工领域中一个重要的手性中间体，可用于合成芳香丙酸类除草剂；同时，D-乳酸在医药方面也有广泛用途，可用于纳米粒子或纳米纤维用作药物载体，以及用于合成重要的手性药物中间体，如D-乳酸甲酯等。③用于农业生产领域。广谱除草剂如单氯乙酸与2-氯丙酸可以有效地除去多种杂草，但不幸的是，这些除草剂同时可以除去有经济价值的农作物，因此其使用会给农业经济带来大量损失，而构建具有抗除草剂性能的农作物可以避免这些损失。这就需要向农作物中引入编码脱卤酶的基因。如Mohamed等将D-2-卤代酸脱卤酶dehD基因导入烟草中作为一个选择性标签，构建的转基因Nicotiana benthamiana具有抗单氯乙酸的活性。

思 考 题

1. 卤代烷脱卤酶、卤代醇脱卤酶和卤代酸脱卤酶的底物在结构上有什么区别?

2. 脱卤酶的结构生物学研究进展有哪些?

第十四章　石莼多糖水解酶

浒苔和石莼是分别归属于绿藻门石莼科浒苔属与石莼属的两种绿藻植物。其主要成分不同，浒苔主要成分是浒苔多糖。石莼多糖是石莼细胞壁的主要成分。

第一节　石莼多糖裂解酶的基本性质

石莼多糖(Ulvan)是从石莼细胞壁中提取的主要水溶性多糖，占总藻干重的8%~29%。其作为石莼内主要基质多糖，是由3-硫酸化鼠李糖(Rha3S)、葡糖醛酸(GlcA)、艾杜糖醛酸(IduA)和一些木糖(Xyl)单元组成的阴离子硫酸化多糖。该多糖由于其丰富的单糖组成，具备独特的生物活性，在食品、生物医药、化妆品等领域均有应用。并且由石莼裂解酶降解产生的小分子寡糖，在抗氧化、降血脂、抗菌等方面表现出更优于大分子多糖的特性。

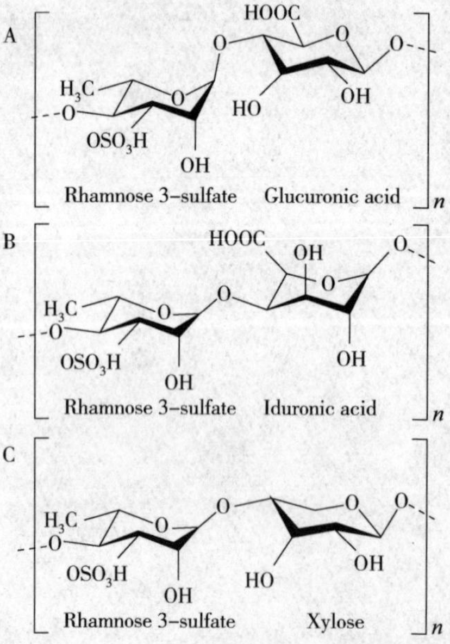

图 14-1　石莼多糖二糖单元结构

一、石莼多糖裂解酶的底物种类

石莼裂解酶的作用底物是石莼多糖，是一种从石莼属类海藻细胞壁中提取的主要水溶性多糖。根据二糖组成单元组成成分不同可分为D-葡萄糖醛酸(GlcA)+L-3-硫酸化鼠李糖(Rha3S)，L-艾杜糖醛酸(IduA)+L-3-硫酸化鼠李糖(Rha3S)，及D-木糖(Xyl)+L-3-硫酸化鼠李糖(Rha3S)这三种二糖单元(图 14-1)。

二、石莼多糖裂解酶的来源及分类

关于石莼多糖裂解酶的相关研究十分有限，虽然 Lahaye 等人于 1997 就从法国布里塔尼海湾地区的“绿潮”分解泥浆中的革兰氏阴性海洋细菌内提取分离出了一种能够降解切割 L-3-硫酸化鼠李糖(Rha3S)和 D-葡萄糖醛酸(GlcA)之间的 β-(1, 4)糖苷键，释放寡糖与在非还原端的不饱和糖醛酸的酶，并根据其裂解多糖的性质，将其归类为石莼多糖裂解酶。但是，直到近些年，相关研究者才开始对石莼多糖裂解酶进行更深入的研究。根据现阶段的文献报道，石莼多糖裂解酶的主要来源是海洋细菌及海洋生物消化道的肠道菌。当下已经完成的研究的目标菌株包括，交替单胞菌属(Alteromonas)、交替单胞菌属(Alteromonadales)、假交替单胞菌属(Pseudoalteromonas)、黄杆菌科的 Formosa agariphila 及 Nonlabens ulvanivorans。所有认定的石莼多糖裂解酶的 EC 编号都为 4. 2. 2. 。

根据多糖裂解酶家族(Polysaccharide Lyase Family)对已发现并登记于 CAZy 数据库中的石莼多糖裂解酶进行的分类，按照其 DNA 序列类型可归类于 PL24、PL25、PL28 三个家族。截至 2018 年 9 月 25 日 CAZy 数据库，PL24 家族来源有 Alteromonas sp . KUL17，Glaciecola sp. KUL10，Alteromonas sp. KUL42，Alteromonadales sp. LOR_ 107，Pseudoalteromonas sp. PLSV_ 3875，Pseudoalteromonas sp. PLSV_ 3925，Alteromonadales sp. LOR_ 61；PL25 家族有 Pseudoalteromonas sp. PLSV_ 3936，Alteromonadales sp. LOR_ 29，Nonlabens ulvanivoransNLR_ 492；PL28 家族有 Formosa agariphila KMM 3901T，Nonlabens ulvanivorans NLR48，Nonlabens ulvanivorns NLR42。

三、石莼多糖裂解酶的序列分析与进化关系

根据 CAZy 数据库的记录，共有 11 条石莼多糖裂解酶信息被收录，且序列信息被 genebank 收录。另外来自 Alteromonadales sp. LOR_ 29、Nonlabens ulvanivorans NLR_ 492 的两种石莼多糖裂解酶虽未被 CAZy 收录，但是已被 genebank 登入，其 genebank 号分别为 WP_ 052010178. 1、WP_ 036580476. 1。按照族类信息将同族的石莼多糖裂解酶序列进行序列比对，确定他们的同源相似性。比对结果表明 PL24 家族的褐藻胶裂解酶在序列上具有极高的相似性。其中在 Alteromonadales sp. LOR_ 107(AMA19991. 1)与 Pseudoalteromonas sp. PLSV_ 3875(AMA19992. 1)中分离出的酶的序列上，V48-L523 上存在大量的保守序列。根据 Hui-Min Qin 等在 2018 年的报道，他们对 CAZy 数据库 PL24 和 PL25 家族中具有不同氨基酸序列的酶进行 blast，并将它们的序列与 Pseudoalteromonas sp. PLSV_ 3875 中的石莼多糖裂解酶 PsPL 进行比较。PsPL 与 Alteromonas sp. LOR (AMA 19991. 1)、Catenovulum agarivorans DS2 15349(EWH08847. 1)、Glaciecola sp. (BAY00693. 1)分别共有 43. 44%、38. 47%、31. 58%的序列相似性。虽然 PsPL 仅与其共享 11. 5%的序列相似性，但是根据 Pseudoalteromonas sp. PLSV3936

的石莼多糖裂解酶的已解析的晶体结构，其序列比对结果显示 PsPL 的 His173、Tyr249、Arg265 和 Tyr304［His159，Tyr231，Arg247 和 Tyr286(PLSV 3936)］在石莼多糖裂解酶家族中是保守的。由于 PL25 家族仅收录了一种石莼多糖裂解酶的序列，无法单独对其进行序列分析，所以将 CAZy 收录的 PL24、PL25 两家族的 8 种石莼多糖裂解酶进行氨基酸序列比对。发现其 His173、Tyr249、Arg265(AMA 19992.1)3 个序列氨基酸确实保守存在，由此可以推测 PL24 与 PL25 家族的石莼多糖裂解酶 β-消去酶反应作用模式应该极为相似，这一结论在已发表的对 Alteromonadales sp. LOR_ 107(AMA19991.1)及 Pseudoalteromonas sp. PLSV_ 3936(WP_ 033186995.1)石莼多糖裂解酶结构解析的文章中得到证实。对 PL28 家族的 3 种石莼多糖裂解酶的氨基酸序列进行比对，发现其三者也具有不错的序列相似性，并且其在 Nonlabens ulvanivorans NLR48(KEZ94336.1)的反应氨基酸 Gln60、Lys162、Tyr281 也是保守的。由此可以推测，Formosa agariphila KMM 3901T(CDF79931.1)、Nonlabens ulvanivorans NLR48(KEZ94336.1)、Nonlabens ulvanivorns NLR42(AEN28574.1)这三种不同来源的石莼多糖裂解酶的降解模式可能是一致的。

为分析已知 3 个家族石莼多糖裂解酶的进化关系，将其除 KEZ94336.1 外所有氨基酸序列比对绘制进化树。发现相对于 PL28 家族，PL24 与 PL25 家族的石莼多糖裂解酶在进化关系上更为相近，在进化树中 PL25 家族的酶与 PL24 家族的酶同分属于一条主干。这也明显可以从这三家族已报道的酶的蛋白三维结构以及底物作用模式的异同中看出。其中 Alteromonadales sp. LOR_ 61(WP 032096165.1)和 Pseudoalteromonas sp. PLSV_ 3925(WP 033186955.1)，Alteromonadales sp. LOR_ 107(AMA19991.1)和 Pseudoalteromonas sp. PLSV_ 3875(AMA19992.1)中的两组酶表现出极高的序列相似性(图 14-2)。

四、石莼多糖裂解酶的性质及作用模式

现阶段研究的石莼多糖裂解酶的分子量主要在 30~60kDa。参照理论分子量，石莼多糖裂解酶存在 30~110kDa 不等的分子量分布。PL24 家族的 7 种石莼多糖裂解酶酶中，仅有 Alteromonas sp. KUL17(BAY00694.1)和 Pseudoalteromonas sp. PLSV_ 3875(AMA19992.1)中的石莼多糖裂解酶有明确的电泳分子量，分别为 55kDa 与 59kDa。其他的 Glaciecola sp. KUL10、Alteromonas sp. KUL42、Pseudoalteromonas sp. PLSV_ 3875，Pseudoalteromonas sp. PLSV_ 3925，Alteromonadales sp. LOR_ 61 的理论分子量分别是 112.74kDa、111.23kDa、59.64kDa、111.4kDa、110.9kDa。其中 KUL17 的理论分子量虽然也是 110kDa 左右，但是在酶的表达过程中，最终纯化获得的蛋白分子量为

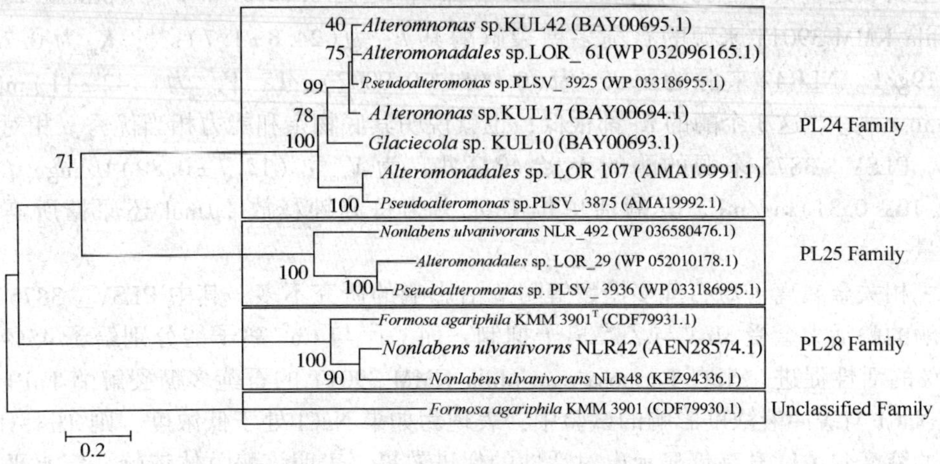

图 14-2　PL24、PL25、PL28 三家族石莼多糖裂解酶系统发育树

55kDa 左右。在 Chuan He 于 2017 年的文献报道中，对 KUL17 进行了结构域序列的改造，于大肠杆菌进行全酶序列表达。发现在将 KUL17 从 C 端开始一半左右的氨基酸序列舍去后，其表达蛋白的酶活力最高。这结论正好与在原菌体中天然分泌获得 55kDa 酶蛋白的结论一致。PL25 家族中仅有一种石莼多糖裂解酶，虽然已经对其进行结构解析，但是并未找到其实验表达分子量。根据 NCBI 所提供的序列信息 WP 033186995. 1，其理论分子量为 54. 28kDa。PL28 家族内有 3 株石莼多糖裂解酶，其中 2 种有表达的蛋白分子量，分别是 Nonlabens ulvanivorans NLR48(KEZ94336. 1)实际蛋白分子量 30kDa，理论蛋白分子量 33. 43kDa；Nonlabens ulvanivorns NLR42 (AEN28574. 1) 实际蛋白分子量 46kDa，理论蛋白分子量 58. 96kDa。余下的一种来自 Formosa agariphila KMM 3901T(CDF79931. 1)的石莼多糖裂解酶，其理论分子量为 54. 73kDa。

在对石莼多糖裂解酶酶学性质的表征上，共有 5 种酶已经确定其最适温度及 pH。其中来自 Formosa agariphila KMM 3901T 的最适温度为 29. 5℃，最适 pH 为 8. 5；PLSV_ 3875 及 GIIUL2 的酶最适温度都为 35℃，最适 pH 为 8；LOR_ 107 的最适 pH 也为 8，而最适温度为 40℃；最后是 NLR42 的酶，最适 pH 为 9，其在 50℃时活力最高。但会在 5min 内丧失 75%以上的酶活力，而当其在 35℃下 30min、30℃下 2h 未发现酶活力降低。这些石莼多糖裂解酶的最适 pH 反映环境普遍是碱性环境，这可能与其主要为海洋环境来源的酶有关。

在酶动力学研究方面，Chuan He 对 KUL17 的石莼多糖裂解酶全酶进行修饰后重新表达，其 V_{max} 为 185μmol/(min·mg)，K_m 为 0.72%(w/v)。Formosa agariphila KMM 3901T 来源的石莼多糖裂解酶其 k_{cat} 为 (24.8±1.7) s^{-1}，K_m 为 0.75±0.19g/L。NLR42 来源的酶 K_m 为 (0.0051±0.0002) g/L，V_{max} 为 (142±11) mM/(min·mg)。这 3 个酶的 K_m 都很低，也就说明其底物亲和能力相当优秀。相对而言，PLSV_ 3875 来源的酶的 K_m 会较高些，为 V_{max}：(12.7±0.89) U/mg，K_m：(2.10± 0.31) mg/mL，其酶活单位 U 定义为每分钟释放 1μmol 还原糖所需的酶量。

相关金属离子对石莼多糖裂解酶酶活影响的研究不多，其中 PLSV_ 3875 来源酶的酶活力会受 Mn^{2+} 与 Zn^{2+} 离子抑制，而 Ca^{2+} 与 Co^{2+} 离子能分别给予 45%与 60%的活性促进。来自 Formosa agariphila KMM 3901T 的石莼多糖裂解酶 FaPL28 在 NaCl 与缓冲液浓度影响的试验中，表现为如果 NaCl 处于低浓度，则 Tirs-HCl 缓冲液摩尔浓度升高仅显示出对活性的促进效果，表明该酶总体依赖一定水平的离子强度。而在对 Ca^{2+}、Mg^{2+} 等二价离子影响作用的探究试验中，未发现明显促进作用。另外为更进一步探究向酶反应体系中添加 DTT 和 EDTA，发现其分别使活性降低了 36%和 63%。添加 DTT 降低酶活力，表明存在于 FaPL28 中的四个半胱氨酸残基可能参与二硫键的形成，并且二硫键对维持酶的活性或稳定性很重要。加入 EDTA 后产生活性的降低，可能是基于酶结合的二价阳离子的去除。最终实验结果发现，将 FaPL28 内金属离子全部去除后，酶活力丧失 95%以上。这表明二价阳离子对 FaPL28 的活性是必需的，而 Ca^{2+}、Mg^{2+} 和 Ni^{2+} 可以部分恢复活性，并且与去除阳离子之前的酶活性相比，添加 Ca^{2+} 甚至能恢复约 120%的活性。这表明 Ca^{2+} 可能是 FaPL28 的天然辅助因子，并且可以在结构完整性中起关键作用或参与酶的催化机制。这个结果正好与 LOR_ 107、PLSV_ 3936 及 NLR48 三者在蛋白三维结构中的研究相符。在这三个来自不同 PL 家族的石莼多糖裂解酶中，其已经解析的晶体结构中都发现了二价结合离子。其中在 LOR_ 107 与 NLR48 为 Ca^{2+}，PLSV_ 3936 为 Zn^{2+}。LOR_ 107 中的结合离子 Ca^{2+} 发挥严格的结构作用并且远离活性位点，而 PLSV_ 3936 中的 Zn^{2+} 则更靠近活性位点，并且可能不仅有助于稳定其中蛋白三维环结构，而且还使活性位点变得更为稳固。此外 NLR48 中的结合离子 Ca^{2+} 能为 NLR48 的 N-末端区域提供额外的稳定性。该 Ca^{2+} 结合位点与带正电的裂隙分离，其在 NLR48 中起结构而非催化作用。这些酶内部的二价阳离子对蛋白结构稳定性起积极作用，部分离子由于结合位点或者连接残基不同，可能对酶学性质产生影响。

在石莼多糖裂解酶的底物作用模式上，所有已知的酶反应都是以 β-消去反应进行的，并且是以内切酶的方式特异性识别相关糖链结构进行酶切，从而不断缩减糖链片段，最终获得相应寡糖结构。由于石莼多糖内部是以三种不同的二糖单元组成，所以酶解终产物也是以二糖单元的形式进行分布。其作用模式差别主要体现在对不同二糖单元糖链的降解能力上。因此，已知酶解终产物分析中，普遍主要产物存在 DP2 与 DP4。PL24 家族内 PLSV_ 3875 的酶解终产物主要为大量的二糖与少部分四糖，KUL17 的终产物为大量的四糖，部分二糖及少量六糖，其寡糖具体成分未明。LOR_ 61，LOR_ 107，PLSV_ 3875 或 PLSV_ 3925 其终产物分布近乎一致，存在大量的二糖(ΔUA-R3S)及 IduA 四糖(ΔUA-R3S-IduA-R3S)，及少部分 Xyl 四糖(ΔUA-R3S-Xyl-R3S)。这说明以 LOR_ 107 为代表的四种 PL24 家族的石莼多糖裂解酶，相比于 IduA-R3S 二糖单元的糖链，对 ΔUA-R3S-GlcA-R3S 内 GlcA 二糖单元糖链更具有特异性降解的能力。其产物中分布存在的少量 Xyl 四糖，其较少的含量正好符合 Xyl 在石莼多糖中随机分布的特点，并且这一特性分布于现发现表征的所有石莼多糖裂解酶，这是由石莼多糖裂解酶本身的裂解模式决定的。相比于 PL24 家族，PL25 家族已知的三种石莼多糖裂解酶的产物分布更为集中。PLSV_ 3936，LOR_ 29 及 NLR_ 492 的降解产物分布主要集中于大量的二糖(ΔUA-R3S)及少量残余 Xyl 四糖(ΔUA-R3S-Xyl-R3S)。以 PLSV_ 3936 为代表的石莼多糖裂解酶，相比于 LOR_ 107，其对 IduA 及 GlcA 的两种二糖单元都具有很好的降解活性。在将 LOR_ 107 裂解产物与 PLSV_ 3936 混合反应后，发现原本四糖产物的峰减小，二糖产物的峰升高。将对应纯化的 3 种四糖混合物与 LOR_ 107 及 3 种 PL25 家族的酶进行反应，发现 PL25 家族的酶解产物几乎全部被转化为二糖，仅存在少部分 Xyl 四糖。而 LOR_ 107 由于其特异性，其产物存在二糖，GlcA 及 Xyl 四糖。这也更进一步说明 PL25 家族的石莼多糖裂解酶确实具有降解四糖为二糖的能力。由此可以推断，PL25 家族石莼多糖裂解酶具有投入大规模生产获取石莼来源二糖的潜力，PL24 家族的酶更适合被开发成为特异性降解石莼多糖内 GluA 糖链的工具，且具有特异性制备生产 IduA 四糖的潜力。另一方面，PL28 内的酶 NLR42 具有类似于 PL25 家族的裂解特性，在对其 24h 酶解产物进行色谱分析后发现，该酶的产物分布为大量的二糖与 GlcA/IduA 四糖以及少量存在的 Xyl 四糖。在将 GlcA/IduA 四糖分别与酶进行进一步实验分析后，发现 NLR42 也具有最终裂解这两种四糖产生二糖的能力。不过其对 Xyl 四糖也不具有降解能力。

第二节 石莼多糖降解酶的结构及催化机制

当前研究中，石莼多糖裂解酶三个家族中都有一个酶蛋白被结构解析。分别是 PL24 的 LOR_ 107(PDB：6BYP)，PL25 的 PLSV_ 3936(PDB：5UAM)及

PL28 家族的 NLR48(PDB：6D3U)。其中，在直观结构上，PL24 的 LOR_ 107 与 PL25 的 PLSV_ 3936 的蛋白构象一致，都是β-七叶片螺旋桨型，而 PL28 的构象是β-果冻卷形式。其蛋白的晶体都在不对称单元中含有两块蛋白结构，且这两块蛋白结构实际上是相同的。在 LOR_ 107 与 PLSV_ 3936 的蛋白构象中，每块蛋白结构都采用β-七叶片螺旋桨构型，其中每个螺旋桨叶片由四个反向平行的β链构成，而 7 个叶片以类似螺旋桨的形式围成一个桶状结构。在 PLSV_ 3936 中，其叶片 1，2，3，4，5 和 6 由连续的残基形成，而叶片 7 由三个 C-末端β-链及第四个由 N-末端残基 51~59 提供的β-链构成的。第 4 和第 5 叶片在螺旋桨的顶侧上具有一段长的延伸部，另外第 1 和第 2 叶片之间的连接也很长。由此，整个酶结构的底部相对平坦，中心只有一个小凹陷，而顶部有一个深而细长的缝隙。两侧的缝隙壁由长且相对高的延伸部分构成；第 3 片叶片上的缝隙壁较低，形成一个浅颈作为缝隙的入口。而这个裂缝内存在底物结合位点。另外，PLSV_ 3936 蛋白结构中存在金属离子 Zn^{2+} 以进一步稳定蛋白构象，维持催化位点刚性结构。其结合于螺旋桨结构的第 2 和第 3 叶片之间，且与 His208，His264，His278 和 Cys266 的侧链以四面体配位连接。LOR_ 107 的叶片构成类似于 PLSV_ 3936，其叶片 1，2，3，4，5 和 6 由连续残基 90~133，148~208，240~286，299~369，382~434 和 444~478 构成，而第 7 叶片内四个β-链由三个为 C-末端β-链 483~518 及由 N 末端残基 43~56 构成的第 4 个β-链组成。叶片 2 中的第四条链扭曲变形形成少量的链间氢键。该链链接到一个长环，其稳定性由金属离子维持。连接 β 链的环在由叶片形成的螺旋桨的两侧延伸，螺旋桨一侧的环路相对较短(螺旋桨的底部)，而另一端的环路长度各有不同，有些环路在β-折叠的末端(螺旋桨的顶部)上方延伸得很高。特别是，叶片 1，2，4，5 和 7 内的环路特别长，而叶片 3 和 6 内的环路要短得多。这些长环描绘了螺旋桨顶部表面上的深峡谷，两侧有高墙，叶片 2 和 4 之间的下部“颈部”位于叶片 3 内的短环上。峡谷的相对端也具有由叶片 6 形成的下壁。该峡谷衬有一组高度保守的表面暴露的残基，这也表明该表面存在 LOR-107 的底物结合位点(图 14-3)。

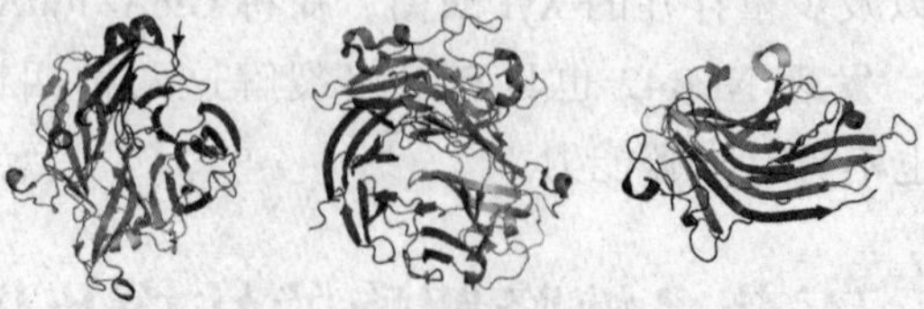
(a)　　(b)　　(c)

图 14-3　不同家族石莼多糖裂解酶的晶体结构

根据研究，多糖裂解酶其裂解机制分为 3 部分：首先，中和 C_5 羧基，其为 C_5 质子易受碱基攻击的先决条件。其次，形成烯醇化中间体。最后，糖苷键的消除伴随着来自羧酸酯基团的电子转移以在 C_4 和 C_5 之间形成双键。然后最终形成新的还原糖及不饱和糖。所以大体上，这三种石莼多糖裂解酶的核心机制是一致的，但是其作为质子传递载体的由于活性位点的差异性会存在不同。首先是 PLSV_ 3936，其是在 His143 和 Tyr246 的帮助下，通过 Arg204 来中和底物的酸性基团。靠近 H—C_5 质子的侧链来源是 Tyr188 和 His123。OH^{Tyr188} 或 $NE2^{His123}$ 都有可能作为碱存在，但 H—C_5 键会倾向于组氨酸环，使质子转移到 His123 的可能性降低。另一方面，Tyr188 直接指向 H—C_5，很适合质子提取。虽然如此，但现阶段仍然不能完全确定 His123 和 Tyr188 在结构中的确切作用。根据 Y188F 的定点突变实验，假设确切作用机制可能为以 Tyr188 作为碱基，而 His123 将其两个质子中的一个转移至桥接氧。随后会发生伴随的 C_4—O_4 键断裂和 C_4—C_5 双键的形成。目前尚不清楚 Tyr188 和 His123 是否作为质子传递协同作用，或者是否在 C_5 进行了去质子化，随后是消除。

对 PL24 家族的 LOR_ 107 而言，其中 Arg320 对键断裂具有重要性，其协调底物在催化裂缝中的初始结合。该结合位点靠近催化裂缝的顶部，并且与催化必需的残基稍微远离。在结合过程中，Arg259 侧链在 GlcA 侧上的酸性基团延伸到+1 位置并且促进底物更深地结合。Asn263 侧链的相关运动使裂缝变窄并将底物锁定在活动部位，且 Asn263 侧链在催化机制中起作用。另外，Arg259 在 His167 的帮助下会起到中和剂的作用，His167 的存在对于正确定向 GlcA 上的酸性基团及与 Arg259 相互作用是必需的。对质子的抽取很可能是由 His146 完成的，而 His146 通过与 His167 堆叠并与 Tyr243 相互作用来正确定向。过程中，$ND2^{His146}$ 原子变得接近+1GlcA 的 $H5^{GlcA}$ 和桥接 O4(到 Rha3S)，这也表明 His146 可能将质子直接传递到桥接 O4 上。实验事实表明 Tyr243 起支持作用但不直接参与质子转移。因此，LOR_ 107 具有与两种多糖裂解酶裂解机制之一的 His/Tyr 机制一致的活性位点，但略有不同的是，其中 Tyr 起支持作用而不是直接作用。另一方面，R320N 突变体失活，其原因在于其底物位置和催化位点残基的排列都与催化不完全相容。在该突变体中，Arg259 侧链的指向远离底物而朝向 Gly262-Asn263 的主链，可能是由于 Asn263 附近的相邻区段的小重排。因此，Arg259 不能中和+1GlcA 的酸性基团，这反过来又阻止了 C_5 质子的提取。

对 PL28 家族的 NLR48 而言，其也具有 His/Tyr 催化机制，Lys162 和 Tyr281 起催化碱/酸作用。不过针对 GlcA 及 IdoA 两个基团，其参与裂解残基不同。Gln160 将通过形成两个氢键来中和+1 位糖上促进质子化的酸性基团。Arg117 为+1 位糖的酸性基团提供了额外的稳定性，其与+1 位糖的酸性基团形成氢键。通过与桥接的 Glu119 形成氢键进一步稳定了 Arg117-Gln160 排列。Tyr281 的羟基指向桥接氧，以便于进一步质子传递。GlcA 位于+1 位点时，Tyr281 羟基也与 C5 质子非常接近。因此，这个残基可以进行质子提取并将其捐赠给桥接-1 和+1 糖的氧原子。在 IdoA 的情况下，C5 质子位于糖环的与 Tyr281 相反的一侧，其接近该质子的唯一侧链是 Lys162，从而和 Tyr281 协同完成催化反应(图 14-4)。

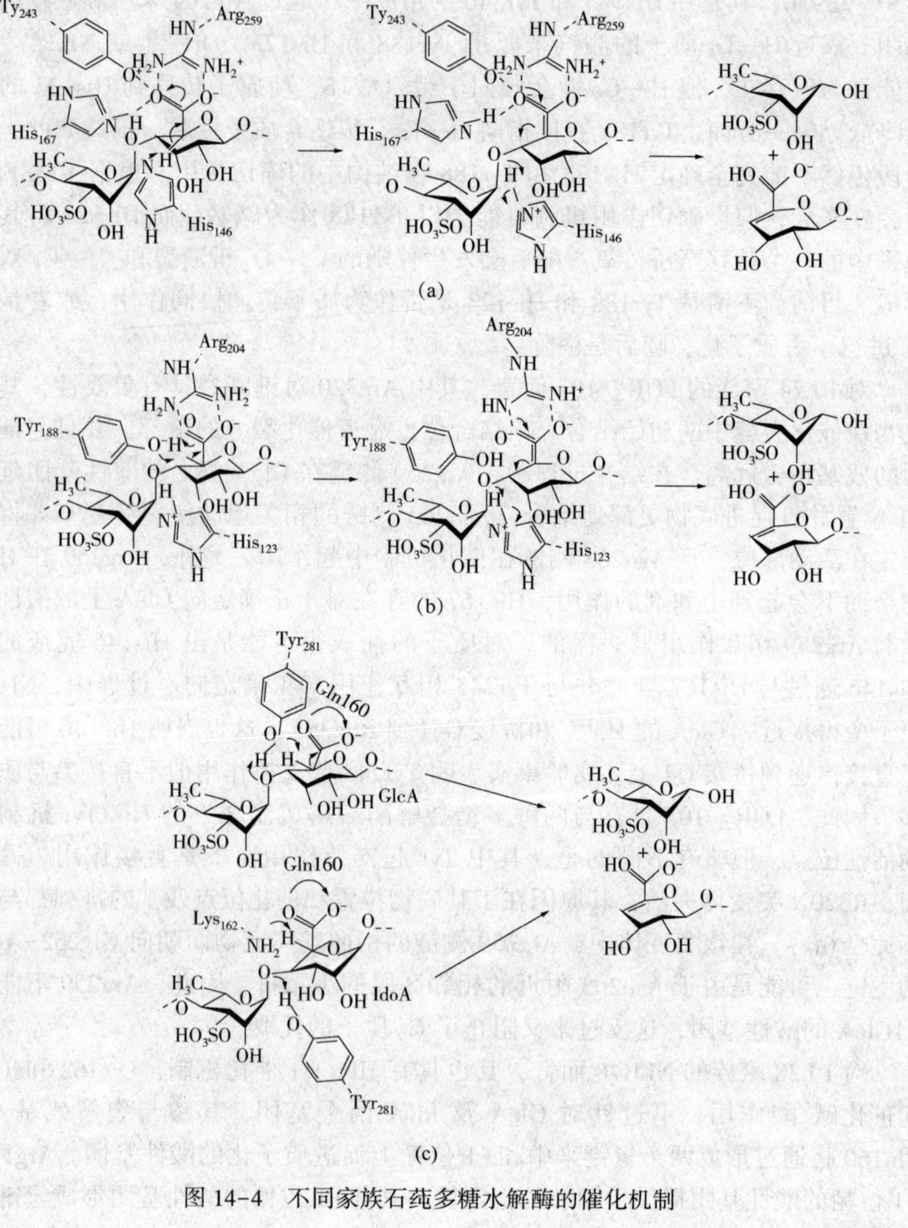

图 14-4　不同家族石莼多糖水解酶的催化机制

思　考　题

1. 石莼多糖裂解酶的分子改造有哪些例子？
2. 石莼多糖裂解酶的结构有什么特征？

第十五章　海洋糖胺聚糖降解酶

糖胺聚糖又称为黏多糖，是由重复单位组成的直链多糖。根据其分子中的二糖单位的不同，糖胺聚糖又被分为透明质酸、肝素/硫酸乙酰肝素、硫酸软骨素/硫酸皮肤素和硫酸角质素等。糖胺聚糖降解酶(包括透明质酸酶，肝素/硫酸乙酰肝素酶、硫酸软骨素/硫酸皮肤素裂解酶和硫酸角质素裂解酶等)可以针对上述底物进行特异性的降解反应，获得一系列不同聚合度的糖胺寡糖产物，应用于医疗、食品及化工等领域。

第一节　透明质酸酶

透明质酸是一种大分子的黏多糖，其结构是由 *D*-葡萄糖醛酸和 *N*-乙酰葡萄糖胺组成的二糖单元通过 β-1，4 糖苷键重复连接而成，而 *D*-葡萄糖醛酸和 *N*-乙酰葡萄糖胺之间通过 β-1，3 糖苷键连接(图 15-1)。透明质酸最早是从牛眼的玻璃体中分离得到的，随后又从动物结缔组织、脐带、鸡冠、皮肤、关节滑液中提取到透明质酸。有些微生物也可以分泌透明质酸，如链球菌可以产生一定分子量范围的透明质酸，由于微生物发酵具有不受原料来源限制，产量可以调控，生产成本低廉等优点，成为目前生产透明质酸的主要途径。

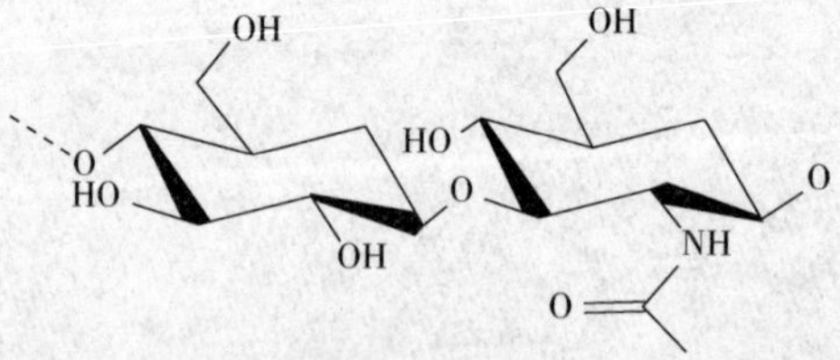

图 15-1　透明质酸分子中的二糖单元结构

透明质酸在医学、化妆品和食品工业等领域应用十分广泛，经常用作药物缓释剂、保湿剂；还可以作为润滑剂减轻滑骨炎症和软骨蜕变等病症。此外，透明质酸还是理想的化妆品原料，尤其是低分子量的透明质酸，可以延缓皮肤衰老，消除暗纹和皱纹，促进伤口愈合及血管的生成，具有广泛的应用前景和开发潜力。低分子量透明质酸又被称为透明质酸寡糖，可由透明质酸在相关酶的作用下降解得到。该方法具有反应条件温和、产物分布可调控等优点，受到了研究者的关注。

一、透明质酸的来源及分类

透明质酸酶是一种能够水解透明质酸的糖苷酶，通过作用于β-1，3或β-1，4糖苷键来降解透明质酸。此外，透明质酸酶还可以降解软骨素和硫酸软骨素等底物。多种细菌、噬菌体、真菌可表达产生透明质酸酶。目前来说，透明质酸酶有3种分类方法，分别依据最适反应pH值、氨基酸序列同源性及来源、结构和作用机制划分。最为经典的是1971年Meyer根据透明质酸的来源、结构和作用机制的不同将透明质酸酶分为3类。以下分别简单阐述哺乳动物来源、动物毒液及微生物来源的透明质酸酶。

首先是哺乳动物来源的透明质酸酶，哺乳动物牛、羊睾丸是睾丸透明质酸酶的主要来源。2004年至今，FDA相继批准了3种透明质酸酶制剂：牛型透明质酸酶、羊型透明质酸酶和重组人型透明质酸酶，适应证包括与局部麻醉药(主要是眼科用药)联用以增强药物弥散，改善麻醉效果和维持时间及辅助皮下灌注。此外，国内适应证还包含骨关节炎的治疗。虽未标注用于透明质酸填充术后的不良反应治疗，但其在透明质酸填充术后所致不良反应的治疗中发挥了不可替代的作用。此外，人体基因组中也存在透明质酸酶，目前有研究利用基因重组技术将人透明质酸酶基因PH20整合到体外培养的细胞中，成功表达了重组人透明质酸酶rHuPH20，纯度高且降低了高免疫原性的风险。

其次，很多动物分泌的毒液中也含有透明质酸酶。目前在蜜蜂、蛇、蜘蛛、玫瑰毒鲉、蜥蜴及蝎子毛虫的毒液中检测到了透明质酸酶的活性。透明质酸酶可降解血管周围基质中的透明质酸使毒素易于进入血管，是毒液从受伤部位进入体循环的关键。从等电点看，动物毒液中的透明质酸酶均为碱性蛋白，约33~110kDa。目前从蜘蛛毒液中分别提取得到33kDa、44kDa、45kDa和64kDa透明质酸酶。其中研究最为透彻的是蜜蜂毒液中的透明质酸酶，这是因为蜜蜂毒液中透明质酸酶的含量相对较高。BVH是首个经cDNA克隆于大肠杆菌表达所得的真核生物来源的透明质酸酶，是一种透明质酸4-糖苷裂解酶(E. C. 3. 2. 1. 35)，归属于糖苷裂解酶56家族，作用终产物为四糖。该酶是由349个氨基酸组成的40. 746 kDa的糖蛋白，糖含量7%，蛋白结构中有4个半胱氨酸构成的二硫键和3个糖基化位点。Markovic-Housley等将BVH与HA四聚体合成结晶，晶体分析显示蛋白进行$(\beta/\alpha)_7$折叠而非常规的$(\beta/\alpha)_8$折叠，酶与HA结合位点位于保守氨基酸丰富的C末端，催化过程中谷氨酸为质子给予体，HA结构中的羧基基团为亲核体。除蜜蜂外，来自虎头蜂、黄蜂等其他蜂类的透明质酸酶也有研究。虎头蜂毒液中的透明质酸酶经cDNA克隆序列测定，含331个氨基酸，与BVH有

56%的序列相似性。SDS-PAGE 以及质谱分析鉴定到黄蜂毒液中有 4 种不同分子结构的透明质酸酶，通过蛋白质组学分析已将其中含量最高的 HyalIII 进行测序，建构 3D 结构。HyalIII 含有 288 个氨基酸，分子量在 44. 340，pI9. 50。从毒鲉科石鱼中提取得到的透明质酸酶 SFHYAL 是第一个被发现的海生生物来源的透明质酸酶。该酶分子量 62kDa，pI 9. 2，本身无毒，是一种 *N*-乙酰氨基-β 内切己苷酶，作用 β-1，4 糖苷键，四糖为其终产物。透明质酸酶普遍存在于所有蛇毒中，出于其危险性直至 2004 年才有所探究。经凝胶层析和离子交换层析从印度眼镜蛇中可提取得到两种亚型的透明质酸酶：NNH1 和 NNH2。NNH1 分子量 70. 406kDa，pI9. 2。NNH1 和 NNH2 属于中性蛋白，在 pH5~7 有较高的活力，对 HA 有底物特异性。2012 年研究人员从印度最危险的蛇角蝰中分离得到一种新型透明质酶 CcHasell(33 kDa)，最适 pH5. 5，最适温度 37℃。钠离子能够提高该酶的活力，其他阳离子 Ba^{2+}、Ca^{2+}、K^{+}、Ni^{2+}、Mn^{2+}、Co^{2+}、Cu^{2+} 和 Hg^{2+} 对酶的活性有不同程度的抑制作用。蝎毒、蜜蜂毒液、虎头蜂毒液和胡蜂毒液中的透明质酸酶是使人体产生 IgE 介导的致命过敏反应的过敏原。

近年，产透明质酸酶的微生物成为制备透明质酸酶的主要来源。目前，产透明质酸酶的菌株的研究多集中在节杆菌、巴斯德杆菌、兽疫链球菌、芽孢杆菌等。为获取编码透明质酸酶的基因序列，研究人员解析了一系列透明质酸酶的氨基酸序列，研究相对透彻的是肺炎链球菌和无乳链球菌分泌的透明质酸酶。有关芽孢杆菌产透明质酸酶的氨基酸序列也已被解析。越来越多对细菌来源透明质酸酶的结构、机制、性质等的基础研究，为其下一步的研究和应用提供了方向。动物来源的透明质酸酶是有限的，微生物发酵制备透明质酸酶不受原料来源的限制。微生物来源的透明质酸酶虽暂未开发成药品，但已应用于寡聚透明质酸和低分子透明质酸的制备及各类基础研究中。寡聚透明质酸(Oligo-HA)是指 Mr 小于 10×10^{3} 的 HA，低分子透明质酸(LMW-HA)一般指 Mr 在 $10^{4}\sim10^{6}$，均在医药及化妆品领域具有良好的应用前景。

目前，市售的 Oligo-HA 或 LMW-HA 来源于化学降解法和酶解法，化学降解法反应条件剧烈，对制得的产物生物活性有一定影响；酶解法条件温和，不对其结构造成破坏。有报道将 HA 分离纯化后加入透明质酸酶降解，再经膜过滤、乙醇沉淀、脱水干燥等，工艺复杂且微生物来源的透明质酸酶发酵液酶活性较低，发酵液最高酶活性约 102IU/mL，较难应用于工业生产。郭学平等发现了一种芽孢杆菌产生的透明质酸酶，发酵液酶活性可达 10IU/mL，纯化后可以达到 106~107IU/mL。利用此酶降解 HA 成功制备了 Oligo-HA 或 LMW-HA。

二、透明质酸酶的结构与应用

目前，对透明质酸酶的结构研究比较多的是 PL8 家族的三个透明质酸酶（图 15-2）。

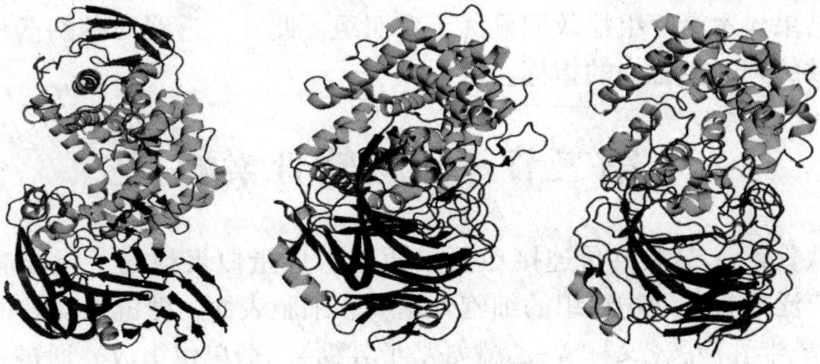

图 15-2　PL8 家族透明质酸酶的晶体结构

三者在结构上非常类似，都是由两个结构域组成，中间由一个多肽脸链接。N 端结构域整体上表现为 α-螺旋扭曲形成的 α/α 桶状结构，这与其他多糖裂解酶的结构很相似，如葡糖淀粉酶和褐藻胶裂解酶。C 端则表现为 β-折叠片形成的 β-夹心三明治结构。酶的底物结合区域与催化区域均处于 N 端的桶状结构中，C 端结构与 N 端结构之间有两个 Loop 环结构形成的裂隙，这是底物进入活性中心的通道。

最初，FDA 批准透明质酸酶作为佐剂提高其他注射药物的吸收和扩散，皮下注射透明质酸酶可降解皮下的透明质酸，提高组织通透性，使皮下输液的渗出液或局部蓄积的血液加快扩散，降低局部药物浓度，加速外渗药物吸收，同时可减轻注射部位疼痛。透明质酸酶与局麻药合用时，可加快麻醉的起效时间，减少局部浸润所致的肿胀；此外，还可能促进局麻药在体内的扩散和分布，增加局麻药物在体内的吸收，从而增加全身反应发生的几率。关于透明质酸酶在眼科手术麻醉、白内障、青光眼、玻璃体视网膜疾病等方面的应用较多，总结为可减少局部麻醉药物使用量，降低因此带来的结膜水肿及眼压升高的风险；可加速局麻药物发挥效应的时间，加大麻醉剂扩散，增加手术安全性；白内障手术时，使用 HA 保护角膜和眼内组织，但术后常见暂时性眼压升高，白内障术中应用透明质酸酶，可预防后发性白内障发生；在青光眼滤过术中稳定眼压；透明质酸酶可使玻璃体液化，是辅助玻璃体切割最有应用价值的酶之一。透明质酸酶作为特异性水解 HA 的药物，在医学整形美容方面主要用于治疗注射 HA 术后并发症，尤其是各类血管危象，血管危象最终导致的病理结果是微循环障碍，也就是血管栓塞。

如HA一旦进入眼动脉，易造成视网膜中央动脉栓塞，眼球后注射透明质酸酶，能降解血管内及周围组织的HA，临床上也有成功的案例。

透明质酸酶含量检测有较高的灵敏度和特异性，可作为早期癌症的诊断指标；透明质酸酶可增强化疗药物的药效，加速治疗性抗体的吸收。王新宏等探讨了鞘内注射透明质酸酶治疗结核性脑膜炎(TBM)，治疗组加用鞘内注射透明质酸酶治疗，结果显示治疗组疗效明显优于对照组。此外，透明质酸酶活性检测可作为一种有效的判断生育力的指标。

第二节　硫酸软骨素酶

硫酸软骨素(CS)是共价连接在蛋白质上形成蛋白聚糖的一类糖胺聚糖。硫酸软骨素广泛分布于动物组织的细胞外基质和细胞表面，糖链由交替的葡萄糖醛酸和*N*-乙酰半乳糖胺(又称*N*-乙酰氨基半乳糖)二糖单位组成，通过一个似糖链接区连接到核心蛋白的丝氨酸残基上(图15-3)。硫酸软骨素存在于除植物外的所有生物中，发挥着许多重要的生理功能。硫酸软骨素裂解酶是一类能将硫酸软骨素、软骨素、透明质酸等糖胺聚糖降解为不饱和二糖及寡糖的裂解酶。根据其作用底物的差异主要分为硫酸软骨素酶ABC、硫酸软骨素酶AC、硫酸软骨素酶B及硫酸软骨素酶C等多种类型。

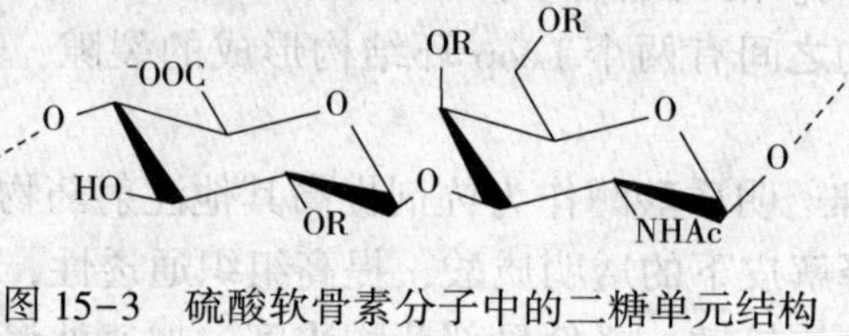

图15-3　硫酸软骨素分子中的二糖单元结构

一、硫酸软骨素酶的来源及分类

硫酸软骨素酶主要来源于肝素黄杆菌等微生物，依据酶的降解机制，硫酸软骨素降解酶可分为两类：真核生物来源的水解酶和原核生物来源的裂解酶。依据硫酸软骨素降解酶与其他酶的氨基酸序列相似度分析，水解酶属于多糖水解酶家族，通过水解机制切割糖胺聚糖的糖苷键，并引入一分子水；而裂解酶属于多糖裂解酶家族，通过裂解机制降解己糖胺与己糖醛酸之间的糖苷键，并在非还原端糖醛酸的C4和C5间脱去一分子水形成不饱和双键，酶解产物在232nm处有最大吸收，可用于裂解酶裂解活性及寡糖产物的检测。由于历史原因，当前并没有酶被命名为硫酸软骨素水解酶，真核生物来源的具有水解硫酸软骨素能力的酶通常被归类于透明质酸水解酶家族。Stern等研究发现，绝大多数透明质酸水解酶除了可以水解透明质酸，还可以以较低的速率水解软骨素和低硫酸化硫酸软骨素。脊椎动物来源的透明质酸水解酶除了具有水解 HA(透明质酸)、CS 的活性，有些还具有糖基转移酶活性。

根据底物降解模式的不同，硫酸软骨素裂解酶又分为内切酶和外切酶两种。内切型 CS/DS(硫酸皮肤素)裂解酶通过随机切割 CS/DS 糖链内部的β-1，4 糖苷键，先产生分子量大的寡糖，再产生分子量小的寡糖，最后产生二糖；而外切型 CS/DS 裂解酶在反应过程中并不产生大分子寡糖中间产物，而是从糖链的末端依次切割并释放不饱和二糖。实际上，和其他多糖降解酶相似，内切型和外切型 CS/DS 裂解酶常常同时存在于同一细菌的基因组中，并在 CS/DS 降解过程中协同作用，这种现象是进化的结果，以利于更加高效地降解和利用糖胺聚糖糖链。依据作用底物的不同，硫酸软骨素裂解酶又分为硫酸软骨素裂解酶 ABC、AC 和 B 等类型。

HCDLase 是第一个海洋细菌来源的 CS/DS/HA 外切酶，相对于硫酸化程度较低的 CS/DS/HA，HCDLase 更趋向于降解高硫酸化的 CS，HCDLase 在降解 CS-E 时显示出了最高的活性。与其他外切型糖胺聚糖降解酶相似，HCDLase 的活性容易受到温度、pH 等的影响。降解模式研究表明，该酶从糖链的还原端依次释放不饱和二糖，属于 CS/DS/HA 还原端外切酶。HCLase Er 是一种内切型软骨素裂解酶，可以有效降解除 CS-E 以外的各种 CS 亚型及 HA。研究发现，该酶可以彻底降解 HA、CS-A、CS-C 和 CS-D，生成一系列不同硫酸化模式的不饱和二糖，但在降解 CS-E 时产生了一系列不同聚合度的抗性寡糖。

总体来说，目前可利用的 CS 降解酶数量少、底物选择性差、作用模式和机理研究欠缺。有实验室已经成功地从海洋细菌中筛选鉴定了一系列在酶学性质、酶活、底物特异性和催化模式上表现出一系列独特性质的硫酸软骨素降解酶，这预示着海洋微生物来源的硫酸软骨素降解酶不仅可以弥补目前被广泛应用的陆地微生物来源硫酸软骨素降解酶的不足，也为发现更多具有特异活性的硫酸软骨素酶及其他糖胺聚糖降解酶提供了启示。此外，亟需在发现和鉴定新型 CS 降解酶的基础上，对其底物识别及催化机制进行深入探讨。

二、硫酸软骨素酶的结构与应用

目前有 PL8 家族的 4 个硫酸软骨素酶结构被解析，其中 2 个 ABC 酶，2 个 AC 酶(图 15-4)。AC 酶的结构与透明质酸酶很相似，而 ABC 酶由三个结构域组成，其中 N 端结构与木聚糖的 CBM 结构非常相似，而中间和 C 端的结构域与 AC 酶的结构很类似，同时也与透明质酸酶的结构相像，包括一个 α-螺旋扭曲形成的 α/α 桶状结构和 β-折叠片形成的 β-夹心三明治结构。尽管中间结构域与 AC

酶及透明质酸酶的催化域相似性很低，但是 AC 酶和透明质酸酶中的关键催化位点也分布在 ABC 酶中。ABC 酶的底物结合区是一个开放的裂隙，也验证了该酶的内切作用模式，而在 AC 酶与透明质酸中起到底物结合作用的色氨酸却未在 ABC 酶中发现。

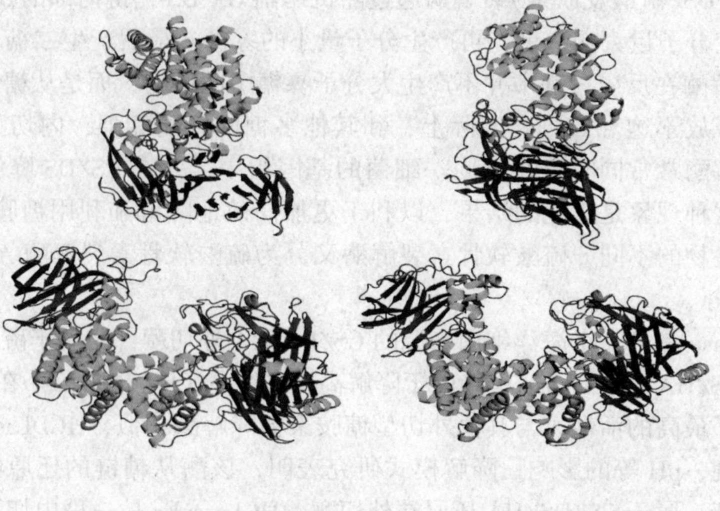

图 15-4 PL8 家族硫酸软骨素酶 ABC 及 AC 酶的晶体结构

硫酸软骨素酶在医疗领域具有重要和广泛的应用前景。首先硫酸软骨素酶 ABC 酶及 AC 酶可特异性降解突出的椎管内的糖胺聚糖，降低椎管内压，同时对椎管外周组织无损害，因此可用于治疗腰椎间盘突出。此外，囊性纤维变性是一类致命的遗传学疾病，该病主要由细胞分泌的黏液状物质累积于肺、胃肠道、胆道等处而导致器官功能衰竭。经研究表明，病灶部位细胞分泌的黏液状物质内含大量的蛋白聚糖，而硫酸软骨素酶可降解此类黏液物质中的糖胺聚糖成分，改善受阻器官的功能。硫酸软骨素酶还可有效地降解存在于纤维组织中的硫酸软骨素蛋白聚糖，减少玻璃体与视网膜的粘连，达到治疗效果。

外周神经损伤可引起多种慢性病。尽管神经组织具有潜在的再生能力，但神经组织的再生主要依赖于神经轴的再生。研究发现，外周神经含硫酸软骨素糖胺聚糖，而硫酸软骨素糖胺聚糖可抑制神经轴的再生。所以利用硫酸软骨素酶降解存在于外周神经组织的糖胺聚糖可解除硫酸软骨素对神经轴再生的抑制，有助于外周神经系统的再生。研究表明，硫酸软骨素糖胺聚糖与肿瘤细胞的侵入、转移密切相关。用硫酸软骨素酶 ABC 降解硫酸软骨素蛋白聚糖，使硫酸软骨素与其核心蛋白分开，可抑制细胞与纤维蛋白的黏附作用从而达到抗肿瘤的作用。

除了作为药物治疗各种疾病外，硫酸软骨素酶还可用于制备低分子量的硫酸软骨素。经研究表明，低分子量硫酸软骨素（2～10kDa）对治疗动脉粥样硬化、风湿性关节炎和伤口愈合等有好的疗效。

思考题

1. 透明质酸酶可以分为几类？其结构特征是什么？
2. 硫酸软骨素酶可以分为几类？其结构特征是什么？
3. 糖胺聚糖酶除了透明质酸酶和硫酸软骨素酶，还有哪些种类的酶？

第十六章　海洋极端微生物和海洋极端酶

地球表面的四分之三是海洋，海洋孕育了多种多样的生物，是生命的开始和进化的起点。在海底火山口、盐湖、深海海沟等极端环境中发现了多种极端微生物，极端温度、高盐度和高压等极端条件造就了极端微生物(极端嗜热菌、嗜冷菌、嗜盐菌等)非凡的生命力，产生了一系列极端酶如淀粉酶、纤维素酶、蛋白酶及脂肪酶等。这些极端酶在长期进化过程中已经适应了严酷的环境，被广泛应用于生物燃料生产、药物中间体、精细化学品等化工、环境和食品多个领域。深入研究并理解极端酶耐受极限环境的因素和机制对于推动其在各个领域的应用具有重要意义。

第一节　海洋极端微生物

海洋生命形式可以分为海岸(滩涂)生物和海洋生物，其中就包括各种各样的微生物。极端微生物主要分布于古细菌和细菌界中，如图 16-1 所示，很多极端微生物具有多重极端环境的耐受能力。

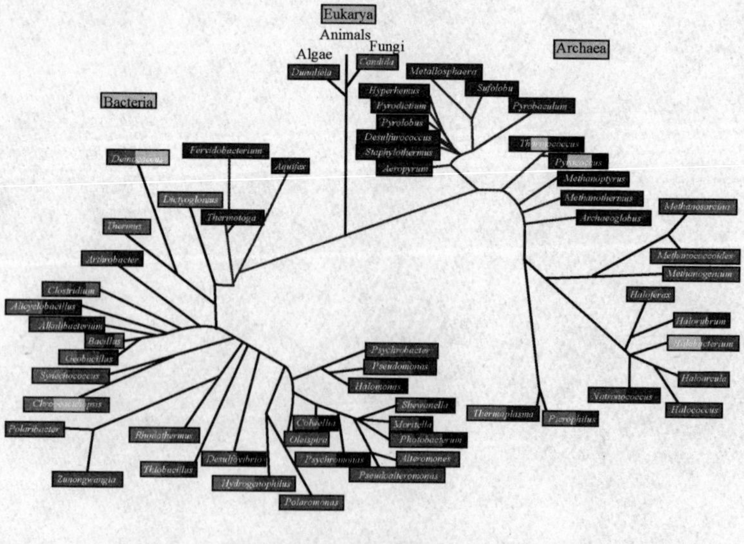

图 16-1　不同极端微生物的进化地位分布示意图

Hyperthermophiles　Psychrophiles　Halophiles　Radiation resistants
Thermophiles　Piezophiles　PH extremes

一、嗜热微生物

极端环境包括高压、高温、极端 pH、氧压力、放射性及各种有害化学物质(如臭氧、硫化氢、甲烷及重金属)等各种因素。在其中生存的极端微生物进化出了与陆地微生物显著不同的代谢途径和耐受能力，在过去的十几年中成为相关研究的热点，其产生的各种酶制剂广泛应用于农业、化工、纺织、食品和生物能源等行业。其中，嗜热微生物是指生长温度在 55~65℃，最高生长温度 80℃的微生物，主要分布于光型营养菌(如蓝细菌、紫细菌等)、细菌(放线菌属、杆菌属等)和古细菌中，超级嗜热微生物的最高耐受温度高达 120℃。

嗜热微生物具有多种机制来适应较高的环境温度，例如其细胞中的组分(ATP、核酸、氨基酸和蛋白等)的热稳定性可达到 250℃，暗示其最高耐受温度要远高于其生存温度。嗜热微生物细胞中的蛋白质在结构上与常温微生物的蛋白质很类似，但是蛋白质表面的极性氨基酸残基数要远远大于常温微生物。此外，嗜热微生物蛋白质结构中含有很多的短的 Loop 环结构，可以提高蛋白质结构的刚性和热稳定性。而且，这些蛋白质易于结晶获得晶体并用于结构与功能的研究，尤其是来源于嗜热微生物或超嗜热微生物的蛋白质需要足够的结构刚性来抵御温度升高引起的蛋白质变性，这是表征极端酶的一个非常重要的特性。例如嗜热栖热菌(Thermus thermophilus)，该菌株分离自日本鹿儿岛的一个热泉中，其中含有的 DNA 旋转酶可以诱导带负电的超级卷曲结构转化为闭合的环状结构，经常用于进行基因操作。嗜热微生物的另一个耐热机制是由于细胞中的 G/C 数目和含量比较高，嗜热微生物基因组中的 G/C 含量远高于常温微生物。此外，嗜热微生物中常常含有酯脂，但是有些常温微生物中也含有该成分，目前尚未清楚该现象出现的原因。由嗜热微生物产生的酶能够适应较高的温度，这就为一些酶催化过程带来了很大的优势，因为较高的温度可以加快反应速度、增大底物的溶解度以及降低反应体系污染的概率。很多嗜热酶已经应用于生物炼制技术、第一代及第二代生物能源及造纸技术。

二、嗜冷微生物

海洋中约 90%的海水温度在 5℃左右，这些环境中生存着大量的嗜冷微生物。嗜冷微生物也经常在其他极端寒冷的环境中被发现，如深海、洞穴、陆地表面，甚至在上层大气中。它们可以在-20℃的条件下进行 DNA 合成，甚至在-25℃时进行活性代谢。有研究团队研究了从南极分离到的各种嗜冷菌，如节杆菌属、假单胞菌属和希瓦氏菌属。产甲烷菌是古菌的一种，是已知的唯一一种能在 0℃下到 122℃的大范围温度范围内生长的物种。冷休克蛋白质(CSPs)在嗜冷细胞中起冷适应蛋白质的作用。它们是小蛋白，与RNA结合以保持其单链构象，并包含一个核酸结合域，称为冷休克域(CSD)。除了作为RNA伴侣外，它们还有其他作用。小型MA结合蛋白质(RBPs)可以促进冷适应，但与CSPs一起，它们在细菌中还有其他功能。RNA解旋酶在冷生长过程中受到调控，在某些嗜冷菌中能够以依赖ATP的方式展开二级结构。二氢吡啶的存在可以增强tRNA的柔韧性，在某些嗜冷细菌和古菌中，该物质的含量显著升高。与低温环境的冷适应有关的其他因素还包括次生冷活性代谢物、被冷激活和诱导的酶、抗冻蛋白以及色素和膜流动性的产生。此外，这些微生物的细胞质膜中含有较高比例的不饱和脂肪酸(52%)。这有利于维持细胞膜的半流体状态。海洋来源的嗜冷生物参与生物地球化学循环、极性食物网，并产生多种酶，包括淀粉酶、纤维素酶、肽酶、脂肪酶、木聚糖酶等。低温下的高催化率通常是通过冷活性酶的柔性结构和低稳定性来实现的。冷活性酶最常见的适应性特征是反应速率，它在很大程度上与温度无关。

三、嗜盐菌

嗜盐微生物是需要盐(NaCl)才能生长的微生物，它们可以在湖泊、海洋、盐田或盐沼中找到。此外，地球上大约25%的可利用土地是以盐碱沉积物的形式存在的。根据生长的最佳盐浓度，将其分为三类：a. 极端嗜盐性——生长在含3.4~5.1mol/L(20%~30%) NaCl的环境中；b. 中度嗜盐性：生长在NaCl为0.85~3.4mol/L(3%~25%)的环境中；c. 微嗜盐性——生长在0.2~0.85mol/L(1%~5%) NaCl的环境中。耐盐微生物对盐没有绝对的生长要求，但在高盐浓度下生长良好。不同的嗜盐菌成员已经从不同的栖息地被分离出来，包括碱湖和盐湖、海盐、死海和盐碱地。深海高盐缺氧盆地(DHABs)或深海高盐缺氧湖(DHALs)是在墨西哥湾、红海和东地中海等不同海洋区域的海底发现的极端环境。封闭在这些盆地中的卤水具有高盐度、缺氧、高压和缺乏光照等特点。这些物理化学参数使DHABs成为地球上最极端的环境之一，它们也确保了这些栖息地被隔离了数千年。

嗜盐菌已经发展出不同的适应策略来抵抗它们所处环境中由高NaCl浓度所引起的渗透压。一些极端嗜盐的细菌会在细胞质中积累无机离子(K^+、Na^+、Cl^-)，这是一种“盐入”策略，以平衡环境的渗透压，它们还会产生特定的蛋白质，这些蛋白质在盐的存在下是稳定和活跃的。此外，嗜盐生物含有酶，可以在高盐浓度、碱性pH值和高温下保持活性。大多数蛋白质和酶在高盐浓度下会变性。嗜盐蛋白质与大量的盐和水结合，这种特性取决于蛋白质表面酸性氨基酸的数量。相关研究分析了静电相互作用在嗜盐蛋白质稳定性和折叠中的作用，认为静电相互作用是决定蛋白质对卤素适应的重要因素。卤代菌细胞内的 K^+ 离子非常高，接近 5mol/L。酶的稳定性取决于蛋白质表面酸性氨基酸的负电荷、高盐浓度下的疏水基团以及天冬氨酸和谷氨酸中羧基的水合作用。此外，负的表面电荷被认为对嗜盐蛋白质的溶剂化很重要，以防止变性、聚集和沉淀。

目前，嗜盐微生物已经被使用在有机污染物的生物降解、废水脱盐、纳米技术、生物聚合物生产等方面。许多嗜盐菌分泌胞外水解酶如淀粉酶、脂酶、肽酶、木聚糖酶和多种纤维素酶。

四、嗜压菌

高静压力是深海环境的特点之一，它对地球上的生命分布起着选择性的作用。海洋的平均深度为 3800m，平均压力为 38MPa。在海洋的最深处，700～1100atm(70～110MPa)的压力阻止了大多数微生物的生长。此外，深海的温度一般在 1～3℃。然而，在热液喷口高压和高温的栖息地，海洋微生物可能暴露在 1～300℃和 1～1100atm（0.1～110MPa)的温度和压力下。高静压力对微生物代谢的影响发生在细胞结构和细胞分裂、运动等细胞过程中。嗜压菌(先前称为嗜压菌)，如深海细菌或古生菌，生活在高压环境中。马里亚纳海沟是地球上发现的海洋最深处，它的最大深度为 11km，压力为 1100atm(110MPa)。这种极端的栖息地栖息着能够在标准压力和温度下生长的生物，以及嗜压菌，如希瓦氏菌，它们的压力生长条件在 700～800atm（70～80MPa)，但不低于 500atm（50MPa)。

第二节　海洋极端酶

目前，世界上超过 500 种生物产品是用酶生产的，大约 150 种工业过程受益于酶或微生物催化剂的使用。此外，已知的酶有 3000 多种，其中约 65%是用于洗涤剂、纺织、纸浆、造纸和淀粉工业的水解酶，近 25%用于食品加工。

一、海洋极端淀粉酶

淀粉是一种丰富的可利用能源，存在于几乎所有高等植物中。淀粉酶将淀粉分子水解成葡萄糖单体，并可根据其作用的底物的特异性进行分类。淀粉酶是工业生产中最有意义的酶之一。在不同物种产生的 α-淀粉酶中，芽孢杆菌属的淀粉酶水具有耐高温性能和高转化率的特点。多年来已经有一些来自嗜热菌、嗜冷菌、嗜碱菌、嗜酸菌和嗜盐菌的淀粉酶被报道。它们在海洋极端微生物古菌属和海洋表层至深海的细菌中均有发现，包括脱硫球菌属、假交替单胞菌属、热球菌属、红景天属和热球菌属。

有些工业过程仅仅使用淀粉酶就可以完成。内切型淀粉酶在 70 ~ 95℃的温度下具有最佳的活性，已被应用于玉米淀粉、大米生产乙醇。在食品工业中，淀粉酶还用于生产葡萄糖糖浆、果糖和麦芽糖，降低糖浆的黏度，降低果汁的浑浊度，用于酒精发酵，以及纺织、造纸、洗涤剂、化学、制药和石油工业。耐热淀粉酶对于高温下的淀粉水解、加速反应和减少可能的污染具有重要作用。许多公司出售不同的耐热酶。Fuelzyme®-Verenium 公司生产一种淀粉酶，来自从深海热液喷口分离出来的热球菌，将其用于乙醇生产过程中的糖化液化，可以释放出溶解性更好、分子量更低的糊精和低聚糖。

Ⅱ型热稳定性普鲁兰酶（淀粉普鲁兰酶）被用于淀粉液化和糖化相结合的过程。冷适应淀粉酶在洗涤剂、纺织和食品工业中也有应用，它们具有节能和减少细菌污染的特点。目前研究最多的冷活性 α-淀粉酶来自在 0~2℃条件下合成的卤代交单胞菌，并已在大肠杆菌中成功表达。来自卤代互变单胞菌（AHA）的 α-淀粉酶在 10℃、4.5mol/L NaCl 条件下表现出 80%的初始活性，最近，有研究者从深海中分离得到一种耐冷耐盐的 α-淀粉酶，它是极少数能同时耐冷耐盐的淀粉酶之一。在海洋盐场的杆菌属分离物中发现了超耐热 α-淀粉酶，其最佳操作温度在 110℃。

二、海洋极端细胞壁水解酶

与淀粉一样，细胞壁也存在于所有植物结构中，它能维持细胞结构并作为能量储备。细胞壁由三种主要聚合物多糖组成：纤维素、半纤维素和木质素。纤维素是地球上最丰富的植物的主要成分之一，（图 16-2）。由于其致密性和结晶性，纤维素非常难以进行水解和降解。半纤维素是由复杂的碳水化合物聚合物组成的非纤维素多糖，其中以木聚糖和葡甘露聚糖为主要成分。木质素与半纤维素和果胶填充纤维素纤维之间的空隙，充当细胞壁成分之间的黏合材料。

纤维素的分子式为（$C_6H_{10}O_5$）$_n$，其结构（见图 16-3）已被多种技术手段所证实。纤维素由 D-葡萄糖重复排列组成，其中葡萄糖的数量称为纤维素的聚合度，它的数值可达到上万，因此纤维素分子的大小可用聚合度来表示，即一个纤维素分子中含有的葡萄糖残基数。不同来源的纤维素的聚合度差异较大，例如植物细胞壁中的纤维素的聚合度约在 14000 以上，而微生物来源的纤维素的聚合度仅有 3500 左右，市场上出售的纤维素的聚合度约在 50~5000。由于纤维素的结构紧密，一般不能溶于水及其他溶剂中，并且纤维素形成的大分子聚合物由不规则的非结晶区及规则的结晶区构成，在分子链内、链间及表面分子及分子链之间都存在大量的氢键，因此纤维素的结构非常稳定，这也是其难以被利用的主要原因。结晶度主要表示纤维素的结晶区在整体纤维素中所占的比例，其比例越大，越难

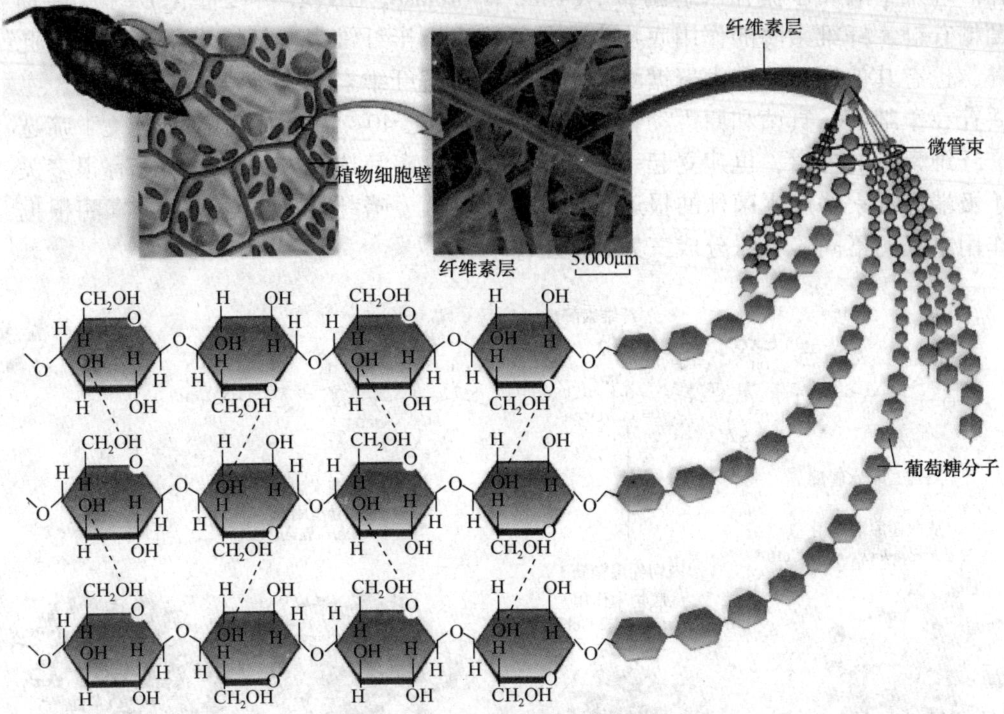

图 16-2　植物细胞壁的组成及纤维素结构

以被利用；而非结晶区的结构则较为松散，在其表面上分布一些凹凸不平的微孔，从而形成了空隙系统，并且能够形成微毛细管结构，所以容易被微生物所利用。

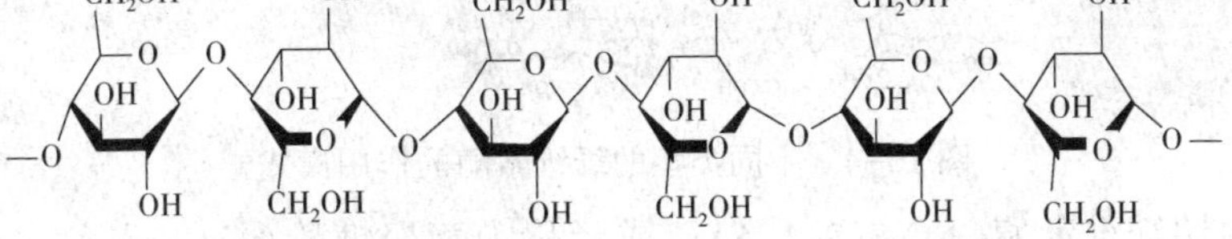

图 16-3　纤维素的分子结构

纤维素分子中含有两个性质不同的末端。即还原性末端和非还原性末端。其中还原性末端中葡萄糖残基中的第一位的碳原子的醛基和第五位碳原子上的羟基形成半缩醛形式，易于形成开链形式露出醛基，因而具有还原性，可与 3，5-二硝基水杨酸等试剂发生显色反应。

纤维素酶(Cellulase)可以催化纤维素的分解，是纤维素转化过程中的关键因素之一，而纤维素的彻底转化需要多种纤维素酶的参与，一般是以酶系的形式存在。纤维素酶属于糖苷水解酶(Glycoside Hydrolase，GH)，可以催化β-1，4-葡萄糖苷键。纤维素酶的作用底物主要是纤维素、半纤维素、纤维素衍生物等，此外，也有其他糖苷酶如木聚糖酶等可以部分水解纤维素。纤维素酶来源广泛，主要存在于细菌、真菌和原生动物中。早在20世纪40~50年代就有大量关于筛选产纤维素酶的报道，也建立起一套完整的菌种分离筛选的方法，至今已有很多关于极端纤维素酶产生菌株的报道，如纤维单胞菌、嗜纤维菌属等。纤维素酶根据作用方式的不同，可以分成三大类(图16-4)：

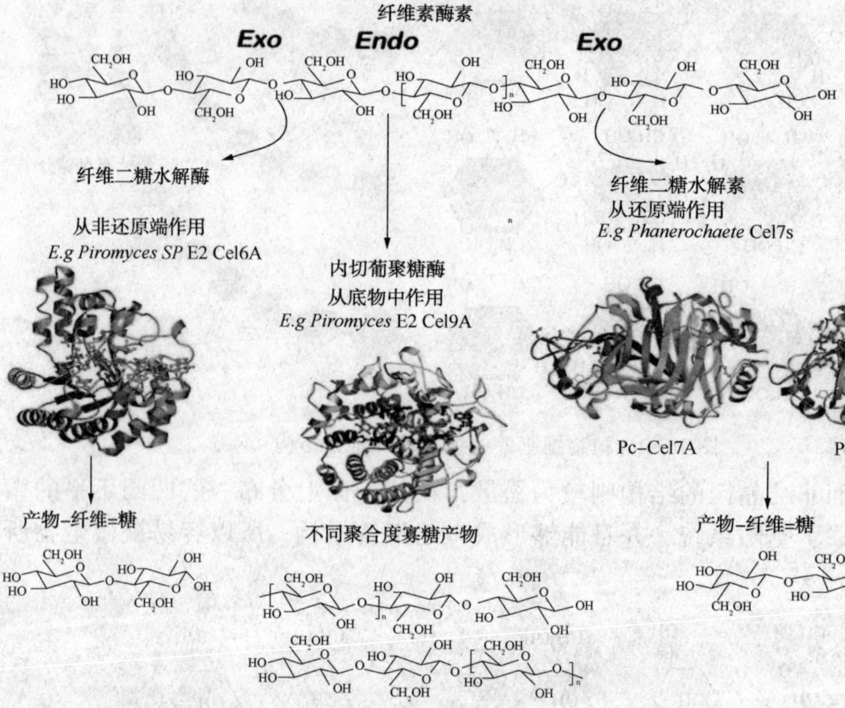

图16-4　不同类型的纤维素酶的作用模式

① 内切纤维素酶(EC 3.2.1.4)，或者称为葡聚糖酶(glucanase)，此类酶作用于纤维素内部的非结晶区，随机水解纤维素多糖链的β-1，4糖苷键，将长链的纤维素分子截断，变成小分子的纤维素寡糖，并产生新的还原端。

② 外切纤维素酶(EC 3.2.1.74/91)，该类酶以持续性作用模式作用于纤维多糖的还原端或者非还原端，断裂β-1，4糖苷键，从链的末端连续释放葡萄糖或者纤维二糖。

③ β-葡萄糖苷酶(EC 3.2.1.21)，该酶也称为纤维二糖酶，可以水解纤维糊精和纤维二糖生成葡萄糖，主要在纤维素转化的最后阶段发挥催化作用。此外，

此类酶还有一个特点，就是水解的底物范围比较广，而不仅限于由β-葡萄糖构成的纤维寡糖。在纤维素酶系中，三种酶相互协调作用催化纤维素的降解；其中，外切葡聚糖酶是降解微晶纤维素的关键酶，是不可缺少的组分，内切葡聚糖酶随机将纤维素降解成小片段的纤维素寡糖，然后在外切葡聚糖酶的作用下生成葡萄糖。

三、海洋极端蛋白酶

蛋白酶参与不同的生物学过程，如蛋白质相互作用的调节、定位、调节和活性调控。蛋白酶的一个重要功能是翻译后处理，导致包括酶在内的蛋白质的活化或失活。而且蛋白酶也是微生物疾病的潜在药物靶点，参与宿主发病机制，灭活宿主免疫防御介质，处理宿主或寄生虫蛋白，消化宿主蛋白等。这些特点使得蛋白酶对制药工业非常有应用价值，在洗涤剂、化妆品、化学和食品工业中被广泛应用。

大多数来自极端嗜极菌的蛋白酶属于丝氨酸蛋白酶家族。嗜热蛋白酶包括丝氨酸蛋白酶、半胱氨酸蛋白酶和苏氨酸依赖的蛋白酶等。Pyrococus sp 属古生菌，属于嗜热菌、严格的厌氧菌和专性异养菌，广泛分布于海洋热沉积物和浅海热液喷口等多种生境中。例如 Pyrococus furiosus 是从意大利的深海喷口和火山海泥中分离出来的。来自 P. horikoshii 的胞内蛋白酶是一种寡聚半胱氨酸肽酶，类似于 P. furiosus 胞内肽酶 I。在这个属中，已经鉴定出了热解蛋白、丝氨酸肽酶、金属肽酶和依赖 ATP 的蛋白酶。光热球菌是一种嗜热性极强的古细菌，常见于深海热液喷口附近、浅水海底热泉和油井附近。它产生的一种名为 prolidase 的脯氨酸双肽酶可以分裂二肽，其 C 末端有脯氨酸，氨基端有非极性残基（Met、Leu、Val、Phe、Ala）。

嗜极微生物的多样性是寻找新的蛋白水解酶的宝贵资源，主要是那些在低温下由嗜冷菌产生的酶。从南极沿海地区分离出来的 Shewanella livingstonensis 是一种嗜冷的革兰氏阴性菌，它产生一种丝氨酸碱性肽酶。在寒冷的海洋环境中发现的 Colwellia psychrerythraea 是一种专性嗜冷的革兰氏阴性细菌。

极端嗜盐菌的高耐盐性使它们能够在非无菌条件下培养，从而降低成本。蛋白酶如菠萝酶、木瓜酶、胃蛋白酶等已被用作鱼露发酵蛋白水解的生物催化剂。这些肽酶在高盐浓度下不稳定。相反，来自极端嗜盐菌的肽酶需要盐来进行它们的活动。此外，嗜盐蛋白酶在食品、皮革和洗涤剂行业的加工活动中有着广泛的应用。从南极洲、水和活性污泥、温泉和含水层等多种生境中分离得到的 Deinococcus aquiradiocola 被证明能产生一种蛋白水解酶，能够水解明胶和酪蛋白。从含水层中分离出的抗砷细菌 Deinococcus indicus 具有酪蛋白和明胶水解的特征。一些从海洋栖息地分离出来的地热球菌产生的热碱稳定蛋白酶可以在 60℃ 和 pH

9.0下稳定，这些特性适用于洗涤剂工业。

四、海洋极端脂肪酶和酯酶

脂肪酶和酯酶是水解酶，可以催化和裂解酯键，属于羧酸酯水解酶。脂肪酶主要对不溶于水的底物有活性，如由长链脂肪酸（$C \geq 8$）组成的甘油三酯。酯酶优先水解“简单”酯，通常只水解由短于C8的脂肪酸组成的甘油三酯。

脂肪酶的应用范围很广，包括食品、乳品、制药、化妆品、农药、生物表面活性剂、洗涤剂和造纸等行业。生物柴油的生产一直是刺激寻找脂肪酶的主要动力之一。生物柴油由甲基酯化脂肪酸组成，这些脂肪酸是通过酶的作用将甘油三酯交换而得到的。生物柴油具有许多优点，如减少了甘油副产品的生产和分离的操作过程。对于环境而言，其优点数不胜数，如减少颗粒物排放、低毒、高生物降解性等。假单胞菌属是目前发现脂肪酶最多的属。近年来，嗜极微生物脂肪酶和酯酶的工业应用一直在稳步发展，主要是由于使用了来自嗜热菌和嗜冷菌的耐热酶。热球菌属主要从含1%~3%盐（NaCl）浓度的黑烟囱（热液喷口）或淡水泉、其他海洋热液区和油藏中分离出来。西伯利亚热球菌（Thermococcus sibiricus）是一种来自西伯利亚西部高温沙美洛（Samotlor）油藏的超嗜热菌，从菲律宾温泉中分离出的嗜热菌也可以分泌出一种热稳定性羧酸酯酶，其最适宜温度为90°C，并具有有机溶剂耐受性。

来自嗜冷微生物的脂肪酶是在生物技术应用、有机化学、洗涤剂工业、生物修复和食品工业中应用最广泛的一类酶。一种来自光细菌脂多体的冷适应脂肪酶（M37），先前从韩国黄海的潮间带平台分离得到，在5℃到25℃之间具有活性，并在18℃的大肠杆菌中表达。脂肪酶M37已经作为脂肪酶B的替代品进行了生物柴油生产试验。Novozym435在含有高浓度甲醇的培养基中不稳定，而高浓度甲醇是高效生产生物柴油所必需的。假丝酵母菌在20世纪80年代被发现，可生产两种脂肪酶（A和B）。从那时起，脂肪酶A被应用在很多领域，如非甾体抗炎药（NSAIDs）、生物燃料和有机化合物的生产。脂肪酶B常用于过酸的脱甲基、酯合成和生产。正是由于这种能力，人们正努力通过化学修饰和定向进化来提高脂肪酶B的稳定性。

思考题

1. 极端环境都包含哪些？
2. 嗜热菌主要分布于哪些微生物中？
3. 极端酶一般都应用在哪些领域？
4. 极端酶未来的发展前景如何？

第十七章 碳水化合物结合模块研究进展

碳水化合物结合模块(Carbohydrate Binding Module, CBM)是糖苷水解酶、多糖裂解酶等糖苷酶类结构中含有一类非催化结构域，对于降解各种可溶性、不可溶的多糖底物具有重要作用。

第一节 碳水化合物结合模块的分类及性质

CBM的常规作用是与碳水化合物配体结合并将催化模块引导到其底物上，从而提高多模块碳水化合物活性酶的催化效率。最初特指可以特异性吸附到纤维素底物上的结合域，所以叫作纤维素结合域(CBD)，是纤维素酶的重要组成部分，通过肽链与一个或多个催化水解纤维素底物的催化域(CD)相连。后来大量的研究表明多糖水解酶中的结合域还可以吸附淀粉、几丁质和木聚糖等多糖类物质，遂将其命名为碳水化合物结合模块(CBM)。CBM与多糖的特异性吸附是影响应用的关键因素，但关于CBM与多糖基质吸附机制的研究较少。本章从CBM的结构、分类、与功能出发，总结了CBM近年来的研究进展。

一、碳水化合物结合模块的分类

碳水化合物结合模块(CBM)是通常附着在碳水化合物活性酶(Carbohydrate-active enzymes, CAZymes)上的辅助结构域，CAZymes主要参与碳水化合物合成、运输和代谢。CBM通常表现出与母体酶催化模块相似的碳水化合物特异性，并且能够识别自然界中广泛存在的各种碳水化合物。在功能上，CBM可以通过使底物更靠近催化域和诱导多糖链(如纤维素、几丁质或淀粉)的构象变化来改善催化。在酶结构方面，CBM可能是单独存在的单元，也可能是相同或不同CBM家族的复合串联单元；此外，串联组织增加了对底物的亲和力，还有协同结合效应。此外，不同CBM家族的复合组构增加了酶可识别的多糖底物库。

CBM广泛存在于真菌、细菌和放线菌等微生物种群中，根据氨基酸序列相似性，不同来源的CBM可分为不同的家族，在最近更新的CAZy数据库中(截止到2020年4月24日)，CBM根据其序列及物种来源可被分成86个家族，还包括一些未分类的序列。根据其不同的底物结合特异性，不同的CBM能特异识别纤维素、几丁质、褐藻胶、琼胶、卡拉胶、葡聚糖、木聚糖、菊粉、甘露聚糖、半乳聚糖、淀粉或糖原类物质，此外还有一些 CBM 能结合细胞表面的多糖。CBM 的多样性使得其在促进酶与底物结合(尤其是不溶性底物)、底物特异识别，以及酶稳定性等方面都有重要作用。因此总结当前 CBM 结构与功能的相关知识，对促进碳水化合物结合结构域的深入研究，推动其广泛应用都有重要意义。

CBM 是依据其所属家族和物种来源命名的。直接以其所属家族命名是最简单的情况，例如 CBM 家族 4 来自菌株 Acholeplasma brassicae O502，可以称其为 CBM4。为了阐述得更清楚，可以将其物种来源加入命名中，称为 AbCBM4 或者 AbO502CBM4。有的水解酶中只有 1 个 CBM，有的水解酶中可能有多个串联的 CBM，一般从 N-端开始命名，例如 CBM4-1 是第 1 个 CBM，CBM4-2 是第 2 个 CBM，以此类推。在当前的 86 个 CBM 家族中共包含有 10000 余种 CBM，此外还有 300 余种未分类的 CBM。近年来，许多 CBM 的晶体结构已被报道，使得我们能够深入理解其生物学功能。但是，部分 CBM 的研究尚不透彻，有的只是在序列水平，尚需进一步的功能验证。成员数目最多的 5 个 CBM 家族依次是家族 50、48、5、13 和 32，其中 CBM 家族 50 是最大的 CBM 家族，共有 37000 多种 CBM，主要来源于细菌和真菌的糖苷水解酶类。该家族的 CBM 序列长度一般约 50 个氨基酸左右，主要识别几丁质、肽聚糖等，也被称作 LysM 结构域。例如，酵母 Kluyveromyceslactis 中有一种几丁质酶含有 LysM 结构域，通过识别酵母细胞壁上的几丁质并将其水解，可以抑制酵母细胞的生长。又比如，在孢子萌发过程中，蜡样芽孢杆菌 Bacillus cereus ATCC 10876 中的肽聚糖溶解酶 SleL，利用其 LysM 结构域，识别孢子外壁并进一步水解孢壁，使孢子萌发。第二大的 CBM 家族 48 包含 15000 多种 CBM，其序列长度一般约为 100 个氨基酸，主要来自糖苷水解酶，多为普鲁兰酶、异淀粉酶、分支酶等。家族 13 的 CBM 的序列长度一般为 150 个氨基酸，它的主要特点是结构域能够形成三叶草结构。例如链霉菌 Streptomyces lividans 中的木聚糖酶 XlnA 的 CBM 的三叶草结构中有 3 个底物结合位点。纤维素酶也是 CBM 的一个重要来源，CBM 家族 1、2、3、6、8、11、13、16、17、63 和 64 中都有部分 CBM 被证实特异结合纤维素。还有许多小的 CBM 家族，多数是来源于细菌中的酶类。

二、碳水化合物结合模块的结构

根据配体结合位点的不同，CBM 可以分为三种类型(如图 17-1 所示)。A 型 CBM 具有由芳香族氨基酸组成的平面疏水表面，通过芳香族氨基酸之间的熵驱动相互作用。该结合表面可以选择性地与不溶性多糖结合，一般 CBM 的平面氨基酸侧链可与纤维素的疏水表面相互作用。而 A 型 CBM 对寡糖几乎没有结合亲和力。B 型 CBM 具有由极性氢键残基中心带组成的裂缝，可以与单个多糖链相互作用。B 型 CBM 一般不能与平面底物如结晶纤维素相互作用，但可以与木聚糖、甘露聚糖、半乳聚糖以及淀粉等多种聚糖相互结合。B 型 CBM 由于氢键起到重要作用，还与可溶性纤维寡糖结合，并且呈现出焓驱动的结合。C 型 CBM 主要与多糖链的末端相互作用，对单糖、二糖、三糖的结合亲和力较高。

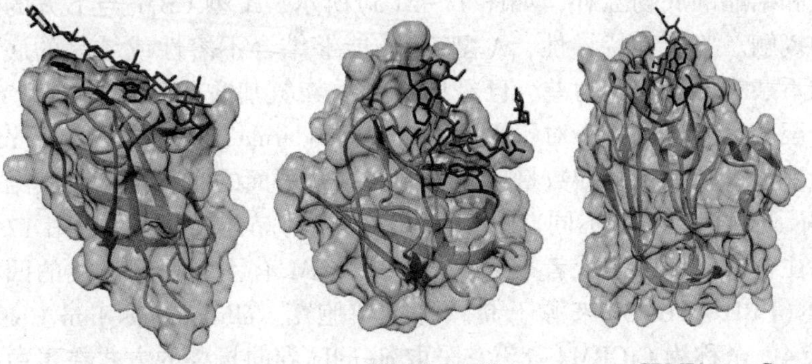

图 17-1 三种不同类型的 CBM 的晶体结构

CBM 种类繁多，结构复杂，其许多功能仍需进一步的探究验证。其中，对纤维素酶解具有重要影响的 CBM1 和 CBM4 的结构研究比较透彻。CBM1 是分子量最小、结构最简单的 CBM，由 30~40 个氨基酸氨基组成，主要来源于真菌纤维素酶。Kraulis 等首次通过来自真菌里氏木霉的家族 7 纤维二糖水解酶(Cel7A)得到了 CBM1 结构。Cel7A-CBM 由三个芳族氨基酸残基(Y5、Y31 和 Y32)形成的不规则平面组成，对 CBM 与纤维素基质的疏水性相互作用有影响。CBM 疏水表面的天门冬酰胺(N29)和谷氨酰胺(Q34)残基可以作为稳定 CBM 和纤维素之间相互作用的锚点。Cel7A-CBM 优先结合纤维素的结晶区域，对纤维素和一些低聚糖的无定形区表现出适度的结合亲和力。CBM4 属于 B 型 CBM，通常结合可溶性多糖。来源于热纤梭菌的纤维二糖水解酶 A 的 CBM 的晶体结构是首次发现的纤维素酶 CBM4 晶体结构。这种结构具有带色氨酸(Trp118)的结合位点肽环，Trp118 可以与相邻对称相关分子的等效区域相接触而稳定。直接参与底物结合的肽环中还有另外两个结合位点 Tyr110 和 Trp68。Alahuhta 等通过分子动力学模拟及实验证明 Typ118 有助于结合模块与可溶性纤维糊精相结合，Trp68 及 Tyr110 对于细菌微晶纤维素、无定型纤维素、可溶性糊精的结合有促进作用。比起结晶纤维素，CBM4 更倾向于结合细菌微晶纤维素或无定型纤维素。

三、碳水化合物结合模块的结构与功能关系

A 型 CBM 包括 CBM 家族 1、3、5、10 等，能够结合不溶性、结晶的底物。

在一般情况下，当底物溶解分散在溶液中时，CBM 可以全面接触到该化合物。而对于不溶性和结晶的底物，CBM 只能接触到其表面，此时，底物对于 CBM 来说是一个巨大的平面，只有它的结合位点位于表面才能结合，这也是水解酶难以降解不溶性和结晶化合物的原因。A 型 CBM 正是符合这种特点的结构域，这种 CBM 的结合位点往往分布在一个平面或者接近平面，这种平整的结构刚好可以与不溶性和结晶的底物互补，如图 17-2(a)所示，A 型 CBM 与下方的底物只有一个面的接触。鉴于其特异性，A 型 CBM 能够结合不溶性或结晶的底物，对可溶性底物不亲和或者亲和力差。已经证明芳香族氨基酸残基对于 A 型 CBM 与底物的结合至关重要，例如，对于里氏木霉 Trichoderma reesei 的 CBM1-Y5A，人们发现其芳香族氨基酸残基的数量以及它们在结合平面的空间排布对其结合能力都十分关键。与 A 型 CBM 不同，许多 B 型 CBM 的晶体结构显示[图 17-2(b)]，其蛋白往往含有一个凹槽或者裂缝，不同的 CBM 有不同程度深浅的凹槽。例如 B 型 CBM（PBD：1GU3)来源于粪碱纤维单胞菌 Cellulomonas fimi Cel9B，属于 CBM 家族 4，全称为 CfCBM4-1，它采取 β-jelly 卷曲折叠的方式在蛋白中部形成一条凹槽，能很好地结合 β-1，4 寡糖。B 型 CBM 的结合效率被证明是与底物的聚合度紧密相关的，往往对长链的糖比短链或者单糖有更强的结合效率，因此被称为链式结合型 CBM。

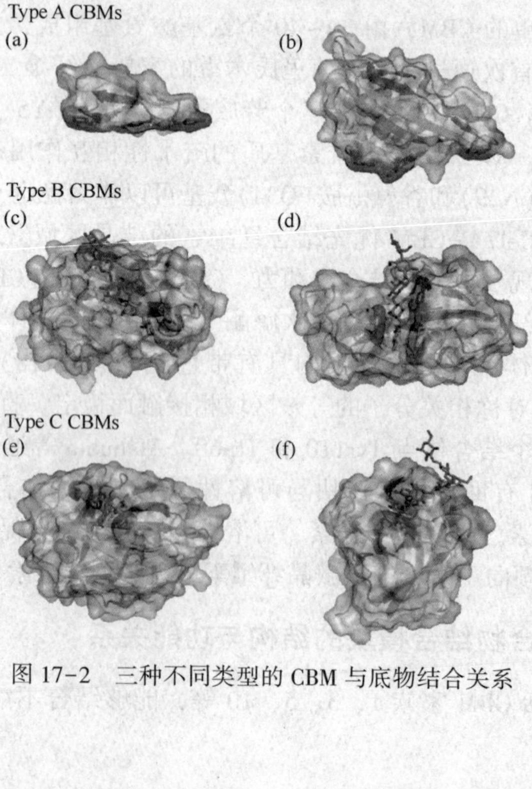

图 17-2　三种不同类型的 CBM 与底物结合关系

而C型CBM优先结合单糖、二糖和三糖，因此被称作小分子糖结合型CBM［图17-2(c)］。更准确地说，它不仅能结合小糖，而且能结合多糖的末端糖基。C型CBM来源于海栖热袍菌Thermotoga maritima的木聚糖酶10A，其结合位点位于蛋白表面，大小和深度恰好适合容纳1个纤维二糖，通过2个色氨酸残基与纤维二糖紧密结合。C型CBM最早因凝集素为人所知，凝集素广泛存在于动物、植物和微生物中，它们可以结合溶液中游离的糖，或者能识别糖蛋白和脂蛋白中，甚至是细胞膜上复杂的碳水化合物结构。一种凝集素含有多个CBM，具有专一结合某一种特异性糖基的能力。C型CBM由于只结合单糖、寡糖或者多糖末端糖基，因此其与B型CBM相比并没有凹槽存在，其结合位点更加集中。CBM家族9、13、14、18等都属于C型CBM。值得一提的是，不同类型的CBM可以同时存在于一个蛋白质中，例如，混合纤维弧菌Cellvibrio mixtus中酶Cel5A的CBM6同时包含独立的B型和C型结构域。对CBM进行分类可以加深对其特征的认识，但当前的分类方式可能并不能囊括自然界中所有CBM的功能类型。

第二节　碳水化合物结合模块的分子改造与应用

传统意义上，CBM可以确定酶与底物的结合位置，提高酶的催化效率，增强酶与难溶性纤维底物之间相互作用的可及度。伴随着基因工程、融合技术的快速发展，CBM除生物功能外，还在纤维改性、生物纯化、生物修复以及作为分析检测工具等方面具有出色表现，以CBM为原料构建新型材料获得了广泛关注。

一、碳水化合物结合模块的分子改造研究

目前对于CBM的分子改造研究主要集中在关键氨基酸位点改造方面，例如芳香氨基酸在CBM-碳水化合物相互作用中的作用已经通过结构成像或定向诱变实验得到了广泛的研究。例如，纤维素-结合CBM2b突变体W570A和W602A证明了这些氨基酸的重要性，因为去除它们的侧链会导致亲和力的双重降低。来源于Thermotoga maritima的半乳聚糖酶中的CBM61，W594A突变丢失了对于底物的结合能力，突变体W508A和W563A也导致了对底物亲和力的减少，表明这些氨基酸对于配体的弯曲也很重要，它们在酶与底物半乳糖结合中起关键作用。此外，来源于Lactobacillus amylovorus的a-淀粉酶的CBM26突变体W32L由于丢失了苯环，导致对底物结合能力的完全丧失，而另外两个突变体Y18L和Y20L对于生淀粉的底物亲和力也下降了50%。在梭状芽孢杆菌热纤维素双功能纤维素酶的CBM11中的三种芳香氨基酸(Y22、W65和Y129)在结合位点形成疏水平面，也得到了类似的结果。这些残基被替代为丙氨酸导致对于羧甲基纤维素(CMC)、

β-葡聚糖、葡甘露聚糖和木聚糖等底物的亲和能力下降，其中 W65A 突变体的影响最大，而 Y129A 和 Y22A 突变体的影响较小。

极性氨基酸是稳定 CBM 与底物相互作用的氢键的重要组成部分。CBM 结合位点的离散修饰可影响电荷的取向、形态和分布，影响其底物特异性和亲和力。在 Cellulomonas fimi 菌中，木聚糖酶的 CBM2b-2 结构域对可溶性木聚糖的亲和常数为 1.2×10^4L/mol，不能与不溶性纤维素结合。然而，将 573 位的精氨酸突变为甘氨酸改变了从木聚糖到纤维素的结构域的特异性，突出了极性氨基酸在这种相互作用中的重要性。研究人员观察到，侧链残基的修饰允许芳香氨基酸在结合位点的重新排列，从而导致特异性的改变。此外，CBM 结构中一定程度的混乱性可能是由于结合位点形成氢键的灵活性造成的。例如 Thermoanaero bacterium 的 CBM16 可以结合 β-1，4 葡萄糖和 β-1，4 甘露糖，这是由第 20 和 125 位的色氨酸决定的。然而 81 位的谷氨酰胺也起着重要的作用，因为该残基能够与 3 号位的 C2 羟基以轴向或赤道向构型相互作用。这些 C2 羟基的不同构型在蛋白支架内由代偿水进行调节。

底物与芳香和极性氨基酸之间的键的定位和建立决定了酶的相关特性，如亲和力、特异性和活性。因此，芳香族残基和氢键结合在一起形成了、限制或扩大 CBM 与多糖底物相互作用所必需的化学环境。

CBM 的多样性导致了可以采用不同的策略来提高对其结合机制的理解。由于 CBM 的结构特点，现在一般认为 CBM 在糖苷酶中起到结合底物和作为结构支架的作用。理想情况下，支架是一种具有固有构象稳定性的蛋白质，是一种将决定稳定性的因素与活性位点或识别决定因素分开的结构。然而，很少有蛋白质同时具有这两种特征。由于其结构特点，CBM 可以作为蛋白质支架，因为不同家庭的不同成员之间呈现的是一个高度保守的三维结构-b-三明治夹心结构。此外，这些结构域的结合位点通常位于暴露于溶剂的区域，通常具有可扩展的拓扑结构。在其固有构象稳定性方面，关于 CBM 能否在不影响其结构稳定性的前提下耐受随机突变的插入，目前的研究还很少。然而，生物信息学工具可能有助于预测突变对蛋白质稳定性的影响，它允许对不同的目标区域进行快速的预实验评估。

如图 17-3 所示，理性设计是 CBM 可变性产生的主要方法。这种方法需要了解蛋白质结构和功能之间的关系，并进行计算分析，指出哪些氨基酸需要修改。用于构建突变体的方法包括定向突变和定向饱和突变，以及循环置换技术等。其中，定点突变通常用于构建特定位点的突变体以便于进一步研究 CBM 的结构与功能之间的关系。CBM 理性设计的另一个策略是寡核苷酸定向随机化，这涉及一种半理性的方法，通过这种方法，特定的残留物会受到随机突变。而且无论使用什么分析工具，都不可能预测突变所带来的影响和变化。此外，定向进化方法，如随机诱变和基因重组也可以用来改变蛋白质的性质。相对于合理的蛋白质设计，定向进化的主要优点是不需要详细了解蛋白质序列、结构和功能之间的复杂关系(图 17-4)。

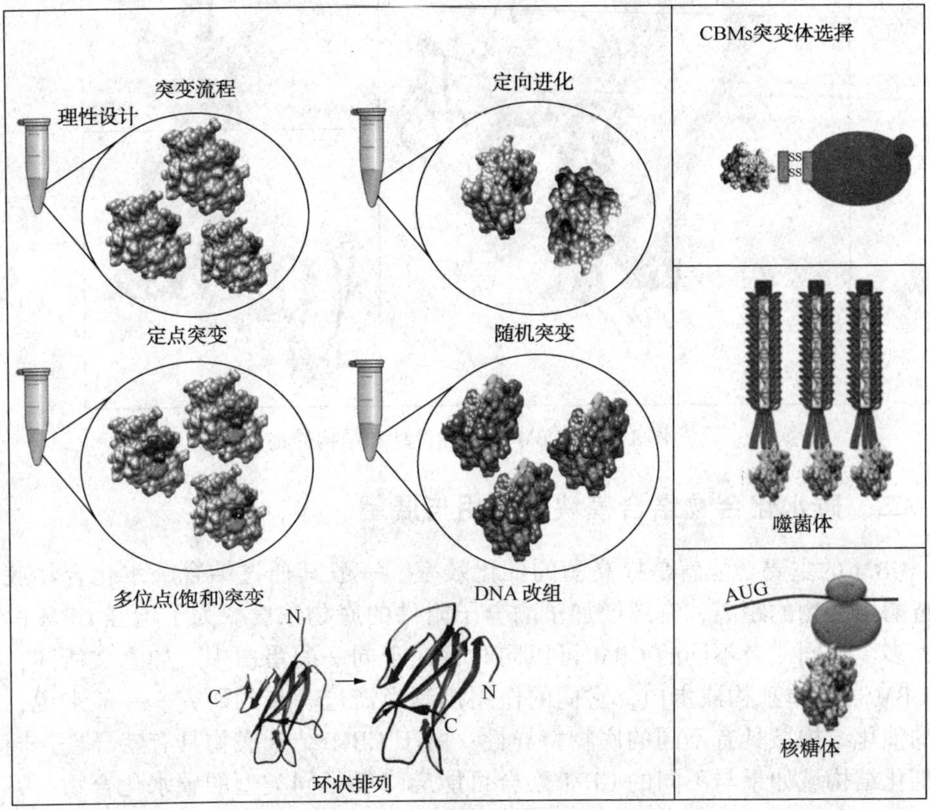

图 17-3　CBM 分子改造的方法

随机诱变导致 CBM 基因任意位置突变。因此，这种策略模拟了自然进化过程，不需要预先了解蛋白质结构。由于我们对突变位置的控制极为有限，因此有可能创造出稳定性和折叠性发生变化的蛋白版本。易错聚合酶链反应(epPCR)随机诱变是建立多样化基因文库最常用的技术。这项技术是在诱变反应条件下进行的(例如，通过添加少量 Mn^{2+} 或增加 Mg^{2+})，以提高 DNA 聚合酶的自然易错性，从而产生一系列的突变体。

综上所述，有方法可以对 CBM 进行分子改造，以提高它们对不同多糖底物的亲和力和选择性，但是获取具有新特性或功能属性的 CBM 在很大程度上依赖于选择方法和突变库构建。

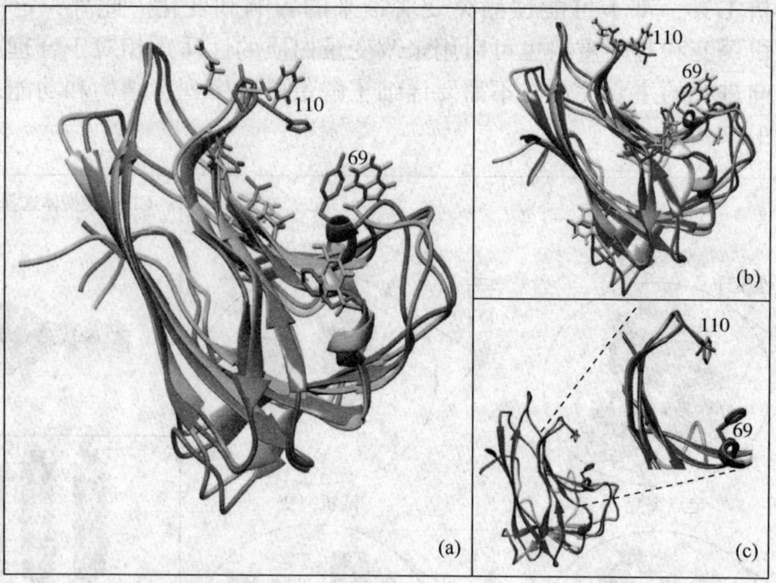

图 17-4　CBM 的理性设计和结构修饰

二、碳水化合物结合模块的应用与展望

CBM 的主要功能就是提高酶的催化效率。一般其通过结合碳水化合物底物拉近酶与底物的距离，有效增加了酶分子附件的底物浓度。为了增强 CBM 的功能，多个相同或者不同的 CBM 可以同时存在于同一酶蛋白中。如上文所述，有些 CBM 还能单独构成蛋白，它们的作用机制尚需进一步的研究。一般来说，不同的催化结构域具有不同的底物特异性；由于 CBM 结合底物具有特异性，同样的催化结构域如果与不同的 CBM 融合可能会降解不同类型的碳水化合物。另一方面，某些高温菌的 CBM 具有较高的稳定性，属于热稳定性结构域。有研究表明，热稳定性结构域与不稳定的蛋白结构域融合可以提高后者的热稳定性。因此在酶分子改造中，利用稳定的 CBM 可以提高单一催化结构域的稳定性和最适温度等特性。但并不是所有的结构域都能相互融合而不影响其功能，而且将 CBM 与催化活性结构域融合时使用的连接肽也可能影响酶稳定性。利用 CBM 结合底物的特异性，以及 CBM 的相对独立性和分子量小的特点，亦可开发 CBM 作为蛋白纯化标签。由于纤维素等多糖价格低廉，用其制作吸附柱具有巨大的价格优势。同样，利用 CBM 这些特点还可以将其用于固定化酶技术。在医学上，利用 CBM 特异性结合不溶性底物的特点，可以将其用于靶向治疗，设计新的识别位点，使 CBM 能够结合特异的细胞表面多糖，定向输送药物。

由 CBM 的分类可知，其来源非常广泛，造成了 CBM 序列和结构的多样性。

使得其在促进酶与底物结合、底物特异识别等方面都有不同的作用。本质上，CBM 的结构决定了其功能，不同的 CBM 中结合位点所在的位置有所不同，导致三种不同的 CBM 与底物的结合方式，进而发挥出不同功能和作用。此外，CBM 本身的特性也会对整个蛋白产生相应影响，比如稳定性和耐热性。随着各种碳水化合物酶的深入研究，新型的 CBM 还将不断被发现，更多的 CBM 结构与功能将逐步被阐明。CBM 的功能具有巨大的应用前景，研究与改造 CBM 对于阐明蛋白质与碳水化合物识别机制，进而广泛将其应用于酶分子改造和药物开发都具有重要意义。CBM 也在大量工业用酶包括纤维素酶、木聚糖酶及淀粉酶中起着关键作用。

思考题

1. CBM 的结构类型有几种？有什么结构特征？
2. CBM 的作用有哪些？
3. CBM 有哪些应用？
4. 有哪些手段可用于 CBM 的分子改造？

第十八章　海洋功能寡糖的研究进展

海洋多糖如琼胶、褐藻胶、卡拉胶和岩藻多糖具有多种生物活性，被广泛应用于食品、农业和医疗领域。但是，由于多糖的分子量太大，溶解性差和生物利用度低，使其活性不能得到有效地发挥，极大地限制了海洋多糖的开发与利用。海洋寡糖是多糖被化学法或者酶法降解之后得到的产物，聚合度一般在 2~10，不仅保持了多糖的各种生物活性，还在溶解性和生物利用度方面有了很大的提高，成为目前海洋生物资源开发领域的研究热点。

第一节　海洋寡糖的来源与结构

大型藻类主要包括红藻、绿藻和褐藻，它们是海洋生物量的主要部分，也是海洋碳循环的主要来源(图 18-1)。海洋多糖构成了这些藻类细胞壁的主要成分，并具有多种生理活性，包括抗肿瘤、抗氧化、抗病毒和免疫调节等。

图 18-1　不同种类藻类植物的生态图片

海洋多糖已被广泛用于食品、农业和医学领域。例如，从红藻紫菜 Porphyra yezoensis 和 Gracilaria verrucosa 提取的多糖在体外和体内均具有刺激巨噬细胞的活性。从褐藻 Undaria pinnatifida 的孢子叶中分离的岩藻多糖可以刺激巨噬细胞产生细胞因子(如 IL-6，TNF-α)和趋化因子(RANTES，MIP-1)。从红藻中分离得到的卡拉胶可促进小鼠白细胞产生 TNF-α。据报道，从绿藻 Capsosiphon fulvescens 分离出的一种硫酸化水溶性多糖可诱导巨噬细胞释放 TNF-α 和 IL-6，并促进诱导型一氧化氮合酶(iNOS)和环氧合酶-2(COX-2)的表达。然而，由于较差的溶解性和较低的生物利用度，这些应用受到极大的限制。海洋寡糖是多糖的降解产物，可以通过物理化学或酶促方法处理后保留多糖多种活性的同时，其溶解性和生物利用率会变得更高。因此，海洋寡糖已广泛用于工业应用。如图 18-2所示，自 2005 年以来，有关海洋寡糖的研究迅速发展，这主要是由于碳水化合物活性酶等工具的增多和相关纯化方法发展的缘故。此外，由于海洋寡糖的结构和异质性的复杂，其组成和序列的分析仍然具有挑战性。因此，对寡糖的结构性质和生物学活性进行更多的实验研究对于有效利用它们显得至关重要。

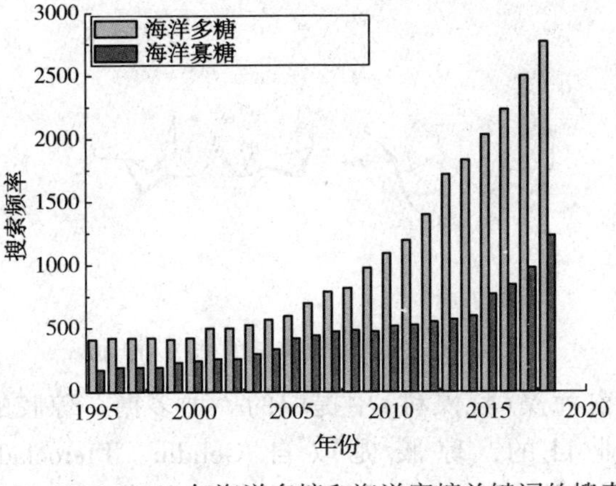

图 18-2 1995~2018 年海洋多糖和海洋寡糖关键词的搜索频率

一、海洋寡糖的来源与结构

目前研究比较多的海洋寡糖包括褐藻胶寡糖、琼胶寡糖、卡拉胶寡糖和岩藻寡糖。褐藻胶寡糖(AOS)是酸性多糖的降解产物，即褐藻胶。它是褐藻(藻科)的基质细胞壁多糖。海带和褐藻是褐藻胶的主要来源。在褐藻的两个阶下，有七个科可以产生褐藻胶作为细胞基质。Chordaceae、Laminariacace、Lessoniaceae 和 Alariaceae 属于 Laminariales，而 Fucaceae、Cystoseiraceae 和 Sargassaceae 是 Fucales 的亚家族。商业上使用的大多数褐藻胶得自 Macrocystis、Laminaria 和 Ascophyllum三个属。另外，褐藻胶也可以由非自养细菌的两个家族——Pseudomonadaceae 和 Azotobacteriaceae 在严格的环境下，例如干旱和高温下进行生产。褐藻胶构成 Pseudomonas aeruginosa 生物膜的主要成分，以保护菌株免受宿主免疫系统的侵害。在结构上，褐藻胶的单体单元是 α-L-古洛糖醛酸(G)，其 C5 差向异构体是 β-D-甘露糖醛酸(M)。六元糖环的 C5 碳上羧基(—COOH)的方向在 M 单元的环平面上方和 G 单元的平面下方，如图 18-3(a)所示，这些单元被连接成三种不同的嵌段，聚 β-D-甘露糖醛酸(polyM)，聚 α-L-古洛糖醛酸(polyG)和杂聚物(polyMG)。尽管某些褐藻胶可能主要以一种嵌段形式存在，但所有三个嵌段可能都存在于单个褐藻胶分子中。与藻类中的褐藻胶相反，细菌产生的多糖通常在 D-甘露糖醛酸酯的 2 或(和)3 位上被 *O*-乙酰基取代。

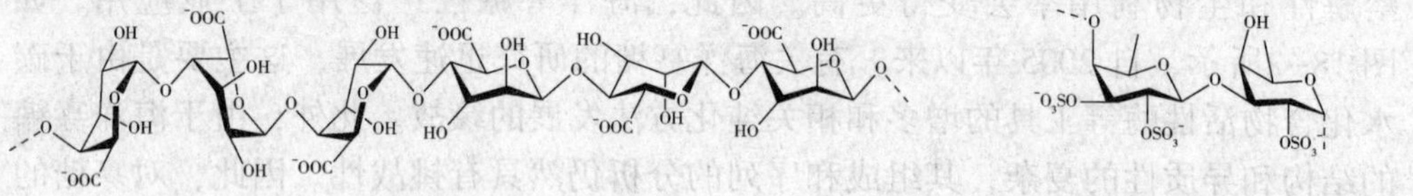

(a)褐藻胶　　(b)岩藻多糖

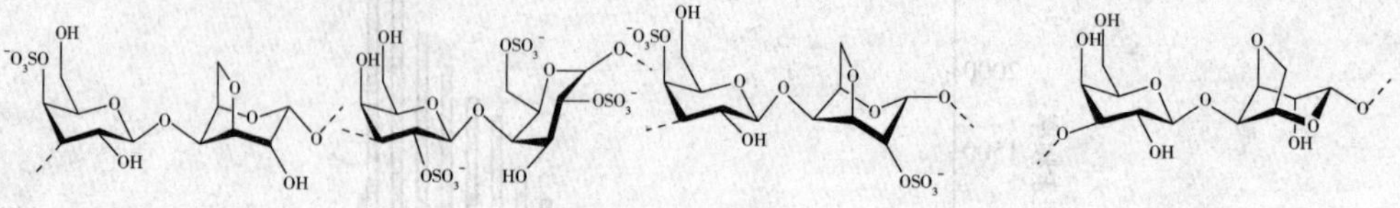

(d)卡拉胶　　(d)琼胶

图 18-3　不同海洋寡糖的结构和组成

琼胶主要是从红海藻(红藻科)中提取的一种多糖。琼胶的总产量约为每年 25000t。出于商业目的，琼胶提取自 Gelidiu、Pterocladia、Petrocladiella、Gracilaria 和 Hypnea。其中，Gelidium 可以提供最佳商业品质的琼脂，但是琼脂只能从野生型中获得。同时，人工栽培的 Gracilaria 占琼脂生产总量的 65%。目前，生产的琼脂中约有 50%是从 Gracilaria gracilis 和 Chicilensis 中提取并用于食品的生产。琼脂是由琼脂糖和琼脂胶两种多糖混合形成。琼脂糖的主要结构由 β-D-半乳糖和 3，6-脱水-α-L-半乳糖(3，6-AG)的重复单元组成且其硫酸酯含量较低[图 18-3(d)]。琼脂胶具有与琼脂糖相同的基本双糖重复单元，其中 3，6-脱水-α-L-半乳糖残基的一些羟基被磺氧基或甲氧基和丙酮酸残基取代。琼脂糖的分子量高于 100000Da，且其硫酸盐的含量通常低于 0.15%。琼脂胶的分子量低于 20000Da，但是其硫酸盐含量比琼脂糖高得多，约为 5%至 8%。琼脂是琼脂糖和琼脂果胶馏分的混合物，其比例取决于原材料的组成。Gracilaria 中琼脂的含量较高，其次是 Porphyra 和 Gelidium。

卡拉胶作为硫酸化多糖家族的通用名称，主要起源于某些红藻类的细胞壁，如 Eucheuma、Gigartina、Chondrus crispus 和 Hypnea。现在，Kappaphycus alvarezzi，Betaphycus 和 Euchema denticulatum 是生产卡拉胶的主要原料(占总产量的 85%)。据估计，所有生产的卡拉胶中有 50%来自人工养殖，主要来自菲律宾生产的 Euchema，其中最常用的是麒麟菜(Eucheuma cottoni)，占到世界产量的四分之三。

岩藻多糖可来自多种藻类或海洋无脊椎动物，例如海参或海胆。因为除许多其他单糖外，岩藻多糖还含有各种岩藻糖残基，所以其通常用于制备硫酸化的复合多糖。岩藻多糖的基质可以通过自由基、酸性或酶水解来分析。尽管进行了许多实验来确定岩藻多糖的精细结构，但发现的规律性实例较少。其单糖的连接、分支、硫酸化的位置和组成的差异较大。因此到目前为止，尚未建立结构与生物活性之间的关系。该结构的阐明尚未结束，因此，藻类不能按其岩藻多糖结构进行分组。大多数藻类的多糖主要由硫酸化的 L-岩藻糖组成，其岩藻糖含量约为 34%~44%，还可能含有少量半乳糖、甘露糖、木糖和糖醛酸。但是，也有岩藻多糖只含有少量的岩藻糖成分。

二、海洋寡糖的制备方法

传统上，AOS 是通过化学水解和酶促降解制备的。随着技术的发展，出现了 H_2O_2-氧化水解法。另外，由于操作简单且速度快，诸如微波降解的物理方法已引起越来越多的关注。但是，通过不同方法制备的降解产物，其结构也各不相同。酶促水解的产物是在 C_4 和 C_5 处具有双键的不饱和寡糖，而化学水解则产生饱和寡糖。另外，AOS 的结构决定了它们的功能和性质，因此总结和比较制备 AOS 的不同方法至关重要。

化学水解，尤其是酸性水解，是生产 AOS 的传统方法。该方法中使用的酸通常包括盐酸、草酸、甲酸和硫酸。Haug 等人使用 1moL/L 的草酸将褐藻胶水解，几乎 30%的底物水解成 Dp 值为 10~30 的寡糖。由于其对酸的耐受性，褐藻胶不能被无机酸完全降解。Chandia 等人使用三种酸水解来自 Lessonia trabeculata 的褐藻胶，并指出褐藻胶可以在 100°C 的条件下反应 6h 后被浓度为 90%甲酸完全水解，然后在 100℃、1.5mol/L 甲酸条件下连续处理 2h。该方法比传统的酸性水解方法更清洁，更快速。另外，褐藻胶的碱水解也是生产 AOS 的必要方法。Niemela 等人使用碱分别在 95℃和 135℃条件下水解褐藻胶。Yang 等人建立了一种新颖的氧化还原方法，通过将褐藻胶与 5%的 H_2O_2 在 90℃下反应 2h 来生产 AOS。与化学水解相比，氧化还原法具有更高的产率和纯度，同时，它产生的副产物和污染物更少。综上所述，化学方法具有成本低廉，技术成熟，机理明确等优点。但是，由于其严苛的反应条件和复杂的产品，其应用受到限制。

褐藻胶裂解酶是多糖裂解酶家族(PL 家族)的成员，可以通过 β 消除作用降解褐藻胶，并在非还原端产生具有双键的不饱和寡糖。根据其底物特异性，它们可分为 G 嵌段特异性裂解酶(polyG 裂解酶，EC4. 2. 2. 11)、M 嵌段特异性裂解酶(polyM 裂解酶，EC4. 2. 2. 3)和双功能裂解酶。就作用方式而言，褐藻胶裂解酶可分为内切和外切褐藻胶裂解酶。内切酶可以切割褐藻胶聚合物内的糖苷键并释放不饱和寡糖(例如二糖、三糖和四糖)作为主要产物，而外切酶可以将寡糖进一步降解为单体。褐藻胶裂解酶，尤其是内切酶已被广泛用于褐藻胶寡糖的生产中。Zhang 等人从 Vibrio sp. 510 中纯化了褐藻胶裂解酶。该酶可将褐藻胶水解为 Dp 值为 2~5 的寡糖。Li 等人用来自 Pseudomonas sp. HZJ216 的高活性褐藻胶裂解酶降解了褐藻胶，制备 Dp 值为 2~7 的寡糖。朱等人使用来自 Cellulophaga sp. NJ-1 的褐藻胶裂解酶 Cel32 制备了 Dp 值为 2~5 的 AOS 系列。具有高底物特异性的褐藻胶裂解酶是生产具有特定结构的寡糖的优选。然而，关于褐藻胶裂解酶具有高底物特异性的报道很少。本课题组克隆并纯化了一种新的 polyM 专一褐藻胶裂解酶，发现它可以通过 b 消除作用将 polyM 排他性地内解聚底物生成寡糖。Anne 等人分离出了对古洛糖酸键具有切割特异性的突变褐藻胶裂解酶，它可能是制备葡萄糖醛酸寡糖的有效裂解酶。朱等人纯化了一种新的 polyM 底物特异性褐藻胶裂解酶，该酶可以以一种独特的内切方式水解底物，不仅产生 Dp 值为 2~5的寡糖，而且还产生很大一部分的单糖。因为温和的反应条件、特定的产品和较高的生产率等明显的优势，AOS 的酶法制备受到越来越多的关注，因此，它被认定是生产 AOS 的主要方法。

与 AOS 相似，制备 AGOS 的主要方法包括化学水解和酶降解。Xu 等人通过酸水解(0. 05mol/L 盐酸)制得低分子量 AGOS。生产 AGOS 的化学水解方法受到严苛的反应条件和非特异性产物的限制。因此酶法制备 AGOS 是主要方法。Hong 等人通过利用来自 Streptomyces coelicolor A3 中的 β-琼脂酶水解琼脂制备了 AGOS，并研究了降解产物在体内和体外的生物学活性。Xu 等人在水解 Gracilaria Lemaneiformis 琼脂时，将 β-琼脂酶和 HCl 做了对比。β-琼脂酶水解产物的聚合度主要为 4、6 和 8，这比盐酸水解产物更具特异性。

目前，化学水解、物理降解和酶水解是制备卡拉胶寡糖(COS)的主要方法。Li 等人发现 H_2O_2 可将卡拉胶降解为分子量为 1000~10000 的寡糖。Araki 等人发现用甲醇和盐酸降解卡拉胶时可从中获得卡拉胶二糖。同时，Quemener 等人通过 HPLC 测定了胶凝卡拉胶的复合糖含量以评估甲醇分解法。Alistair 等人用硫酸处理 COS 并获得了卡拉胶二糖。同时，Caram 和 Yuan 通过用盐酸温和水解将卡拉胶降解为具有不同 Dps 的寡糖。Li 等人通过使用超声波降解卡拉胶来制备分子量更高的 COS。

特征性卡拉酶的降解具有温和的反应条件和较高的底物特异性，是一种常用的生产卡拉胶寡糖的方法。卡拉胶酶根据其底物特异性和一级序列可分为三类：κ-卡拉胶酶、i-卡拉胶酶和 κ-卡拉胶酶。它们都是内切酶，可以切割卡拉胶的内部 β-(1，4)-糖苷键并产生一系列的偶数寡糖。例如，Mou 等人使用来自海洋细胞 Cytophaga sp. MCA-2 的卡拉胶酶降解卡拉胶，并制备了大量低分子量的卡拉胶寡糖。Duan 等人可使用纤维素酶和重组 κ-卡拉胶酶直接从 Eucheuma cottonii 中制备卡拉胶寡糖。

FOS 的制备主要包括物理降解、化学水解和酶法制备三种方法。Chen 等人通过超声降解岩藻多糖，发现岩藻多糖溶液的超声降解速率随超声功率和反应温度的增加以及溶液初始 pH 值的降低而增加。另外在测试条件下，超声降解并未改变多糖的主要结构。Choi 等人通过伽马射线辐照制备了 FOS，并发现当样品以 10kGy 强度辐照时，FOS 分子量迅速降至 38kDa。Natalie 等人纯化了一种新的岩藻多糖酶，并用其水解岩藻多糖。结果表明，该岩藻多糖酶不经脱硫就可以水解岩藻多糖。在岩藻糖苷酶作用的前 4h 内未检测到硫酸盐释放，直到水解后期才检测到岩藻糖。

第二节 海洋寡糖的活性与应用研究

一、褐藻胶寡糖的活性与应用

AOS 具有许多生物活性，包括抗氧化、抗病毒和抗肿瘤活性、此外，AOS 可以抑制人皮肤中的成纤维细胞增殖和胶原蛋白的合成，刺激内皮细胞的生长和迁移，诱导人角质形成细胞的生长，通过诱导白介素(IL)-12 分泌来抑制 T helper 2 细胞(Th2)的发育和免疫球蛋白 E(IgE)的分泌。Sun 等人发现，AOS 对三种自由基具有很强的清除作用，且清除作用呈浓度依赖型。Bao 等人发现低分子量的 AOS 表现出最显著的抗氧化活性和清除羟自由基的能力，其实验方法类似于维生素 C 的体外抗氧化研究。Zhou 等人发现褐藻胶裂解酶将褐藻胶羟化获得的 AOS 具有抗氧化活性，其中分子量小于 8000 的 AOS 具有最强的活性，表明分子量较小的寡糖具有更好的抗氧化活性。Guo 等人证明，AOS 可以至少部分地通过抑制氧化应激和内质网介导的细胞凋亡来预防小鼠急性 DOX 心脏中毒。Ramos 等人发现具有较低 G/M 比的 AOS 表现出更好的 DPPH 清除活性，表明分子量和 G/M 是控制 AOS 抗氧化特性的关键因素。另外，AOS 显示出明显的抗肿瘤活性。

最近的研究表明，AOS 展现出显著的免疫调节活性。例如，Iwamoto 等人研究了不同结构的 AOS 对来自 RAW264.7 的细胞因子诱导的影响，发现 G8 和 M7 表现出最强的活性。Yamamoto 等人报告称甘露糖醛酸寡糖(M3-M7)可以诱导多种细胞因子的产生和分泌。Xu 等人揭示了通过剂量和时间依赖性的酶促降解制备的不饱和古洛糖醛酸寡糖可以诱导 NO 的产生和 iNOS 的表达，并刺激 ROS 和 TNF-a(图 18-4)。此外，AOS 的结构特征，特别是不饱和末端结构、分子大小和 M / G 比，在决定巨噬细胞激活作用中起着重要的作用。

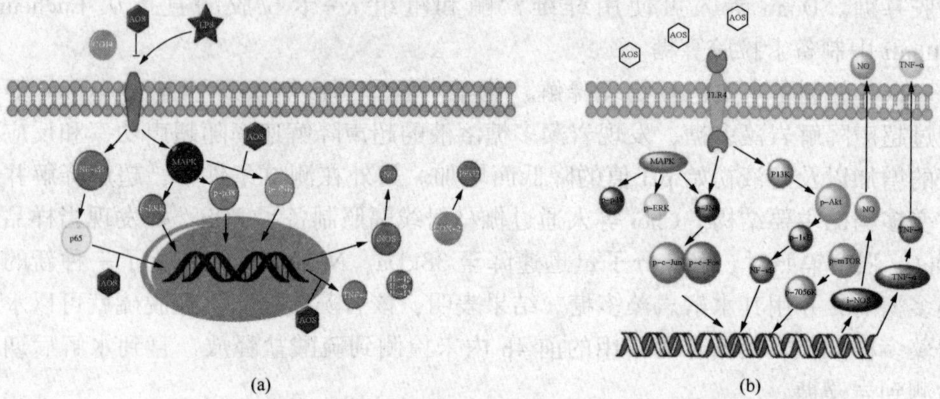

图 18-4　褐藻胶寡糖的抗炎和免疫调节活性机理推定示意图

二、琼胶寡糖的活性与应用

琼脂寡糖(AGOS)作为新型海洋功能性寡糖，因其广泛的生理活性以及出色的溶解性和生物利用度而受到越来越多的关注。据报道，AGOS 具有明显的抗菌活性。Enoki 等人发现琼脂二糖可以使食物保持新鲜。Li 等人报道新琼脂寡糖可以抑制细菌的生长。同时，AGOS 可以促进 Bifidobacteria 和 Lactobacillus 的生长和增殖。AGOS 不能被肠细菌降解，也不会产生热量。因此，它是开发功能性食品的理想添加剂。Mazumder 等人发现 AGOS 可以抑制 B 型流感病毒的增殖，这主要是因为 AGOS 可以干扰病毒的粘附过程。AGOS 可以抑制前列腺素 PEG2 和 TNF-a 的产生，从而抑制肿瘤细胞的生长。Wang 等报道 AGOS 对肉瘤细胞 180 的抑制率为 48.7%。谷胱甘肽在维持正常的免疫系统中起着至关重要的作用，研究发现 AGOS 可以促进谷胱甘肽并激活免疫功能。通常被称为信号分子的 NO，可能导致类风湿关节炎恶化，AGOS 可以抑制 NO 的产生并消退炎症。此外，AGOS 可以明显抑制 LPS 诱导的前列腺素 PEG2 片段。Enoki 等人指出，琼脂二糖对前列腺素 PEG2 的抑制率为 75%。

三、卡拉胶寡糖的活性与应用研究

卡拉胶寡糖(COS)来源于卡拉胶，其具有多种生理活性，包括抗肿瘤、抗病毒、抗炎和抗凝活性。此外，由于其出色的溶解性和生物利用度，COS 在食品和医疗行业中展现出巨大的潜力。Mou 等人发现 COS 可以抑制肉瘤细胞 S180 的生长。Zhou 等人发现不同分子量的 COS 对肉瘤细胞 S180 表现出多种抑制作用。Yuan 等人在具有 S180 的小鼠中观察到 COS 可以显著抑制可移植肉瘤细胞 S180 的生长，促进巨噬细胞的吞噬作用，脾细胞分泌抗体，脾淋巴细胞的增殖，NK 细胞活化并增加血清 IL-2 和 TNF-a 的水平等(图 18-5)。

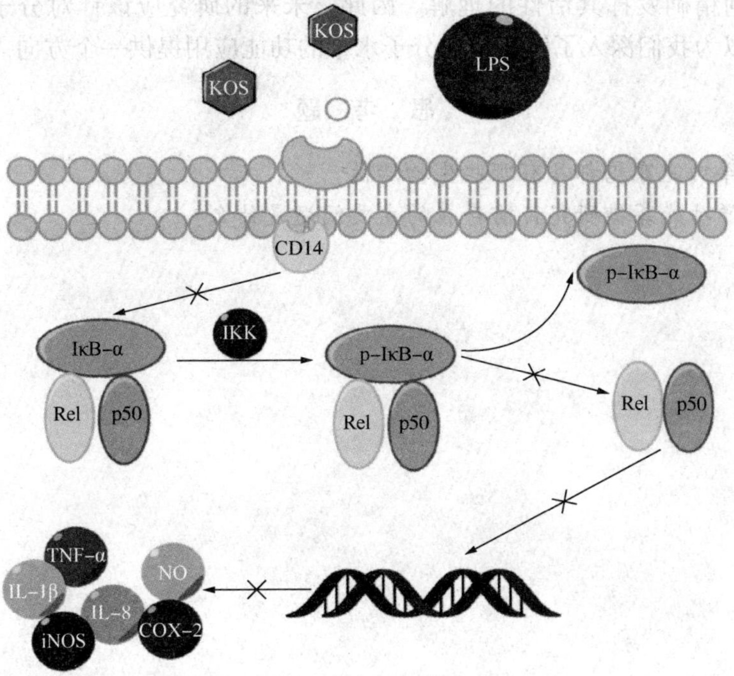

图 18-5　卡拉胶寡糖的消炎过程示意图

四、岩藻寡糖的活性与应用研究

由于低黏度，良好的溶解性和出色的生物利用度，岩藻多糖寡糖(FOS)备受学者关注。Lim 等人通过 γ 射线降解制备了 FOS，并研究了 γ 射线对抗氧化活性的影响。他们发现在相同分子量的条件下，被 γ 射线辐照降解的岩藻多糖显示出比酸性水解法更强的清除 1，1-二苯基-2-吡啶并肼基的活性。Xue 等人比较了 FOS 和岩藻多糖的抗氧化活性，结果表明 FOS 对 AAPH 诱导的 LDL 氧化的抑制作用要高于岩藻多糖。Wang 等人从褐藻海带中获得了低分子量岩藻多糖，并通过阴离子交换柱色谱法将其分离为三个级分。测定结果表明，所有级分均具有相当大的抗氧化活性。

Choi 等人发现，在 AGS、MCF-7 和 HepG-2 等癌细胞中，低分子量的 FOS 比天然岩藻多糖具有更高的细胞毒性。此外，FOS 显示出更高的细胞转化抑制活性，从而具有更好的抗癌效果。

现如今，海洋功能寡糖的研究与开发引起了越来越多的关注，并成为食品、农业和医学领域的研究重点。在当今海洋生物资源的利用中，开发基于海洋寡糖的新型海洋功能性食品的趋势已经逐渐占据了主导的地位。但是，海洋寡糖的有效生理活动的分子机制尚未阐明。了解结构与活性之间的关系可以增强我们对这些分子如何精确发挥其活性的理解。因此，未来的研究应该针对分子水平的探索，这可以为我们深入了解寡糖在分子水平的功能应用提供一个方向。

思　考　题

1. 海洋功能寡糖都具有哪些生物活性?
2. 海洋功能寡糖研究目前存在的主要问题是什么?

附　　录

一、产淀粉酶的海洋微生物的筛选

1.1　培养基

2216E 培养基：蛋白胨 5g，酵母浸膏 1g，磷酸高铁 0.01g，人工海水 1000mL，调节 pH7.2~7.6。

平板筛选培养基：可溶性淀粉 10g，琼脂 10~20g，硝酸铵 5g，人工海水 1000mL，调节 pH7.2~7.6。

种子培养基：蛋白胨 5g，酵母膏 3g，葡萄糖 6g，人工海水 1000mL，调节 pH7.2~7.6。

摇瓶发酵培养基：麸皮 5g，蛋白胨 5g，人工海水 1000mL，pH 值自然。

1.2　产酶菌株的分离

初筛：将 13 株菌种点于平板筛选培养基，30℃恒温培养 7d，测量透明圈、菌落直径比。

复筛：将初筛菌株在试管斜面 30℃培养 1d 后，接入复筛摇瓶培养基(250mL 三角瓶装 70mL 培养基)，150r/min、30℃培养 4d，测定酶活力，选定酶活力最高的菌株为目的菌。

1.3　酶活力的测定

酶活性的测定采用 3，5-二硝基水杨酸试剂显色法：以 1mL 粗酶液在 45℃、pH7 的条件下每分钟水解淀粉产生相当于 1μg 葡萄糖的还原糖所需的酶量定义为一个酶活力单位(U)。

二、产纤维素酶的海洋微生物的筛选

2.1　培养基

分离用培养基：硫酸铵 2.0g，磷酸二氢钾 1.0g，硫酸镁 0.5g，羧甲基纤维素钠 15.0g，琼脂 20.0g，半海水(人工海水与水按 1∶1 的体积比配制而成。下同)1000mL，pH7.5。

液体种子培养基：硫酸铵 2.0g，磷酸二氢钾 1.0g，硫酸镁 0.5g，羧甲基纤维素钠 15.0g，酵母膏 3.0g，半海水 1000mL，pH7.5。

发酵培养基：硫酸铵 2.0g，磷酸二氢钾 1.0g，硫酸镁 0.5g，羧甲基纤维素钠 15.0g，酵母膏 3.0g，半海水 1000mL，pH7.5。

2.2　产酶菌株的分离

采集样品并装入灭过菌的锥形瓶中，平行采 3 组，密封保存，2h 内即带回实验室处理。将样品在无菌条件下研磨，逐级稀释成 10^{-1}、10^{-2}、10^{-3}、10^{-4}、10^{-5}、10^{-6}、10^{-7}浓度梯度的溶液并涂布至羧甲基纤维素钠刚果红培养基平板上。将各平板倒置于 28℃ 的恒温培养箱中培养。选择稀释倍数较好的平板，观察菌落形态。挑出在培养基上形成水解圈的单菌落即是纤维素分解菌，将其接种于羧甲基纤维素钠刚果红培养平板上进行重复划线培养 3~4 次，直到获得纯培养。

2.3　酶活力的测定

取上清液 0.5mL 于试管中，加入含有醋酸-醋酸钠缓冲液(pH4.6，0.05mol/L)浓度为 10g/L 的羧甲基纤维素钠溶液 1.5mL，然后在 40℃ 水浴锅准确作用 10min 后，立即按 DNS 法(葡萄糖为标准)测定还原糖。酶活力单位采用国际单位(U)：即每分钟产生 1μg 葡萄糖的酶量作为一个酶活力单位。

三、产木聚糖酶的海洋微生物的筛选

3.1　培养基

初筛培养基：木聚糖 15g，NH_4NO_3 5g，K_2HPO_4 2g，$MgSO_4 \cdot 7H_2O$ 0.5g，琼脂 20g，人工海水 1000mL，pH7.0；

种子培养基：3g 牛肉膏，10g 蛋白胨，5g NaCl，人工海水 1000mL，pH7.0；

基础产酶培养基：20g 麸皮，10g 酵母膏，人工海水 1000mL，pH7.0。

3.2　产酶菌株的分离

称取样品于无菌生理盐水中进行梯度稀释，将 10^{-5}、10^{-6}、10^{-7}和 10^{-8}这 4 个梯度的样品液分别涂布于木聚糖酶筛选平板，将纯化后的单菌落点种于初筛培养基上，测定透明圈直径(H)和菌落直径(C)的大小，计算 HC 值。

3.3　酶活力的测定

取 0.9mL 含 1%(质量分数)木聚糖的底物，加入 0.1mL 适当稀释的酶液，55℃ 准确反应 10min 后加入 1mL DNS 溶液终止反应，煮沸 10min 显色，冷却至室温后于 540nm 测定 OD 值。一个酶活力单位(U)定义为每分钟释放 1μmol 还原糖所需的酶量。

四、产蛋白酶的海洋微生物的筛选

4.1　培养基

斜面培养基(%)：牛肉膏 0.4，蛋白胨 0.6，浸出酵母粉 0.2，琼脂 2.0，

pH7.0，人工海水100mL。

筛选培养基(%)：酪蛋白1.0，牛肉浸粉0.3，NaCl0.5，$K_2HPO_4$0.2，琼脂1.5，人工海水100mL，pH7.4。

摇瓶发酵培养基(%)：葡萄糖0.5，酵母粉1.0，人工海水100mL，pH7.0。

4.2　**产酶菌株的分离**

初筛：取1mL富集液适当稀释后涂布于筛选培养上。若细菌产蛋白酶，在菌落周围出现透明水解圈，根据水解圈直径(*D*)与菌落直径(*d*)的比值(*D*/*d*)大小确定产蛋白酶能力较强的菌株。

复筛：初筛中酶活较高的菌株进行复筛。菌株在ZoBell2261E培养基中活化12h后，以1%的接种量接种于发酵培养基中(25mL/250mL三角瓶)，48h后测其蛋白酶活力，并结合水解圈与菌落直径比值进行筛选。培养箱条件均为37℃、150r/min。

4.3　**酶活力的测定**

采用福林-酚法测蛋白酶活。具体步骤：将粗酶液稀释一定倍数后取1mL，在40℃中预热1min，加入40℃、pH7.0的2%酪蛋白溶液1mL，于40℃准确保温10min。随后加入0.4mol/L的三氯乙酸(TCA)终止酶反应，继续保温20min。过滤，取1mL滤液于5mL 0.4mol/L Na_2CO_3溶液中，加入福林-酚试剂1mL，40℃保温20min显色，在660nm下测其吸光值。空白试验需先加三氯乙酸于酶液中，再添加酪蛋白，其他步骤同上。

五、产脂肪酶的海洋微生物的筛选

5.1　**培养基**

基本培养基：酵母粉0.3%，蛋白胨0.3%，人工海水1000mL，调节pH7.0左右。

发酵培养基：酵母粉0.5%，蛋白胨0.5%，橄榄油0.2%，人工海水1000mL，调节pH7.0左右。

5.2　**产酶菌株的分离**

(1)富集培养：取1g泥样或1mL水样于20mL带有玻璃珠的无菌水中，使沉积物悬浮，取悬浮液1mL接种到100mL的富集培养基三角瓶中，20℃ 150r/min培养3d后转接400μL浑浊的菌液到新鲜的液体富集培养基中，连续富集3轮；(2)菌株的初筛：取0.1mL富集菌液梯度稀释后涂布平板分离培养基进行初筛，20℃培养3~7d后观察透明圈的大小；(3)菌株的纯化：挑取初筛培养基上菌落周围变色圈大的菌落，稀释涂布于纯化培养基上进一步纯化，得到纯化的单菌落；(4)菌株的复筛：将单菌落点种于分离培养基上，20℃培养3d，测量透明圈直径大小；将透明圈直径最大的菌株接入种子培养基中150r/min培养24h，再以6%的接种量接到初始发酵培养基中，在不同温度下测定其发酵液酶活力。

5.3 酶活力的测定

发酵液经10000r/min离心20min，取上清液测酶活。取3个100mL锥形瓶，分别加入4mL聚乙烯醇橄榄油乳化液，5mL 0.05mol/L、pH值为8的磷酸盐缓冲液，其中1个锥形瓶作为对照样，提前加入95%乙醇15mL，于30℃水浴锅中预热5min。向3个锥形瓶中加入1mL酶液，立即混匀计时10min，向2个样品瓶中加入15mL 95%乙醇终止反应。向3个锥形瓶中滴加3滴酚酞作为指示剂，用0.05mol/L NaOH溶液滴定水解产生的游离脂肪酸，根据酶活力公式计算酶活。酶活力定义：1mL酶液于30℃、pH值8的条件下，水解脂肪1min生成1μmol的脂肪酸所需要的酶量定义为1个酶活力单位。

六、产几丁质酶的海洋微生物的筛选

6.1 培养基

Zobell 2216E培养基：酵母膏1g，蛋白胨5g，$FePO_4$ 0.1g，陈海水1000mL，pH7.2左右，琼脂20g。

菌株筛选培养基：酵母膏1g，$FePO_4$ 0.1g，胶体几丁质5g，陈海水1000mL，pH7.2左右。

发酵培养基：以Zobell 2216E液体培养基为基础，加入胶体几丁质(5g/L)。

6.2 产酶菌株的分离

称取适量样品，放入盛有90mL无菌水及玻璃珠的三角瓶中，150r/min振荡15min使样品充分分散混匀，按梯度(10^{-5}、10^{-6}等)稀释后涂布于含有胶体几丁质的筛选培养基平板。20℃倒置培养2~3d，挑取产生透明圈比较明显的菌株进行多次划线纯化，并结合显微镜观察得到纯菌株。

6.3 酶活力的测定

取粗酶液0.1mL与0.9mL、1%胶体几丁质混合，20℃下保温30min后，将反应混合物加热在沸水浴中10min终止酶反应，离心5min，取上清液0.5mL，加入1mL Schales'试剂，沸水浴10min，测定OD_{420nm}，设3个重复，取平均值，根据*N*-乙酰-D-氨基葡萄糖标准曲线计算酶活力。酶活力单位定义(U)：在上述条件下，1min催化产生相当于1μmol的*N*-乙酰-D-氨基葡萄糖的还原糖所需的酶量。

七、产壳聚糖酶的海洋微生物的筛选

7.1　培养基

发酵培养基：碳源 1.0%，酵母膏 0.1%，蛋白胨 0.5%，$FePO_4$ 0.01%，陈海水 100mL，pH7.6，在 115~121℃灭菌 20min，冷却待用。

平板分离培养基：1.0%胶体壳聚糖，0.5%蛋白胨，0.1%酵母膏，2%琼脂，100mL 陈海水，115~120℃，灭菌 20min，冷却待用。

改良的 PDA 培养基：将马铃薯洗净，去皮，切成 $2cm^2$ 的小块备用。取 20g 放入烧杯中，加入 100mL 陈海水，煮沸 30min，用玻璃棒搅拌以防糊底。用双层纱布过滤，取其滤液，补足海水，加入 0.5%壳聚糖和 1%蔗糖，在 115~121℃灭菌 20min，冷却待用。

7.2　产酶菌株的分离

取每个采集的海水和泥样适量，加入预先灭好菌的富集培养基中，25℃摇瓶培养 2d。取富集培养液用陈海水稀释一系列梯度，取一定量的稀释液加入平板分离培养基上，涂布后 30℃培养 3~5d，挑取透明圈大的菌落接入斜面种子培养基上培养 2~3d。将纯化后的菌种点种于平板分离培养基上，于 30℃培养 2~3d，将菌落周围透明圈较大者挑出，接入斜面，30℃培养。将初筛菌株在试管斜面 30℃培养 1d 后，按 4%的接种量接入复筛培养基(500mL 三角瓶装 100mL 培养基)，150r/min，30℃条件下培养 4d，每个菌种设定 3 个重复，测定酶活力，选定酶活力最高的菌株为目的菌。

7.3　酶活力的测定

分别取 0.1mL 酶液(必要时作适当倍数的稀释)于 25mL 的比色管中，加入 0.9mL 质量分数为 1%的壳聚糖溶液(pH 为 5.8 的 HAc-NaAc 缓冲液配制)和 1mL 0.2mol/L pH 为 5.8 的 HAc-NaAc 缓冲液，50℃保温 15min 后，立即加入 1.5mL DNS 终止酶反应，沸水浴反应显色 5min，取出冷却至室温，定容至 25mL，混合均匀取 5mL，5000r/min 离心 10min 去除沉淀，对照管以相同条件下加灭活的酶液在 520nm 处测定光吸收值，一个酶活力单位(U)定义为在 50℃下每分钟催化生成相当于 1μmol 氨基葡萄糖的还原糖所需的酶量。

八、产褐藻胶裂解酶的海洋微生物的筛选

8.1　培养基

无机营养盐溶液(1000mL)：NaCl 5g，KH_2PO_4 1g，$MgSO_4 \cdot 7H_2O$ 0.5g，

$CaCl_2$0.2g，$FeSO_4 \cdot 7H_2O$ 0.02g；分离培养基(1000mL)：无机营养盐溶液中加入褐藻酸钠7g，$(NH_4)_2SO_4$5g，琼脂20g，pH7.2；产酶发酵培养基(1000mL)：无机营养盐溶液中加入褐藻酸钠10g，蛋白胨5g，酵母粉1g，pH7.2；种子培养基同发酵培养基。

8.2　**产酶菌株的分离**

称取土壤或淤泥10g，放入盛有90mL无菌水及玻璃珠的三角瓶中，220r/min振荡15min使样品充分分散，梯度稀释后涂布于含有褐藻酸钠的分离培养基平板。30℃倒置培养2~3d，挑取生长良好、形态不一的菌落进行多次划线纯化，并结合显微镜观察得到纯菌株。海水和淡水样品直接进行梯度稀释后涂布分离培养基平板。

初筛：将分离得到的菌株挑取一环，接种于50mL产酶发酵培养基，30℃、150r/min条件下培养，观察培养基黏度变化。培养4d后取发酵上清液检测是否有酶活。

复筛：将初筛获得的产酶菌株挑取一环，接种于25mL种子培养基，30℃、150r/min摇床培养24h。种子液以2%的接种量转接于50mL产酶发酵培养基，30℃、150r/min培养。分别于1~6d取样，将发酵液12000r/min离心10min，取上清液作为粗酶液测酶活力。

8.3　**酶活力的测定**

酶活力测定采用3，5-二硝基水杨酸法(DNS)，以0.5%褐藻酸钠为底物，测定发酵上清液中的褐藻胶裂解酶活力。酶活力单位定义为：每分钟释放1μmol还原糖(以葡萄糖计)所需的酶量为一个酶活力单位(U)。发酵液酶活力单位定义为每毫升发酵液含酶活单位(U/mL)。

九、产卡拉胶酶的海洋微生物的筛选

9.1　**培养基**

种子培养基：卡拉胶3g/L、蛋白胨3g/L、$FeSO_4 \cdot 7H_2O$ 0.02g/L、NaCl 20g/L、无机盐母液100mL、水900mL、pH7.00，121℃灭菌20min；发酵培养基：卡拉胶2.15g/L、酵母浸提物4.29g/L、$FeSO_4 \cdot 7H_2O$ 0.02g/L、NaCl 20g/L、无机盐母液100mL、水900mL、pH7.10，121℃灭菌20min；无机盐母液配制，$MgSO_4 \cdot 7H_2O$ 0.05%、$CaCl_2$ 0.02%、$KH_2PO_4$0.1%。

9.2　**产酶菌株的分离**

初筛：以卡拉胶作为唯一碳源，制备卡拉胶选择培养基，从多种海藻表面分离卡拉胶降解菌，根据菌落周围透明圈的大小初步判断菌种的卡拉胶降解能力。复筛：选取降解活力较高的菌株进行纯化，接种至液体培养基中，于32℃条件下，200r/min 振荡培养 24h，检测发酵液的产酶活力。将筛选到的菌株由斜面接到 100mL(250mL 三角瓶)液体发酵培养基中，于 28℃、180r/min 培养 24h，制成种子液。然后按 5%的接种量将种子液加到 100mL(250mL 三角瓶)相应液体培养基中，于一定条件下进行培养，定时取样，4000r/min 离心 10min 后测定发酵液中的酶活力。

9.3　酶活力的测定

取 0.1mL 酶液加入 0.9mL 卡拉胶底物(含 0.2%卡拉胶的 0.2mol/L 甘氨酸-NaOH 缓冲液，pH9.0)中，40℃反应 15min，用 100℃灭活 5min 的酶液作对照。用 DNS 法测定还原糖的产生量。1 个酶活力单位(U)定义为：在该条件下，每分钟产生 1μg 还原糖(以 D-半乳糖计)所需要的酶量。

十、产琼胶酶的海洋微生物的筛选

10.1　培养基

选择培养基：琼脂 20g，$NaNO_3$ 5g，豆饼粉 0.5g，$MgCl_2 \cdot 6H_2O$ 0.02g，K_2HPO_4 0.1g，$FeSO_4 \cdot 7H_2O$ 0.02g，过滤海水 1000mL，pH7.5。

液体种子培养基：蛋白胨 1g，酵母膏 0.5g，KNO_3 5g，人工海水 1000mL，pH7.5。

摇瓶发酵培养基：琼脂 2g，KNO_3 5g，人工海水 1000mL，pH7.5。

10.2　产酶菌株的分离

称取适量样品，用无菌过滤海水进行 10 倍梯度稀释。取稀释后的泥土样品 200μL，分别涂布于选择培养基，22℃培养 5d。选取菌落周围具有明显水解圈或凹陷的菌株进行 3 次以上划线纯化培养。参照 Hodgson 等的方法，将分离到的菌株平板培养后用卢戈氏碘液染色，根据菌落的凹陷程度和菌落周围的透明圈，选择高活性菌株进行下一步研究。

10.3　酶活力的测定

取 50μL 粗酶液加入 450μL 含 0.5%琼脂的 50mmol/L NaH_2PO_4-Na_2HPO_4缓冲液(pH7.0)中，40℃水浴反应 10min，加人 500μL DNS，置于沸水浴中 5min，冷却后，用蒸馏水定容至 5mL，充分混匀后，于 540nm 处测定吸光值。以灭活的酶液作对照。在上述条件下，每分钟释放 1μmoL 还原糖所需的酶量定义为一个酶活力单位(U)。

十一、产岩藻多糖降解酶的海洋微生物的筛选

11.1　培养基

菌种培养基：蛋白胨 5g/L，酵母膏 1g/L，琼脂 12~15g/L。

基础培养基(g/L)：岩藻多糖 3g/L，NH_4NO_3 2g/L，$CaCl_2.2H_2O$ 0.05g/L，$MgSO_4.7H_2O$ 2g/L，Na_2HPO_4 0.5g/L。

鉴定培养基：岩藻多糖 2%，2 琼脂 2%，刚果红 0.02%，人工海水配制。

11.2 产酶菌株的分离

将采集的样品用无菌水稀释成不同浓度梯度分别涂鉴定培养基上，28℃培养 3~5d，观察有无变色圈的产生，将产生变色圈的菌株接种到液体培养基中进行培养，取培养液上清液测定其有无酶活力。

11.3 酶活力的测定

按照 DNS 法，粗酶液中加入 pH7.2 的磷酸缓冲液，再取 1ml，加入 0.8%的褐藻糖胶液 1mL 中，55℃酶解 30min 后于沸水浴中灭活；再加入 DNS 试剂，在沸水浴中保温 7min 显色。显色后的溶液经 20℃、2000r/min 离心 5min，取上清液稀释用紫外可见光光度计于 540nm 处测 OD 值，以煮沸灭活酶液为对照。以 OD 值提高 0.001 定义为一个酶活力单位(U)。

参 考 文 献

[1] 李斌，于国萍．食品酶工程[M]．北京：中国农业大学出版社，2010.
[2] 何国庆，丁立孝．食品酶学[M]．北京：化学工业出版社，2006.
[3] 王镜岩，朱圣庚，徐长法．生物化学[M]．北京：高等教育出版社，2002.
[4] 袁勤生．酶学与酶工程[M]．上海：华东理工大学出版社，2005.
[5] 郭勇．酶工程[M]．北京：科学出版社，2017.
[6] 江正强，杨绍青．食品酶学与酶工程[M]．北京：中国轻工业出版社，2018.
[7] 张今，曹淑桂，罗贵民，张学忠，李正强．分子酶学工程导论[M]．北京：科学出版社，2003.
[8] 王晓辉，张庆芳，迟乃玉，曹海龙，赵勇，杜昱光．海洋宏基因组学研究进展[J]．生物技术通报，2012，07：32-35.
[9] 周丹燕，戴世鲲，王广华，李翔．宏基因组学技术的研究与挑战[J]．微生物学通报，2011，4：591-600.
[10] 贺纪正，张丽梅，沈菊培，朱永官．宏基因组学(Metagenomics)的研究现状和发展趋势[J]．环境科学学报，2008，2：209-218.
[11] 王晓玥，王白云，王智文，陈涛，赵学明．蛋白质定向进化的研究进展[J]．生物化学与生物物理进展，2015，42(2)：123~131.
[12] 曲戈，张锟，蒋迎迎，孙周通．2018 诺贝尔化学奖：酶定向进化与噬菌体展示技术[J]．生物学杂志，2019，36(1)：1-6.
[13] 何海伦．适冷蛋白酶与中温蛋白酶温度适应的分子基础及其在海洋生物蛋白资源高值化加工中的应用研究[D]．山东大学，2005.
[14] 李姣．海洋来源芽孢杆菌 SCSIO06063 产蛋白酶发酵及其制备活性肽的研究[D]．湖南师范大学，2018.
[15] 刘白雪．海洋中产蛋白酶细菌的分离及 Vibrio pomeroyi 12613-9 的胞外蛋白酶研究[D]．山东大学，2017.
[16] 陈逍遥．海洋细菌来源的高温碱性普鲁兰酶及蛋白酶的克隆表达及酶学性质分析[D]．国家海洋局第三海洋研究所，2015.
[17] 张力元．海洋来源产蛋白酶的菌株筛选及其产酶条件的优化研究[D]．河北农业大学，2014.
[18] 孙文斌．海洋微生物源胶原蛋白酶等酶系的研究[D]．大连工业大学，2014.
[19] 崔少飞．一株产低温碱性蛋白酶海洋菌的筛选与发酵[D]．河北工业大学，2014.
[20] 刘芳．一株产蛋白酶海洋菌的鉴定、产酶条件优化和酶的性质研究[D]．青岛科技大学，2013.
[21] 宋明徽．产碱性蛋白酶海洋细菌筛选及发酵研究[D]．大连工业大学，2013.
[22] 唐薇．海洋地衣芽孢杆菌脂肪酶的酶学性质表征及催化机制研究[D]．华南理工大学，2019.
[23] 张士恒．海洋微生物脂肪酶 YS2071 稳定性、固定化及其性能研究[D]．上海海洋大

学，2018.
[24] 姜俊颖．海洋脂肪酶 YS2071 的固定化及应用研究[D]．上海海洋大学，2017.
[25] 张秋芳．海洋微生物脂肪酶基因的克隆与表达[D]．福州大学，2014.
[26] 周智敏．产脂肪酶海洋微生物的选育及产酶特性研究[D]．福州大学，2014.
[27] 陈瑞鹏．深海嗜冷杆菌低温脂肪酶基因的克隆表达、酶的纯化及性质研究[D]．青岛农业大学，2010.
[28] 杨宁．南极深海沉积物中微生物低温脂肪酶的筛选和基因克隆表达[D]．国家海洋局第三海洋研究所，2010.
[29] 储新民．南海海洋微生物宏基因组文库中酯酶基因的筛选与鉴定[D]．中国科学技术大学，2008.
[30] Zhu B，Ni F，Sun Y. Insight intocarrageenases：major review of sources，category，property，purification method，structure，and applications. Critical Reviews in Biotechnology，38(8)，1261-1276.
[31] 付晓婷．海洋细菌(Agarivorans albus YKW-34)产生的褐藻胶裂解酶及琼胶酶的研究[D]．中国海洋大学，2008.
[32] Fu X T，Kim S M. Agarase：Review of major sources，categories，purification method，enzyme Characteristics and Applications. Marine Drugs，8(1)，200-218.
[33] 朱本伟．不同家族褐藻胶裂解酶的研究[D]．中国科学院大学，2015.
[34] 单瑞芬，吴茜茜，蔡敬民．岩藻多糖降解酶的研究进展[J]．安徽农业科学，2012，19：9996-9997.
[35] 张柯柯，刘伟治，律倩倩．海洋微生物来源的岩藻多糖降解酶[J]．微生物学通报，2018，9：2054-2062.
[36] 王晓辉．海洋细菌 DL-6 几丁质酶和几丁质结合蛋白的生化性质与功能研究[D]．大连理工大学，2016.
[37] 张瑞祥．海底沉积物中几丁质酶的筛选、鉴定及酶学性质分析[D]．华东理工大学，2014.
[38] 蔡海宝．产几丁质酶海洋放线菌 C203 的分离鉴定及其酶基因的克隆[D]．华南热带农业大学，2007.
[39] 张灿．海洋产几丁质酶菌株的筛选、鉴定及其酶学性质研究[D]．大连工业大学，2012.
[40] 张子瑞．一株产壳聚糖酶的海洋菌株 Y-116 的鉴定、产酶条件和酶学性质研究[D]．上海海洋大学，2016.
[41] 王杉杉．壳聚糖酶的制备及应用[D]．大连理工大学，2016.
[42] Koudelakova T，et al. Haloalkane dehalogenases：biotechnological applications. Biotechnology Journal，2013. 8(1)：32-45.
[43] Buryska T，et al. A haloalkane dehalogenase from a marine microbial consortium possessing exceptionally broad substrate specificity. Applied and Environmental Microbiology，2018. 84(2)：e01684-17.
[44] Liu J，et al. Novel reductive dehalogenases from the marine sponge associated bacteriumdesulfol-

una spongiiphila. Environmental Microbiology Reports, 2017. 9(5): 537-549.

[45] Bendigiri C, Zinjarde S, Ravikumar A. Ylehd, an epoxide hydrolase with promiscuous haloalkane dehalogenase activity from tropical marine yeast Yarrowia lipolytica is induced upon xenobiotic stress. Scientific Reports, 2017. 7(1): 11887.

[46] Kunka, A, Damborsky J, Prokop Z. Haloalkane dehalogenases from marine organisms, in methods in enzymology. Academic Press, 2018.

[47] Chovancova E, et al. Phylogenetic analysis of haloalkane dehalogenases. Proteins, 2007. 67(2): 305-316.

[48] Janssen D B. Evolvinghaloalkane dehalogenases. Current Opinion in Chemical Biology, 2004. 8(2): 150-159.

[49] Pavlova M, et al. The identification of catalytic pentad in thehaloalkane dehalogenase DhmA from mycobacterium avium N85: Reaction mechanism and molecular evolution. Journal of Structural Biology, 2007. 157(2): 384-392.

[50] Prokop Z, et al. Enantioselectivity of haloalkane dehalogenases and its modulation by surface loop engineering. Angewandte Chemie International Edition, 2010. 49(35): 6111-6115.

[51] Stucki G, Thueer M. Experiences of a large-scale application of 1, 2-dichloroethane degrading microorganisms for groundwater treatment. Environmental Science & Technology, 1995. 29(9): 2339-2345.

[52] Schallmey M, et al. Expanding the halohydrin dehalogenase enzyme family: identification of novel enzymes by database mining. Applied and Environmental Microbiology, 2014. 80(23): 7303-7315.

[53] You, Z Y, Liu Z Q, Zheng Y G. Properties and biotechnological applications of halohydrin dehalogenases: current state and future perspectives. Applied Microbiology and Biotechnology, 2013. 97(1): 9-21.

[54] Watanabe F, et al. Crystal structures ofhalohydrin hydrogen-halide-lyases from Corynebacterium sp. N-1074. Proteins: Structure, Function, and Bioinformatics, 2015. 83(12): 2230-2239.

[55] Janssen D B, et al. Enantioselective formation and ring-opening of epoxidescatalysed by halohydrin dehalogenases. Biochemical Society Transactions, 2006. 34: 291-295.

[56] Tang L, et al. Key residues for controllingenantioselectivity of halohydrin dehalogenase from arthrobacter sp. strain AD2, revealed by structure-guided directed evolution. Applied and Environmental Microbiology, 2012. 78(8): 2631-2637.

[57] Guo C, et al. Exploring the enantioselective mechanism ofhalohydrin dehalogenase from agrobacterium radiobacter AD1 by iterative saturation mutagenesis. Applied and Environmental Microbiology, 2015. 81(8): 2919-2926.

[58] Yonetani R, et al. Isolation and Characterization of a 1, 3-Dichloro-2-Propanol-Degrading Bacterium. Journal of Health Science, 2004. 50(6): 605-612.

[59] Bornscheuer U T, Hesseler M. Enzymatic removal of 3-monochloro-1, 2-propanediol (3-MCPD) and its esters from oils. European Journal of Lipid Science and Technology, 2010. 112

(5): 552-556.

[60] Assis H M S, Bull A T, Hardman D J. Synthesis of chiral epihalohydrins using haloalcohol dehalogenase a from arthrobacter erithii H10a. Enzyme and Microbial Technology, 1998. 22(7): 545-551.

[61] Kurihara T. A mechanistic analysis of enzymatic degradation of organohalogen compounds. Bioscience Biotechnology and Biochemistry, 2011. 75(2): 189-198.

[62] Ridder I S, et al. Crystal structures of intermediates in the dehalogenation ofhaloalkanoates by L-2-haloacid dehalogenase. Journal of Biological Chemistry, 1999. 274(43): 30672-30678.

[63] Li Y F, et al. Crystal structures of reaction intermediates of L-2-haloacid dehalogenase and implications for the reaction mechanism. Journal of Biological Chemistry, 1998. 273(24): 15035-15044.

[64] Novak H R, et al. Characterisation of an L-haloacid dehalogenase from the marine psychrophile psychromonas ingrahamii with potential industrial application. Marine Biotechnology, 2013. 15(6): 695-705.

[65] Schmidberger J W. et al. The crystal structure of DehI reveals a new α-haloacid dehalogenase fold and active-site mechanism. Journal of Molecular Biology, 2008. 378(1): 284-294.

[66] Nardi-Dei V, et al. DL-2-haloacid dehalogenase from Pseudomonas sp 113 is a new class of dehalogenase catalyzing hydrolytic dehalogenation not involving enzyme - substrate ester intermediate. Journal of Biological Chemistry, 1999. 274(30): 20977-20981.

[67] Sudi I Y, et al. Insights into the stereospecificity of the D-specific dehalogenase from Rhizobium sp. RC1 toward D-and L-2-chloropropionate. Biotechnology & Biotechnological Equipment, 2014. 28(4): 608-615.

[68] Higgins T P, et al, Biochemical and molecularcharacterisation of the 2, 3-dichloro-1-propanol dehalogenase and stereospecific haloalkanoic dehalogenases from a versatile Agrobacterium sp. Biodegradation, 2005. 16(5): 485-492.

[69] Barth P T, Bolton L, Thomson J C. Cloning and partial sequencing of an operonencoding two Pseudomonas putida haloalkanoate dehalogenases of opposite stereospecificity. Journal of Bacteriology, 1992. 174(8): 2612-2619.

[70] Smith J M, Harrison K, Colby J. Purification and characterization of D-2-haloacid dehalogenase from Pseudomonas putida strain AJ1/23. Journal of General Microbiology, 1990. 136: 881-886.

[71] Wang Y, et al. Insights into the molecular mechanism of dehalogenation catalyzed by D-2-haloacid dehalogenase from crystal structures. Scientific Reports, 2018. 8(1): 1454.

[72] Blaber M, Lee J, Longo L M. Emergence of symmetric protein architecture from a simple peptide motif: evolutionary models. Cellular and Molecular Life Sciences, 2012. 69(23): 3999-4006.

[73] Huyop F, Sudi I Y. D-specific dehalogenases, a review. Biotechnology & Biotechnological Equipment, 2012. 26(2): 2817-2822.

[74] Mohamed E, et al. A plant transformation vector containing the genedehd for the development of cultivars resistant to monochloroacetic acid. Journal of Animal and Plant Sciences, 2016. 26(4): 1133-1139.

[75] Li Q, et al. Insights into ulvan lyase: review of source, biochemical characteristics, structure and catalytic mechanism. Critical Reviews in Biotechnology , 2020. 40(3): 432-441.

[76] Dalmaso G Z L, Ferreira D, Vermelho A B. Marine extremophiles: a source of hydrolases for biotechnological applications. Marine Drugs, 2015. 13(4): 1925-1965.

[77] Pikuta E V, Hoover R B, Tang J. Microbial Extremophiles at the Limits of Life. Critical Reviews in Microbiology, 2007. 33(3): 183-209.

[78] 李升康，王玉桥．深海微生物极端酶的研究进展[J]．海洋科学，2009，33(5)：98-102

[79] 林影，凌晨晖．海洋微生物极端酶的研究[J]．海洋科学，1999(2)：19-20

[80] 李恒，唐双焱．碳水化合物结合结构域研究进展[J]．微生物学报．2008：1160-1167.

[81] Armenta S, et al. Advances in molecular engineering of carbohydrate-binding modules. Proteins: Structure, Function, and Bioinformatics, 2017. 85(9): 1602-1617.

[82] Gilbert H J, Knox J P, Boraston A B. Advances in understanding the molecular basis of plant cell wall polysaccharide recognition by carbohydrate-binding modules. Current Opinion in Structural Biology, 2013, 23(5): 669-677.

[83] 王文爽，许莹莹，石立冉，李福川．海洋来源硫酸软骨素降解酶的研究进展[J]．生命科学，2019，31(9)：894-901

[84] 蔡苏兰，阎浩林，何汉洲．微生物硫酸软骨素裂解酶的研究进展[J]．沈阳药科大学学报，2004，21(1)：76-80

[85] 李晔，陈振娅，袁其朋．硫酸软骨素裂解酶 ABC 的研究进展[J]．生物工程学报，2015，31(5)：621-633

[86] 苏康，吉爱国．透明质酸酶的研究进展[J]．生物技术通报，2014，3：15-21

[87] 李漫，刘建建，苏江伟．透明质酸酶的研究进展[J]．食品与药品，2019，21(4)：336-340

[88] 刘勇，黄文祥．细菌来源透明质酸酶的研究进展[J]．国外医药抗生素分册，2010，31(2)；54-57

[89] 迟玉森，张付云．海洋生物活性物质[M]．北京：科学出版社，2015.

[90] 毛相朝．海洋食品酶工程[M]．北京：化学工业出版社，2019.